1+X 职业技能等级证书（传感网应用开发）书证融通系列教材

# 物联网嵌入式技术

## 第 2 版

主　编　崔　鹏　顾振飞　廖诗发
副主编　焦　战　苏李果　王远飞
　　　　关　星　张迎辉　李东兵
　　　　潘　锋
参　编　信　众　马太郎　刘晓灵
　　　　尹　伊　田　鑫　尹洪岩
　　　　邵　然　穆笑妍　陈英文

机械工业出版社

本书以意法半导体（STMicroelectronics，ST）公司的32位基于ARM Cortex-M3内核的STM32微控制器为对象，构建若干典型嵌入式应用场景，把STM32微控制器的内部结构原理、片上外设资源、开发设计方法和应用软件编程等知识传授给读者。本书共8个项目，分别是流水灯、电子门铃、电子秒表、智能冰箱、数码相册、电子时钟、医疗系统和防盗系统。除项目4智能冰箱是4个任务外，其他的项目均为3个任务，前一个任务为后一个任务做铺垫，使读者在学习过程中由浅入深掌握单片机的重点难点。

本书通俗易懂、内容丰富，可作为高等职业院校本科及专科层次物联网、计算机、电子信息、自动化、电力电气、电子技术及机电一体化等相关专业的“单片机技术”“单片机原理与应用”和“嵌入式技术”等课程的教材和教学参考书，也可作为工程实训、电子制作与竞赛的实践教材和实验配套教材。

本书配有电子课件、微课视频（二维码形式）和程序源码等资源，凡购买本书作为授课教材的教师可登录www.cmpedu.com注册并免费下载。

**图书在版编目（CIP）数据**

物联网嵌入式技术 / 崔鹏，顾振飞，廖诗发主编 . 2版 . -- 北京：机械工业出版社，2024. 6. --（1+X职业技能等级证书（传感网应用开发）书证融通系列教材）.

ISBN 978-7-111-76394-9

Ⅰ. TP393.4；TP18

中国国家版本馆CIP数据核字第2024QF2827号

机械工业出版社（北京市百万庄大街22号　邮政编码100037）

策划编辑：赵红梅　　责任编辑：赵红梅　赵晓峰

责任校对：贾海霞　陈　越　　封面设计：鞠　杨

责任印制：郜　敏

三河市宏达印刷有限公司印刷

2024年10月第2版第1次印刷

184mm×260mm · 18印张 · 457千字

标准书号：ISBN 978-7-111-76394-9

定价：54.00元

| 电话服务 | 网络服务 |
|---|---|
| 客服电话：010-88361066 | 机　工　官　网：www.cmpbook.com |
| 010-88379833 | 机　工　官　博：weibo.com/cmp1952 |
| 010-68326294 | 金　　书　　网：www.golden-book.com |
| **封底无防伪标均为盗版** | 机工教育服务网：www.cmpedu.com |

# 前言

党的二十大报告指出："加快发展物联网，建设高效顺畅的流通体系，降低物流成本。加快发展数字经济，促进数字经济和实体经济深度融合，打造具有国际竞争力的数字产业集群。优化基础设施布局、结构、功能和系统集成，构建现代化基础设施体系。"其中，嵌入式技术就是实现物联网的关键技术。微控制器经历了从最初的8位、16位到现在32位的演变。无论是从芯片性能、设计资源还是从性价比上讲，ARM架构的微控制器都优于其他微控制器，它已经占据了当前嵌入式微控制器应用领域的绝大多数市场。如ST公司针对ARM Cortex-M内核开发的STM32系列产品，为STM32的开发提供了各种固件库（如标准外设库、HAL库和LL库等），这些位于嵌入式组成结构中间层的库文件屏蔽了复杂的寄存器开发，使得嵌入式开发人员通过调用API函数的方式就能迅速地搭建系统原型。目前，基于库的开发方式已成为嵌入式系统开发的主流模式。本书以意法半导体（STMicroelectronics，ST）公司的STM32微控制器为对象，展开项目实践。通过"学中做、做中学"，按照工作导向的思路展开教学与实践，循序渐进地介绍和构建若干典型嵌入式应用场景，把STM32微控制器的内部结构原理、片上外设资源、开发设计方法和应用软件编程等知识传授给读者。本书对传统的教学方法和教学体系进行创新，力求解决嵌入式技术课程抽象与难学的问题。

党的二十大报告指出，"教育是国之大计、党之大计。培养什么人、怎样培养人、为谁培养人是教育的根本问题。育人的根本在于立德。全面贯彻党的教育方针，落实立德树人根本任务，培养德智体美劳全面发展的社会主义建设者和接班人。"落实立德树人根本任务，必须将价值塑造、知识传授和能力培养三者融为一体，不可割裂。

本书在编写过程中，紧紧抓住"立德树人"这一主线，注重体现"德技并修""职业素养和能力提升"等新时代职教育人理念，将素质教育落实到每一个教学项目之中。本书的主要特点是从真实的岗位出发，通过项目式教学，以具体案例讲解工作中遇到的难题，在每一个教学项目学习目标下设置"职业能力目标"，提炼本项目职业能力，有利于读者真正了解岗位需求。

本书参考学时为76学时，在使用时可酌情增减。本书共8个项目，前面的项目比较简单，可以少分配课时，将课时用在后期复杂的项目。

本书由教材编写团队人员提供真实项目案例，共同分析岗位典型工作任务等，由崔鹏、顾振飞和廖诗发担任主编，由焦战、苏李果、王远飞、关星、张迎辉、李东兵和潘锋担任副主编。崔鹏编写项目1～项目4，并负责统稿；顾振飞编写项目5；廖诗发编写项目6；焦战、苏李果和王远飞编写项目7；关星、张迎辉、李东兵和潘锋编写项目8；信众、马太郎、刘晓灵、尹伊、田鑫、尹洪岩、邵然、穆笑妍和陈英文负责参与项目案例资源的收集和教材资源的制作。

由于编者水平有限，书中难免存在疏漏或不妥之处，恳请读者批评指正。

编　者

# 二维码索引

（续）

| 页码 | 名称 | 二维码 | 页码 | 名称 | 二维码 |
|---|---|---|---|---|---|
| 218 | 6.3　电子时钟　实现电子时钟 | | 51 | 实操 2.1　设计轮询式铃声 | |
| 227 | 7.1　医疗系统　实现接口通信 | | 69 | 实操 2.2　设计中断式铃声 | |
| 239 | 7.2　医疗系统　实现无线通信 | | 76 | 实操 2.3　实现电子门铃 | |
| 250 | 7.3　医疗系统　实现医疗系统 | | 96 | 实操 3.1　定时一秒 | |
| 258 | 8.1　防盗系统　配置操作系统 | | 105 | 实操 3.2　显示数字 | |
| 266 | 8.2　防盗系统　实现入侵检测 | | 112 | 实操 3.3　实现电子秒表 | |
| 272 | 8.3　防盗系统　实现防盗系统 | | 128 | 实操 4.1　上报数据 | |
| 12 | 实操 1.1　搭建开发环境 | | 137 | 实操 4.2　设计查询式接收命令 | |
| 33 | 实操 1.2　点亮一盏 LED 灯 | | 143 | 实操 4.3　设计中断式接收命令 | |
| 40 | 实操 1.3　实现流水灯 | | 159 | 实操 4.4　实现智能冰箱 | |

（续）

| 页码 | 名称 | 二维码 | 页码 | 名称 | 二维码 |
| --- | --- | --- | --- | --- | --- |
| 173 | 实操 5.1　实现相册显示 | | 236 | 实操 7.1　实现接口通信 | |
| 183 | 实操 5.2　实现相册存储 | | 247 | 实操 7.2　实现无线通信 | |
| 190 | 实操 5.3　实现数码相册 | | 254 | 实操 7.3　实现医疗系统 | |
| 200 | 实操 6.1　采集数据 | | 263 | 实操 8.1　配置操作系统 | |
| 215 | 实操 6.2　获取时间 | | 270 | 实操 8.2　实现入侵检测 | |
| 224 | 实操 6.3　实现电子时钟 | | 277 | 实操 8.3　实现防盗系统 | |

# 目录

# 项目1

# 流　水　灯

## 引导案例

国庆期间，城市夜景照明纷纷开启“节日模式”，广场上“祝福祖国”“我爱你中国”“中国担当”字样璀璨夺目，国庆彩灯如图1-0-1所示；公共建筑、人行步道、绿色景观带……同样流光溢彩、相互映衬，在夜色中构建出一幅华夏盛世的美丽画卷。路人纷纷举起手机，有合影留念的，还有现场直播的。霓虹灯装点着节日的氛围，也让人们的生活更加绚丽多彩。

图1-0-1　国庆彩灯

事实上，这些彩灯的工作原理和单片机上的流水灯是一样的，只是彩灯的花样更多，看起来更美丽一些。那么，什么是流水灯呢？流水灯就是一组灯在控制系统的控制下按照设定的顺序和时间点亮和熄灭，从而能形成一定的视觉效果，很多街上的店面和招牌上都安装了流水灯，增加了美观性。使用流水灯可以让城市更加绚丽多彩。

城市生活中常见的流水灯如图1-0-2所示，可以想一下，身边的流水灯还有哪些呢？

图1-0-2　城市生活中的流水灯图

# 任务 1　搭建开发环境

## 职业能力目标

流水灯　搭建开发环境

1）能使用 STM32CubeMX 软件、JDK、Keil μVision5 和 HAL 库，正确搭建 STM32 的开发环境。

2）能够正确配置环境变量。

3）能够耐心地完成整个搭建过程。

4）能够细心地排查在环境搭建过程中出现的问题。

5）通过了解国产芯片的发展历程，感受中国制造的魅力，激发爱国热情。

## 任务描述与要求

**任务描述：** 国庆期间，我们收到了一份客户订单：要求制作一批流水灯作为装饰。首先，我们需要完成开发环境的搭建。

**任务要求：**

1）正确安装相关软件。

2）正确安装嵌入式软件包。

3）正确配置环境变量。

## 设备选型

设备需求如图 1-1-1 所示。

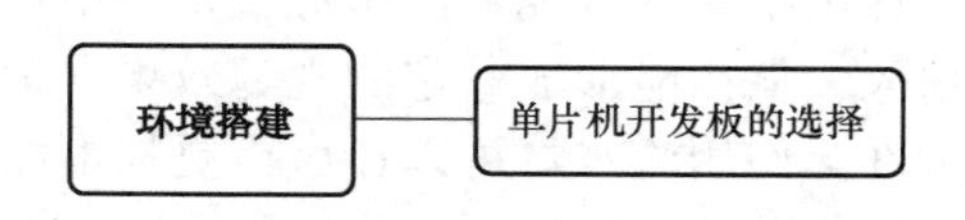


图 1-1-1　设备需求

单片机开发板设备分析：只要掌握和运用单片机正确选型的原则，就可以选择出适用于应用系统的单片机，保证应用系统具有较高的可靠性、较优的性能价格比、较长的使用寿命和较好的升级换代可能。

单片机芯片选型时，总的原则如下："芯片含有功能（或数量）略大于设计需求""设计需求尽可能用芯片完成（少用外围器件）""选大（大厂）不选小，选多（供应量多）不选少，选名（名牌）不选渺（缥渺，不知详情的厂子），选廉（廉价）但要好（质量保证）"。

单片机选型，主要从单片机应用系统的技术性、实用性和可开发性三方面来考虑：

1）技术性：从单片机的技术指标角度对单片机芯片进行选择，以保证单片机应用系统在一定的技术指标下可靠运行。

2）实用性：从单片机的供货渠道、信誉程序等角度对单片机的生产厂家进行选择，以保证单片机应用系统能长期、可靠运行。

3）可开发性：选用的单片机要有可靠的可开发手段，如程序开发工具、仿真调试手段等。

单片机根据位数可分为64位、32位、16位、8位和4位；根据指令集的不同，有CISC（复杂指令集计算机）和RISC（精简指令集计算机）；根据内存架构分类，有冯•诺依曼架构和哈佛架构；根据应用分类，有通用型和专用型。

近年通用微控制器市场报告显示，目前市场上MCU（Microcontroller Unit，微控制单元）用量按位划分：32位MCU占54%、8位MCU占43%、4位和16位MCU合计只占3%，如图1-1-2所示。按内核划分：8051内核产品占22%；ARM Cortex-M0内核产品占20%，ARM Cortex-M3内核产品占14%，ARM Cortex-M4内核产品占12%，ARM Cortex-M0+内核产品占5%，ARM Cortex-M23内核产品占1%，RISC-V内核产品占1%，其他内核产品占25%。ARM Cortex-M内核产品合计占52%，为市场主流产品。随着产品的迭代，32位MCU占比将上升。与此相反，8位MCU占比将下降。

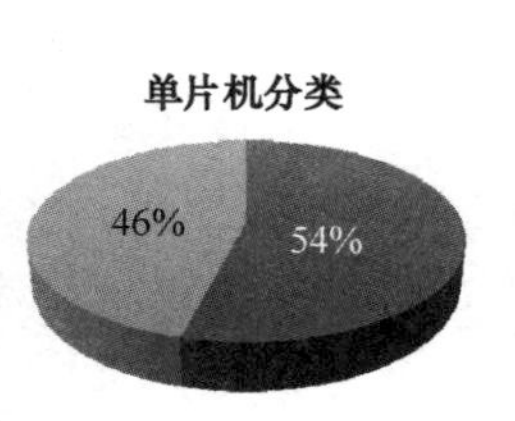

图1-1-2　单片机分类

目前市面上的国外单片机品牌有瑞萨、恩智浦、英飞凌、意法半导体、德州仪器（TI）和三星等。图1-1-3和图1-1-4所示为意法半导体MCU和三星MCU的产品结构。

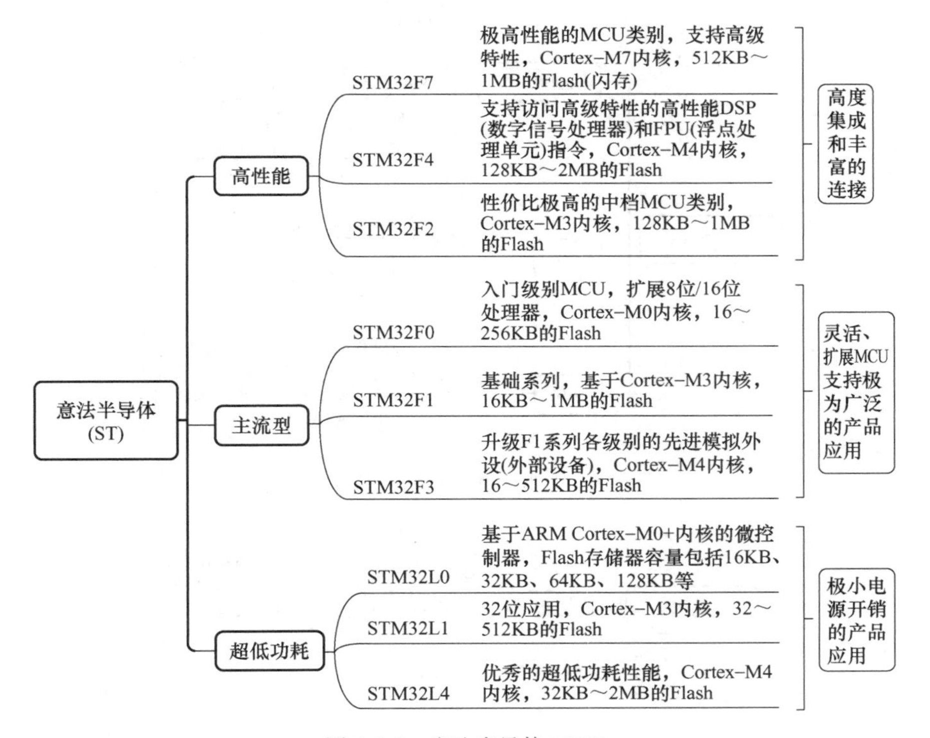

图1-1-3　意法半导体MCU

国内的品牌有中颖电子、纳思达、东软载波、兆易创新、华大半导体、灵动微电子、上海贝岭、复旦微电子、华为和北京兆易创新等。东软载波MCU、复旦微电子MCU和兆易创新MCU的产品结构如图1-1-5～图1-1-7所示。

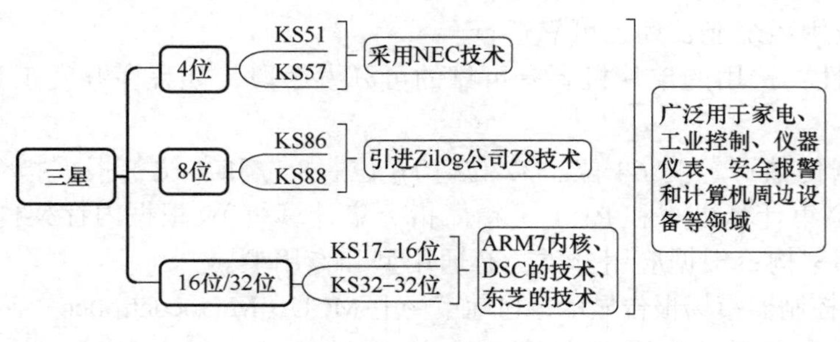


图 1-1-4　三星 MCU

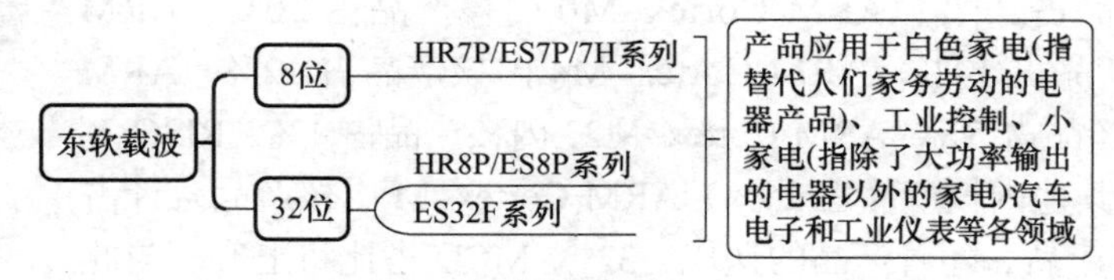


图 1-1-5　东软载波 MCU

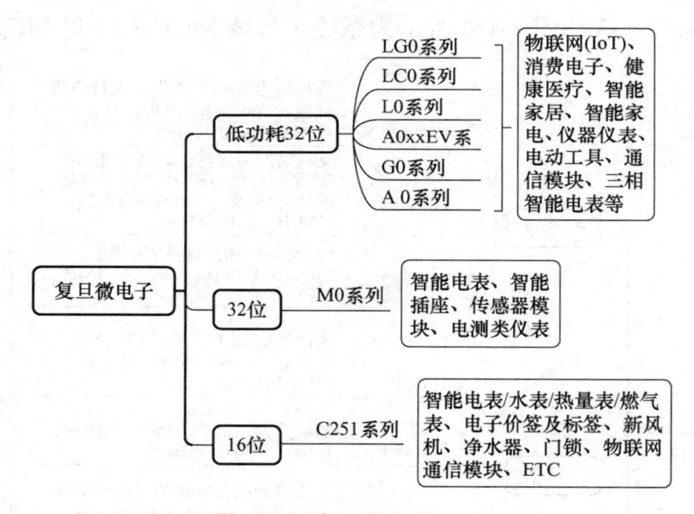


图 1-1-6　复旦微电子 MCU

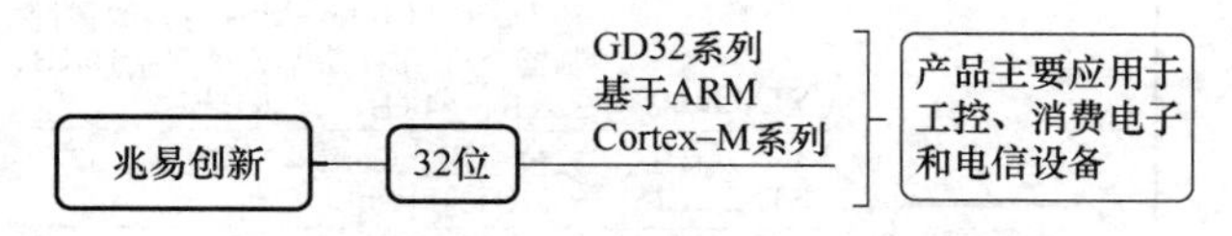


图 1-1-7　兆易创新 MCU

## 知识储备

从上面的选型中可知，32 位单片机占比 54%，所以本书选择 ST 公司的 STM32 系列进行讲解。

## 1.1.1 STM32 基础知识

1. 嵌入式系统概述

嵌入式系统是指嵌入到对象体系中，以应用为中心，以计算机技术为基础，软硬件可裁剪，适应应用系统对功能、可靠性、成本、体积和功耗等严格要求的专用计算机系统。

嵌入式系统是电子信息产业的基础，是智能系统的核心，广泛应用于工业控制、汽车电子、智能家居、医疗器械和智能穿戴设备等众多领域。伴随物联网和人工智能的快速发展，嵌入式系统在智能系统中发挥着越来越大的作用。

下面以咕咚手环为例介绍嵌入式系统的结构。如图 1-1-8 所示，把咕咚手环一步步拆开，可以看到它的内部是由柔性电路板构成，以阵列式发光二极管（LED）作为显示设备。整个控制设备包含以下几个模块：①电源管理芯片，主要完成电池的管理。②加速度计，主要用于测量人体的姿态，并通过算法估算出人所走的步数。③处理器，使用 STM32L 系列完成整个系统的控制。④蓝牙（Bluetooth）芯片，把采集到的数据传到手机端进行数据分析。

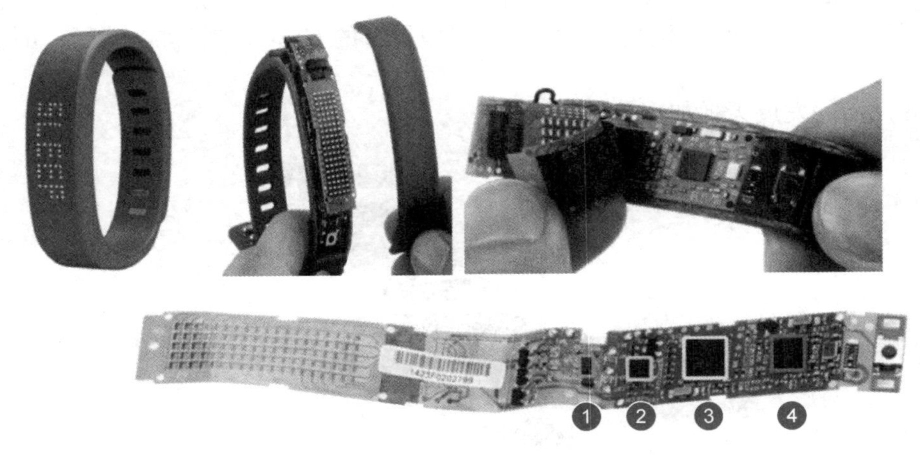

图 1-1-8 咕咚手环拆解

从咕咚手环的结构可知，嵌入式系统硬件包含传感器、处理器和通信模块等单元，其中，处理器是重要组成部分。嵌入式系统中的处理器可以分成下面四大类。

（1）微处理器

微处理器简称 MPU，是由通用处理器演变而来的，在通用性上有点类似通用处理器，但微处理器在功能、价格、功耗、芯片封装、温度适应性和电磁兼容方面更适合嵌入式系统应用要求，内部具有存储器管理单元。微处理器有很多种类型，代表型号有 386Ex 和 MIPS。

（2）MCU

MCU 内部集成处理器、RAM（随机存储器）、各种非易失性存储器、总线控制器、定时 / 计数器、看门狗、I/O（输入 / 输出）、串行口、脉宽调制（PWM）输出、A/D（模数）、D/A（数模）等各种必要功能和外设。跟 MPU 相比，MCU 的最大特点是将计算机最小系统所需要的部件及一些应用需要的控制器 / 外部设备（简称“外设”）集成在一个芯片上，实现单片化，使得芯片尺寸大大减小，从而使系统总功耗和成本下降、可靠性提高。MCU的片上外部设备资源一般比较丰富，适合于控制。MCU品种丰富、价格低廉，目前占嵌入式系统70%以上的市场份额。典型的型号有8051、MSP430和STM32等。

（3）DSP

DSP的系统结构和指令系统针对数字信号处理进行了特殊设计，因而在执行相关操作时具有很高的效率，如数字滤波、FFT（快速傅里叶变换）、谱分析、语音编码、视频编码、数据编码和雷达目标提取等。典型的型号有TI公司的C2000和C5000系列。

（4）片上系统

片上系统简称SOC，主要由可编程逻辑器件实现。它将MPU、模拟IP（知识产权）核、数字IP核和存储器（或片外存储控制接口）集成在单一芯片上。SOC通常是客户定制的，或是面向特定用途的标准产品。

2. ARM处理器

ARM公司是全球领先的半导体IP提供商，它不制造芯片，不向终端用户出售芯片，而是通过转让设计方案，由合作伙伴生产出各具特色的芯片。

ARM是Advanced RISC Machine的缩写，它是与X86平级的CPU（中央处理器）架构，它使用RISC，虽然整体性能不如X86架构特有的CISC，但其成本低、功耗低且效率高。

ARM产品的发展天梯如图1-1-9所示。

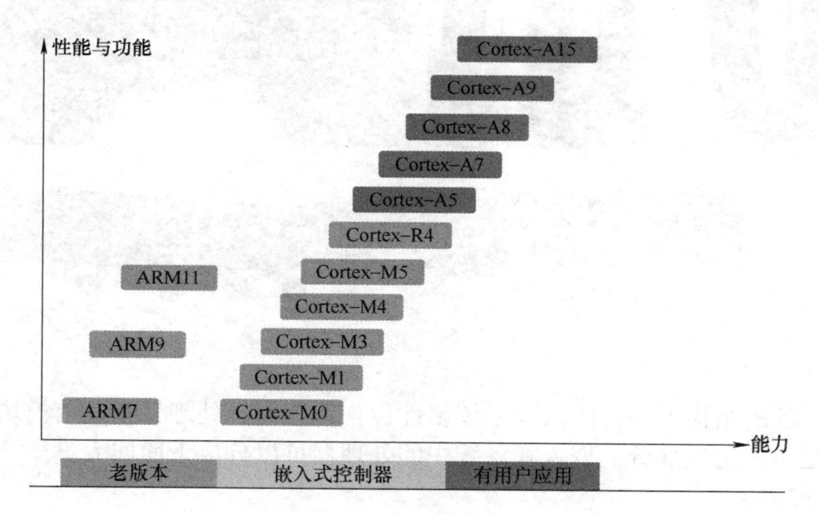


图1-1-9　ARM产品的发展天梯

ARM7：该系列主要针对某些简单的32位设备，作为目前较旧的一个系列，ARM7处理器已经不建议继续在新品中使用。它包括ARM7TDMI-S（ARMv4T架构）和ARM7EJ-S（ARMv5TEJ架构），主要用于控制方面。

ARM9：主要针对嵌入式实时应用，主要包括ARM926EJ-S、ARM946E-S和ARM968E-S。

ARM11：主要应用在高可靠性和实时嵌入式应用领域，主要包括ARM11MPCore、ARM1176、ARM1156和ARM1136。

ARM9、ARM11是嵌入式CPU，带有MMU（存储管理部件），可以运行诸如Linux

等多用户多进程的操作系统，应用场合也不同于 ARM7。

Cortex–M，代表 MPU 的意义，目标是最节能的嵌入式设备，主要应用领域包括汽车、能源网、医学、嵌入式、智能卡、智能设备、传感器融合和穿戴设备等。

该系列处理器主要包括 Cortex–M0、Cortex–M1、Cortex–M3、Cortex–M4 和 Cortex–M5 等。

Cortex–R，代表实时（Real–Time）的意义，目标是实时任务处理，主要应用领域包括汽车、相机、工业和医学等。

该系列处理器主要包括 Cortex–R4。

Cortex–A，代表的是先进（Advanced）的意义，目标是以最佳功耗实现最高性能，主要应用领域包括汽车、工业、医学、调制解调器和存储等。Cortex–A 也是目前应用最广的处理器版本。

该系列处理器主要包括 Cortex–A5、Cortex–A7、Cortex–A8、Cortex–A9、Cortex–A15、Cortex–A17、Cortex–A32、Cortex–A35、Cortex–A53、Cortex–A57、Cortex–A72 和 Cortex–A73。Cortex–A8 只支持单核。其中，Cortex–A5、Cortex–A7、Cortex–A8、Cortex–A9、Cortex–A15 和 Cortex–A17 基于 ARMv7–A 架构；Cortex–A32、Cortex–A35、Cortex–A53、Cortex–A57、Cortex–A72 和 Cortex–A73 基于 ARMv8–A 架构，除了 Cortex–A32 为 32 位结构，其他支持 64 位结构。

3. STM32 控制器

一个芯片比如 STM32 里面有内核（ARM），而内核 ARM 由 ARM 公司（IP 厂商）生产，外设由 ST 公司（SOC 厂商）生产，在此基础上添加各种外设，如 GPIO（General–purpose input/output，通用输入 / 输出接口）、$I^2C$（Inter–Integrated Circuit，集成电路总线）等。

M——MCU。

32——32bit，表示是一个 32bit MCU（单片机位数指 CPU 处理的数据的宽度，参与运算的寄存器的数据长度。32 位单片机的数据总线宽度为 32 位，通常可直接处理 8 位、16 位或 32 位数据。）

STM32 是指 ST 公司开发的 32 位 MCU，自带各种常用通信接口，如 USART（Universal Synchronous Asynchronous Receiver/Transmitter，通用同步 / 异步串行接收 / 发送器）、$I^2C$ 和 SPI（Serial Peripheral Interface，串行外设接口）等，可接非常多的传感器，可以控制很多设备。现实生活中，人们接触到的很多电器产品都有 STM32 的“身影”，如智能手环、微型四轴飞行器、平衡车、移动 POS 机、智能电饭锅和 3D 打印机等。特别是其高端芯片支持 WiFi、Bluetooth 和 IoT 等。

STM32 有很多系列，可以满足市场的各种需求，例如：

1）高性能系列：STM32F2、STM32F4、STM32F7 和 STM32H7 等。

2）主流系列：STM32F0、STM32F1 和 STM32F3 等。

3）低功耗系列：STM32L0、STM32L1 和 STM32L4 等。

4）无线系列：STM32WB、STM32WL 等。

4. STM32 型号命名规则

STM32 型号命名规则可参考图 1-1-10。

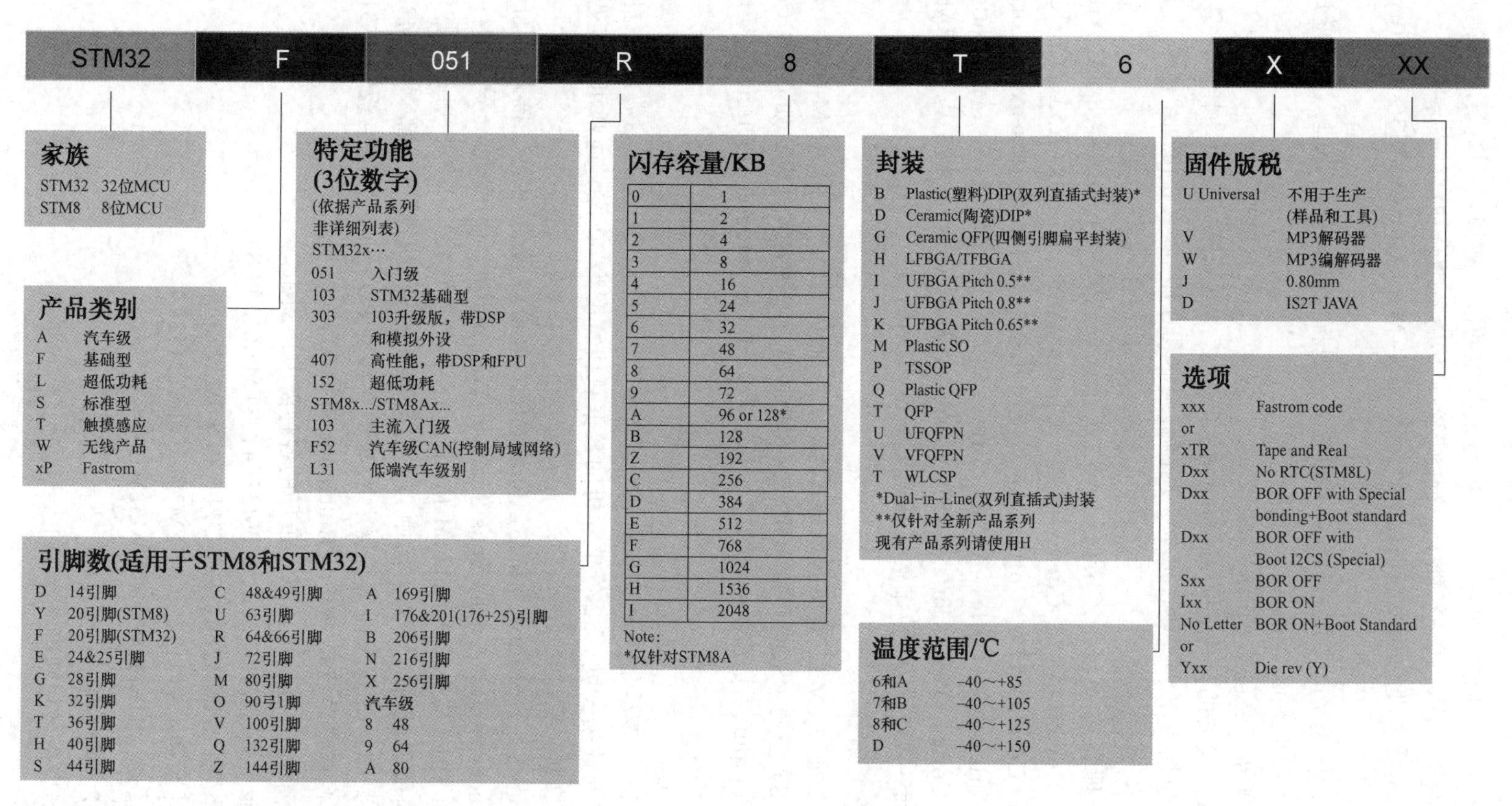


图 1-1-10　STM32 型号命名规则

### 1.1.2 STM32 软件开发库

在学习 STM32 的软件开发模式之前，有必要先了解 STM32 的软件开发库。ST 公司为开发者提供了多个软件开发库，如标准外设库、HAL 库与 LL 库。另外，ST 公司还针对 F0 与 L0 系列的 MCU 推出了 STM32Snippets 示例代码集合。上面提到的几种软件开发库中，标准外设库推出时间最早，HAL 库次之，而 LL 库是 2017 年推出的。ST 公司为这些软件开发库配套了齐备的开发文档，为开发者的使用提供了极大的方便。接下来分别对以上几种软件开发库进行介绍。

1. STM32Snippets

STM32Snippets 是 ST 公司推出的高度优化且立即可用的寄存器级代码段集合，可最大限度地发挥 STM32 MCU 应用设计的性能和能效。但由于处在最底层，因此需要开发者直接操作外设寄存器，对开发者要求比较高，需要开发者花费很多时间精力研究产品手册，通常适合对汇编程序比较了解的资深嵌入式工程师。另外，这种开发模式的缺点是代码在不同系列的 STM32 MCU 之间没有可移植性。

2. STM32 标准外设库

STM32 标准外设库（Standard Peripherals Library）是对 STM32 MCU 的完整封装，它包括了 STM32 MCU 所有外设的驱动描述和应用实例，为开发者访问底层硬件提供了一个中间 API（应用程序接口）。通过标准外设库，开发者无须深入掌握底层硬件的细节就可以轻松地驱动外设，快速部署应用。因此，使用标准外设库可以减少开发者驱动片内外设的编程工作量，降低时间成本。

标准外设库早期的版本也称为固件函数库或简称固件库，是目前使用最多的库，缺点是不支持 L0、L4 和 F7 等 MCU 系列。

ST 公司为各个不同系列的 MCU 提供的标准外设库的内容是存在一些区别的。例如，STM32F1xx 的库和 STM32F4xx 的库在文件结构与内部实现上有所不同，因此，基于标准外设库开发的程序在不同系列的 MCU 之间的可移植性较差。

3. HAL 库与 LL 库

为了减少开发者的工作量，提高程序开发的效率，ST 公司发布了一个新的软件开发工具产品——STM32Cube。这个产品由 PC（个人计算机）端的图形化配置与代码生成工具 STM32CubeMX、嵌入式软件库函数（HAL 库与 LL 库）以及一系列中间件集合 [RTOS（实时操作系统）、USB（Universal Serial Bus，通用串行总线）库、文件系统、TCP/IP（传输控制协议 / 互联网协议）栈和图形库等 ] 构成。

HAL（Hardware Abstraction Layer，硬件抽象层）库是 ST 公司为 STM32 系列 MCU 推出的硬件抽象层嵌入式软件，可以提高程序在跨系列产品之间的可移植性。

与标准外设库相比，HAL 库表现出更高的抽象整合水平。HAL 库的 API 集中关注各外设的公共函数功能，它定义了一套通用的用户友好的 API 函数接口，开发者可以轻松地实现将程序从 STM32 MCU 的一个系列移植到另一个系列。目前，HAL 库已经支持 STM32 全系列产品，作为目前 ST 主推的外设库，HAL 库相关的文档还是非常详细的。

LL（Low Layer）库是 ST 2017 年推出的库，与 HAL 库捆绑发布，其说明文档也与 HAL 文档编写在一起。例如，在 STM32L4xx 的 HAL 库说明文档中，新增了 LL 库这一章节。LL 库文件的命名方式和 HAL 库基本相同。使用 LL 库编程和使用标准外设库的方式基本一样，却会得到比标准外设库更高的效率。

从移植性、程序优化、易用性、程序可读性和支持硬件系列等方面对上述各软件开发库性能进行比较，比较结果如图 1-1-11 所示。

| Offer | | Portability (移植性) | Optimization (程序优化) (Memory & Mips) | Easy (易用性) | Readiness (程序可读性) | Hardware coverage (支持硬件系列) |
|---|---|---|---|---|---|---|
| STM32Snippets | | | +++ | | | + |
| Standard Periheral Library | | ++ | ++ | + | ++ | +++ |
| STM32Cube | HAL APIs | +++ | + | ++ | +++ | +++ |
| | LL APIs | +++ | +++ | + | ++ | ++ |

图 1-1-11　开发库性能对比

目前几种库对不同芯片的支持情况如图 1-1-12 所示。

| Offer | Available for STM32 | | | | | | | | | |
|---|---|---|---|---|---|---|---|---|---|---|
| | STM32 F0 | STM32 F1 | STM32 F3 | STM32 F2 | STM32 F4 | STM32 F7 | STM32 H7 | STM32 L0 | STM32 L1 | STM32 L4 |
| STM32Snippets | Now | N.A. | N.A. | N.A. | N.A. | N.A. | N.A. | Now | N.A. | N.A. |
| Standard Periheral Library | Now | Now | Now | Now | Now | N.A. | N.A. | N.A. | Now | N.A. |
| STM32Cube HAL | Now | Now | Now | Now | Now | Now | Now | Now | Now | Now |
| STM32Cube LL | Now | Now | Now | Now | Now | Now | 2018 | Now | Now | Now |

图 1-1-12　库对不同芯片的支持情况对比

**注：**在图 1-1-12 中，“Now”表示某软件开发库已支持相应的 MCU 系列；“N.A.”反之。

### 1.1.3　STM32 软件开发模式

基于 STM32Cube 的开发流程如下：

1）开发者先根据应用需求使用图形化配置与代码生成工具对 MCU 片上外设进行配置：包括选择要开发的 MCU 型号，配置调试端口，配置时钟选项，配置时钟树，配置所需 I/O 端口、外设、中断，配置工程选项等。

2）检查无错误或冲突后生成基于 HAL 库或 LL 库的初始化代码。

最后，将生成的代码导入集成开发环境进行编辑、编译和运行。

基于 STM32Cube 的开发模式的优点有以下 3 点：

1）初始代码框架是自动生成的，简化了开发者新建工程、编写初始代码的过程。

2）图形化配置与代码生成工具操作简单、界面直观，为开发者节省了查询数据手册了解引脚与外设功能的时间。

3）HAL 库的特性决定了基于 STM32Cube 的开发模式编写的代码移植性好。

这种开发模式的缺点是函数调用关系比较复杂、程序可读性较差、执行效率偏低以及对初学者不友好等。

另外，图形化配置与代码生成工具的简单易用是建立在使用者已经熟练掌握了 STM32 MCU 的基础知识和外设工作原理的前提下的，否则在使用该工具的过程中将会处处碰壁。

基于 STM32Cube 的开发模式是 ST 公司目前主推的一种模式，对于近年来推出的新产品，ST 公司也已不为其配备标准外设库。因此，为了顺应技术发展的潮流，本书选取了基于 STM32Cube 的开发模式，后续的任务实施的讲解都是基于这种开发模式。

### 1.1.4　STM32 集成开发环境的选择

根据 ST 公司官网显示，支持 STM32 开发的 IDE（Integrated Development Environments，集成开发环境）有 20 余种，其中包括商业版软件和纯免费的软件。目前比较常用的商业版 IDE 有 MDK-ARM 与 IAR-EWARM，免费的 IDE 包括 SW4STM32、TrueSTUDIO 和 CoIDE 等。另外，ST 官方推荐使用 STM32CubeMX 软件可视化地进行芯片资源和引脚的配置，然后生成项目的源程序，最后导入 IDE 中进行编译、调试与下载。2019 年 4 月，ST 公司还发布了 STM32CubeIDE 1.0，它将 TrueSTUDIO 和 STM32CubeMX 工具整合在一起，是一个基于 Eclipse 和 GCC 的 IDE 工具。常见的支持 STM32 开发的 IDE 如图 1-1-13 所示。

图 1-1-13　支持 STM32 开发的 IDE

综合评估各种开发工具，采用“STM32CubeMX+MDK-ARM”的开发工具组合，MDK-ARM 能和 STM32CubeMX 很好地融合，程序编译、下载和调试都非常方便，具体的应用开发流程如下：

1）根据任务要求，利用 STM32CubeMX 进行功能配置。

2）生成基于 MDK-ARM 集成开发环境的初始代码。

3）添加功能逻辑完成应用开发。

# 任务工单

任务工单 1　搭建开发环境

| 项目 1：流水灯 | 任务 1：搭建开发环境 |
|---|---|

搭建开发环境

**（一）练习习题**

扫描右侧的二维码，完成练习

**（二）任务实施完成情况**

| 实施步骤 | 实施步骤具体操作 | 完成情况 |
|---|---|---|
| 步骤 1：安装 Keil MDK | | |
| 步骤 2：Keil MDK 支持包的安装 | | |
| 步骤 3：注册 Keil MDK | | |
| 步骤 4：Java 的安装 | | |
| 步骤 5：配置环境变量 | | |
| 步骤 6：STM32CubeMX 的安装 | | |
| 步骤 7：嵌入式软件包的安装 | | |

**（三）任务检查与评价**

| 项目名称 | 流水灯 | | | |
|---|---|---|---|---|
| 任务名称 | 搭建开发环境 | | | |
| 评价方式 | 可采用自评、互评和教师评价等方式 | | | |
| 说明 | 主要评价学生在项目学习过程中的操作技能、理论知识、学习态度、课堂表现和学习能力等 | | | |
| 序号 | 评价内容 | 评价标准 | 分值 | 得分 |
| 1 | 知识运用（20%） | 掌握相关理论知识，理解本任务要求，制订详细计划，计划条理清晰，逻辑正确（20 分） | 20 分 | |
| | | 理解相关理论知识，能根据本任务要求制订合理计划（15 分） | | |
| | | 了解相关理论知识，有制订计划（10 分） | | |
| | | 无制订计划（0 分） | | |

（续）

| 项目 1：流水灯 | | | 任务 1：搭建开发环境 | |
|---|---|---|---|---|
| 序号 | 评价内容 | 评价标准 | 分值 | 得分 |
| 2 | 专业技能（40%） | 完成 STM32CubeMX 的安装，并完成 F1 和 L1 嵌入式软件包的安装（40 分） | 40 分 | |
| | | 完成 Java 的安装，环境变量设置完成，并通过测试（30 分） | | |
| | | 完成 Keil MDK 的安装，并且注册成功（20 分） | | |
| | | 不愿完成任务（0 分） | | |
| 3 | 核心素养（20%） | 具有良好的自主学习和分析解决问题的能力，整个任务过程中有指导他人（20 分） | 20 分 | |
| | | 具有较好的学习和分析解决问题的能力，任务过程中无指导他人（15 分） | | |
| | | 能够主动学习并收集信息，有请教他人进行解决问题的能力（10 分） | | |
| | | 不主动学习（0 分） | | |
| 4 | 课堂纪律（20%） | 设备无损坏，设备摆放整齐，工位区域内保持整洁，无干扰课堂秩序（20 分） | 20 分 | |
| | | 设备无损坏，无干扰课堂秩序（15 分） | | |
| | | 无干扰课堂秩序（10 分） | | |
| | | 干扰课堂秩序（0 分） | | |
| 总得分 | | | | |

**（四）任务自我总结**

| 过程中遇到的问题 | 解决方式 |
|---|---|
| | |
| | |
| | |

## 任务小结

通过开发环境的搭建，读者可了解 STM32 MCU 的基础知识和软件开发模式，并掌握 STM32 开发环境的搭建过程，如图 1-1-14 所示。

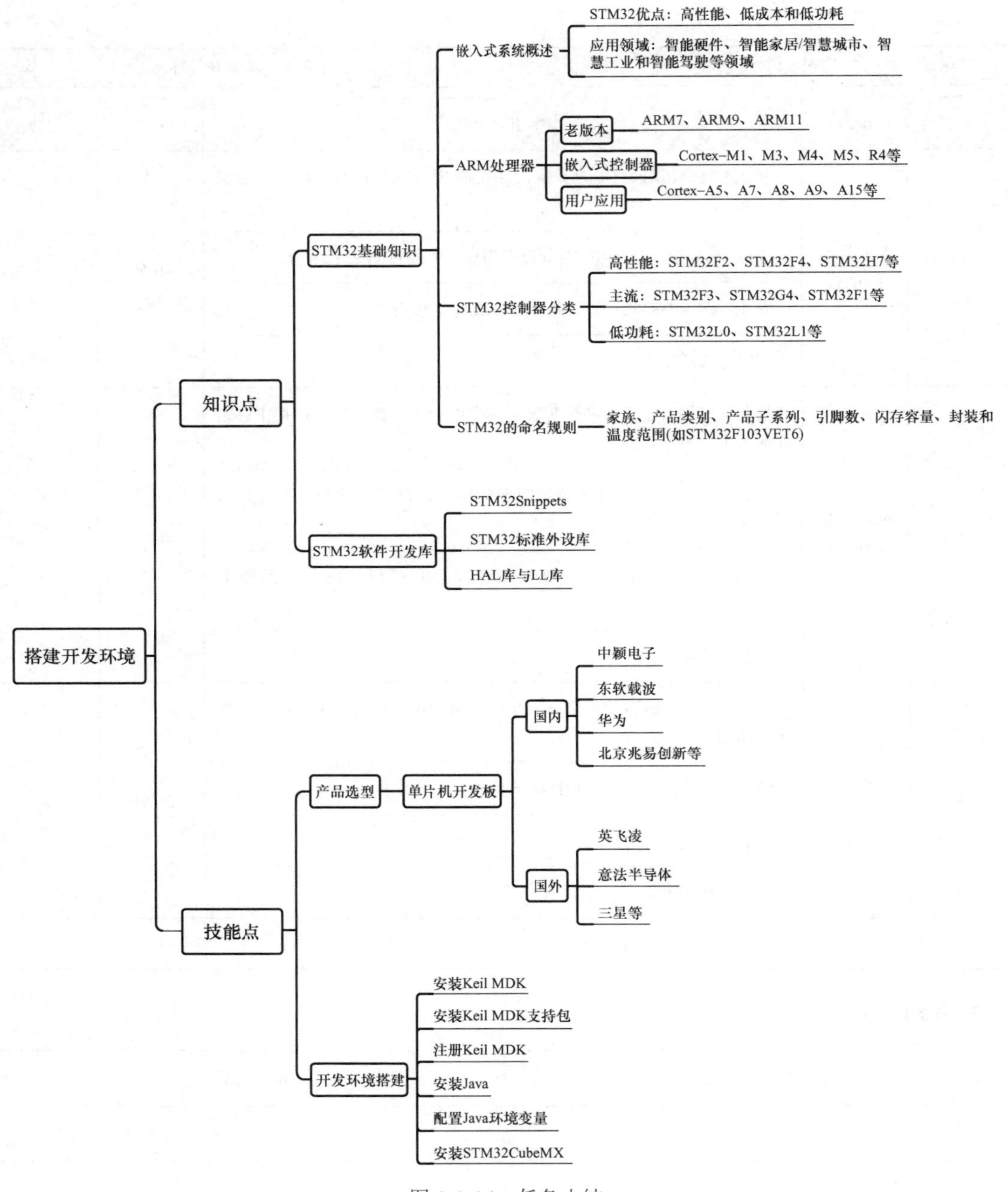


图 1-1-14　任务小结

## 任务拓展

拓展：试用开发环境，在 MDK-ARM 集成开发环境里经常要使用注释，当使用中文作为注释时，默认状态下会出现乱码，查找资料对 MDK-ARM 进行配置，解决乱码问题。

# 任务2 点亮一盏LED灯

## 职业能力目标

1）能够依据要求进行设备的正确选型。

2）能够依据MCU的GPIO驱动技术，使用HAL库函数正确控制端口输出。

3）能够树立良好的学习习惯，注重知识的积累。

## 任务描述与要求

**任务描述：**制作流水灯装饰，并完成一个LED的测试。

**任务要求：**

1）正确完成工程的建立、配置与代码的完善。

2）正确下载程序到开发板，并验证效果。

## 设备选型

设备需求如图1-2-1所示。

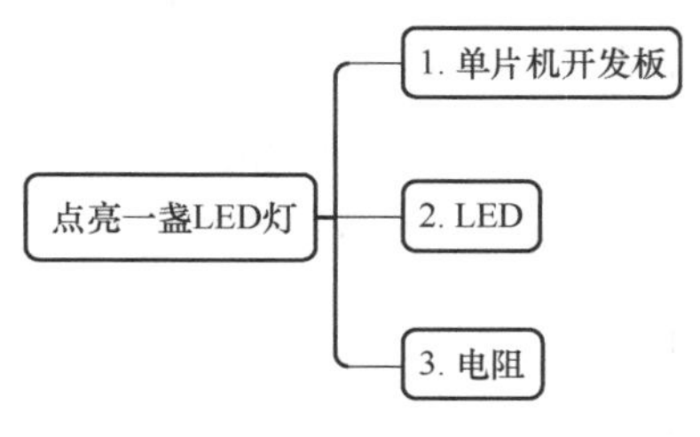


图1-2-1 设备需求

1. 单片机开发板

根据项目1任务1可知，本书选用STM32系列，可以选型的型号如图1-1-3所示。

2. LED

设备分析：若选择的单片机没有自带LED，则需要外接LED。

LED选型如图1-2-2所示。

3. 电阻

若单片机上不带LED，则需要外接LED，同时需要外接电阻，常用电阻选型如图1-2-3所示。

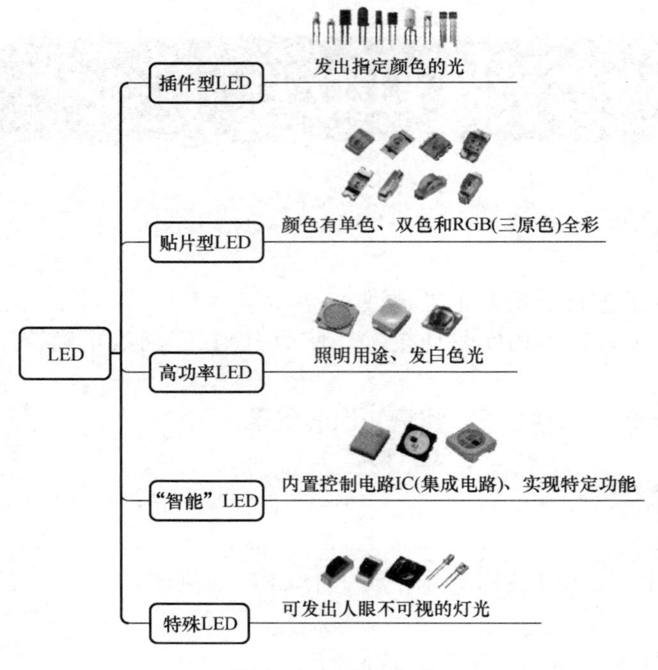


图 1-2-2　LED 选型

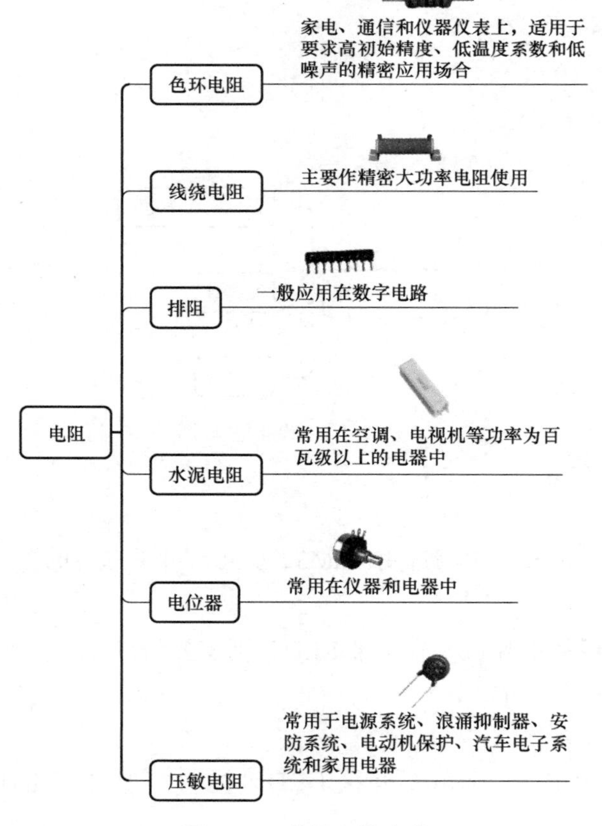


图 1-2-3　常用电阻选型

LED 的电流一般在 20mA 以内，加稳流电阻可以防止电流变化太大导致 LED 被烧毁，指示 LED 属于电流型器件，实际工作时管压降为 2V 左右，电流为 10mA，一般选择 1kΩ 电阻，这是经验值。

可以根据手中现有的开发板进行选择，本书选取 STM32F103VET6 开发板。此开发板中已经有 9 个 LED，故可以不用选择电阻和 LED，若手中的开发板没有 LED，则需要根据设备选型要求来选择合适的 LED 和电阻组合。

## 知识储备

### 1.2.1 发光二极管

1. 简介

发光二极管，即 LED，是一种常用的发光器件，通过电子与空穴复合释放能量，高效地将电能转换为光能，在现代社会中具有广泛的应用，如平板显示、医疗器件、PCBA 产品行业、家电行业、智能产品、玩具礼品、汽车电子、交通指示、电子消费、美容保健和灯饰照明等众多领域。

这种电子器件早在 1962 年出现，早期只能发出低光度的红光，之后发展出其他单色光的版本，能发出的光已遍及可见光、红外线及紫外线，光度也得到相应提高。用途由初时作为指示灯、显示板等发展为应用于显示器和照明。

基本上 LED 只是一个微小的电灯泡，但不像常见的白炽灯泡，LED 没有灯丝，而且发热量很少，它单单是依靠半导体材料里的电子移动而发光。

LED 具有使用寿命长、体积小、亮度高、低光衰、耐高温和抗振动等优点。

2. 工作原理

LED 是由半导体制成的，其核心是 PN 结。什么是 PN 结呢？LED 的中心是一个半导体晶片，晶片由两部分组成，一部分是 P 型半导体，其中空穴占主导地位，而晶片的另一端是 N 型半导体，这边主要是电子，二者连接起来就形成了一个 PN 结。LED 结构示意图如图 1-2-4 所示。

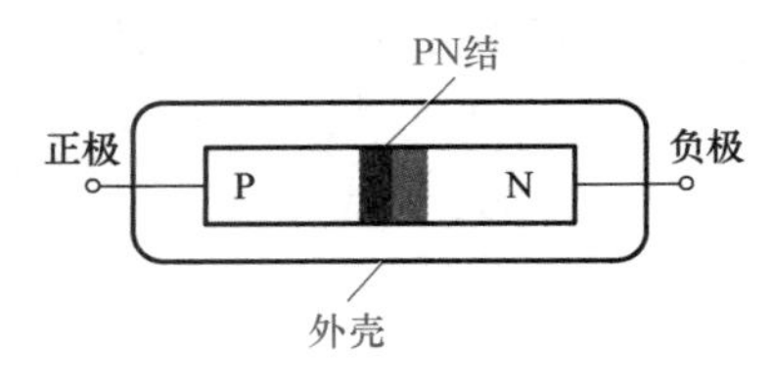

图 1-2-4 LED 结构示意图

那么，LED 能发光和 PN 结有什么关系呢？在正向电压的作用下，电子由 N 区注入 P 区，空穴由 P 区注入 N 区。进入对方区域的少数载流子（少子）一部分与多数载流子（多子）复合，从而产生自发辐射的荧光。不同材料中电子与空穴所处的能量状态不尽相同，复合时释放的能量也有所不同，过程中释放的能量越多，对应发出光的波长也就越短。LED 工作原理如图 1-2-5 所示。

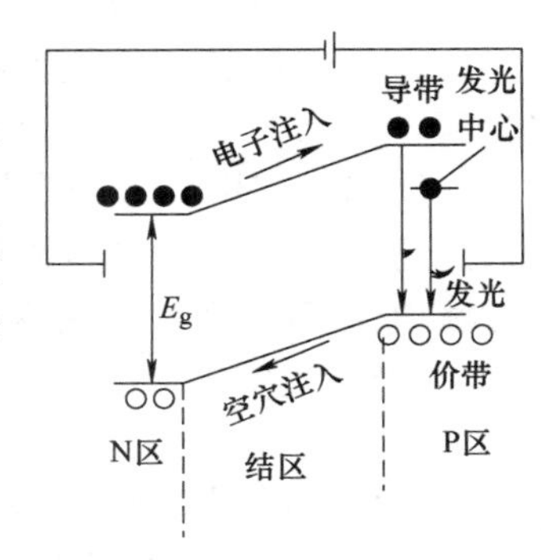

图 1-2-5 LED 工作原理

3. LED 正负极区分

（1）方法一：长短脚判断 LED 的正负极

无论什么颜色的 LED，其正负极都是固定的。对于直插的 LED，长脚的是正极，短脚是负极，也可以仔细观察管子内部的电极，较小的是正极，大的类似于碗状的是负极。对于贴片 LED，俯视时，一边带彩色线的是负极，另一边则是正极。直插式 LED 正负极区别如图 1-2-6 所示。

（2）方法二：用万用表判断 LED 正负极

将万用表的档位拨至二极管档位，红色表笔插入 VΩ 插孔，黑色表笔插入 COM 插孔。将红色表笔接触 LED 的正极，黑色表笔接触 LED 的负极，如果 LED 被点亮，则 LED 就是好的。万用表测量 LED 如图 1-2-7 所示。

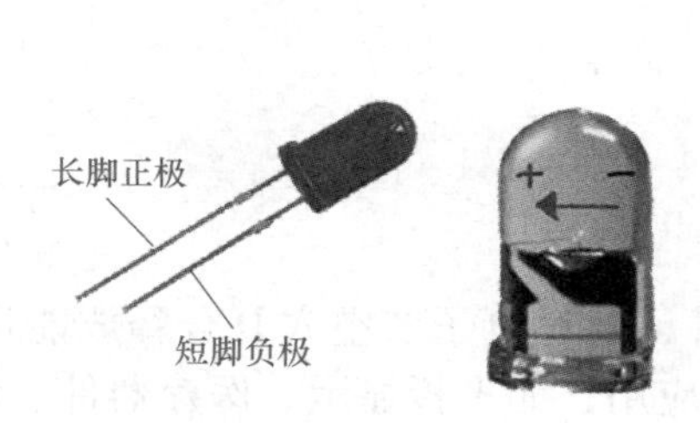

图 1-2-6　直插式 LED 正负极区别

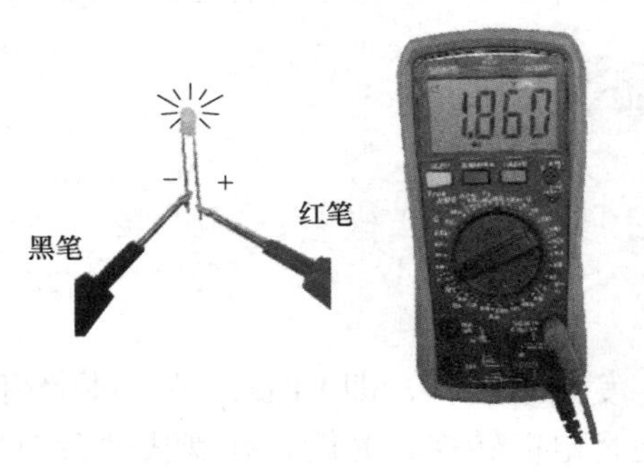

图 1-2-7　用万用表测量 LED

## 1.2.2　电阻

1. 简介

电阻（Resistance，$R$）是一个物理量，在物理学中表示导体对电流阻碍作用的大小。导体的电阻越大，表示导体对电流的阻碍作用越大。不同导体的电阻一般不同，电阻是导体本身的一种性质。电阻通常用字母 $R$ 或 $r$ 表示，单位是欧姆，简称欧，符号为 Ω。

电阻由导体两端的电压 $U$ 与通过导体的电流 $I$ 的比值来定义，即

$$R=\frac{U}{I}$$

2. 电阻的用途

（1）分流

当在电路的干路上需同时接入几个额定电流不同的用电器时，可以在额定电流较小的用电器两端并联一个电阻，这个电阻的作用就是分流。

例如，有甲、乙两个灯泡，额定电流分别是 0.2A 和 0.4A，显然，两灯泡不能直接串联接入同一电路。但若在甲灯两端并联一个合适的分流电阻 $R_F$，则当开关 S 闭合时，甲、乙两灯便都能正常工作了，如图 1-2-8 所示。

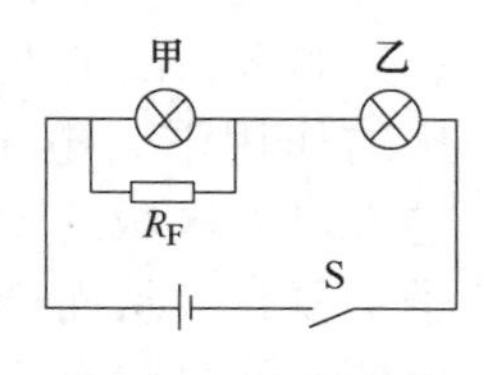

图 1-2-8　电阻分流

（2）限流

为使通过用电器的电流不超过额定值或实际工作需要的规定值，以保证用电器能正常工作，通常可在电路中串联一个可变电阻。当改变这个电阻的大小时，电流的大小也随之改变。把这种可以限制电流大小的电阻称为限流电阻。

例如，在给蓄电池充电的电路中，为了使充电电流不超过规定值，可在电路中接入

限流电阻。在充电过程中，适当调节接入电阻的大小，可使电流的大小保持稳定，如图 1-2-9 所示。

（3）分压

一般用电器上都标有额定电压值，若电源比用电器的额定电压高，则不可把用电器直接接在电源上。在这种情况下，可给用电器串接一个合适阻值的电阻，让它分担一部分电压，以使用电器能在额定电压下工作，称这样的电阻为分压电阻。

例如，当接入合适的分压电阻后，额定电压为 3V 的电灯便可接入电压为 12V 的电源上，如图 1-2-10 所示。

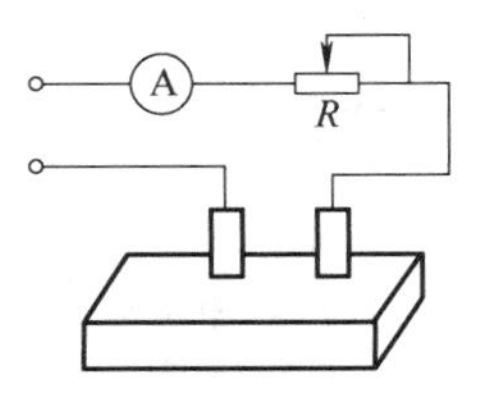


图 1-2-9　限流电阻

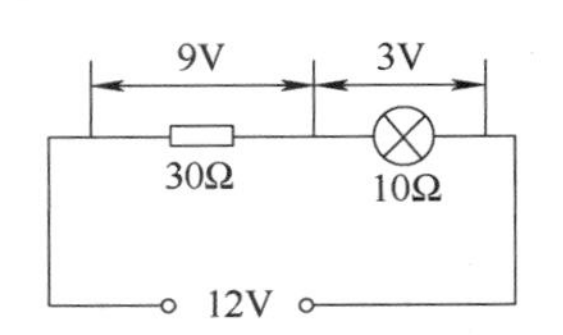


图 1-2-10　分压电阻

（4）将电能转换为内能

电流通过电阻时，会把电能全部或者部分转换为内能，起到加热的作用。如常见的电炉、电饭煲和取暖器等。如图 1-2-11 所示的电饭煲，就是将电能转换为内能的实际应用。

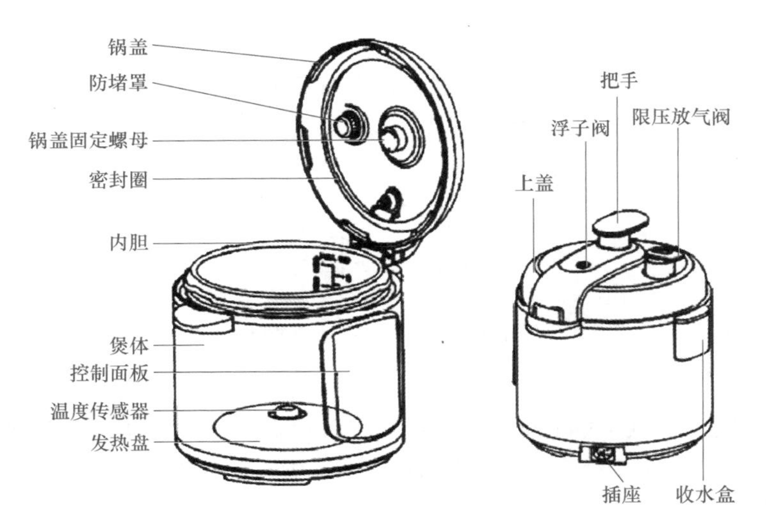


图 1-2-11　电饭煲

（5）上拉、下拉

此作用主要应用在单片机电路或复杂电路中。所谓上拉，就是端口通过电阻接至 $V_{CC}$ 电源端，在初始状态时使接口的电平为高电平；下拉也一样，就是将接口通过电阻下拉到 GND，在初始状态下接口的电平为低电平。这样可以让电路保持稳定，不至于误动作造成意外或不必要的结果。

CPU 和 key 的检测就使用了电阻的上拉和下拉作用，如图 1-2-12 所示。

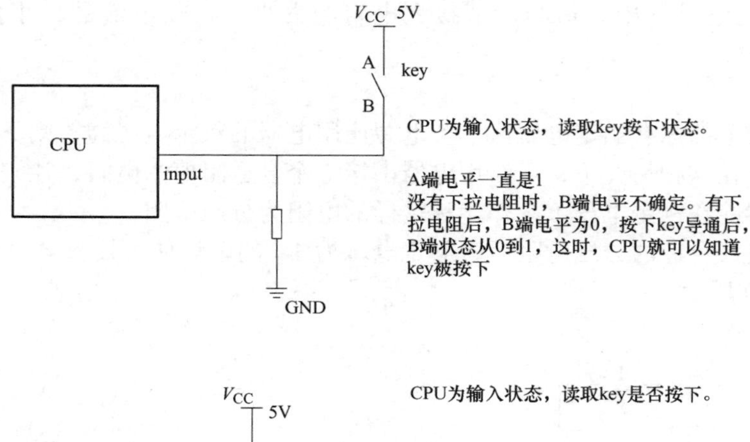


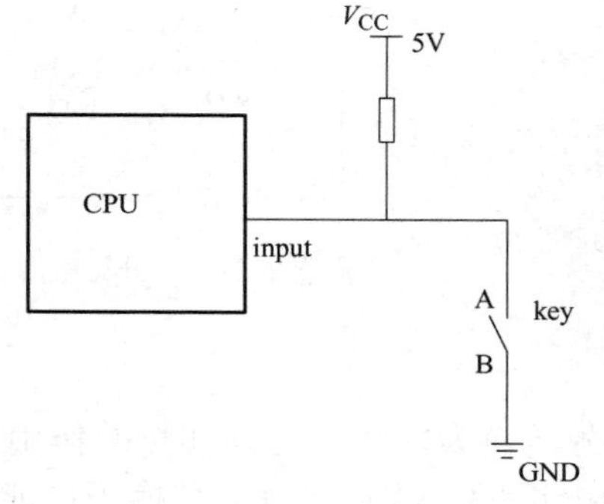


图 1-2-12　CPU 和 key 的检测

（6）滤波

一般与电容组合构成一个 *RC* 滤波器，用于降低和滤除噪声，还原真实有用信号。一阶 *RC* 低通滤波器如图 1-2-13 所示。

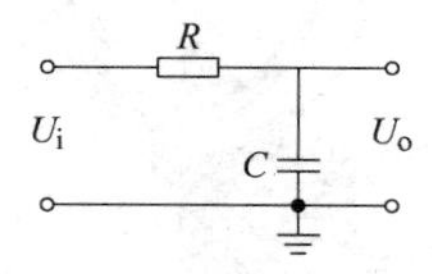


图 1-2-13　一阶 *RC* 低通滤波器

（7）跳线

这个作用一般在调试（Debug）中使用。设计电路时，为了方便后期调试，在引脚与芯片之间通过一个电阻连接，不用时把电阻去掉。在故障分析中，可以对某一路进行断路处理，方便 FA（失效分析）。

3. 色环电阻

色环电阻是电子电路中最常用的电子元件，它是在普通电阻封装上涂上不同颜色的圆环，用来区分电阻的阻值以及精度（误差），保证在安装电阻时不管从哪个方向安装，都可以清楚读出它的阻值。

色环电阻的基本单位有欧姆（Ω）、千欧（kΩ）和兆欧（MΩ）。$1M\Omega=10^3k\Omega=10^6\Omega$。

色环电阻用色环来表示电阻的阻值和误差，普通的为四色环，高精密的用五色环表示，另外还有用六色环表示的（此种产品只用于高科技产品且价格十分昂贵）。图 1-2-14 所示为色环电阻阻值参数。

| 颜色 | 色环 | 有效数字 | 倍乘数 | 误差范围 |
| --- | --- | --- | --- | --- |
|  | 棕 | 1 | $10^1$ | ±1% |
|  | 红 | 2 | $10^2$ | ±2% |
|  | 橙 | 3 | $10^3$ | — |
|  | 黄 | 4 | $10^4$ | — |
|  | 绿 | 5 | $10^5$ | ±0.5% |
|  | 蓝 | 6 | $10^6$ | ±0.25% |
|  | 紫 | 7 | $10^7$ | ±0.1% |
|  | 灰 | 8 | $10^8$ | — |
|  | 白 | 9 | $10^9$ | — |
|  | 黑 | 0 | $10^0$ | — |
|  | 金 | — | $10^{-1}$ | ±5% |
|  | 银 | — | $10^{-2}$ | ±10% |
|  | 无色 | — | — | ±20% |

说明：

1. 四环的电阻第1、2环代表的是有效数字，第3环代表倍乘数，第4环代表误差范围
2. 五环的电阻第1～3环代表的是有效数字，第4环代表倍乘数，第5环代表误差范围
3. 在实际应用中，四环电阻的第4环一般为金色或银色，误差较大
4. 在实际应用中，五环的电阻第5环一般为棕色或红色，误差较小
5. 首环与末环的判断

①一般首环与第二环的间距较窄，末环与倒数第二环的间距较宽

②一般首环与电阻引脚的间距较窄，末环与电阻引脚的间距较宽

③四环电阻一般末环为金色或银色，五环电阻末环一般为棕或红色

图 1-2-14 色环电阻阻值参数表

## 1.2.3 认识 STM32Cube 嵌入式软件包

在 STM32CubeMX 中，以 STM32CubeF1 为例介绍 STM32Cube 嵌入式软件包的构成。单击 STM32CubeMX 软件上方的“Help”菜单，选择“Updater Settings”选项，在弹出的对话框中可找到软件包的存放地址，如图 1-2-15 中标号①处所示，默认安装路径为 C：/Users/XXX/STM32Cube/Repository/，其中，“XXX”为用户名。

进入 STM32Cube 嵌入式软件包的存放地址，可以看到软件包由 6 个文件夹和 4 个文件构成，如图 1-2-16 所示。

在 STM32Cube 嵌入式软件包中，“_htmresc”文件夹和“package.xml”“Release_Notes. html”“License.md”“Readme.md”文件是软件包发布记录、图标资源和许可信息等。其余 5 个文件夹的作用如下：

1）Documentation 文件夹：存放关于 MCU 固件包和 HAL 库使用的官方文档。

2）Middlewares 文件夹：存放中间件组件。

3）Projects 文件夹：存放官方开发板的各种例程。

4）Utilities 文件夹：各类支撑文件，如字体文件和图形应用例程中使用的图片文件等。

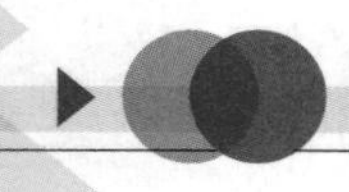

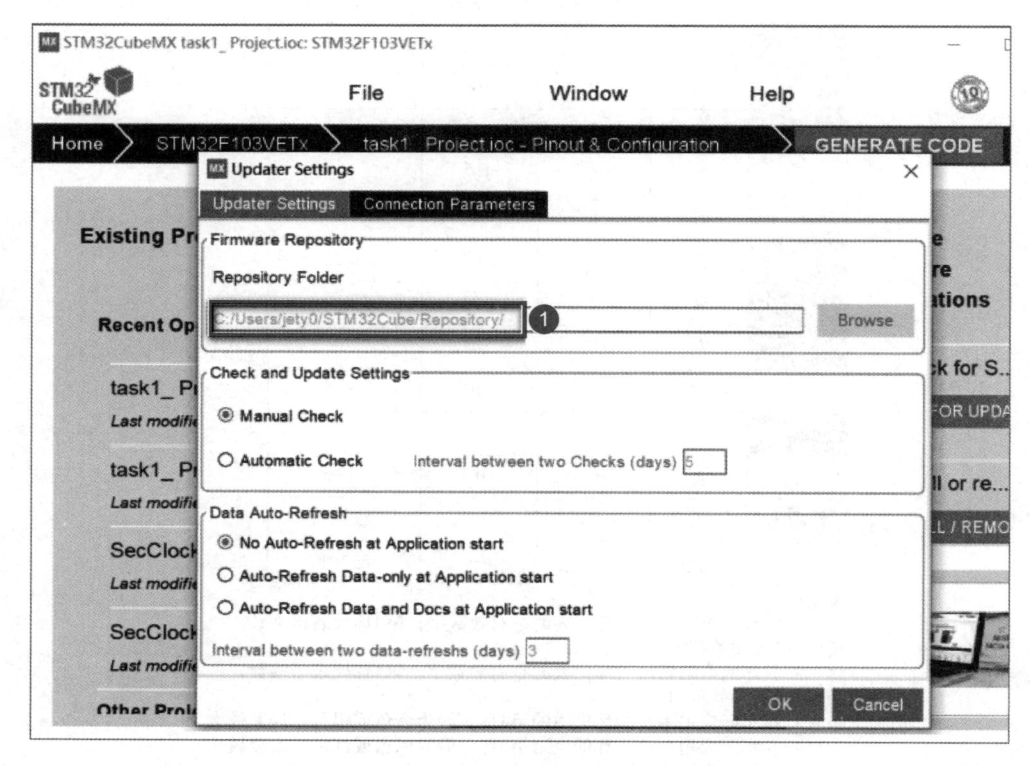


图 1-2-15　STM32Cube 嵌入式软件包的存放地址

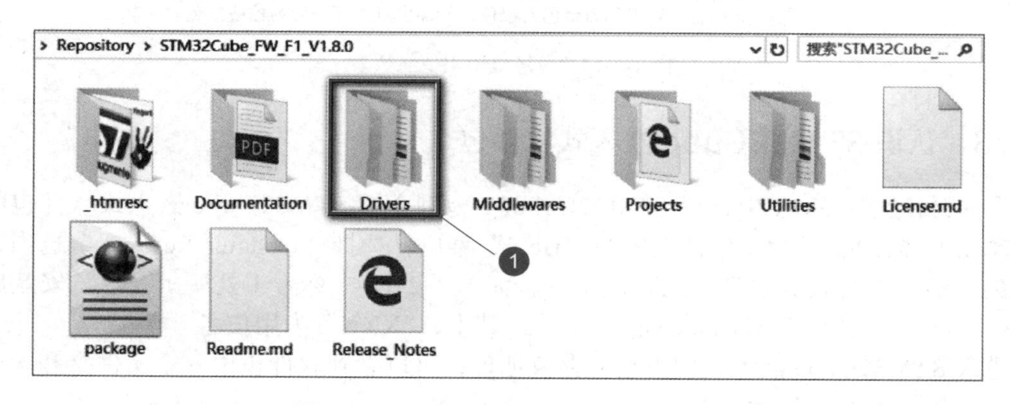


图 1-2-16　STM32Cube 嵌入式软件包构成

5）Drivers 文件夹：图 1-2-16 标号①处有三个文件夹，“BSP”存放基于 HAL 库开发的官方开发板的板级支持包，提供指示灯、按键等外围电路的驱动程序；“CMSIS”存放由 ARM 公司提供的 Cortex 微控制器软件接口标准，包括 Cortex 内核寄存器定义、启动文件等；“STM32F1xx_HAL_Driver”存放 STM32 微控制器片内外设的 HAL 库驱动文件，这里有非常重要的 HAL 库用户使用手册“STM32F100xE_User_Manual.hml”，图 1-2-17 中标注①为 STM32F103VET6 所要使用的 HAL 库手册。

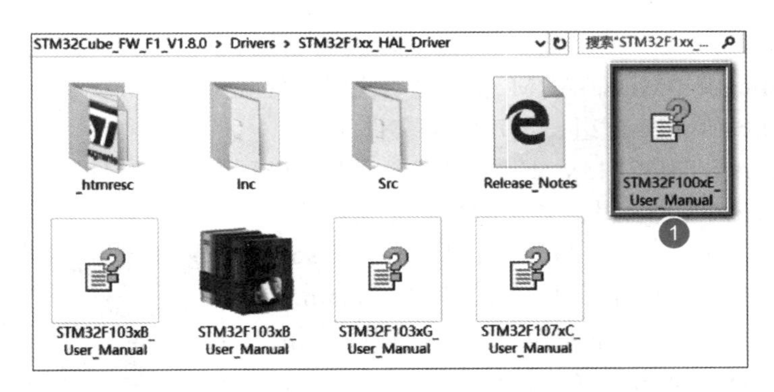


图 1-2-17　STM32F1xx_HAL_Driver 文件夹中的内容

## 1.2.4　认识工程框架

在进行应用开发之前，有必要对 STM32CubeMX 软件生成的初始 C 代码工程进行了解，如了解工程架构、了解主要的函数功能与执行过程。

打开任务 1 建立的“task1–1”，如图 1-2-18 所示。首先，介绍一下 MDK–ARM 的软件主界面，整个界面由 5 个部分组成，标号①处为菜单栏，菜单栏提供软件的全部功能。标号②处为工具栏，工具栏提供软件的常用功能。标号③处为工程窗口，工程窗口中列出了工程所包含的全部文件。标号④处是代码编辑窗口，在这里进行代码的编辑。标号⑤处是信息输出窗口，在这里显示软件操作过程中的提示信息。

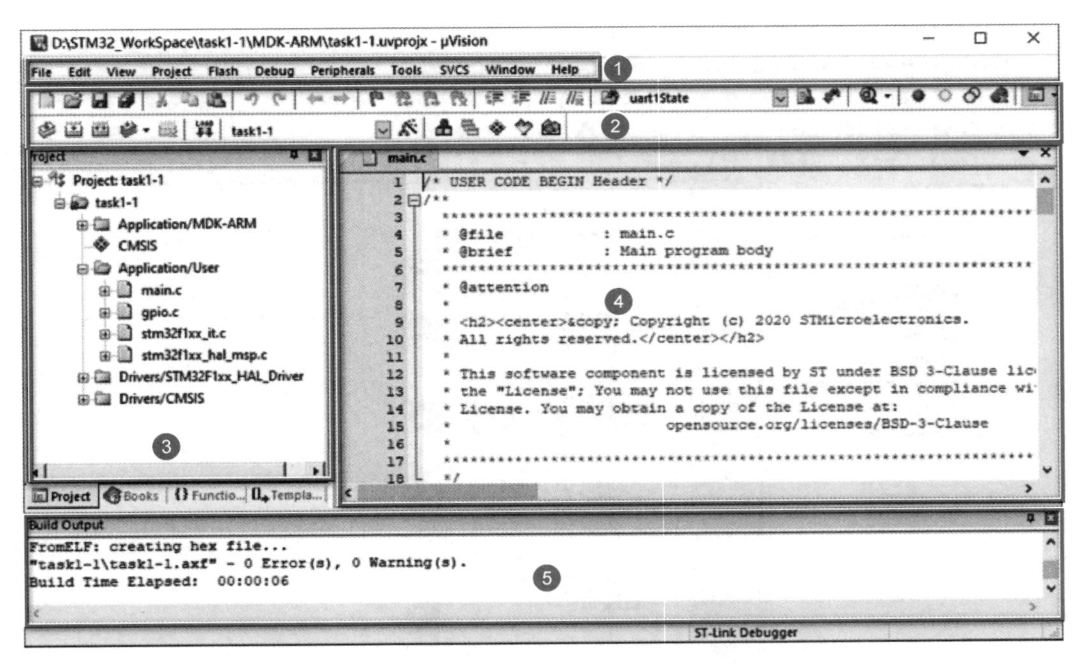


图 1-2-18　MDK–ARM 界面

接下来了解由 STM32CubeMX 生成的工程文件。工程窗口如图 1-2-19 所示，标号①处是工程的名称。从图中可以看到，整个工程的源文件被分为 4 个组，分别是“Application/MDK–ARM”“Application/User”“Drivers/STM32F1xx_ HAL_ Driver”和

"Drivers/CMSIS"。

标号② Application/MDK-ARM 组：启动代码文件。

标号③ Application/User 组：用户编程文件。

标号④ Drivers/STM32F1xx_ HAL_ Driver 组：HAL 库驱动文件。

标号⑤ Drivers/CMSIS 组：系统的初始化文件。

用户需要编写的程序主要位于 Application/User 组中，如图 1-2-19 中的标号③处所示。其中，main.c 为主程序所在文件；gpio.c 主要包含 GPIO 初始化相关程序；stm32f1xx_it.c 用于存放各种中断服务函数；stm3251xx_hal_msp.c 用于进行 MCU 级别的硬件初始化设置。

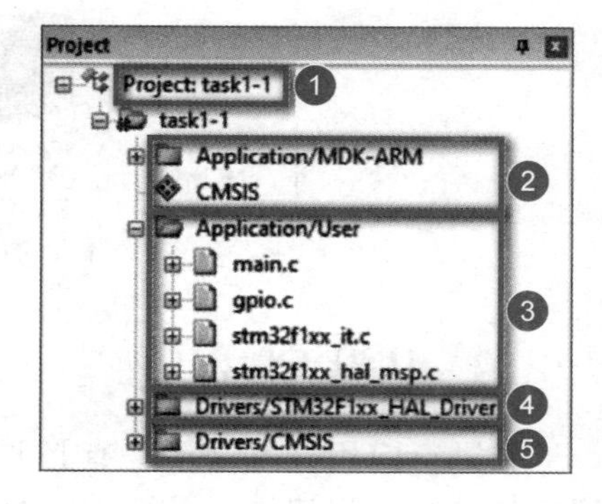


图 1-2-19　工程窗口

双击 main.c，打开程序，如图 1-2-20 所示，STM32CubeMX 已经生成了很多初始化文件，标号③ HAL_Init() 为系统外设初始化，标号④ SystemClock_Config() 为系统时钟初始化，标号⑤ MX_GPIO_Init() 为 GPIO 功能初始化，标号⑥ while（1）{} 为无限主循环。用户自编程序可添加于各个"USER CODE BEGIN"与"USER CODE END"标识之间，如图 1-2-20 中标号②处所示。用户根据代码的功能添加到不同位置的"USER CODE BEGIN"与"USER CODE END"标识之间。

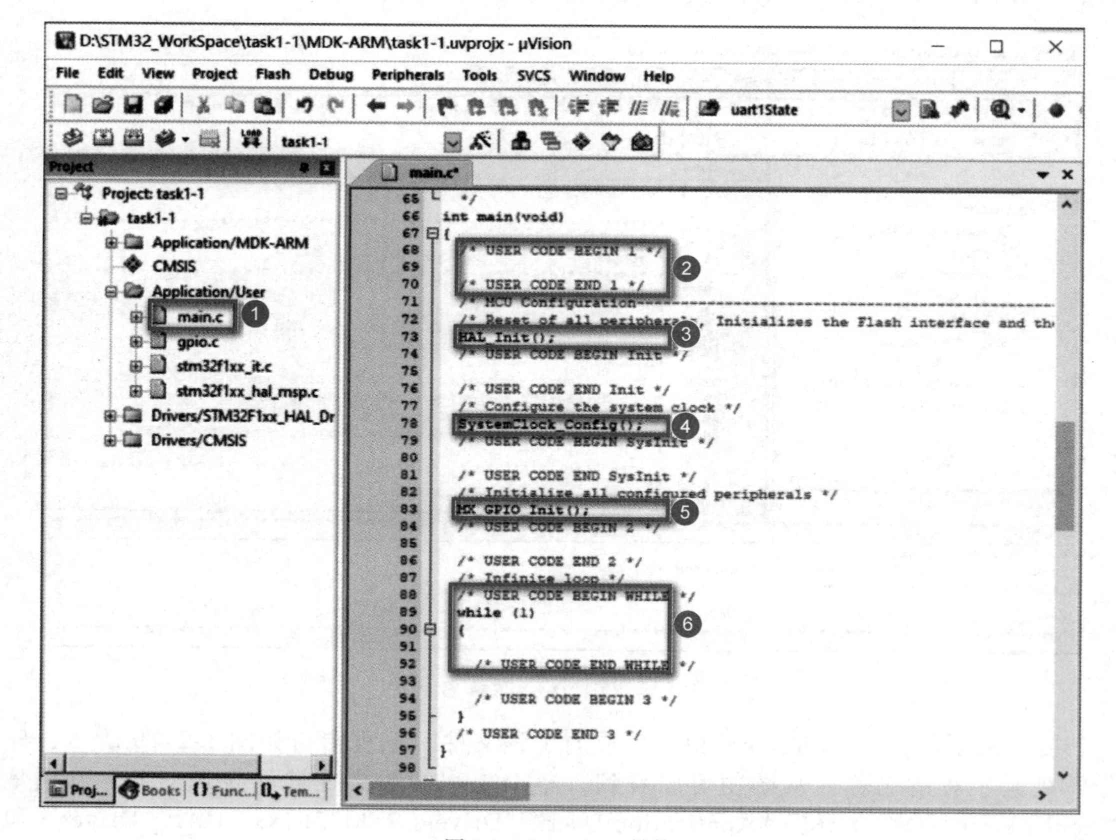


图 1-2-20　main.c 结构

## 1.2.5 认识STM32GPIO

### 1. GPIO 介绍

GPIO 的全称是 General-purpose input/output，意为通用输入 / 输出接口。STM32 芯片的 GPIO 引脚与外部设备连接起来，从而实现与外部通信、控制以及数据采集的功能。STM32 芯片的 GPIO 被分成很多组，每组有 16 个引脚，如型号为 STM32F103VET6 型号的芯片有 GPIOA～GPIOE 共 5 组 GPIO，芯片一共有 100 个引脚，其中，GPIO 就占了一大部分，所有 GPIO 引脚都有基本的输入 / 输出功能。其基本的输出功能是由 STM32 控制引脚输出高、低电平，实现开关控制，如把 GPIO 引脚接入 LED 灯，就可以控制 LED 灯的亮灭，引脚接入继电器或晶体管，就可以通过继电器或晶体管控制外部大功率电路的通断。其基本的输入功能是检测外部输入电平，如把 GPIO 引脚连接到按键，通过电平高低区分按键是否被按下。

### 2. GPIO 的结构

GPIO 结构框图如图 1-2-21 所示。

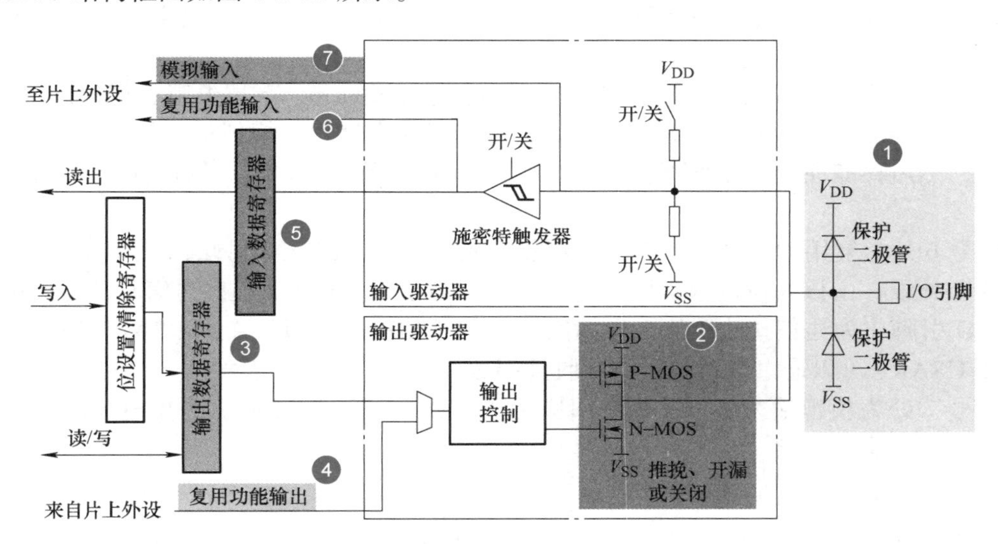


图 1-2-21 GPIO 结构框图

标号①处是 STM32 芯片引出的 GPIO 引脚，其余部件都位于芯片内部。引脚的两个保护二极管可以防止引脚外部过高或过低的电压输入，当引脚电压高于 $V_{DD}$ 时，上方的二极管导通，当引脚电压低于 $V_{SS}$ 时，下方的二极管导通，防止不正常电压引入芯片导致芯片烧毁。

标号②处是一个由 P-MOS 管和 N-MOS 管组成的单元电路。这个结构使 GPIO 具有推挽输出和开漏输出两种模式。推挽输出模式是指在该结构中输入高电平时，经过反向后，上方的 P-MOS 管导通，下方的 N-MOS 管关闭，对外输出高电平；而在该结构中输入低电平时，经过反向后，N-MOS 管导通，P-MOS 管关闭，对外输出低电平。当引脚高低电平切换时，两个管子轮流导通，P-MOS 管负责灌电流，N-MOS 管负责拉电流，使其负载能力和开关速度都比普通的方式有很大的提高。推挽输出的低电平为 0V，高电平为 3.3V。

而在开漏输出模式时，上方的P-MOS管完全不工作。如果控制输出为0，低电平，则P-MOS管关闭，N-MOS管导通，使输出接地，若控制输出为1（它无法直接输出高电平）时，则P-MOS管和N-MOS管都关闭，所以引脚既不输出高电平，也不输出低电平，为高阻态。正常使用时，必须外部接上拉电阻。

推挽输出模式一般应用在输出电平为0和3.3V，而且需要高速切换开关状态的场合。在STM32的应用中，除了必须用开漏模式的场合，都习惯使用推挽输出模式。开漏输出一般应用在$I^2C$、SMBUS（系统管理总线）通信等需要“线与”功能的总线电路中。除此之外，还用在电平不匹配的场合，如需要输出5V的高电平，就可以在外部接一个上拉电阻，上拉电源为5V，并且把GPIO设置为开漏模式，当输出高阻态时，由上拉电阻和电源向外输出5V的电平。

标号③处为输出数据寄存器，通过修改输出数据寄存器的值就可以修改GPIO引脚的输出电平。

标号④处为复用功能输出，“复用”是指STM32的其他片上外设对GPIO引脚进行控制。此时，GPIO引脚用作该外设功能的一部分，算是第二用途。例如，使用USART串口通信时，需要用到某个GPIO引脚作为通信发送引脚，这时就可以把该GPIO引脚配置成USART串口复用功能。

标号⑤处为输入数据寄存器，GPIO引脚经过内部的上、下拉电阻，可以配置成上/下拉输入，然后再连接到施密特触发器，信号经过触发器后，模拟信号转换为0、1的数字信号，然后存储在输入数据寄存器中，通过读取该寄存器就可以了解GPIO引脚的电平状态。

标号⑥处为复用功能输入，在复用功能输入模式时，GPIO引脚的信号传输到STM32其他片上外设，由该外设读取引脚状态。同样，当使用USART串口通信时，需要用到某个GPIO引脚作为通信接收引脚，这时就可以把该GPIO引脚配置成USART串口复用功能，使USART可以通过该通信引脚接收远端数据。

标号⑦处为模拟输入，当GPIO引脚用于ADC（模/数转换）采集电压的输入通道时，用作模拟输入功能。

### 3. GPIO工作模式

STM32F1xx系列HAL库开发的GPIO工作模式配置相关的函数API主要位于stm32f1xx_hal_gpio.c和stm32f1xx_hal_gpio.h文件中。利用HAL库进行应用开发时，各外设的初始化一般通过对初始化结构体的成员赋值来完成。某个GPIO端口的初始化函数原型如下：

```
void HAL_GPIO_Init(GPIO_TypeDef  *GPIOx,GPIO_InitTypeDef  *GPIO_Init)
```

根据HAL_GPIO_Init中的指定参数初始化GPIOx外围设备，第一个参数是需要初始化的GPIO端口，其中，x可以是A～G，根据使用的设备来选择GPIO外围设备。其中，GPIO_TypeDef结构体原型定义如下：

```
1.  typedef struct {
2.     __IO uint32_t CRL;    //端口配置寄存器（低位）
3.     __IO uint32_t CRH;    //端口配置寄存器（高位）
4.     __IO uint32_t IDR;    //端口输入数据寄存器
5.     __IO uint32_t ODR;    //端口输出数据寄存器
```

```
6.    __IO uint32_t BSRR;    //端口置位/复位寄存器(32位)
7.    __IO uint32_t BRR;     //端口清除寄存器(16位)
8.    __IO uint32_t LCKR;    //端口配置锁定寄存器
9.  } GPIO_TypeDef;
```

第二个参数是初始化参数的结构体指针，结构体类型为 GPIO_InitTypeDef，其原型定义如下：

```
10.    typedef struct
11.    {
12.      uint32_t Pin;        //要初始化的GPIO引脚编号
13.      uint32_t Mode;       //GPIO引脚的工作模式
14.      uint32_t Pull;       //GPIO引脚的上拉/下拉形式
15.      uint32_t Speed;      //GPIO引脚的输出速度
16.    } GPIO_InitTypeDef;
```

接下来主要对 GPIO 引脚的工作模式“Mode”进行介绍。

（1）GPIO_MODE_INPUT：浮空输入模式

浮空输入模式如图 1-2-22 所示。

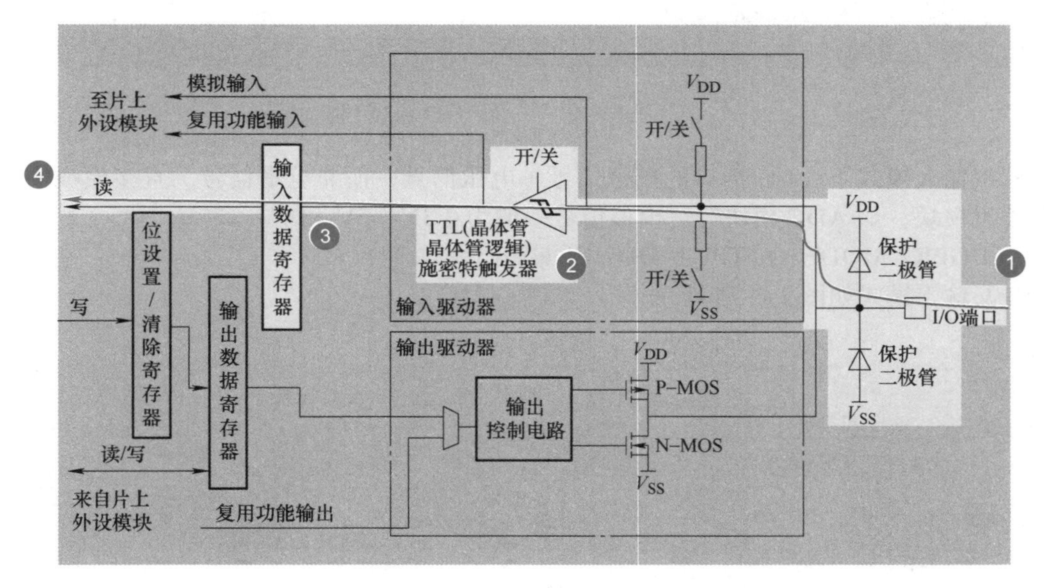


图 1-2-22　浮空输入模式

图中阴影部分在浮空输入模式下是处于不工作状态的，尤其是下半部分的输出电路，实际上这时的输出电路与输入的端口处于隔离状态。高亮部分显示了数据传输通道，在浮空输入模式下，这些链路是通的，电平 0/1 进入后，到上拉开关和下拉开关，在浮空输入模式下，这些开关是不会打开的，电平传输到②施密特触发器，这个施密特触发器是打开的，经过它的整形之后，传到③输入数据寄存器，④是输入数据寄存器的另一端，CPU 通过读输入数据寄存器，获取外部输入的高低电平的值。

浮空输入模式一般用于外部按键输入，结合图上的输入部分电路，在浮空输入状态下，I/O 的电平状态是不确定的，完全由外部输入决定，如果在该引脚悬空的情况下，读取该端口的电平是不确定的。

（2）GPIO_MODE_ANALOG：模拟输入模式

模拟输入模式如图 1-2-23 所示。

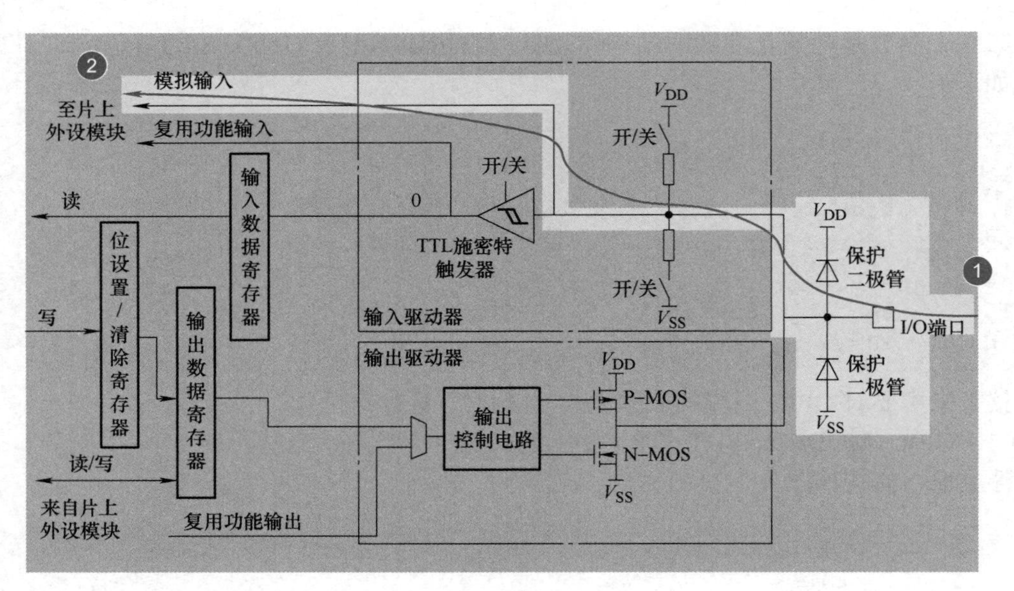


图 1-2-23　模拟输入模式

模拟输入模式下，I/O 端口的模拟信号（电压信号，而非电平信号）直接模拟输入到片上外设模块，如 ADC 模块等。模拟信号一般为 3.3V、5V 和 9V。

（3）GPIO_MODE_OUTPUT_OD：开漏输出模式

开漏输出模式如图 1-2-24 所示。

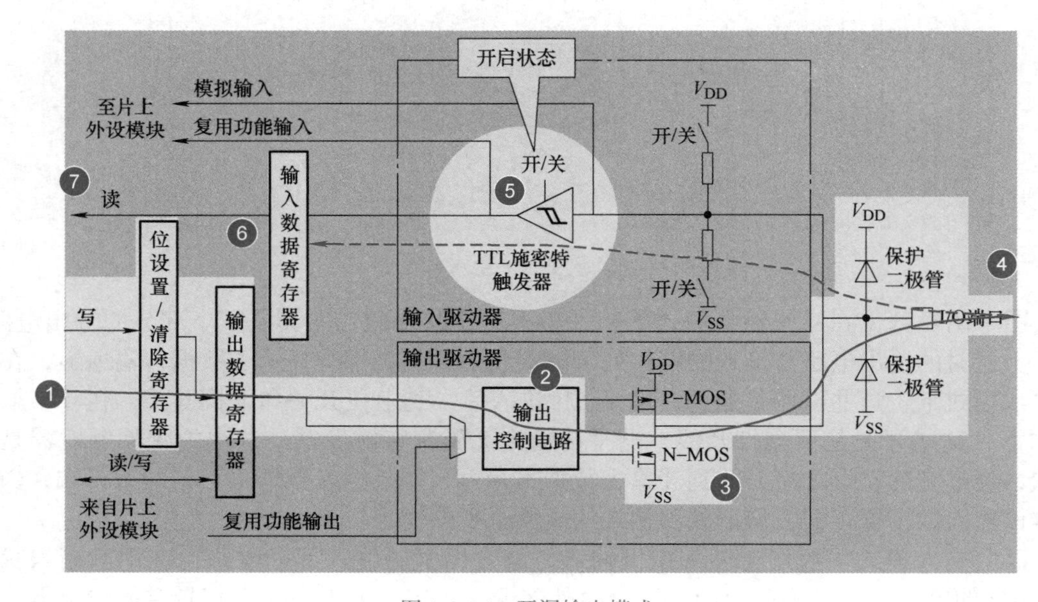


图 1-2-24　开漏输出模式

当 CPU 在①端通过位设置 / 清除寄存器或输出数据寄存器写入数据后，该数据位将通过②输出控制电路传送到④ I/O 端口。如果 CPU 写入的是逻辑“1 ”，则③ N-MOS 管将处于关闭状态，此时，I/O 端口的电平将由外部的上拉电阻决定。如果 CPU 写入的是逻辑“0 ”，则③ N-MOS 管将处于开启状态，此时，I/O 端口的电平被③ N-MOS 管拉到了“地”的零电位。

在图中的上半部分，施密特触发器处于开启状态，这意味着 CPU 可以在输入数据寄存器的另一端随时监控 I/O 端口的状态。基于这个特性，还可以实现虚拟的 I/O 端口双向通信：假如 CPU 输出逻辑“1”，由于③ N-MOS 管处于关闭状态，I/O 端口的电平将完全由外部电路决定，因此，CPU 可以在输入数据寄存器读到外部电路的信号，而不是它自己输出的逻辑“1 ”。

（4）GPIO_MODE_OUTPUT_PP：推挽输出模式

推挽输出模式如图 1-2-25 所示。

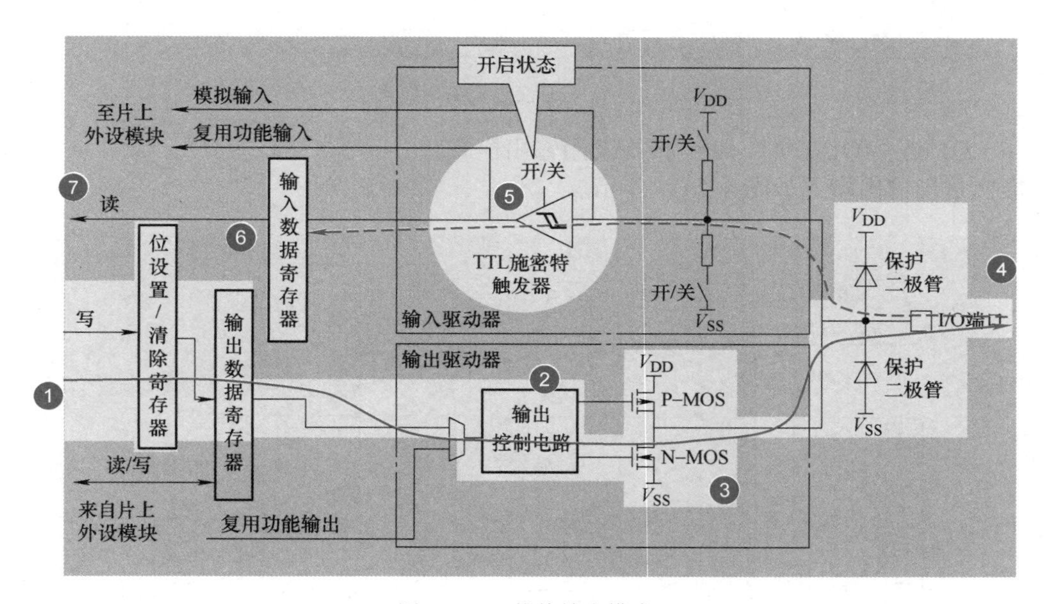


图 1-2-25　推挽输出模式

GPIO 的推挽输出模式是在开漏输出模式的基础上，在输出控制电路之后增加了一个 P-MOS 管。当 CPU 输出逻辑“1 ”时，③处的 P-MOS 管导通，而下方的 N-MOS 管截止，达到输出高电平的目的；当 CPU 输出逻辑“0 ”时，③处的 P-MOS 管截止，而下方的 N-MOS 管导通，达到输出低电平的目的。在这个模式下，CPU 仍然可以从输入数据寄存器读取该 I/O 端口电压变化的信号。

（5）GPIO_MODE_AF_OD：开漏复用输出模式

开漏复用输出模式如图 1-2-26 所示。

GPIO 的开漏复用输出模式与开漏输出模式的工作原理基本相同，不同的是②的输入源不同，它和复用功能的输出端相连，此时的输出数据寄存器被输出通道给断开了。从图 1-2-26 中还可以看到 CPU 同样可以从输入数据寄存器读取外部 I/O 端口变化的电平信号。

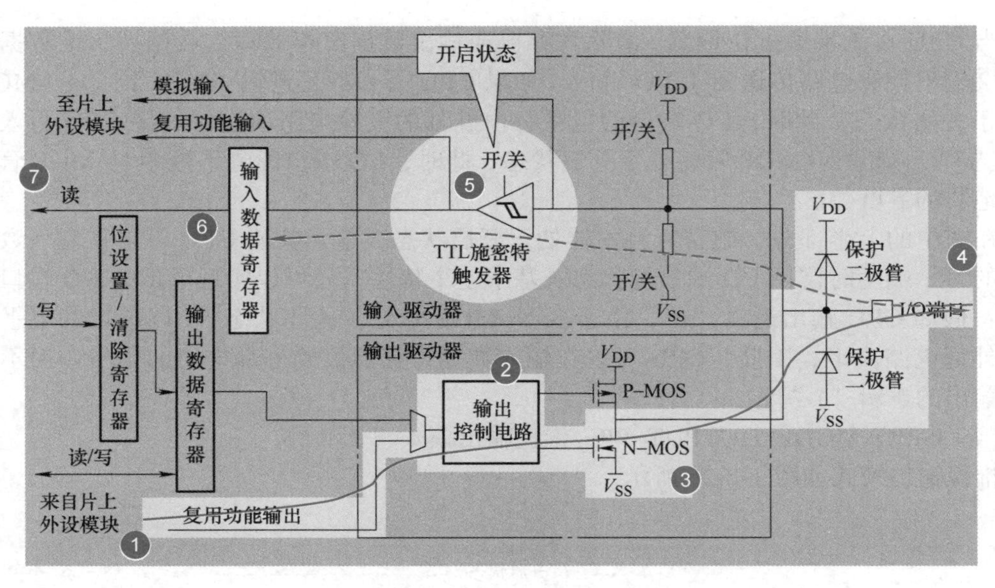


图 1-2-26　开漏复用输出模式

（6）GPIO_MODE_AF_PP：推挽复用输出模式

推挽复用输出模式如图 1-2-27 所示。

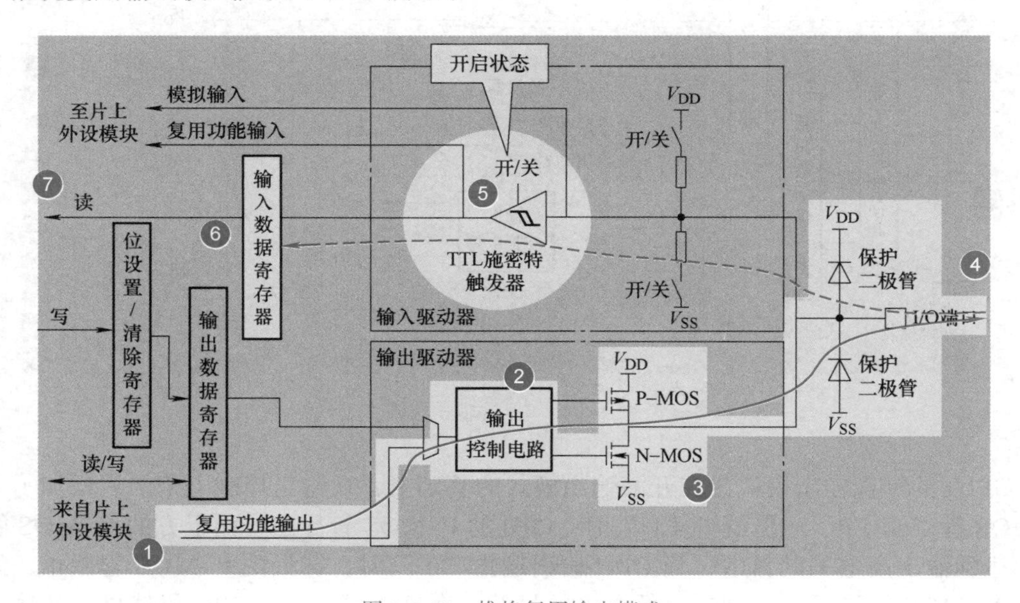


图 1-2-27　推挽复用输出模式

② 输出控制电路输入与复用功能的输出端相连，此时，输出数据寄存器从输出通道被断开，片上外设的输出信号直接与输出控制电路的输入端相连接。

将 GPIO 配置成复用输出功能后，假如相应的外设模块没有被激活，那么，此时 I/O 端口的输出将不确定。其他部分原理与前面叙述的模式一样，包括对输入数据寄存器的读取方式也是一样的。

（7）GPIO_MODE_AF_INPUT：复用输入模式

此模式和浮空输入模式是一样的。

## 1.2.6 分析 LED 电路

本任务要求完成点亮一盏 LED 灯的操作，所以需要设计 LED 灯的电路，LED 灯电路如图 1-2-28 所示。LED 灯的阳极连接 1kΩ 电阻（该电阻的取值范围可在几百欧到几千欧之间）的一端，电阻另外一端连接到 3.3V 电源上。当 I/O 端接入高电平时，二极管截止，LED 灯不发光；当 I/O 端接入低电平时，二极管导通，LED 灯发光。所以 I/O 连接 STM32 的一个 GPIO，输出低电平可以使 LED 点亮，输出高电平可以使 LED 熄灭。

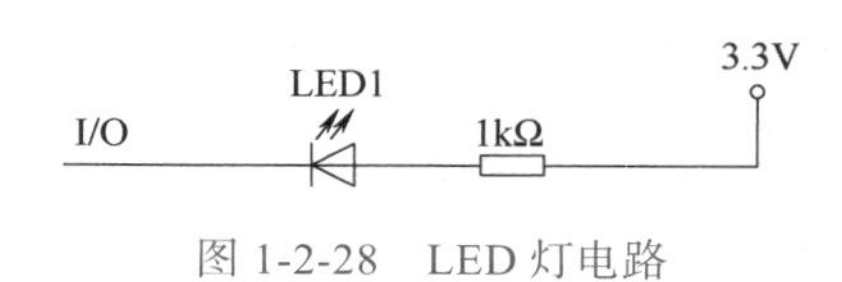


图 1-2-28 LED 灯电路

以 STM32F103VET6 主控模块为例，选用其中 LED1 完成此任务。

## 1.2.7 认识 GPIO 外设接口函数

在 stm32f1xx_hal_gpio.c 里定义了 8 个 GPIO 外设接口函数，可分为 4 类：

1）初始化函数：HAL_GPIO_Init() 和 HAL_GPIO_DeInit()。

2）控制函数：HAL_GPIO_ReadPin()、HAL_GPIO_WritePin() 和 HAL_GPIO_TogglePin()。

3）配置函数：HAL_GPIO_LockPin()。

4）中断相关函数：HAL_GPIO_EXTI_IRQHandler() 和 HAL_GPIO_EXTI_Callback()。

```
void  HAL_GPIO_Init(GPIO_TypeDef  *GPIOx,GPIO_InitTypeDef *GPIO_Init);
void  HAL_GPIO_DeInit(GPIO_TypeDef  *GPIOx,uint32_t GPIO_Pin);
GPIO_PinState HAL_GPIO_ReadPin(GPIO_TypeDef *GPIOx,uint16_t GPIO_Pin);
void  HAL_GPIO_WritePin(GPIO_TypeDef  *GPIOx,uint16_t  GPIO_Pin,GPIO_
PinState PinState);
void HAL_GPIO_TogglePin(GPIO_TypeDef *GPIOx,uint16_t GPIO_Pin);
HAL_StatusTypeDef  HAL_GPIO_LockPin(GPIO_TypeDef  *GPIOx,uint16_t  GPIO_
Pin);
void HAL_GPIO_EXTI_IRQHandler(uint16_t GPIO_Pin);
void HAL_GPIO_EXTI_Callback(uint16_t GPIO_Pin);
```

HAL_GPIO_Init 在 STM32CubeMX 生成代码时已经调用，无须再调用。本任务使用函数库 HAL_GPIO_WritePin 来实现点亮一盏灯的操作。

1）HAL_GPIO_Init 函数说明见表 1-2-1。

表 1-2-1 HAL_GPIO_Init 函数说明

| 项目 | 说明 |
|---|---|
| 函数原型 | void HAL_GPIO_Init（GPIO_TypeDef*GPIOx，GPIO_InitTypeDef *GPIO_Init）; |
| 功能描述 | 引脚初始化 |
| 入口参数 1 | GPIOx：引脚端口号，取值范围是 GPIOA ～ GPIOG |
| 入口参数 2 | GPIO_Init：指向引脚初始化类型 GPIO_InitTypeDef 的结构体指针，该结构体包含指定引脚的配置参数 |

（续）

| 项目 | 说明 |
| --- | --- |
| 返回值 | 无 |
| 注意事项 | 该函数可以由 CubeMX 软件自动生成，不需要用户自己调用 |

2）HAL_GPIO_DeInit 函数说明见表 1-2-2。

表 1-2-2　HAL_GPIO_DeInit 函数说明

| 项目 | 说明 |
| --- | --- |
| 函数原型 | void HAL_GPIO_DeInit（GPIO_TypeDef*GPIOx，uint32_tGPIO_Pin）; |
| 功能描述 | 复位引脚到初始状态 |
| 入口参数 1 | GPIOx：引脚端口号，取值范围是 GPIOA ～ GPIOG |
| 入口参数 2 | GPIO_Pin：引脚号，取值范围是 GPIO_PIN_0 ～ GPIO_PIN_15 |
| 返回值 | 无 |
| 注意事项 | 需要用户自己调用 |

3）HAL_GPIO_ ReadPin 函数说明见表 1-2-3。

表 1-2-3　HAL_GPIO_ReadPin 函数说明

| 项目 | 说明 |
| --- | --- |
| 函数原型 | GPIO_PinState HAL_GPIO_ReadPin（GPIO_TypeDef *GPIOx，uint16_t GPIO_Pin）; |
| 功能描述 | 读取引脚状态 |
| 入口参数 1 | GPIOx：引脚端口号，取值范围是 GPIOA ～ GPIOG |
| 入口参数 2 | GPIO_Pin：引脚号，取值范围是 GPIO_PIN_0 ～ GPIO_PIN_15 |
| 返回值 | GPIO_PinState：表示引脚电平状态的枚举类型变量，当取值为 GPIO_PIN_SET，表示读到高电平，GPIO_PIN_RESET 表示读到低电平 |
| 注意事项 | 需要用户自己调用 |

4）HAL_GPIO_WritePin 函数说明见表 1-2-4。

表 1-2-4　HAL_GPIO_WritePin 函数说明

| 项目 | 说明 |
| --- | --- |
| 函数原型 | void HAL_GPIO_WritePin（GPIO_TypeDef *GPIOx，uint16_t GPIO_Pin，GPIO_PinState PinState）; |
| 功能描述 | 设置引脚输出高 / 低电平 |
| 入口参数 1 | GPIOx：引脚端口号，取值范围是 GPIOA ～ GPIOG |
| 入口参数 2 | GPIO_Pin：引脚号，取值范围是 GPIO_PIN_0 ～ GPIO_PIN_15 |
| 入口参数 3 | GPIO_PinState：表示引脚电平状态的枚举类型变量，当取值为 GPIO_PIN_SET，表示输出高电平，GPIO_PIN_RESET 表示输出低电平 |
| 返回值 | 无 |
| 注意事项 | 需要用户自己调用 |

5）HAL_GPIO_TogglePin 函数说明见表 1-2-5。

表 1-2-5 HAL_GPIO_TogglePin 函数说明

| 项目 | 说明 |
| --- | --- |
| 函数原型 | void HAL_GPIO_TogglePin（GPIO_TypeDef *GPIOx，uint16_t GPIO_Pin）; |
| 功能描述 | 反转引脚电平 |
| 入口参数 1 | GPIOx：引脚端口号，取值范围是 GPIOA ～ GPIOG |
| 入口参数 2 | GPIO_Pin：引脚号，取值范围是 GPIO_PIN_0 ～ GPIO_PIN_15 |
| 返回值 | 无 |
| 注意事项 | 需要用户自己调用 |

中断相关的两个函数将会放到项目 2 介绍。

## 任务工单

任务工单 2 点亮一盏 LED 灯

| 项目 1：流水灯 | 任务 2：点亮一盏 LED 灯 |
| --- | --- |

点亮一盏 LED 灯

**（一）练习习题**

扫描右侧的二维码，完成练习

**（二）任务实施完成情况**

| 实施步骤 | 实施步骤具体操作 | 完成情况 |
| --- | --- | --- |
| 步骤 1：在 STM32CubeMX 中建立工程，进行相关配置并生成代码 | | |
| 步骤 2：在 Keil μVision5 中完善代码 | | |
| 步骤 3：编译程序 | | |
| 步骤 4：烧写程序 | | |
| 步骤 5：观察效果 | | |

**（三）任务检查与评价**

| 项目名称 | 流水灯 | | | |
| --- | --- | --- | --- | --- |
| 任务名称 | 点亮一盏 LED 灯 | | | |
| 评价方式 | 可采用自评、互评和教师评价等方式 | | | |
| 说明 | 主要评价学生在项目学习过程中的操作技能、理论知识、学习态度、课堂表现和学习能力等 | | | |

| 序号 | 评价内容 | 评价标准 | 分值 | 得分 |
| --- | --- | --- | --- | --- |
| 1 | 知识运用（20%） | 掌握相关理论知识，理解本任务要求，制订详细计划，计划条理清晰，逻辑正确（20 分） | 20 分 | |
| | | 理解相关理论知识，能根据本任务要求制订合理计划（15 分） | | |
| | | 了解相关理论知识，有制订计划（10 分） | | |
| | | 无制订计划（0 分） | | |

（续）

| 项目1：流水灯 | | | 任务2：点亮一盏LED灯 | |
|---|---|---|---|---|
| 序号 | 评价内容 | 评价标准 | 分值 | 得分 |
| 2 | 专业技能（40%） | 完成在STM32CubeMX中工程建立的所有操作步骤，完成任务代码的编写与完善，将生成的HEX文件烧写进开发板，并通过测试（40分） | 40分 | |
| | | 完成代码，也烧写进开发板，但功能未完成，LED灯并未被点亮（30分） | | |
| | | 代码有语法错误，无法完成代码的烧写（20分） | | |
| | | 不愿完成任务（0分） | | |
| 3 | 核心素养（20%） | 具有良好的自主学习和分析解决问题的能力，整个任务过程中有指导他人（20分） | 20分 | |
| | | 具有较好的学习和分析解决问题的能力，任务过程中无指导他人（15分） | | |
| | | 能够主动学习并收集信息，有请教他人进行解决问题的能力（10分） | | |
| | | 不主动学习（0分） | | |
| 4 | 课堂纪律（20%） | 设备无损坏，设备摆放整齐，工位区域内保持整洁，无干扰课堂秩序（20分） | 20分 | |
| | | 设备无损坏，无干扰课堂秩序（15分） | | |
| | | 无干扰课堂秩序（10分） | | |
| | | 干扰课堂秩序（0分） | | |
| 总得分 | | | | |

**（四）任务自我总结**

| 过程中遇到的问题 | 解决方式 |
|---|---|
| | |
| | |
| | |

## 任务小结

通过任务要求，学生能够在STM32CubeMX中建立工程、进行相关配置并生成代码，在Keil中进行代码的完善，经过编译程序生成HEX文件，将HEX文件成功烧写进开发板中，实现一盏LED灯点亮操作，掌握完成程序编写至下载到开发板的整个开发流程，如图 1-2-29 所示。

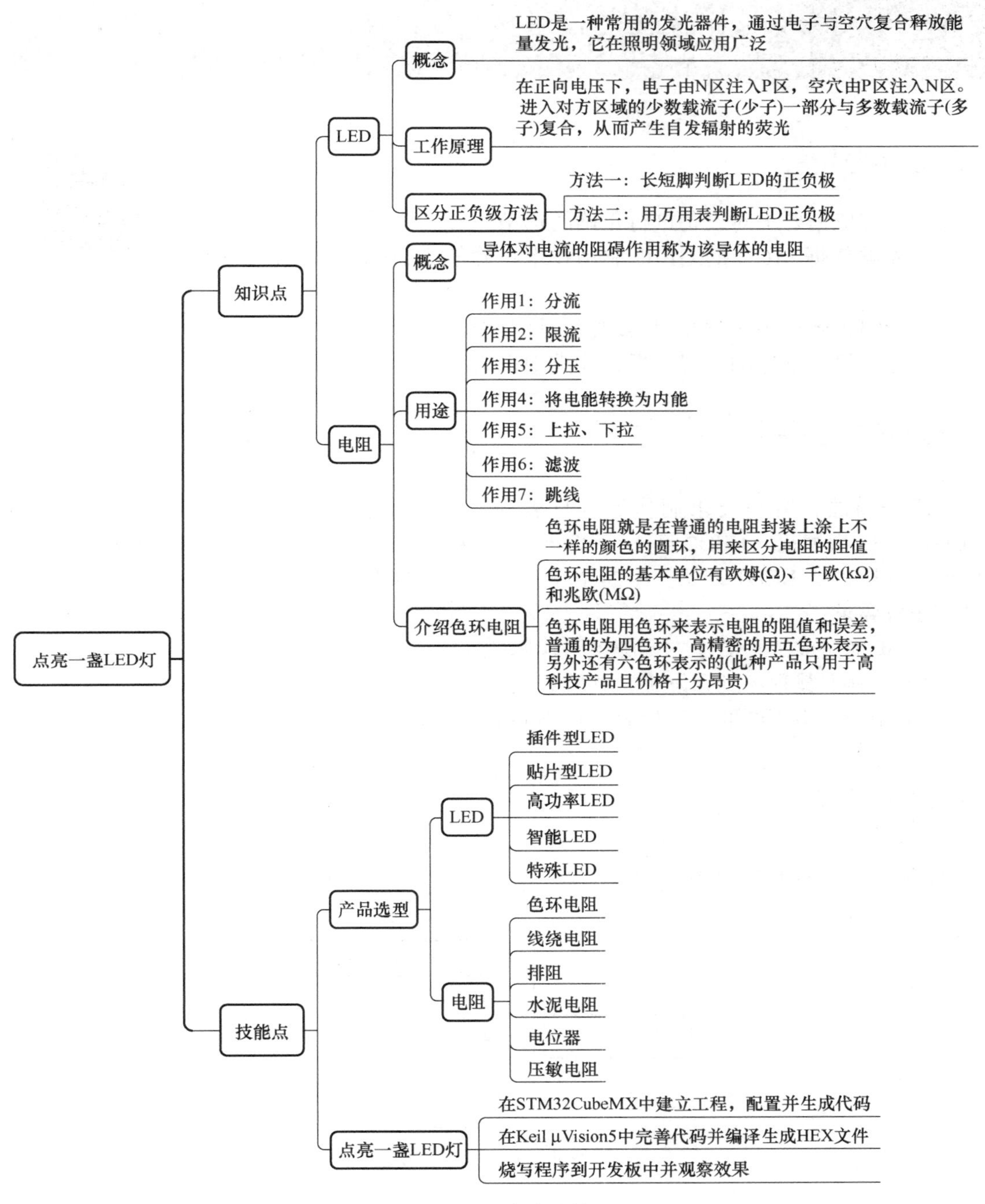


图 1-2-29　任务小结

## 任务拓展

拓展：以 STM32 开发板为例，更换其他 GPIO，控制其他 LED 灯长亮。

# 任务 3　实现流水灯

## 职业能力目标

流水灯　实现流水灯

1）能够依据要求对设备进行正确的选型。

2）能够依据 MCU 的 GPIO 驱动技术正确使用 HAL 库函数控制端口输出。

3）能够正确运用所学知识实现流水灯效果。

4）能够树立良好的学习习惯，注重知识的积累。

## 任务描述与要求

**任务描述：** 客户要求制作流水灯装饰，需要完成 8 个 LED 灯的亮灭操作，即 LED1 亮 1s 后熄灭、LED2 亮 1s 后熄灭、LED3 亮 1s 后熄灭……一直到 LED8 亮 1s 后熄灭，之后再从 LED1 开始，不断循环实现流水灯的效果。

**任务要求：**

1）正确完成工程的建立、配置与代码的完善。

2）正确下载程序到开发板，并验证效果。

3）能够使用不同的程序代码实现不同的流水灯效果。

## 设备选型

设备需求如图 1-3-1 所示。

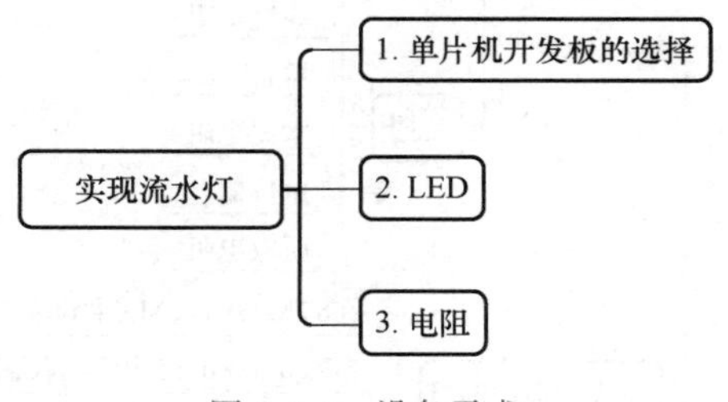


图 1-3-1　设备需求

### 1. 单片机开发板

可以参考本项目 1 任务 1 的单片机开发板的相关类型进行选型。

### 2. LED

可以根据本项目 1 任务 2 的 LED 的相关类型进行选型。

3. 电阻

可以根据本项目 1 任务 2 的电阻的相关类型进行选型。

## 知识储备

### 1.3.1 流水灯电路设计

流水灯的电路原理图如图 1-3-2 所示。8 个 LED 灯的阳极分别连接 1kΩ 电阻（该电阻的取值范围可在几百欧到几千欧）的一端，电阻另外一端连接到 3.3V 电源上。当 Px0～Px7（其中 x 范围为 A～G）接高电平时，对应的二极管截止，LED 灯不发光，当 Px0～Px7 接低电平时，对应的二极管导通，LED 灯发光。所以只要控制好 Px0～Px7 的电平变化时序，就可以实现 LED 流水灯。

从图 1-3-2 中可以看到，我们将 Px0～Px7 又起了别名，对应关系分别是 Px7 → LED1、Px6 → LED2、Px5 → LED3、Px4 → LED4、Px3 → LED5、Px2 → LED6、Px1 → LED7、Px0 → LED8，读者可根据所选择的开发板的电路图来设计流水灯电路。

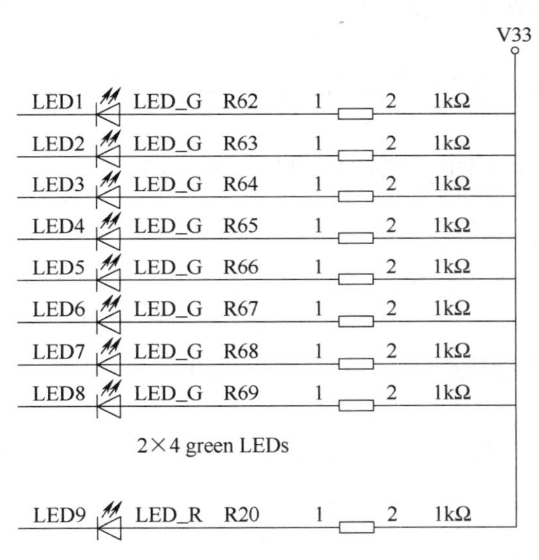


图 1-3-2 流水灯的电路原理图

### 1.3.2 单片机的逻辑运算与位运算

1. 逻辑运算

在“逻辑”这个概念范畴内，存在真和假这两个逻辑值，而将其对应到数字电路或 C 语言中，就变成了“非 0”和“0”这两个值，即逻辑上的“假”就是数字电路或 C 语言中的“0”，而逻辑“真”就是其他一切“非 0”。下面具体分析一下几个主要的逻辑运算符。假定有两个字节变量：A 和 B，二者进行某种逻辑运算后的结果为 F。以下逻辑运算符都是按照变量整体值进行运算的，见表 1-3-1。

表 1-3-1　逻辑运算符

<table>
<tr><th>逻辑运算符</th><th>说明</th></tr>
<tr><td>&&（逻辑与）</td><td>F=A && B，当 A、B 的值都为真（即非 0 值）时，其运算结果 F 为真（具体数值为 1）；当 A、B 值任意一个为假（即 0）时，结果 F 为假（具体数值为 0，下同）</td></tr>
<tr><td>||（逻辑或）</td><td>F=A || B，当 A、B 值任意一个为真时，其运算结果 F 为真；当 A、B 值都为假时，结果 F 为假</td></tr>
<tr><td>!（逻辑非）</td><td>F =!A，当 A 值为假时，其运算结果 F 为真；当 A 值为真时，结果 F 为假</td></tr>
</table>

2. 位运算

程序中的所有数在计算机内存中都是以二进制的形式储存的。位运算简单来说，就是直接对整数在内存中的二进制位进行操作。

位运算的好处是直接对计算机中的二进制数据进行操作，速度快、效率高。

位运算分为按位取反（～）、按位与（&）、按位或（|）、按位异或（^）、按位左移（<<）、按位右移（>>）和无符号按位右移（>>>）。位运算除了取反，其他操作都是操作两个数的，而且都是操作两个数的二进制数。下面具体了解位运算的操作。

（1）按位取反（～）

按位取反的规则是将二进制的数字每一位全部取反，符号位也取反。

（2）按位与（&）

与运算是将参与运算的两个二进制位相与，如果两个二进制位都是 1，则与运算结果是 1，否则为 0。

（3）按位或（|）

对应二进制位上只要有一个为 1，则运算结果为 1，两个都为 0，返回 0。

（4）按位异或（^）

只要对应位上的数据不同就返回 1，否则返回 0。

（5）按位左移（<<）

二进制位上的数据统一向左移动指定的位数，右边空的位置用 0 补齐，左移一次就相当于做乘 2 操作。

（6）按位右移（>>）

二进制位上的数据统一向右移动指定的位数，低位溢出，符号位不变，用最高位，即符号位，填充移位左侧的空位，右移一次就相当于做除以 2 操作。

（7）无符号按位右移（>>>）

低位溢出，高位补 0，无符号指将符号位看作数字也进行移动。

根据上文中所讲授的单片机逻辑运算中的两个字节变量来进行按位运算，观察结果 F，见表 1-3-2。

表 1-3-2　位运算

| 逻辑运算 | 说明 |
|---|---|
| 按位取反（～） | F=～A，将 A 字节内的每一位进行非运算（即取反），再将得到的每一位结果组合为总结果 F，例如，A=0b11001100，则结果 F=0b00110011 |

（续）

| 逻辑运算 | 说明 |
| --- | --- |
| 按位与（&） | F=A & B，将 A、B 两个字节中的每一位都进行与运算，再将得到的每一位结果组合为总结果 F，例如，A=0b11001100、B=0b11110000，则结果 F=0b11000000 |
| 按位或（\|） | F=A \| B，将 A、B 两个字节中的每一位都进行或运算，再将得到的每一位结果组合为总结果 F，例如，A=0b11001100、B=0b11110000，则结果 F=0b11111100 |
| 按位异或（^） | 异或的意思是，如果运算双方的值不同（即相异），则结果为真；双方值相同，则结果为假。在 C 语言里没有按变量整体值进行的异或运算，所以仅以按位异或为例，F=A ^ B，A=0b11001100、B=0b11110000，则结果 F=0b00111100 |
| 按位左移（<<） | F=A<<2，将 A 左移两位，结果为 F，例如，A=0b11001100，则 F=0b00110000 |
| 按位右移（>>） | F=A>>2，将 A 右移两位，结果为 F，例如，A=0b11001100，则 F=0b11110011 |
| 无符号按位右移（>>>） | F=A>>>2，将 A 右移两位，结果为 F，例如，A=0b11001100，则 F=0b00110011 |

## 1.3.3 GPIO 引脚定义

STM32F1xx 系列在 stm32f1xx_hal_gpio.h 文件中给出了引脚的写法，定义如下：

```
1.  #define GPIO_PIN_0    ((uint16_t)0x0001)    /* Pin 0 selected    */
2.  #define GPIO_PIN_1    ((uint16_t)0x0002)    /* Pin 1 selected    */
3.  #define GPIO_PIN_2    ((uint16_t)0x0004)    /* Pin 2 selected    */
4.  #define GPIO_PIN_3    ((uint16_t)0x0008)    /* Pin 3 selected    */
5.  #define GPIO_PIN_4    ((uint16_t)0x0010)    /* Pin 4 selected    */
6.  #define GPIO_PIN_5    ((uint16_t)0x0020)    /* Pin 5 selected    */
7.  #define GPIO_PIN_6    ((uint16_t)0x0040)    /* Pin 6 selected    */
8.  #define GPIO_PIN_7    ((uint16_t)0x0080)    /* Pin 7 selected    */
9.  #define GPIO_PIN_8    ((uint16_t)0x0100)    /* Pin 8 selected    */
10. #define GPIO_PIN_9    ((uint16_t)0x0200)    /* Pin 9 selected    */
11. #define GPIO_PIN_10   ((uint16_t)0x0400)    /* Pin 10 selected    */
12. #define GPIO_PIN_11   ((uint16_t)0x0800)    /* Pin 11 selected    */
13. #define GPIO_PIN_12   ((uint16_t)0x1000)    /* Pin 12 selected    */
14. #define GPIO_PIN_13   ((uint16_t)0x2000)    /* Pin 13 selected    */
15. #define GPIO_PIN_14   ((uint16_t)0x4000)    /* Pin 14 selected    */
16. #define GPIO_PIN_15   ((uint16_t)0x8000)    /* Pin 15 selected    */
17. #define GPIO_PIN_All  ((uint16_t)0xFFFF)    /* All pins selected */
```

GPIO_PIN_0～GPIO_PIN_7 可通过左移得到。

STM32CubeMX 软件在 main.h 中生成了 LED1～LED8 引脚的宏定义，其中，GPIOx 中 x 取值范围为 A～G，定义如下：

```
1.  #define LED8_Pin GPIO_PIN_0
2.  #define LED8_GPIO_Port GPIOx
3.  #define LED7_Pin GPIO_PIN_1
4.  #define LED7_GPIO_Port GPIOx
5.  #define LED6_Pin GPIO_PIN_2
```

```
6.  #define LED6_GPIO_Port GPIOx
7.  #define LED5_Pin GPIO_PIN_3
8.  #define LED5_GPIO_Port GPIOx
9.  #define LED4_Pin GPIO_PIN_4
10. #define LED4_GPIO_Port GPIOx
11. #define LED3_Pin GPIO_PIN_5
12. #define LED3_GPIO_Port GPIOx
13. #define LED2_Pin GPIO_PIN_6
14. #define LED2_GPIO_Port GPIOx
15. #define LED1_Pin GPIO_PIN_7
16. #define LED1_GPIO_Port GPIOx
```

所以 LED1～LED8 引脚可以使用 LEDx_Pin（x：1～8）来表示，端口可以用 LEDx_GPIO_Port（x：1～8）来表示。

### 1.3.4 HAL 库延时函数

在 stm32f1xx_hal.c 里提供了一个延时函数 void HAL_Delay()，可以产生软件延时。HAL_Delay 函数说明见表 1-3-3。

表 1-3-3　HAL_Delay 函数说明

| 函数原型 | void HAL_ Delay（uint32_t　Delay） |
|---|---|
| 功能描述 | ms 延时 |
| 入口参数 | Delay：延时时间 |
| 返回值 | 无 |
| 注意事项 | 需要用户自己调用 |

## 任务工单

任务工单 3　实现流水灯

| 项目 1：流水灯 | 任务 3：实现流水灯 |
|---|---|

（一）练习习题

扫描右侧的二维码，完成练习

实现流水灯

（二）任务实施完成情况

| 实施步骤 | 实施步骤具体操作 | 完成情况 |
|---|---|---|
| 步骤 1：在 STM32CubeMX 中建立工程，进行相关配置并生成代码 | | |
| 步骤 2：在 Keil μVision5 中完善代码 | | |
| 步骤 3：编译程序 | | |
| 步骤 4：烧写程序 | | |
| 步骤 5：观察效果 | | |

（续）

| 项目 1：流水灯 | 任务 3：实现流水灯 |
|---|---|

（三）任务检查与评价

| 项目名称 | 流水灯 | | | | |
|---|---|---|---|---|---|
| 任务名称 | 实现流水灯 | | | | |
| 评价方式 | 可采用自评、互评和教师评价等方式 | | | | |
| 说明 | 主要评价学生在项目学习过程中的操作技能、理论知识、学习态度、课堂表现和学习能力等 | | | | |
| 序号 | 评价内容 | 评价标准 | 分值 | 得分 | |
| 1 | 知识运用（20%） | 掌握相关理论知识，理解本任务要求，制订详细计划，计划条理清晰，逻辑正确（20 分） | 20 分 | | |
| | | 理解相关理论知识，能根据本任务要求制订合理计划（15 分） | | | |
| | | 了解相关理论知识，有制订计划（10 分） | | | |
| | | 无制订计划（0 分） | | | |
| 2 | 专业技能（40%） | 完成在 STM32CubeMX 中工程建立的所有操作步骤，完成任务代码的编写与完善，将生成的 HEX 文件烧写进开发板，并通过测试（40 分） | 40 分 | | |
| | | 完成代码，也烧写进开发板，但功能未完成，并未实现流水灯功能（30 分） | | | |
| | | 代码有语法错误，无法完成代码的烧写（20 分） | | | |
| | | 不愿完成任务（0 分） | | | |
| 3 | 核心素养（20%） | 具有良好的自主学习和分析解决问题的能力，整个任务过程中有指导他人（20 分） | 20 分 | | |
| | | 具有较好的学习和分析解决问题的能力，任务过程中无指导他人（15 分） | | | |
| | | 能够主动学习并收集信息，有请教他人进行解决问题的能力（10 分） | | | |
| | | 不主动学习（0 分） | | | |
| 4 | 课堂纪律（20%） | 设备无损坏，设备摆放整齐，工位区域内保持整洁，无干扰课堂秩序（20 分） | 20 分 | | |
| | | 设备无损坏，无干扰课堂秩序（15 分） | | | |
| | | 无干扰课堂秩序（10 分） | | | |
| | | 干扰课堂秩序（0 分） | | | |
| 总得分 | | | | | |

（续）

| 项目 1：流水灯 | 任务 3：实现流水灯 |
|---|---|

（四）任务自我总结

| 过程中遇到的问题 | 解决方式 |
|---|---|
| | |
| | |
| | |

## 任务小结

通过任务要求，学生能够熟练在 STM32CubeMX 中建立工程，进行相关配置并生成代码，在 Keil 中进行代码的完善，经过编译程序生成 HEX 文件，将 HEX 文件成功烧写进开发板中，实现 LED 流水灯循环亮灭操作；掌握完成程序编写至下载到开发板的整个开发流程并能够展示要求的效果，如图 1-3-3 所示。

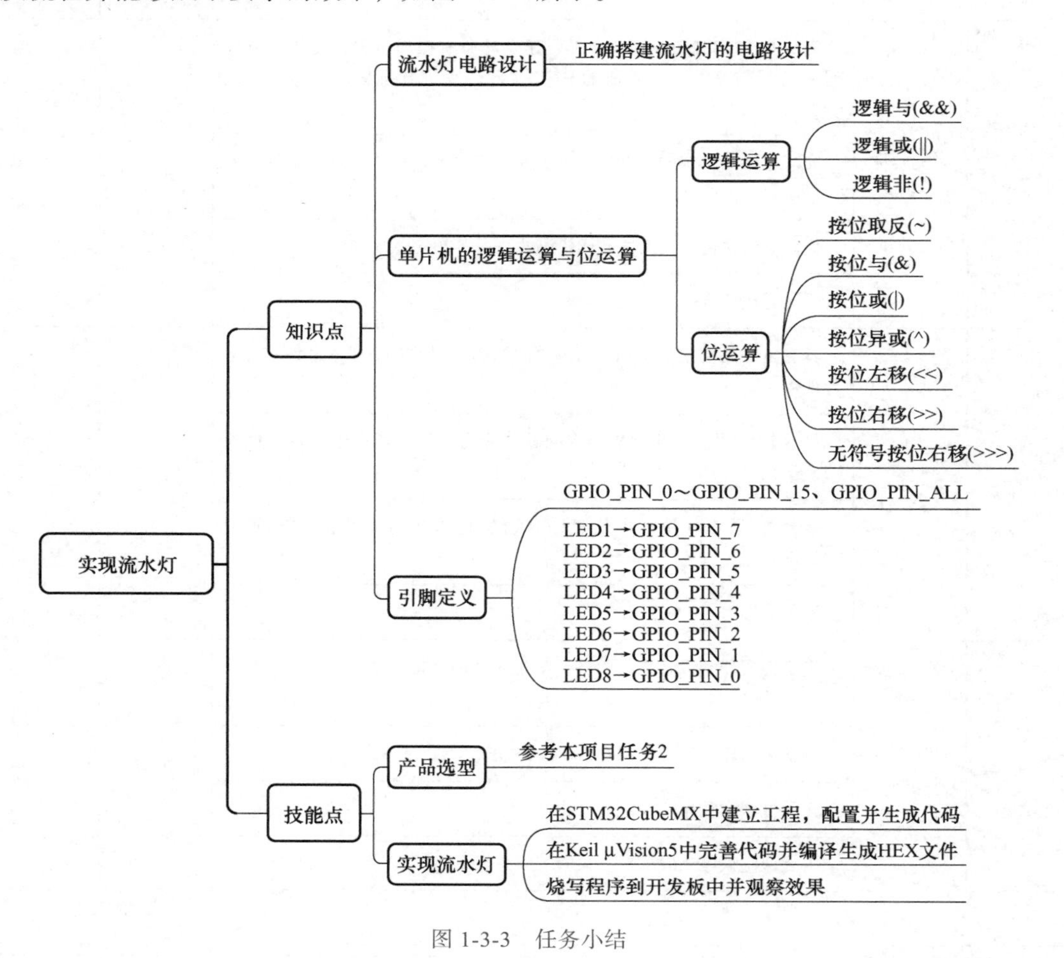


图 1-3-3　任务小结

## 任务拓展

拓展：控制 8 个 LED 灯，每隔 1s 闪烁 1 次，规则是先偶数灯亮，再奇数灯亮，依此不断循环。

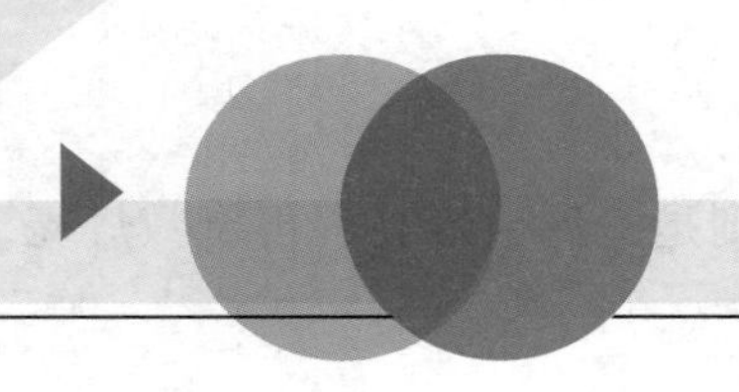

# 项目2 电子门铃

## 引导案例

“我岁数大了，听力不太好，经常听不到敲门声，工作队给我装了电子门铃之后方便多了。”独居老人于奶奶高兴地说。

工作队通过走访入户发现，退役军人于奶奶因年龄大了，听力不好，给生活造成了很大的困扰，为了不影响老人的正常生活，工作队给老人购买了电子门铃，安装完成后，工作队向老人介绍了电子门铃的使用方法，只要有人在室外按门铃，室内的闪光器就会发出声音并闪灯，提醒有客人来访。

门铃英文为 Doorbell，可以发出声音提醒主人有客到访。目前市场上的门铃种类繁多，既有功能比较简单的，如图 2-0-1a 所示的普通门铃；也有一些功能较强的，如图 2-0-1b 所示的无线门铃和图 2-0-1c 所示的可视对讲门铃等。目前可视化电子门铃系统已经发展成为集提醒、防盗和可视等为一体的完整智能系统。本项目将带大家一起制作一个普通门铃。

a) 普通门铃开关

b) 无线门铃

c) 可视对讲门铃

图 2-0-1　生活中常见的门铃

# 任务 1　设计轮询式铃声

## 职业能力目标

1）能根据功能需求正确添加代码，使用 STM32 实现按键检测。

2）能根据功能需求正确添加代码，使用 GPIO 驱动蜂鸣器发声。

3）培养学生严肃认真、实事求是、独立思考和踏实细致的科学作风，树立创新精神，养成良好的工作习惯。

电子门铃　设计轮询式铃声

## 任务描述与要求

**任务描述：**制作一个电子门铃，按下按键门铃发声。

**任务要求：**

1）正确使用轮询方式检测按键。

2）正确进行按键消抖。

3）使用方波驱动蜂鸣器发声。

## 设备选型

设备需求如图 2-1-1 所示。

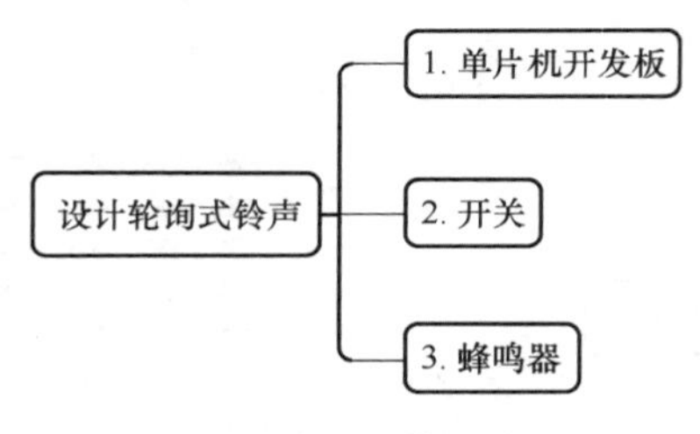


图 2-1-1　设备需求

### 1. 单片机开发板

根据前文对单片机开发板进行选型，可以自行选取合适的单片机，用来实现电子门铃功能。这里选择 ST 公司的 STM32 系列开发板。

### 2. 开关

开关的词语解释为开启和关闭。它还指一个可以使电路开路、使电流中断或使其流到其他电路的电子元件。最常见的开关是让人操作的机电设备，其中有一个或数个电子接点。接点的“闭合”（closed）表示电子接点导通，允许电流流过；开关的“开路”（open）表示电子接点不导通形成开路，不允许电流流过。

开关的分类有按照用途分类、按照结构分类、按照接触类型分类和按照开关数分类，如图 2-1-2 所示。根据任务需求，本任务选择按键开关。

### 3. 蜂鸣器

根据思维导图的分类介绍选择所需要的蜂鸣器，用以实现铃声功能，如图 2-1-3 所示。

根据前文对单片机开发板进行选型，自行选取合适的单片机，本书选择已经有按键开关和无源蜂鸣器的 STM32 开发板完成本任务。

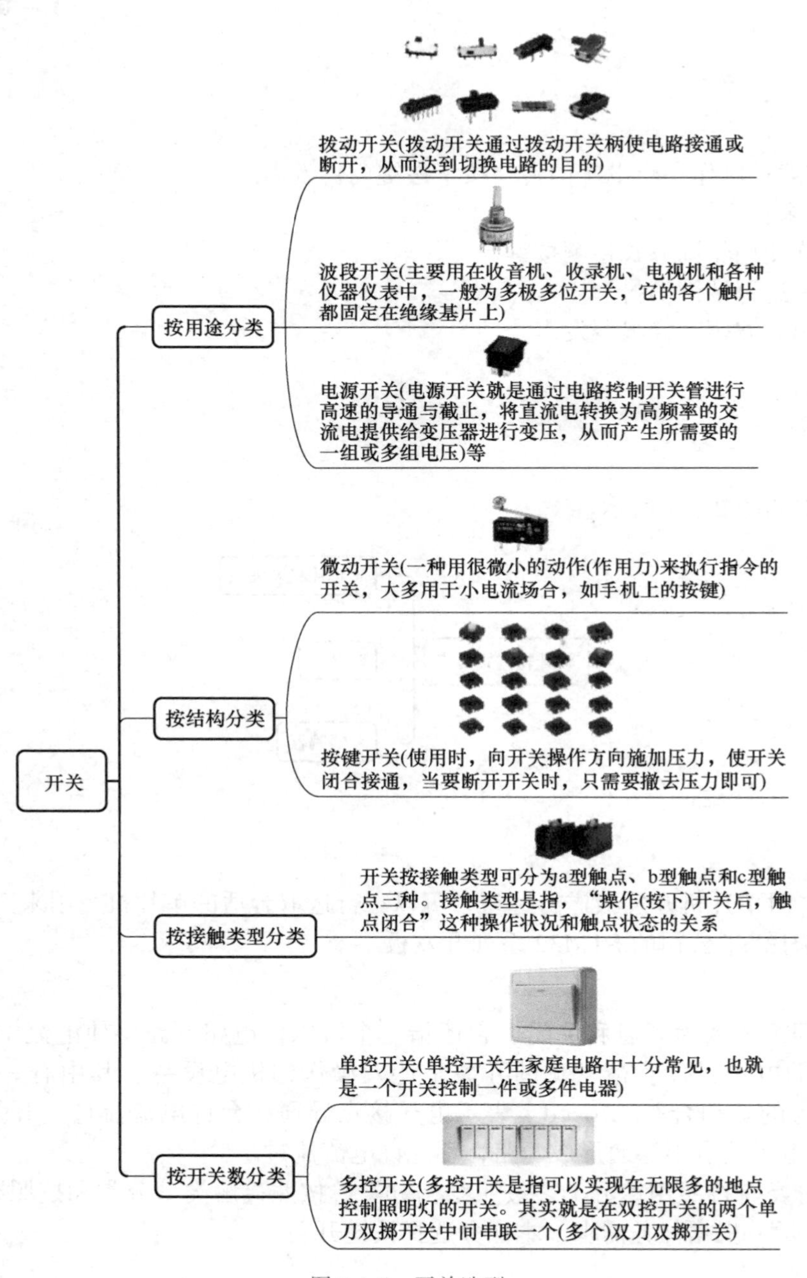
开关
按用途分类
拨动开关(拨动开关通过拨动开关柄使电路接通或断开，从而达到切换电路的目的)
波段开关(主要用在收音机、收录机、电视机和各种仪器仪表中，一般为多极多位开关，它的各个触片都固定在绝缘基片上)
电源开关(电源开关就是通过电路控制开关管进行高速的导通与截止，将直流电转换为高频率的交流电提供给变压器进行变压，从而产生所需要的一组或多组电压)等
按结构分类
微动开关(一种用很微小的动作(作用力)来执行指令的开关，大多用于小电流场合，如手机上的按键)
按键开关(使用时，向开关操作方向施加压力，使开关闭合接通，当要断开开关时，只需要撤去压力即可)
按接触类型分类
开关按接触类型可分为a型触点、b型触点和c型触点三种。接触类型是指，“操作(按下)开关后，触点闭合”这种操作状况和触点状态的关系
按开关数分类
单控开关(单控开关在家庭电路中十分常见，也就是一个开关控制一件或多件电器)
多控开关(多控开关是指可以实现在无限多的地点控制照明灯的开关。其实就是在双控开关的两个单刀双掷开关中间串联一个(多个)双刀双掷开关)

图 2-1-2　开关选型

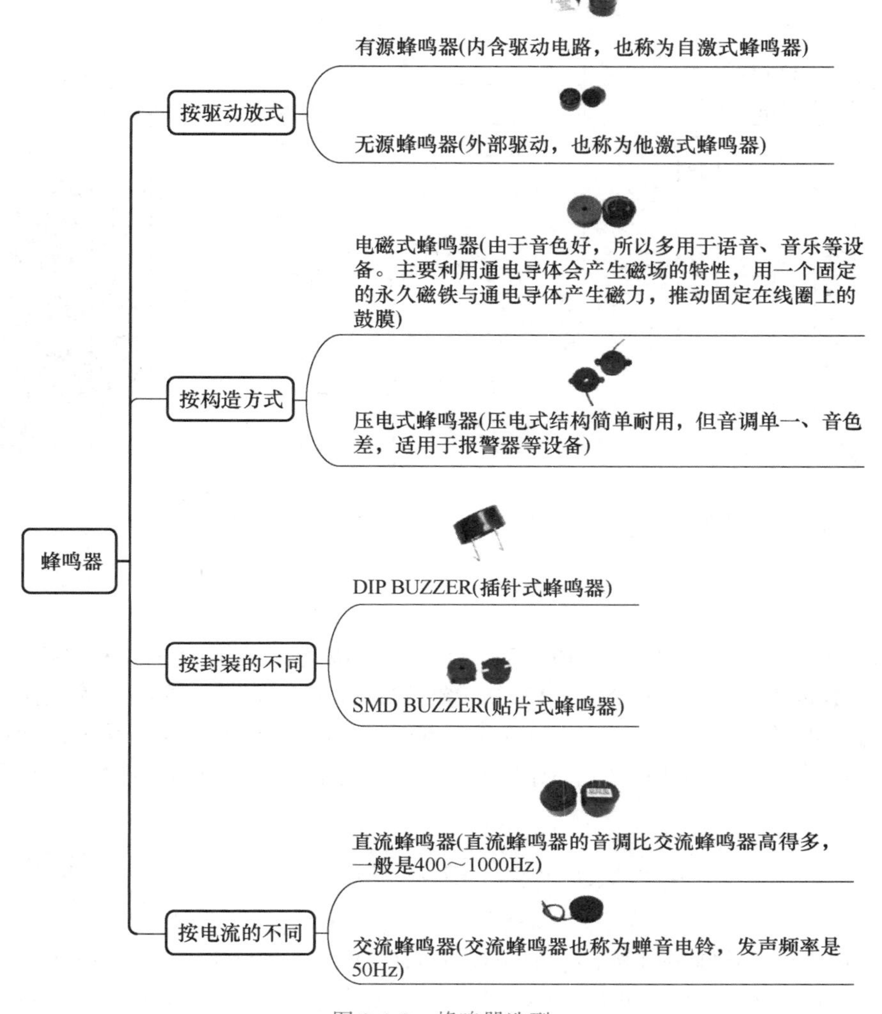


图 2-1-3　蜂鸣器选型

## 知识储备

### 2.1.1　STM32 的 GPIO 的数据输入功能

1. GPIO 的数据输入通道

在项目 1 任务 2 中已经介绍了 STM32 的 I/O 引脚有四个功能，分别是输入、输出、复用和模拟信号输入 / 输出。其中，输出已经介绍过了，这里介绍它的输入功能。

如图 2-1-4 所示，阴影部分为 STM32 的 GPIO 的数据输入通道框图。由图可见，GPIO 的数据输入通道由一对保护二极管、受控制的上 / 下拉电阻、一个施密特触发器和输入数据寄存器构成。端口的输入数据被保存于输入数据寄存器中，处理器去该寄存器某位读取其值即可得到对应引脚的外部状态。

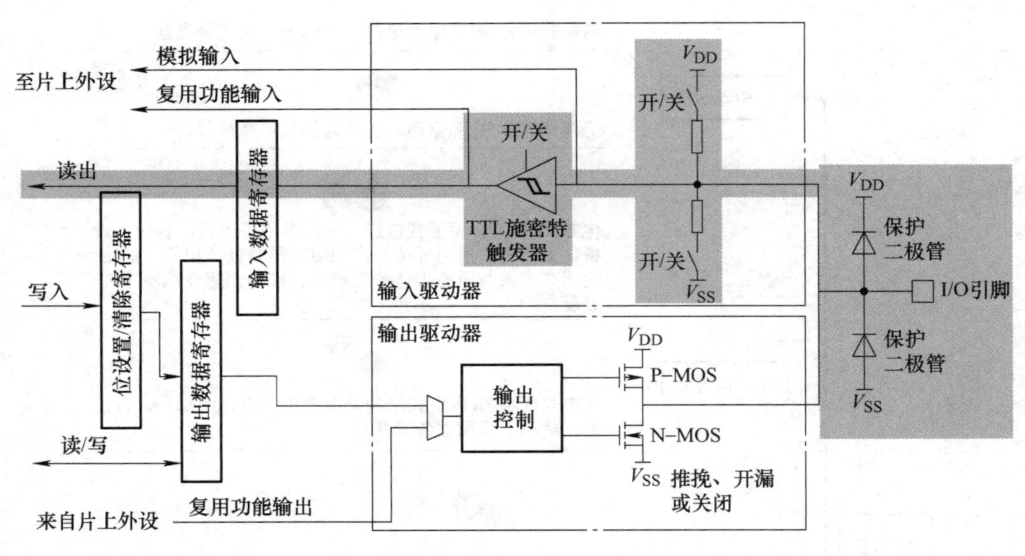


图 2-1-4 GPIO 的数据输入通道框图

举例来说，假设 I/O 引脚为 PC13，当这个引脚为输入时，PC13 的状态就被置于 GPIOC 输入数据寄存器的 bit（位）13 中，要读取 PC13 的状态，实际上就是读取 GPIOC 输入数据寄存器的 bit13 的值。如果 GPIOC 输入数据寄存器的 bit13 为 0，则说明 PC13 的状态是低电平；如果 bit13 为 1，则说明 PC13 是高电平。而读取 I/O 的状态可以采用下面的语句实现：

```
GPIO_PinState HAL_GPIO_ReadPin(GPIO_TypeDef * GPIOx,uint16_t GPIO_
Pin)
```

参数：① GPIOx 是引脚端口号，取值范围是 GPIOA～GPIOG；② GPIO_Pin 是引脚号，取值范围是 GPIO_PIN_0～GPIO_PIN_15。返回值类型：GPIO_PinState 表示引脚电平状态的枚举类型变量，当取值为 GPIO_PIN_SET，表示读到高电平，GPIO_PIN_RESET 表示读到低电平。

### 2. GPIO 输入数据寄存器（GPIOx_IDR）

IDR 是一个端口输入数据寄存器，用来存放 I/O 口电平状态，上面一行的“保留”，就是放着不用，始终读为 0，而下面就是 0～15 个引脚位置，最下面的 r 的意思是只读、不能写，所以该寄存器为只读寄存器，并且只能以 16 位的形式读出，如图 2-1-5 所示。

### 3. GPIO 的输入配置及上 / 下拉电阻使能

在使用 I/O 端口的输入功能时，要先配置 I/O 端口为输入，然后再配置使用上拉电阻还是下拉电阻。接下来讨论什么时候采用上拉电阻和什么时候采用下拉电阻。

以图 2-1-6 为例介绍上下拉电阻如何使用。在图 2-1-6 中，点画线左边是处理器外部电路，点画线右边是处理器内部的上 / 下拉控制电路，当 S1 闭合、S2 断开时为上拉使能，当 S1 断开、S2 闭合时为下拉使能。

**端口输入数据寄存器(GPIOx_IDR)(x=A～G)**

**地址偏移：** 0x08

**复位值：** 0x00000 XXXX

| 31 | 30 | 29 | 28 | 27 | 26 | 25 | 24 | 23 | 22 | 21 | 20 | 19 | 18 | 17 | 16 |
|---|---|---|---|---|---|---|---|---|---|---|---|---|---|---|---|
| 保留 | | | | | | | | | | | | | | | |

| 15 | 14 | 13 | 12 | 11 | 10 | 9 | 8 | 7 | 6 | 5 | 4 | 3 | 2 | 1 | 0 |
|---|---|---|---|---|---|---|---|---|---|---|---|---|---|---|---|
| IDR15 | IDR14 | IDR13 | IDR12 | IDR11 | IDR10 | IDR9 | IDR8 | IDR7 | IDR6 | IDR5 | IDR4 | IDR3 | IDR2 | IDR1 | IDR0 |
| r | r | r | r | r | r | r | r | r | r | r | r | r | r | r | r |

| 位32:16 | 保留，始终读为0 |
|---|---|
| 位15:0 | **IDRy[15:0]：端口输入数据(y=0…15)(Port input data)**<br>这些位为只读并只能以字(16位)的形式读出。读出的值为对应I/O口的状态 |

图 2-1-5　输入数据寄存器

由图 2-1-6 可见，当 KEY 被按下时，由于引脚与地端（GND）相连，所以 CPU 将读到 0，但如果 KEY 没有被按下，而 S1 和 S2 又没有闭合的话，CPU 既没有跟高电平连接又没有跟低电平连接，此时它读到的将是一个不确定的值，所以这种电路区分不出按键被按下与弹起状态，不适合用于判断按键；但如果 S1 闭合、S2 断开，也就是上拉有效，这时，CPU 与电源（$V_{CC}$）相连，读到的将是 $V_{CC}$，即高电平 1，由于这种电路可以区别出按键被按下与弹起的状态，所以可以用于识别按键；反过来，如果闭合的不是 S1 而是 S2，也就是下拉有效，当 KEY 弹起时，由于 CPU 与地端（GND）相连，所以读到的将是 0，这意味着无论 KEY 被按下与否，CPU 读到的都是低电平 0，很明显，这种情况不能用于判断按键状态；如果 S1 和 S2 都闭合，则 CPU 读到的是 $R_2$ 的分压值，该值不一定是高电平，所以这种情况也不适合用于判断按键状态。因此，在判断按键是否闭合时，如果按键一端接低电平，而外部电路又没有上拉电阻，此时应该使能对应位的上拉电阻，否则电路区分不出按键被按下与弹起的状态。与之相反，如果电路连接如图 2-1-7 所示，按键的一端接高电平，且外部没有上拉电阻，则此时应该使能外部下拉。

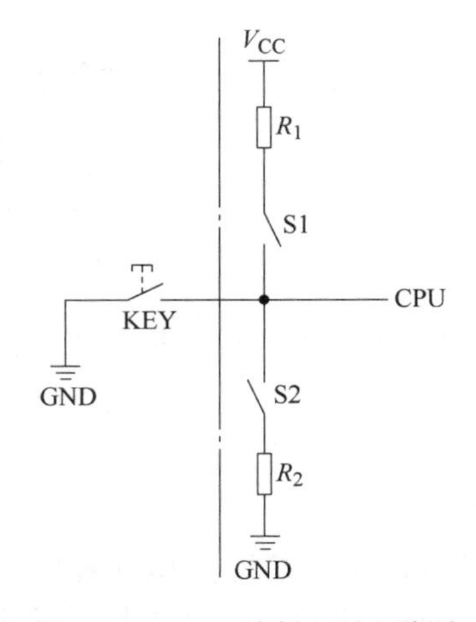


图 2-1-6　KEY 接低电平电路图

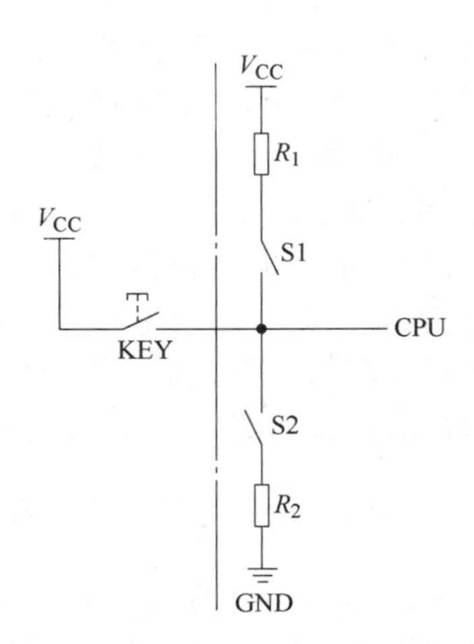


图 2-1-7　KEY 接高电平电路图

### 2.1.2　按键状态的判断

按键机械触点断开、闭合时，由于触点的弹性作用，按键触点不会马上稳定接通或断开，使用按键时会产生带波纹的信号。

假设按键电路如图 2-1-8 所示，按键一端接地，另一端接处理器的 PC13 引脚，同时这一端接一个上拉电阻。当电路中的按键被按下时，PC13 端电信号变化过程如图 2-1-9 所示。由图 2-1-9 可见，按键没有被按下时，PC13 端通过上拉电阻与高电平相连，此时，PC13 端为高电平；当按键被按下时，按键所在电路的电平先抖动然后趋于稳定，稳定时为低电平，弹起时也会有抖动然后才稳定。不同的机械键盘抖动持续时间不同，一般为 5～20ms，所以在识别按键被按下时一定要消除按下和弹起的这两个抖动，而且要防止重复判断。消抖既可以采用硬件也可以采用软件进行处理。如果采用软件消抖，可以检测按键是否为低电平，如果为低电平，先延时 10ms 消除按下抖动，然后再判断按键状态，如果仍然为低电平，说明按键真的被按下了，按键抬起时用同样的办法处理。

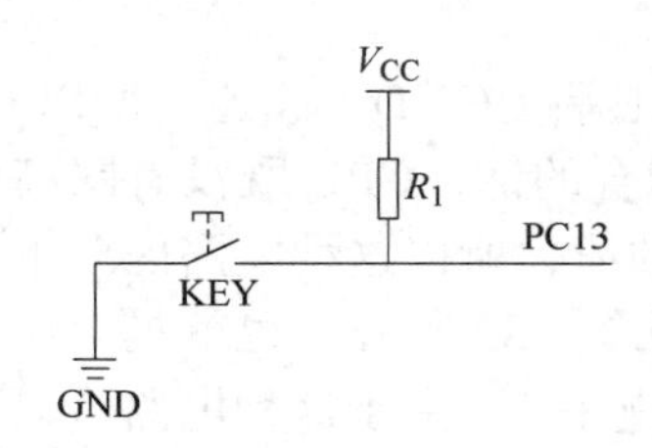

图 2-1-8　按键电路

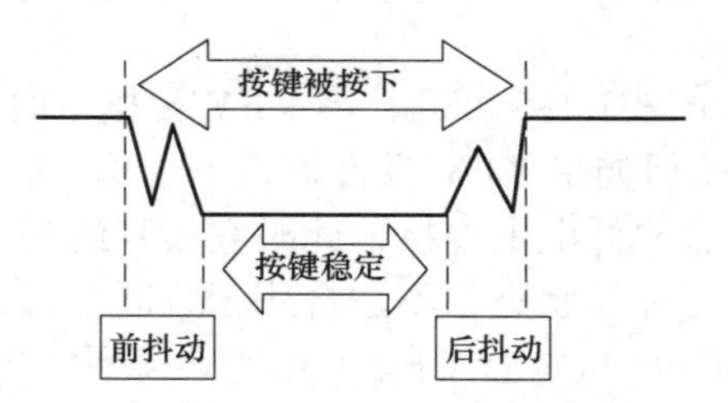

图 2-1-9　按键抖动过程

### 2.1.3　蜂鸣器电路

蜂鸣器根据前面的设备选型，按照驱动方式分为有源蜂鸣器和无源蜂鸣器。这里的有源和无源不是指电源，而是振荡源。有源蜂鸣器内部带有振荡源，如图 2-1-10 所示，给 PA8_BUZZ 引脚一个高电平，蜂鸣器就会直接鸣响。而无源蜂鸣器内部是不带振荡源的，要让它响必须给一个 500Hz～4.5kHz 的脉冲频率信号来驱动。有源蜂鸣器往往比无源蜂鸣器贵一些，因为内部多了振荡电路，驱动发声也简单，靠电平就可以驱动，而无源蜂鸣器价格比较便宜。此外，无源蜂鸣器声音频率可以控制，而音阶与频率又有确定的对应关系，因此可以做出“do re mi fa sol la si”的效果，可以用它制作出简单的音乐曲目，如《生日歌》《两只老虎》等。

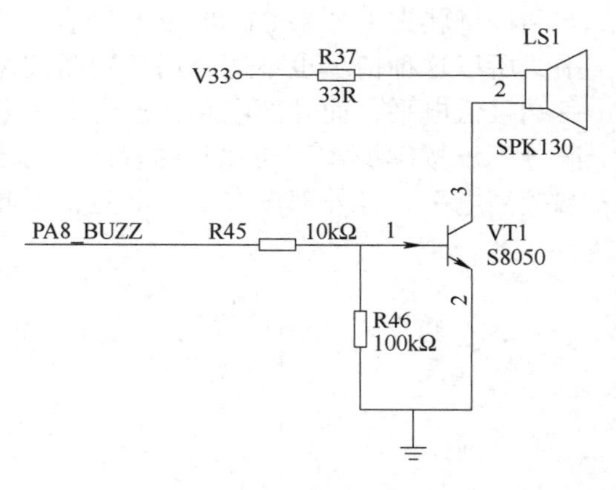

图 2-1-10　蜂鸣器电路

### 2.1.4　按键轮询控制蜂鸣器发声分析

本任务要使用一个按键控制蜂鸣器的状态，所以需要完成按键的检测和蜂鸣器的控制。按键的检测采用轮询的方式，即在主程序里不断查询按键状态，如果按键按下，给蜂鸣器方波信号，控制蜂鸣器鸣响；如果按键抬起，控制蜂鸣器停止鸣响。方波信号的频率设置为 500Hz。

按键电路如图 2-1-11 所示，按键连接在 PC13 引脚上，则检测按键状态使用的语句是：

```
HAL_GPIO_ReadPin(GPIOC,GPIO_PIN_13);
```

如图 2-1-11 所示，开发板上的按键电路带硬件消抖功能，它利用电容充放电延时消除了波纹，从而简化软件的处理，软件只需要直接检测引脚的电平即可。按键在没有被按下时，PC13 引脚的输入状态为高电平（按键所在的电路不通，引脚接 3.3V），当按键按下时，GPIO 引脚的输入状态为低电平（按键所在的电路导通，引脚接到地）。只要判断读到的状态是否为低电平，即可判断按键是否被按下。

500Hz 方波信号如图 2-1-12 所示，本任务采用延时的方法，每隔 1ms I/O 口翻转一次。蜂鸣器电路如图 2-1-10 所示，所以使用的语句为

```
HAL_GPIO_TogglePin(GPIOA,GPIO_Pin_8);
HAL_Delay(1);
```

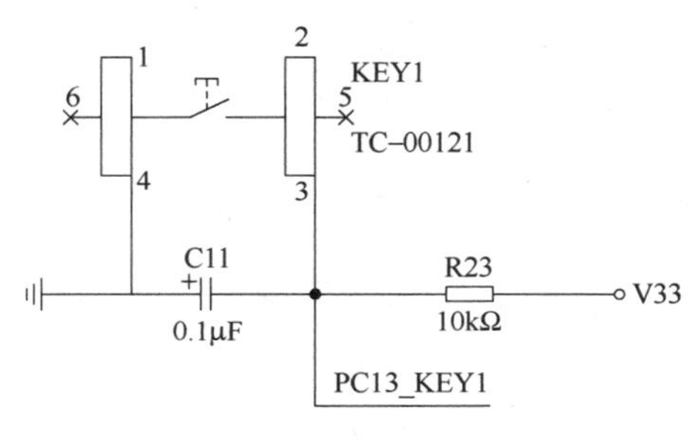


图 2-1-11　按键电路

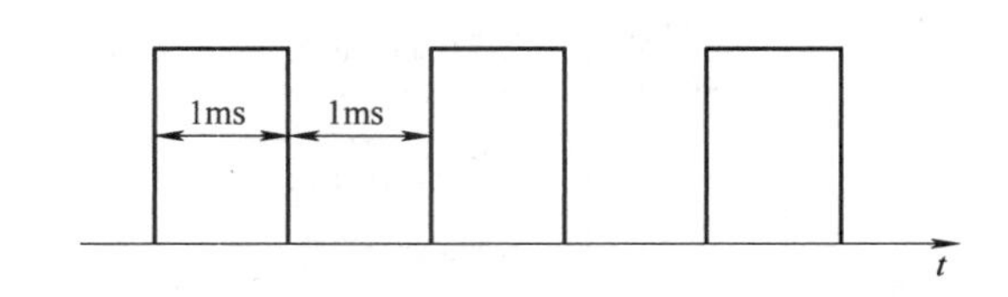


图 2-1-12　500Hz 方波信号

## 任务工单

任务工单 4　设计轮询式铃声

| 项目 2：电子门铃 | 任务 1：设计轮询式铃声 |
|---|---|

（一）练习习题

扫描右侧的二维码，完成练习

设计轮询式铃声

（二）任务实施完成情况

| 实施步骤 | 实施步骤具体操作 | 完成情况 |
|---|---|---|
| 步骤 1：建立 STM32CubeMX 工程，进行相关配置并生成代码 | | |
| 步骤 2：在 Keil μVision 中完善代码 | | |
| 步骤 3：编译程序，生成 HEX 文件 | | |
| 步骤 4：烧写程序到开发板 | | |
| 步骤 5：测试效果 | | |

（续）

| 项目2：电子门铃 | 任务1：设计轮询式铃声 |
| --- | --- |

**（三）任务检查与评价**

| 项目名称 | 电子门铃 | | | |
| --- | --- | --- | --- | --- |
| 任务名称 | 设计轮询式铃声 | | | |
| 评价方式 | 可采用自评、互评和教师评价等方式 | | | |
| 说明 | 主要评价学生在项目学习过程中的操作技能、理论知识、学习态度、课堂表现和学习能力等 | | | |
| 序号 | 评价内容 | 评价标准 | 分值 | 得分 |
| 1 | 知识运用（20%） | 掌握相关理论知识，理解本任务要求，制订详细计划，计划条理清晰，逻辑正确（20分） | 20分 | |
| | | 理解相关理论知识，能根据本任务要求制订合理计划（15分） | | |
| | | 了解相关理论知识，有制订计划（10分） | | |
| | | 无制订计划（0分） | | |
| 2 | 专业技能（40%） | 完成在STM32CubeMX中工程建立的所有操作步骤，完成任务代码的编写与完善，将生成的HEX文件烧写进开发板，并通过测试（40分） | 40分 | |
| | | 完成代码，也烧写进开发板，但功能未完成，按键无法控制蜂鸣器发声（30分） | | |
| | | 代码有语法错误，无法完成代码的烧写（20分） | | |
| | | 不愿完成任务（0分） | | |
| 3 | 核心素养（20%） | 具有良好的自主学习和分析解决问题的能力，整个任务过程中有指导他人（20分） | 20分 | |
| | | 具有较好的学习和分析解决问题的能力，任务过程中无指导他人（15分） | | |
| | | 能够主动学习并收集信息，有请教他人进行解决问题的能力（10分） | | |
| | | 不主动学习（0分） | | |
| 4 | 课堂纪律（20%） | 设备无损坏，设备摆放整齐，工位区域内保持整洁，无干扰课堂秩序（20分） | 20分 | |
| | | 设备无损坏，无干扰课堂秩序（15分） | | |
| | | 无干扰课堂秩序（10分） | | |
| | | 干扰课堂秩序（0分） | | |
| 总得分 | | | | |

**（四）任务自我总结**

| 过程中遇到的问题 | 解决方式 |
| --- | --- |
| | |
| | |
| | |

## 任务小结

通过本任务的学习，了解蜂鸣器的工作场景，单片机输入数据寄存器的使用，按键的按下、松开的状态判断，以及有源蜂鸣器与无源蜂鸣器的区别等，如图 2-1-13 所示。

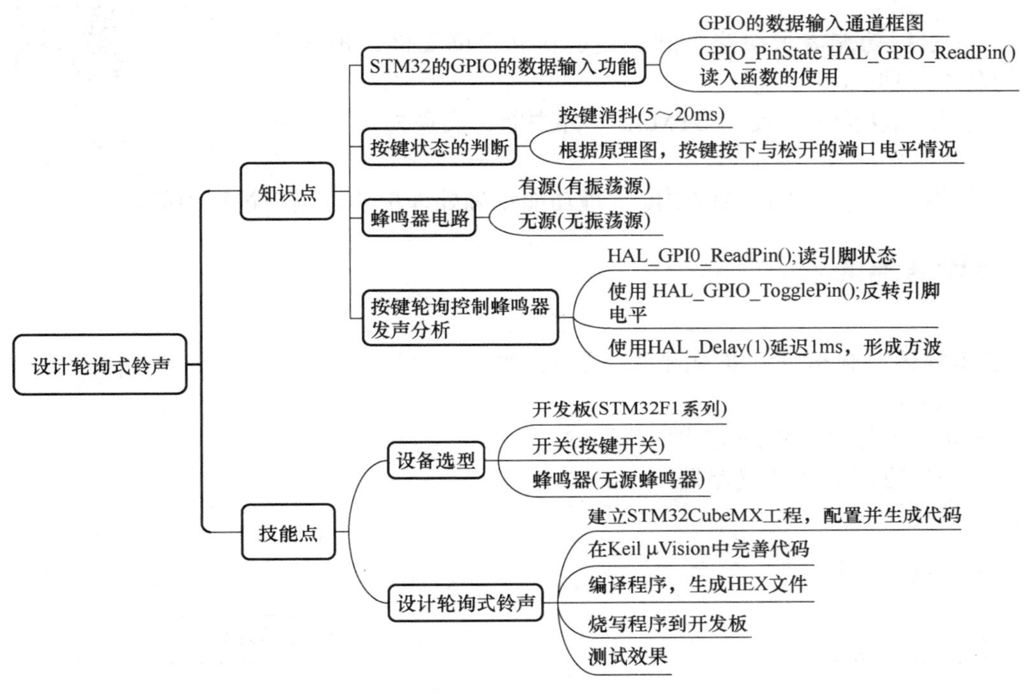


图 2-1-13　任务小结

## 任务拓展

拓展：若换个按键，如图 2-1-14 的按键 KEY2 电路所示，尝试使用轮询方式检测按键 KEY2，按下按键 KEY2 门铃发声，按键 KEY2 抬起门铃停止。

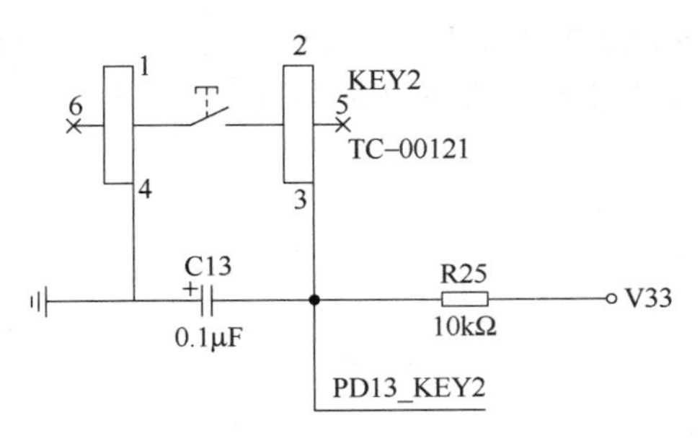


图 2-1-14　KEY2 电路

# 任务 2　设计中断式铃声

## 职业能力目标

1）能根据功能需求快速查阅相关资料和帮助文件，理解单片机中断的基本原理。

2）能根据功能需求使用 STM32 外部中断，实现外部中断检测的能力。

3）能够使用单片机提供的中断处理功能正确处理单片机应用过程中的紧急情况。

## 任务描述与要求

**任务描述：**制作一个电子门铃，按下按键门铃发声。

**任务要求：**

1）正确使用外部中断方式检测按键。

2）使用方波驱动蜂鸣器发声。

## 设备选型

设备需求如图 2-2-1 所示。

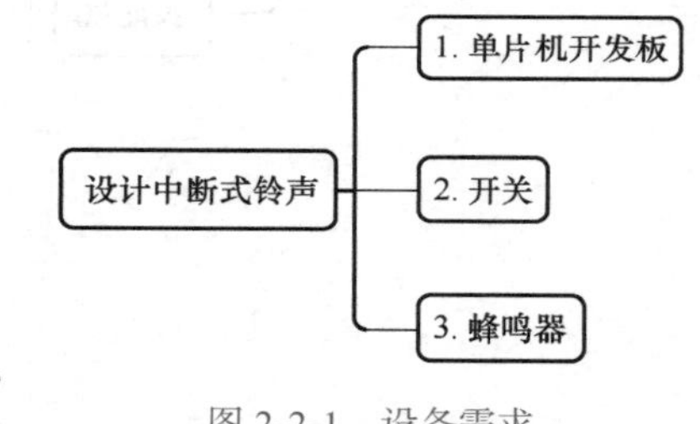


图 2-2-1　设备需求

1. 单片机开发板

根据项目 1 分析，本书选择 STM32F1 系列开发板，读者可以根据手中现有的开发板进行合适的选型。

2. 开关

根据任务需求，选择按键开关，选型和本项目任务 1 一致。

3. 蜂鸣器

蜂鸣器需要实现铃声，和本项目任务 1 选择一致。

本任务所选择的还是 STM32F1 系列开发板，此开发板上已经有按键开关和无源蜂鸣器，读者可以根据手中已有的开发板进行合适的选型。

## 知识储备

### 2.2.1　中断概述

1. 中断和异常

中断是由内核外部产生的，一般由硬件引起，如外设中断和外部中断等。

异常通常是内核自身产生的，大多数是由软件引起的，如除法出错异常、预取值失败等。

先举一个生活中中断的例子：一个人（甲）在看书，这时电话铃响，于是甲在书上做上记号，去接电话，与对方通话；这时门铃响了，甲让打电话的对方稍等一下，然后去开门，并在门旁与来访者交谈，谈话结束，关好门；回到电话机旁，继续通话，接完电话后再回来从做记号的地方接着看书，如图 2-2-2 所示。

中断是处理器处理外部突发事件的一项重要技术。中断是指处理器在执行某一程序的过程中，由于处理器系统内外的某种原因而必须终止原程序的执行，转去执行相应的处理程序，待处理结束后，再回来继续执行被终止原程序的过程。

中断程序执行过程示意图如图 2-2-3 所示。

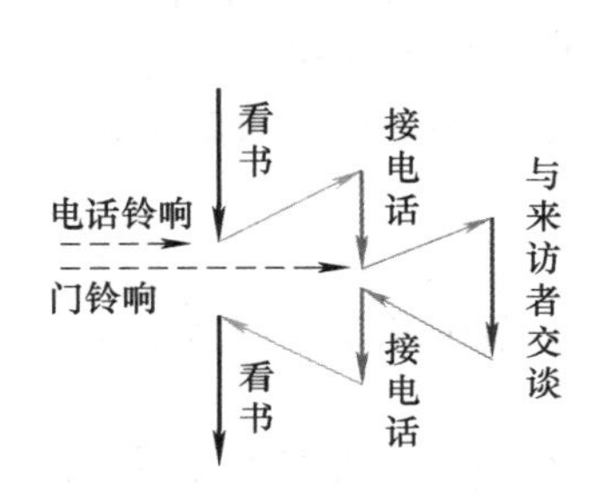


图 2-2-2　生活的中断

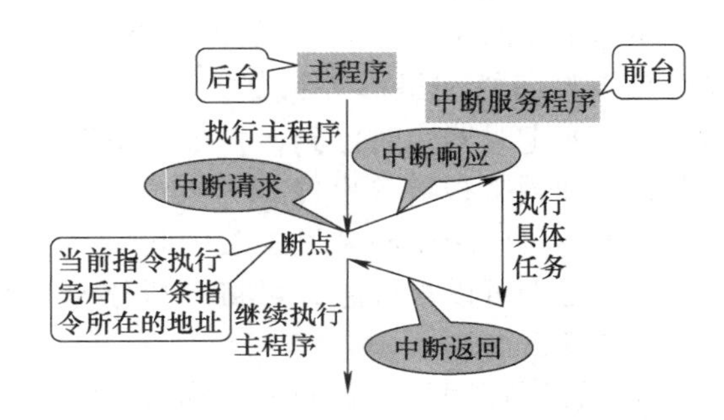


图 2-2-3　中断程序执行过程示意图

执行过程：整个程序框架可以分为两部分，分别是主程序和中断服务程序，主程序一般称为后台程序，中断服务程序称为前台程序，在执行主程序的过程中，如果出现了中断请求，此时保存断点地址，这个断点地址就是指当前指令执行完后下一条指令所在的地址，然后进行中断响应，进入中断服务程序进行具体任务的执行，执行完成以后，进行中断返回，返回到断点地址，继续执行主程序。

2. 有关中断的几个概念

（1）中断响应

当某个中断来临时，会将相应的中断标志位置位。当 CPU 查询到这个位置的标志位时，将响应此中断，并执行相应的中断服务函数。

（2）中断响应过程

步骤 1：中断源发出中断请求。

步骤 2：判断处理器是否允许中断，以及该中断源是否被屏蔽。

步骤 3：进行中断优先级排队。

步骤 4：处理器暂停当前程序，保护断点地址和处理器的当前状态，根据中断类型号查找中断向量表，转到对应的中断服务程序。

步骤 5：执行中断服务程序。

步骤 6：恢复被保护的状态，执行中断返回指令，回到被中断的程序。

（3）中断嵌套

当某个较低优先级的中断服务正在执行时，另一个优先级较高的中断来临，则当前优

先级较低的中断被打断，CPU 转而执行较高优先级的中断服务。

（4）中断挂起

当某个较高优先级的中断服务正在执行时，另一个优先级较低的中断来临，因为优先级的关系，较低优先级无法立即获得响应，进入挂起状态。

（5）中断源

中断源是引发中断的事件、原因或发出中断申请的来源，分为内部中断源和外部中断源。

内部中断源是指由 CPU 的内部事件（异常）引发的中断，主要包括：①由 CPU 执行中断指令 INT n 引起的中断；②由 CPU 的某些运算错误引起的中断，如除数为 0 或商数超过了寄存器所能表达的范围、溢出等；③为调试程序设置的中断，如单步中断、断点中断；④由特殊操作引起的异常，如存储器越限、缺页等。

外部中断源是指由 CPU 的外部事件引发的中断，主要包括，①一般中速、慢速外设，如键盘、打印机和鼠标等；②数据通道，如磁盘、数据采集装置和网络等；③实时时钟（RTC），如定时器定时已到，发中断申请；④故障源，如电源掉电、外设故障、存储器读出出错以及越限报警等事件。

（6）不可屏蔽中断和可屏蔽中断

按照是否可以被屏蔽，可将中断分为两大类：不可屏蔽中断（又称为非屏蔽中断）和可屏蔽中断。

可由程序控制其屏蔽的中断称为可屏蔽中断，屏蔽时，单片机将不接受中断（即不进入中断服务程序），反之，不能由程序控制其屏蔽，单片机一定要立即处理的中断称为不可屏蔽中断。

（7）中断服务程序

在响应一个特定中断时，处理器会执行一个函数，该函数一般称为中断处理程序或者中断服务程序。

3. 中断的作用

中断的作用如图 2-2-4 所示。

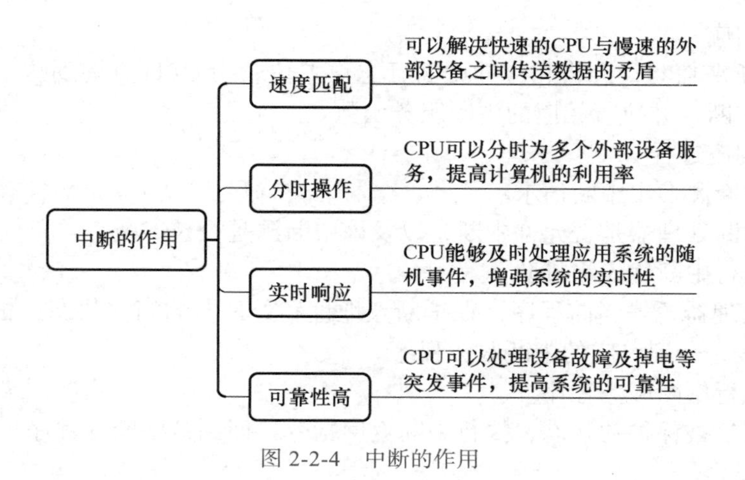


图 2-2-4　中断的作用

## 2.2.2 STM32 MCU 中断系统

### 1. 中断向量和中断向量表

中断向量：中断服务程序在内存中的入口地址。

中断向量表：把系统中所有的中断向量集中起来放到存储器的某一区域内，这个存放中断向量的存储区就称为中断向量表。

以 stm32f103 MCU 为例，它的中断向量表是如何构建的呢？如图 2-2-5 所示，它的中断向量表存放在①启动文件 startup_stm32f103xe.s 中，采用汇编语言来实现，②类似于数组的定义，③表示各个中断源对应的中断服务程序。可以把中断向量表想象成一个表格，如图 2-2-6 所示，表格中的每一个表项就是中断服务程序的入口地址。

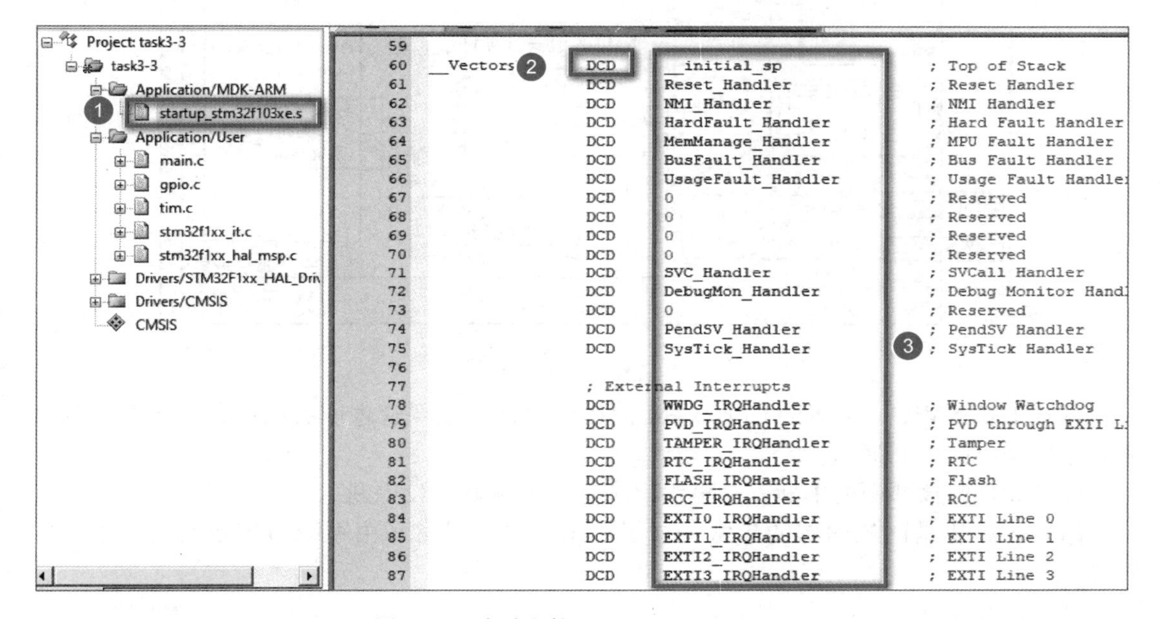


图 2-2-5 启动文件 startup_stm32f103xe.s

| RTC_IRQHandler |
|---|
| 0 |
| WWDG_IRQHandler |
| SysTick_Handler |
| PendSV_Handler |
| 0 |
| DebugMon_Handler |
| SVC_Handler |
| 0 |
| 0 |
| 0 |
| 0 |
| UsageFault_Handler |
| BusFault_Handler |
| MemManage_Handler |
| HardFault_Handler |
| NMI_Handler |
| Reset_Handler |
| MSP (_estack) |

图 2-2-6 中断服务程序的入口地址表格

2. 查找中断向量的过程

第一步编号：计算机系统对每一个中断源进行编号，这个号码称为中断类型号。

第二步查表：根据中断类型号到中断向量表中找到对应的表项。

第三步执行：取出表项内容，即该中断源对应的中断服务程序地址，进入该程序执行相应操作。

3. 嵌套向量中断控制器

NVIC（Nested Vectored Interrupt Controller）即嵌套向量中断控制器，它属于 M3 内核的一个外设，控制着芯片的中断相关功能，如图 2-2-7 所示。

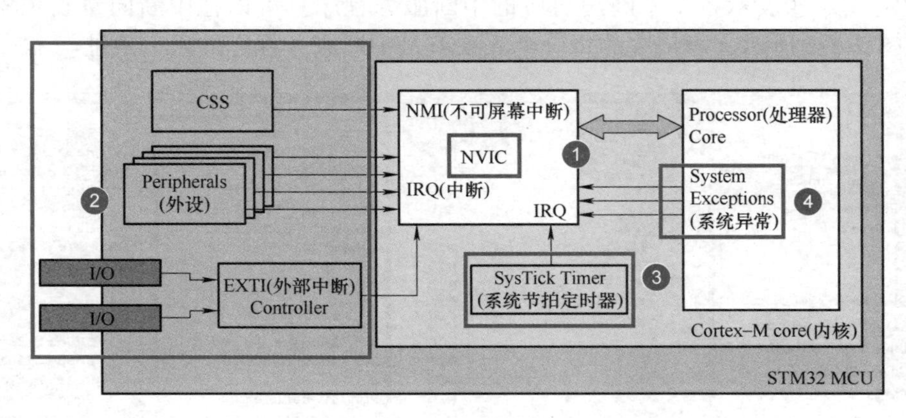


图 2-2-7　嵌套向量中断控制器

标号①是 NVIC，它属于 Cortex–M 内核的组件，主要管理所有的中断和异常，为中断源分配相应的中断通道。

标号②是内核外面的中断，这里给出了外部中断及外设中断。

标号③和④是内核内部的异常，这里给出了系统异常和由系统节拍定时器所产生的异常。

4. 中断优先级

处理器根据不同中断的重要程度设置不同的优先等级。不同优先级中断的处理原则：高级中断可以打断低级中断，低级中断不能打断高级中断。当主程序响应低级中断请求进行低级中断处理时，如果出现了高级中断请求，将暂停低级中断去响应高级中断请求，执行高级中断服务程序，执行完高级中断服务程序以后再返回执行低级中断程序，这个过程就称为中断嵌套。中断嵌套如图 2-2-8 所示。

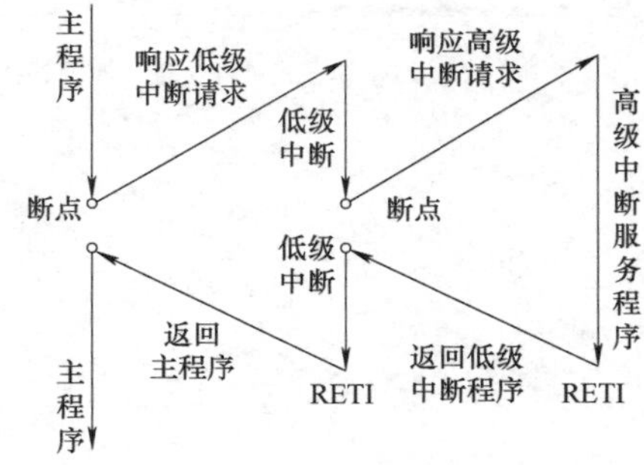


图 2-2-8　中断嵌套

在 NVIC 中有一个 8 位中断优先级寄存器 NVIC_IPRx，理论上可以配置 0～255 共 256 级中断。STM32 只使用了其中的高 4 位，并分成抢占优先级和子优先级（也称为响应优先级）两组中断优先级寄存器，用来配置外部中断的优先级。

多个中断同时提出中断申请时，先比较抢占优先级，抢占优先级高的中断先执行。如果抢占优先级相同，则比较子优先级，子优先级高的中断先执行。二者都相同时，比较中断编号。编号越小，优先级越高。

STM32 支持 16 级优先级，使用 4 位表示，分组方式如下：

1）第 0 组：所有 4 位用于指定响应优先级。

2）第 1 组：最高 1 位用于指定抢占优先级，低 3 位用于指定响应优先级。

3）第 2 组：高 2 位用于指定抢占优先级，低 2 位用于指定响应优先级。

4）第 3 组：高 3 位用于指定抢占优先级，最低 1 位用于指定响应优先级。

5）第 4 组：所有 4 位用于指定抢占优先级。

STM32CubeMX 在初始化时默认优先级分组为第 4 组，如图 2-2-9 中标号②所示，即有 0～15，共 16 级抢占优先级，没有子优先级。编号越小的优先级越高：0 号为最高，15 号为最低。标号③处是抢占优先级，标号④处是子优先级。可根据需要修改优先级组、抢占优先级和子优先级。

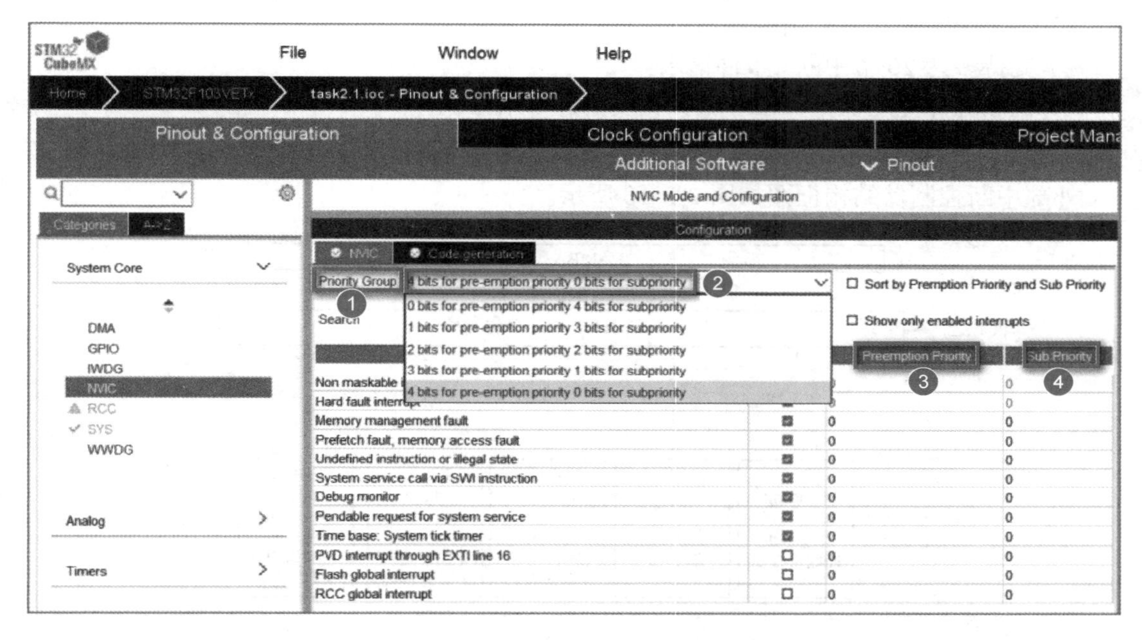


图 2-2-9　NVIC 中断优先级设置

### 5. STM32 中断优先级分组

分组情况见表 2-2-1。

表 2-2-1　STM32 中断优先级分组

| 优先级分组 | 抢占优先级 | 子优先级 |
|---|---|---|
| 第 0 组：NIVC_PriorityGroup_0 | 无 | 4 位 /16 级（0 ～ 15） |
| 第 1 组：NIVC_PriorityGroup_1 | 1 位 /2 级（0 ～ 1） | 3 位 /8 级（0 ～ 7） |
| 第 2 组：NIVC_PriorityGroup_2 | 2 位 /4 级（0 ～ 3） | 2 位 /4 级（0 ～ 3） |
| 第 3 组：NVIC_PriorityGroup_3 | 3 位 /8 级（0 ～ 7） | 1 位 /2 级（0 ～ 1） |
| 第 4 组：NVIC_PriorityGroup_4 | 4 位 /16 级（0 ～ 15） | 无 |

### 6. 中断通道

MCU 片内集成了很多外设，对于单个外设而言，它通常具备若干个可以引起中断的中断源，而该外设的所有中断源只能通过指定的中断通道向内核申请中断。

以 STM32 为例，它支持 68 个中断通道，已经固定分配给相应的片内外设。由于中断源数量较多，而中断通道有限，会出现多个中断源共享同一个中断通道的情况。

7. 外部中断 / 事件控制器

对于互联型产品，外部中断 / 事件控制器由 20 个产生事件 / 中断请求的边沿检测器组成，对于其他产品，则有 19 个能产生事件 / 中断请求的边沿检测器。每个输入线可以独立地配置输入类型（脉冲或挂起）和对应的触发事件（上升沿、下降沿或者双边沿都触发）。每个输入线都可以被独立地屏蔽。挂起寄存器保持着状态线的中断要求。

主要特性如下：

1）每个中断 / 事件都有独立的触发和屏蔽。

2）每个中断线都有专用的状态位。

3）支持多达 20 个中断 / 事件请求。

4）检测脉冲宽度低于 APB2 时钟宽度的外部信号。

8. 外部中断控制器结构框图

外部中断控制器结构框图如图 2-2-10 所示。

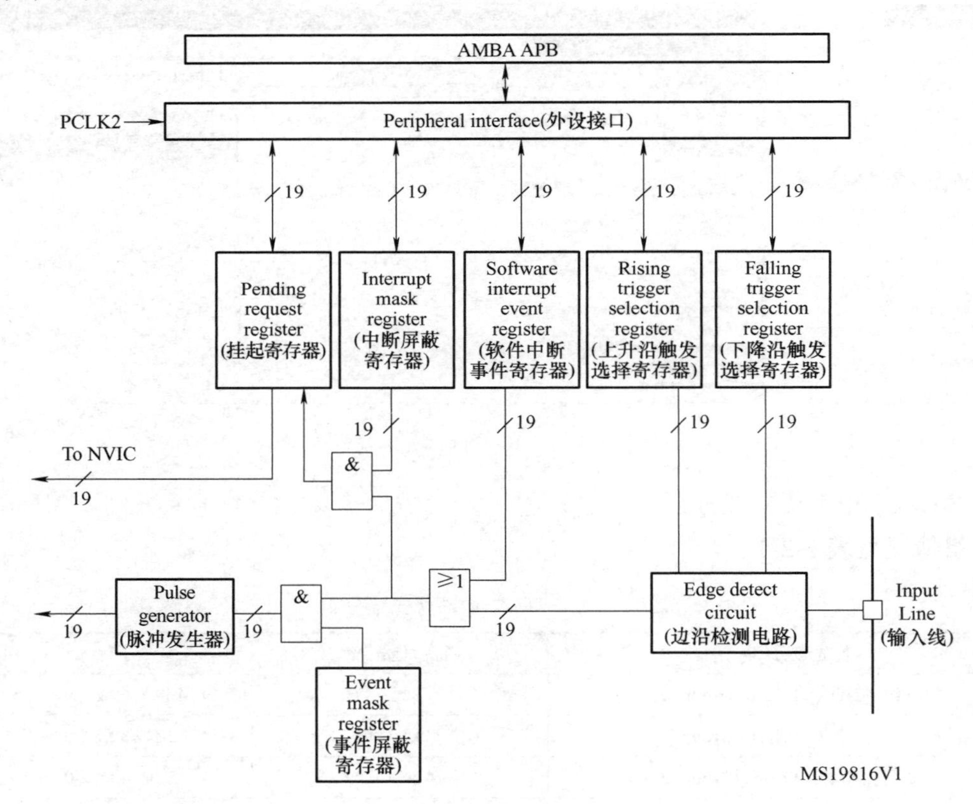


图 2-2-10　外部中断控制器结构框图

从图 2-2-10 中可以看到很多在信号线上打一个斜杠并标注“19”字样，这表示在控制器内部类似的信号线路有 19 个，这与 EXTI 总共有 19 个中断 / 事件线是吻合的。所以只要明白其中一个原理，其他线路原理也就知道了。

EXTI 可分为两大部分功能，一个是产生中断，另一个是产生事件，这两个功能从硬件上有所不同。

首先来看图 2-2-11 所示功能框图中上方虚线指示的电路流程。它是一个产生中断的线路，最终信号流入 NVIC 内。

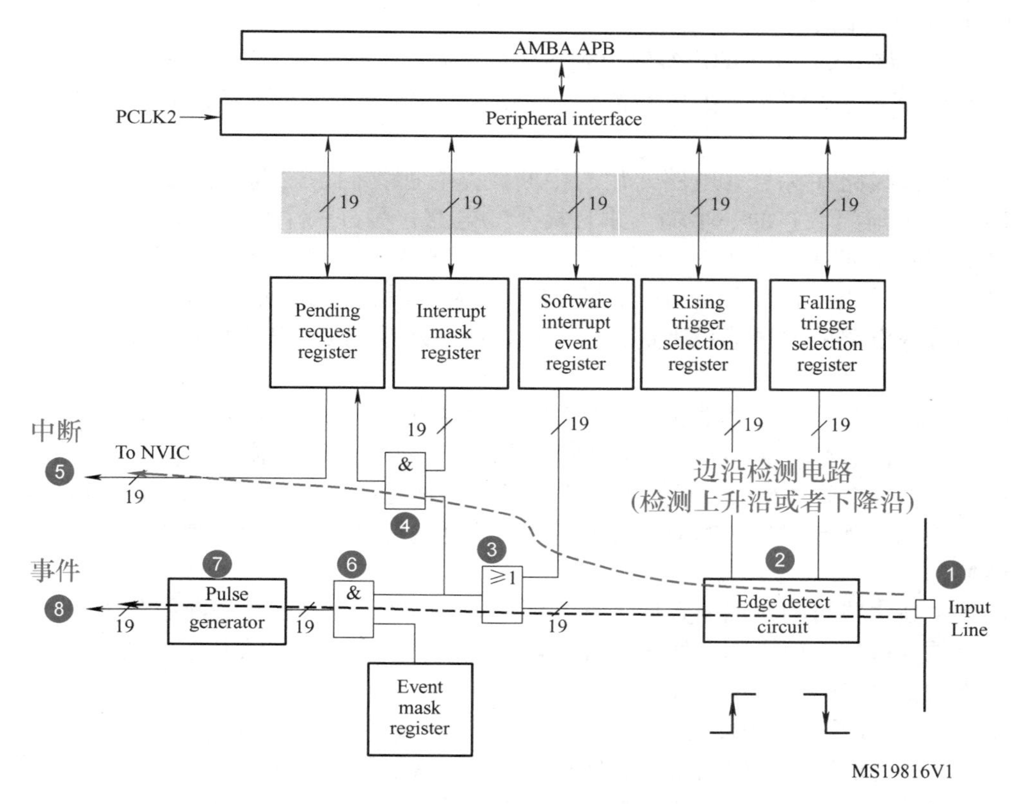


图 2-2-11 外部中断控制器结构框图标识

标号①是输入线，EXTI 控制器有 19 个中断 / 事件输入线，这些输入线可以通过寄存器设置为任意一个 GPIO，也可以是一些外设的事件。输入线一般是存在电平变化的信号。

标号②是一个边沿检测电路，它会根据上升沿触发选择寄存器（EXTI_RTSR）和下降沿触发选择寄存器（EXTI_FTSR）对应位的设置来控制信号触发。边沿检测电路以输入线作为信号输入端，如果检测到有边沿跳变就输出有效信号 1 给标号③电路，否则输出无效信号 0。而 EXTI_RTSR 和 EXTI_FTSR 两个寄存器可以控制需要检测哪些类型的电平跳变过程，可以是只有上升沿触发、只有下降沿触发或者上升沿和下降沿都触发。

标号③电路实际就是一个或门电路，它的一个输入来自标号②电路，另外一个输入来自软件中断事件寄存器（EXTI_SWIER）。EXTI_SWIER 允许通过程序控制启动中断 / 事件线，这在某些地方非常有用。或门的作用就是有 1 出 1，所以这两个输入随便一个为有效信号 1 就可以输出 1 给标号④和标号⑥电路。

标号④电路是一个与门电路，它的一个输入是标号③电路，另外一个输入来自中断屏蔽寄存器（EXTI_IMR）。与门电路要求输入都为 1 才输出 1，导致的结果是如果 EXTI_

IMR 设置为 0 时，不管标号③电路的输出信号是 1 还是 0，最终标号④电路输出的信号都为 0；如果 EXTI_IMR 设置为 1，最终标号④电路输出的信号才由标号③电路的输出信号决定，这样就可以简单地控制 EXTI_IMR 实现是否产生中断的目的。标号④电路输出的信号会被保存到挂起寄存器（EXTI_PR）内，如果确定标号④电路输出为 1，就会把 EXTI_PR 对应位置 1。

标号⑤是将 EXTI_PR 的内容输出到 NVIC，从而实现系统中断事件控制。

接下来看下方虚线指示的电路流程。它是一个产生事件的线路，最终输出一个脉冲信号。

产生事件线路在标号③电路之后与中断线路有所不同，之前电路都是共用的。标号⑥电路是一个与门，它的一个输入来自标号③电路，另外一个输入来自事件屏蔽寄存器（EXTI_EMR）。如果 EXTI_EMR 设置为 0，不管标号③电路的输出信号是 1 还是 0，最终标号⑥电路输出的信号都为 0；如果 EXTI_EMR 设置为 1，最终标号⑥电路输出的信号才由标号③电路的输出信号决定，这样可以简单地控制 EXTI_EMR 实现是否产生事件的目的。

标号⑦是一个脉冲发生器电路，当它的输入端即标号⑥电路的输出端是一个有效信号 1 时，就会产生一个脉冲；如果输入端是无效信号，就不会输出脉冲。

标号⑧是一个脉冲信号，就是产生事件的线路最终的产物，这个脉冲信号可以给其他外设电路使用，如定时器（TIM）、ADC 等，这样的脉冲信号一般用来触发 TIM 或 ADC 开始转换。

产生中断线路目的是把输入信号输入到 NVIC，进一步会运行中断服务函数，实现功能，这是软件级的。而产生事件线路目的就是传输一个脉冲信号给其他外设使用，并且是电路级别的信号传输，属于硬件级的。

另外，EXTI 是在 APB2 总线上的，在编程时需要注意到这点。

中断与事件的区别：中断是检测到外部上升或者下降沿，触发中断，进入中断服务函数；事件是检测到外部上升或者下降沿，最终产生的是指定频率的脉冲信号。

#### 9. GPIO 引脚的外部中断触发方式

触发方式共分为三种：

1）上升沿触发：当引脚从低电平变为高电平时触发中断。

2）下降沿触发：当引脚从高电平变为低电平时触发中断。

3）双边沿触发：当引脚从低电平变为高电平或从高电平变为低电平时（即当引脚电平发生变化时）触发中断。

#### 10. 外部中断线与 GPIO 映射关系

如图 2-2-12 所示，尾号相同的一组引脚接入 1 个外部中段线，同组引脚中只能有一个设置为外部中断功能。EXTI0～EXTI4 分别具有独立的中断通道，EXTI5～EXTI9 共享同一个中断通道，EXTI10～EXTI15 共享同一个中断通道。

STM32 的每个 I/O 口都可以作为外部中断的中断输入口。普通 I/O 口作为中断使用时需要指定中断线，即 EXTI 接口，从前文得知，STM32F103 的中断控制器支持 19 个外部中断 / 事件请求，EXTI0～EXTI15 用于 GPIO，通过编程控制可以实现任意一个 GPIO 作为 EXTI 的输入源，EXTI16 用于 PVD 输出，EXTI17 用于 RTC 闹钟事件，EXTI18 用于 USB 唤醒事件，EXTI19 用于以太网唤醒事件（只适用于互联型产品）。

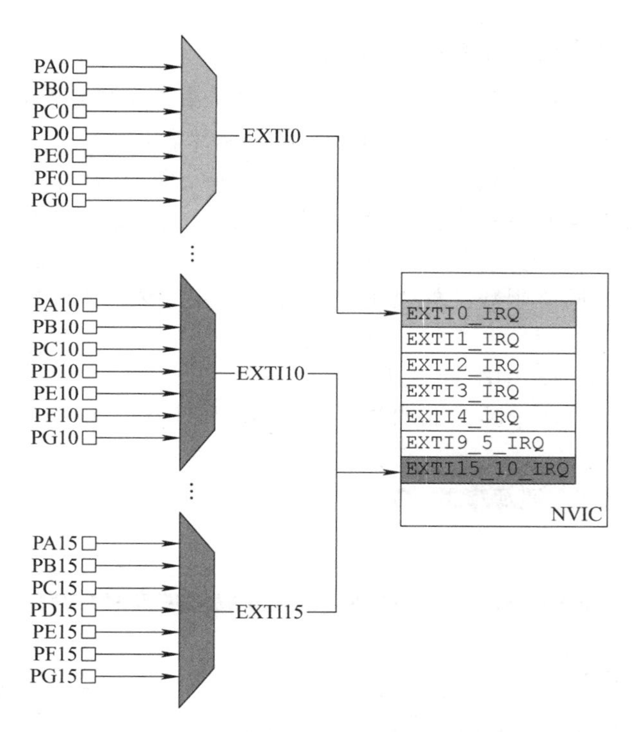


图 2-2-12　中断线与 GPIO 映射示意图

## 2.2.3　中断处理流程

### 1. 中断处理流程步骤

中断处理流程如图 2-2-13 所示。

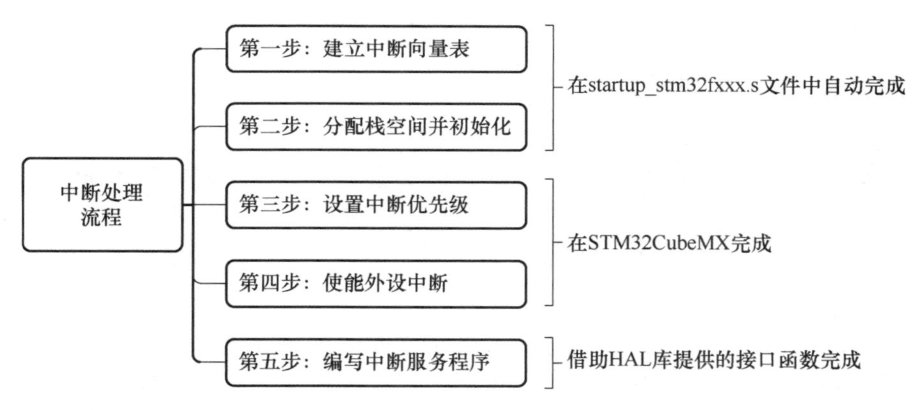


图 2-2-13　中断处理流程

### 2. HAL 库对中断的封装处理

1）统一规定处理各个外设的中断服务程序 HAL_PPP_IRQHandler（其中，“PPP”代表外设名称）。

2）在中断服务程序 HAL_PPP_IRQHandler 中完成中断标志的判断和清除。

3）将中断中需要执行的操作以回调函数的形式提供给用户，这里的回调函数是由外设初始化、中断和处理完成 / 出错触发的函数。

3. 由 STM32CubeMX 生成的 MDK 工程中与中断相关的编程文件

（1）启动文件：startup_stm32fxxx.s（xxx 代表芯片名称）

1）该文件存放在 MDK-ARM 组中。在该文件中，预先为每个中断编写了一个中断服务程序，只是这些中断服务程序都是死循环，目的只是初始化中断向量表。

2）中断服务程序的属性定义为"weak"。weak 属性的函数表示：如果该函数没有在其他文件中定义，则使用该函数；如果用户在其他地方定义了该函数，则使用用户定义的函数。

（2）在 STM32CubeMX 中配置中断使能

设置中断优先级并使能中断，如图 2-2-14 所示。

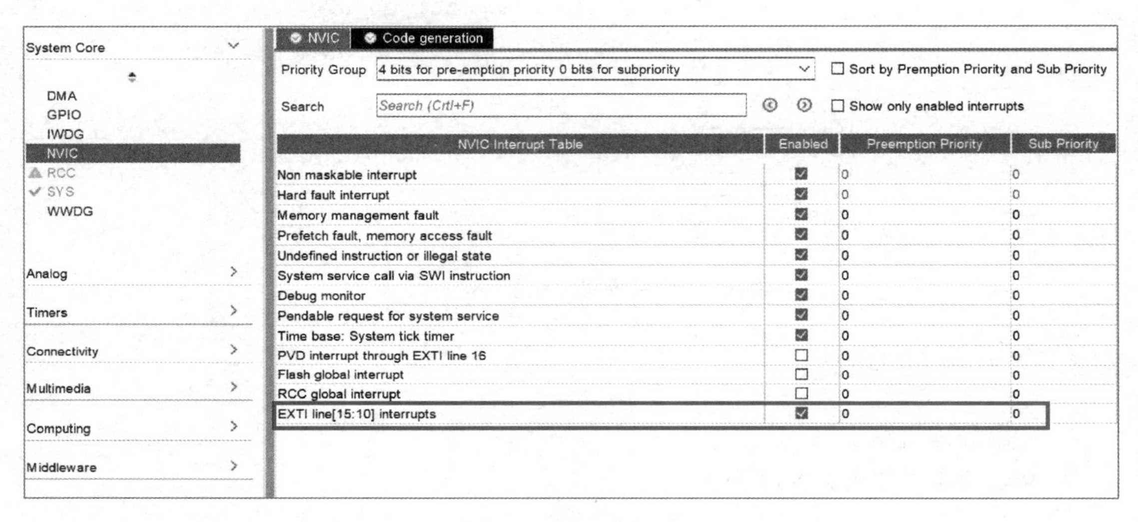


图 2-2-14　STM32CubeMX 设置中断优先级并使能中断

对应到 gpio.c 文件中如下所示。

```
1.    /* EXTI interrupt init*/
2.    HAL_NVIC_SetPriority(EXTI15_10_IRQn,0,0); // 设置中断的抢占优先级和子
                                                // 优先级
3.    HAL_NVIC_EnableIRQ(EXTI15_10_IRQn);       // 使能中断
```

（3）中断服务程序文件：stm32fxxx_it.c

1）该文件存放在 User 组中，用于存放各个中断的中断服务程序。

2）在使用 CubeMX 软件进行初始化配置时，如果使能了某一个外设的中断功能，那么在生成代码时，相对应的外设中断服务程序 HAL_PPP_IRQHandler 就会自动添加到该文件中，用户只需要在该函数中添加相应的中断处理代码即可。

4. 举例说明

假设 MCU 芯片为 STM32F103 系列，设置引脚 PC13 为外部中断功能，当 PC13 出现脉冲边沿时，将触发外部中断。

HAL 库外部中断处理流程如图 2-2-15 所示。

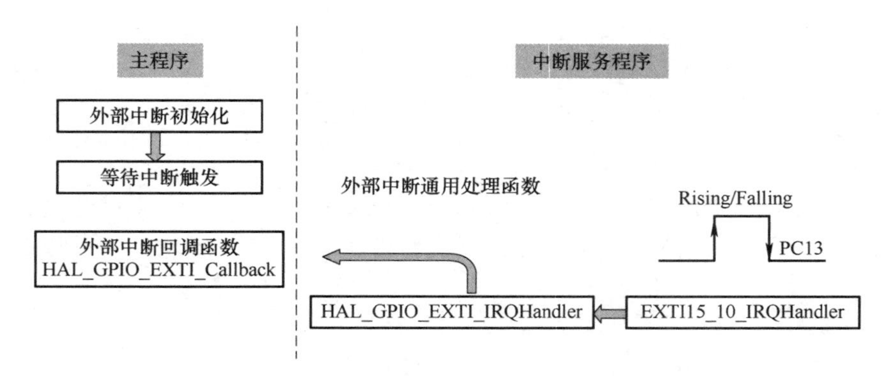


图 2-2-15 HAL 库外部中断处理流程

1）第一步：在主程序中首先进行外部中断初始化。

2）第二步：中断跳转，执行中断服务程序。当引脚 PC13 上出现对应的脉冲边沿后，跳转到该中断所对应的中断服务程序。外部中断线对应中断服务程序见表 2-2-2。

表 2-2-2 外部中断线对应中断服务程序

| 外部中断线 | 中断服务程序的函数名称 |
| --- | --- |
| 外部中断线 0（EXTI Line 0） | EXTI0_IRQHandler |
| 外部中断线 1（EXTI Line 1） | EXTI1_IRQHandler |
| 外部中断线 2（EXTI Line 2） | EXTI2_IRQHandler |
| 外部中断线 3（EXTI Line 3） | EXTI3_IRQHandler |
| 外部中断线 4（EXTI Line 4） | EXTI4_IRQHandler |
| 外部中断线 5 ～ 9（EXTI Line[9:5]） | EXTI9_5_IRQHandler |
| 外部中断线 10 ～ 15（EXTI Line[15:10]） | EXTI15_10_IRQHandler |

其中，PC13 对应的外部中断服务程序是 EXTI15_10_IRQHandler。

执行在 stm32f1xx_it.c 文件中对应的中断服务程序，定义如下。

```
4.  void EXTI15_10_IRQHandler(void)
5.  {
6.    /* USER CODE BEGIN EXTI15_10_IRQn 0 */
7.
8.    /* USER CODE END EXTI15_10_IRQn 0 */
9.    HAL_GPIO_EXTI_IRQHandler(GPIO_PIN_13);     //调用外部中断通用处理函数
10.    /* USER CODE BEGIN EXTI15_10_IRQn 1 */
11.
12.    /* USER CODE END EXTI15_10_IRQn 1 */
13.  }
```

这个函数会调用外部中断通用处理函数 HAL_GPIO_EXTI_IRQHandler，这个函数的入口参数是引脚的编号。

3）第三步：执行外部中断通用处理函数。在函数内部将判断中断标志并清除，之后调用外部中断回调函数。外部中断通用处理函数定义如下。

```
1.  void HAL_GPIO_EXTI_IRQHandler(uint16_t GPIO_Pin)
2.  {
3.    /* EXTI line interrupt detected */
4.    if(__HAL_GPIO_EXTI_GET_IT(GPIO_Pin)!= 0x00u)   // 检测中断标志
5.    {
6.      __HAL_GPIO_EXTI_CLEAR_IT(GPIO_Pin);               // 清除中断标志
7.      HAL_GPIO_EXTI_Callback(GPIO_Pin);                 // 调用回调函数
8.    }
9.  }
```

函数的入口参数是 GPIO_Pin，代表引脚的编号，在函数内部执行如下处理：首先，检测中断的标志，如果中断标志置位，将清除中断标志，然后调用回调函数，完成具体的中断处理任务。

4）第四步：执行用户编写的回调函数。在回调函数内部完成具体的中断任务处理。在 main.c 文件中编写外部中断的回调函数，样例定义如下。

```
1.  void HAL_GPIO_EXTI_Callback(uint16_t GPIO_Pin)
2.  {
3.    switch(GPIO_Pin)
4.  {
5.    case GPIO_PIN_0:
6.    /* GPIO_PIN_0 EXTI handling */
7.    break;
8.    …
9.    case GPIO_PIN_13:
10.   /* GPIO_PIN_0 EXTI handling */
11.   break;
12.   …
13.   default:break;
14. }
```

所有的外部中断服务程序都会调用该回调函数。如果系统中存在多个外部中断时，需要判断是哪一个 GPIO 引脚触发的本次外部中断。

下面讲解默认回调函数，在 stm32f1xx_hal_gpio.c 文件中定义的默认回调函数如下。

```
1.  __weak void HAL_GPIO_EXTI_Callback(uint16_t GPIO_Pin)
2.  {
3.    /* Prevent unused argument(s)compilation warning */
4.    UNUSED(GPIO_Pin);
5.    /* NOTE:This function Should not be modified,when the callback
is needed,
6.            the HAL_GPIO_EXTI_Callback could be implemented in the
user file
7.     */
8.  }
```

默认回调函数采用 weak 属性定义，用户需要编写同名的回调函数。在默认回调函数中，有一条语句 UNUSED（GPIO_Pin）；作用是避免编译器的警告。

## 2.2.4 外部中断接口函数

由于外部中断主要是利用 GPIO 引脚实现，以 STM32F103 为例，外部中断数据类型的定义放在 stm32f1xx_hal_gpio.h 文件中，外部中断接口函数的实现放在 stm32f1xx_hal_gpio.c 文件中。

引脚初始化数据类型如下。

```
1.  typedef struct
2.  {
3.    uint32_t Pin;     //指定需要配置的GPIO引脚，该参数可以是GPIO_pins的值
                        //之一
4.    uint32_t Mode;    //指定所选引脚的工作模式，该参数可以是GPIO_mode的值
                        //之一
5.    uint32_t Pull;    //指定所选引脚的上/下拉电阻，该参数可以是GPIO_pull的
                        //值之一
6.    uint32_t Speed;  //指定所选引脚的速度，该参数可以是GPIO_speed的值之一
7.  } GPIO_InitTypeDef;
```

成员变量 Mode 的取值范围见表 2-2-3。

表 2-2-3　成员变量 Mode 的取值范围

| 宏常量定义 | 含义 |
|---|---|
| GPIO_MODE_IT_RISING | 上升沿触发 |
| GPIO_MODE_IT_FALLING | 下降沿触发 |
| GPIO_MODE_IT_RISING_FALLING | 双边沿触发 |

下面详细说明外部中断通用处理函数和外部中断回调函数的函数说明，见表 2-2-4 和表 2-2-5。

表 2-2-4　外部中断通用处理函数 HAL_GPIO_EXTI_IRQHandler

| 函数原型 | void HAL_GPIO_EXTI_IRQHandler（uint16_t GPIO_Pin） |
|---|---|
| 功能描述 | 作为所有外部中断发生后的通用处理函数 |
| 入口参数 | GPIO_Pin：连接到对应外部中断线的引脚，范围是 GPIO_PIN_0 ～ GPIO_PIN_15 |
| 返回值 | 无 |
| 注意事项 | ① 所有外部中断服务程序均调用该函数完成中断处理<br>② 函数内部根据 GPIO_Pin 的取值判断中断源，并清除对应外部中断线的中断标志<br>③ 函数内部调用外部中断回调函数 HAL_GPIO_EXTI_Callback 完成实际的处理任务<br>④ 该函数由 CubeMX 自动生成 |

表 2-2-5　外部中断回调函数 HAL_GPIO_EXTI_Callback

| 函数原型 | void HAL_GPIO_EXTI_Callback（uint16_t GPIO_Pin） |
|---|---|
| 功能描述 | 外部中断回调函数，用于处理具体的中断任务 |

（续）

| 入口参数 | GPIO_Pin：连接到对应外部中断线的引脚，范围是 GPIO_PIN_0 ~ GPIO_PIN_15 |
|---|---|
| 返回值 | 无 |
| 注意事项 | ① 该函数由外部中断通用处理函数 HAL_GPIO_EXTI_IRQHandler 调用，完成所有外部中断的任务处理<br>② 函数内部先根据 GPIO_Pin 的取值来判断中断源，然后执行对应的中断任务<br>③ 该函数由用户根据实际需求编写 |

STM32F103 在内核水平上搭载了一个异常响应系统，支持为数众多的系统异常和外部中断。其中，系统异常有 8 个（如果把 Reset 和 HardFault 也算上的话就是 10 个），外部中断有 60 个。除了个别异常的优先级被定死外，其他异常的优先级都是可编程的。有关具体的系统异常和外部中断可在 HAL 库文件 stm32f103xe.h 这个头文件查询到，在 IRQn_Type 这个结构体里面包含了 F103 系列全部的异常声明。表 2-2-6 列出了系统异常清单，表 2-2-7 列出了 0～16 号外部中断清单，17～59 号请参考 STM32F103 参考手册 9.1.2 节。

表 2-2-6 STM32F10x 系统异常清单

| 位置 | 优先级 | 优先级类型 | 名称 | 说明 | 地址 |
|---|---|---|---|---|---|
| | — | — | — | 保留 | 0x0000_0000 |
| | -3 | 固定 | Reset | 复位 | 0x0000_0004 |
| | -2 | 固定 | NMI | 不可屏蔽中断<br>RCC 时钟安全系统（CSS）连接到 NMI 向量 | 0x0000_0008 |
| | -1 | 固定 | 硬件失效（HardFault） | 所有类型的失效 | 0x0000_000C |
| | 0 | 可设置 | 存储管理（MemManage） | 存储器管理 | 0x0000_0010 |
| | 1 | 可设置 | 总线错误（BusFault） | 预取指失败，存储器访问失败 | 0x0000_0014 |
| | 2 | 可设置 | 错误应用（UsageFault） | 未定义的指令或非法状态 | 0x0000_0018 |
| | — | — | — | 保留 | 0x0000_001C ～ 0x0000_002B |
| | 3 | 可设置 | SVCall | 通过 SWI 指令的系统服务调用 | 0x0000_002C |
| | 4 | 可设置 | 调试监控（DebugMonitor） | 调试监控器 | 0x0000_0030 |
| | — | — | — | 保留 | 0x0000_0034 |
| | 5 | 可设置 | PendSV | 可挂起的系统服务 | 0x0000_0038 |
| | 6 | 可设置 | SysTick | 系统嘀嗒定时器 | 0x0000_003C |

表 2-2-7　STM32F10x 外部中断清单

| 位置 | 优先级 | 优先级类型 | 名称 | 说明 | 地址 |
|---|---|---|---|---|---|
| 0 | 7 | 可设置 | WWDG | 窗口定时器中断 | 0x0000_0040 |
| 1 | 8 | 可设置 | PVD | 连到EXTI的电源电压检测（PVD）中断 | 0x0000_0044 |
| 2 | 9 | 可设置 | TAMPER | 侵入检测中断 | 0x0000_0048 |
| 3 | 10 | 可设置 | RTC | 实时时钟（RTC）全局中断 | 0x0000_004C |
| 4 | 11 | 可设置 | FLASH | 闪存全局中断 | 0x0000_0050 |
| 5 | 12 | 可设置 | RCC | 复位和时钟控制（RCC）中断 | 0x0000_0054 |
| 6 | 13 | 可设置 | EXTI0 | EXTI 线 0 中断 | 0x0000_0058 |
| 7 | 14 | 可设置 | EXTI1 | EXTI 线 1 中断 | 0x0000_005C |
| 8 | 15 | 可设置 | EXTI2 | EXTI 线 2 中断 | 0x0000_0060 |
| 9 | 16 | 可设置 | EXTI3 | EXTI 线 3 中断 | 0x0000_0064 |
| 10 | 17 | 可设置 | EXTI4 | EXTI 线 4 中断 | 0x0000_0068 |
| 11 | 18 | 可设置 | DMA1 通道 1 | DMA1 通道 1 全局中断 | 0x0000_006C |
| 12 | 19 | 可设置 | DMA1 通道 2 | DMA1 通道 2 全局中断 | 0x0000_0070 |
| 13 | 20 | 可设置 | DMA1 通道 3 | DMA1 通道 3 全局中断 | 0x0000_0074 |
| 14 | 21 | 可设置 | DMA1 通道 4 | DMA1 通道 4 全局中断 | 0x0000_0078 |
| 15 | 22 | 可设置 | DMA1 通道 5 | DMA1 通道 5 全局中断 | 0x0000_007C |
| 16 | 23 | 可设置 | DMA1 通道 6 | DMA1 通道 6 全局中断 | 0x0000_0080 |

## 任务工单

任务工单 5　设计中断式铃声

| 项目 2：电子门铃 | 任务 2：设计中断式铃声 |
|---|---|

**（一）练习习题**

扫描右侧的二维码，完成练习

**（二）任务实施完成情况**

设计中断式铃声

| 实施步骤 | 实施步骤具体操作 | 完成情况 |
|---|---|---|
| 步骤 1：建立 STM32CubeMX 工程，配置并生成代码 | | |
| 步骤 2：在 Keil μVision 中完善代码 | | |
| 步骤 3：编译程序，生成 HEX 文件 | | |
| 步骤 4：烧写程序到开发板 | | |
| 步骤 5：测试效果 | | |

（续）

| 项目 2：电子门铃 | 任务 2：设计中断式铃声 |
|---|---|

（三）任务检查与评价

| 项目名称 | 电子门铃 |
|---|---|
| 任务名称 | 设计中断式铃声 |
| 评价方式 | 可采用自评、互评和教师评价等方式 |
| 说明 | 主要评价学生在项目学习过程中的操作技能、理论知识、学习态度、课堂表现和学习能力等 |

| 序号 | 评价内容 | 评价标准 | 分值 | 得分 |
|---|---|---|---|---|
| 1 | 知识运用（20%） | 掌握相关理论知识，理解本任务要求，制订详细计划，计划条理清晰，逻辑正确（20 分） | 20 分 | |
| | | 理解相关理论知识，能根据本任务要求制订合理计划（15 分） | | |
| | | 了解相关理论知识，有制订计划（10 分） | | |
| | | 无制订计划（0 分） | | |
| 2 | 专业技能（40%） | 完成在 STM32CubeMX 中工程建立的所有操作步骤，完成任务代码的编写与完善，将生成的 HEX 文件烧写进开发板，并通过测试（40 分） | 40 分 | |
| | | 完成代码，也烧写进开发板，但功能未完成，按键无法控制蜂鸣器发声（30 分） | | |
| | | 代码有语法错误，无法完成代码的烧写（20 分） | | |
| | | 不愿完成任务（0 分） | | |
| 3 | 核心素养（20%） | 具有良好的自主学习和分析解决问题的能力，整个任务过程中有指导他人（20 分） | 20 分 | |
| | | 具有较好的学习和分析解决问题的能力，任务过程中无指导他人（15 分） | | |
| | | 能够主动学习并收集信息，有请教他人进行解决问题的能力（10 分） | | |
| | | 不主动学习（0 分） | | |
| 4 | 课堂纪律（20%） | 设备无损坏，设备摆放整齐，工位区域内保持整洁，无干扰课堂秩序（20 分） | 20 分 | |
| | | 设备无损坏，无干扰课堂秩序（15 分） | | |
| | | 无干扰课堂秩序（10 分） | | |
| | | 干扰课堂秩序（0 分） | | |
| 总得分 | | | | |

（四）任务自我总结

| 过程中遇到的问题 | 解决方式 |
|---|---|
| | |
| | |
| | |

## 任务小结

通过本任务的学习，了解中断与异常的概念、中断优先级、STM32 外部中断的处理流程以及 HAL 库对中断的封装处理等，如图 2-2-16 所示。

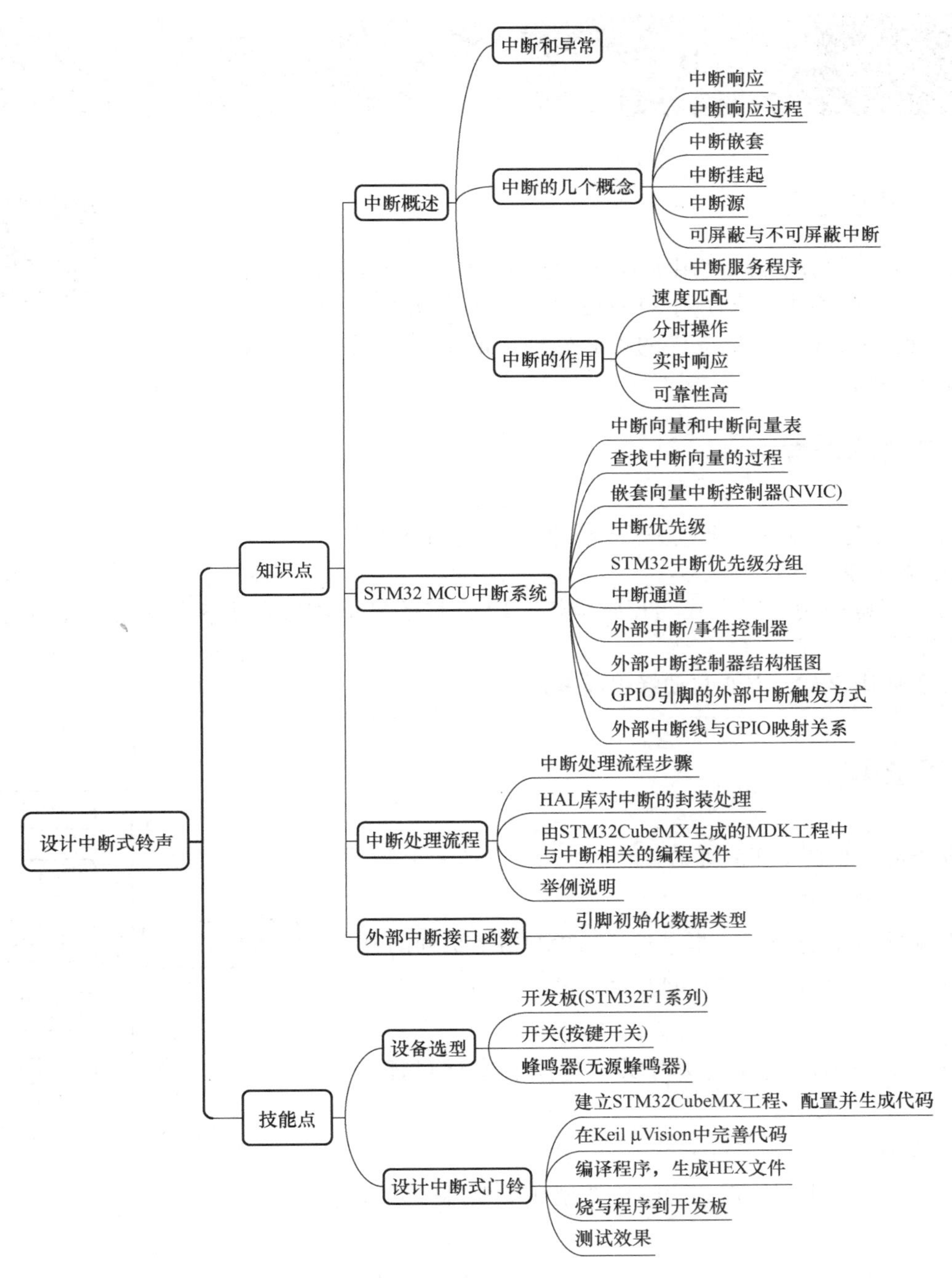


图 2-2-16　任务小结

## 任务拓展

拓展：开发板的按键 KEY2 电路如图 2-1-14 所示，尝试使用中断方式检测按键 KEY2，按下按键 KEY2 门铃发声，按键 KEY2 抬起门铃停止。

# 任务 3　实现电子门铃

## 职业能力目标

电子门铃　实现电子门铃

1）能根据功能需求使用延时方法输出 PWM（脉宽调制）信号。

2）能根据功能需求使用 STM32 外部中断实现外部中断检测。

3）能够使用单片机提供的中断处理功能正确处理单片机应用过程中的紧急情况。

## 任务描述与要求

**任务描述：**制作一个电子门铃，按下按键门铃发声。

**任务要求：**

1）正确使用延时方式实现呼吸灯，LED 灯的显示效果为逐渐变亮然后逐渐变暗，依此循环。

2）使用 PWM 方波驱动蜂鸣器发声。

## 设备选型

设备需求如图 2-3-1 所示。

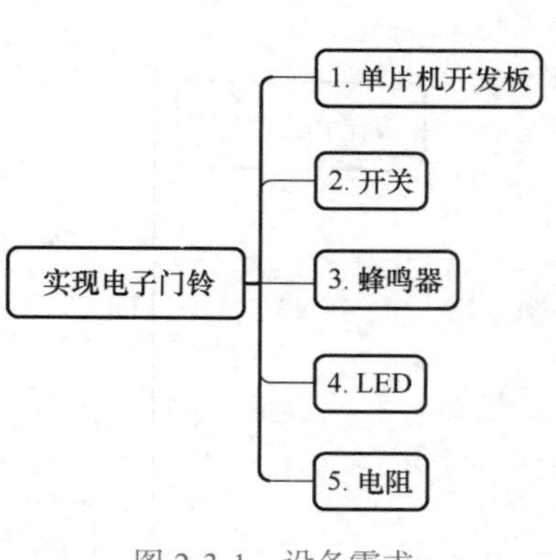


图 2-3-1　设备需求

### 1. 单片机开发板

根据项目 1 的分析，本书选择 STM32F1 系列的开发板，读者可以根据手中现有的开发板进行合适的选型。

### 2. 开关

根据任务需求选择按键开关，选型和本项目任务 2 一致。

### 3. 蜂鸣器

本任务需要实现铃声，蜂鸣器选型和本项目任务 2 选择一致。

### 4. LED

可以根据项目 1 任务 2 的 LED 相关类型进行选型。

5. 电阻

可以根据项目 1 任务 2 的电阻相关类型进行选型。

本任务所选择的 STM32F1 系列开发板上已经有按键开关和无源蜂鸣器，读者可以根据手中的开发板进行合适的选型。

## 知识储备

### 2.3.1 PWM 概念

PWM（Pulse Width Modulation）——脉冲宽度调制（简称脉宽调制），通俗地讲，就是调节脉冲的宽度，是一种对模拟信号电平进行数字编码的方法，是利用 MCU 的数字输出对模拟电路进行控制的一种非常有效的技术，广泛应用于电机控制、灯光亮度调节和功率控制等领域。

PWM 相关概念：

1）周期（Period，缩写为 $T$）：一个完整 PWM 波形所持续的时间，单位有纳秒（ns）、微秒（μs）和毫秒（ms）等。

2）脉冲频率（$f$）：即单位时间内在放电间隙上发生有效放电的次数，单位是赫兹（Hz）、千赫兹（kHz）等，与脉冲周期成倒数关系，$f=\dfrac{1}{T}$。

3）脉冲宽度（$W$），简称脉宽，是脉冲高电平持续的时间，单位有纳秒（ns）、微秒（μs）和毫秒（ms）等。

4）占空比（Duty）：即输出的 PWM 中，高电平保持的时间（$T_{on}$）与该 PWM 时钟周期的时间之比，通常用百分比表示。

以上概念之间的关系如下。

$$\text{脉宽：}\ W=T_{on}$$

$$\text{周期：}\ T=T_{on}+T_{off}=\frac{1}{f}$$

$$\text{占空比：}\ \mathrm{Duty}=\frac{T_{on}}{T}\times 100\%$$

例如，一个 PWM 的频率是 1000Hz，那么它的时钟周期就是 1ms，即 1000μs，如果高电平出现的时间是 200μs，那么低电平出现的时间肯定是 800μs，占空比就是 20%。

### 2.3.2 PWM 信号的电压调节原理

处理器只能输出 0V 或 3.3V 的数字电压值而不能输出模拟电压，而如果想获得一个模拟电压值（介于 0～3.3V 的电压值），则需通过使用高分辨率计数器，改变方波的占空比来对一个模拟信号的电平进行编码。电压是以一种连接（1）或断开（0）的重复脉冲序列被加到模拟负载上去的，连接即是直流供电输出，断开即是直流供电断开。通过对连接和断开时间的控制，只要带宽足够，可以输出任意不大于最大电压值的模拟电压。

图 2-3-2 所示为三个周期相同、占空比不同的 PWM 信号。高电平电压都为 3.3V，低

电平均为 0V。虚线表示三个 PWM 信号的平均电压，平均电压的计算公式为

平均电压 = 峰值 × 占空比

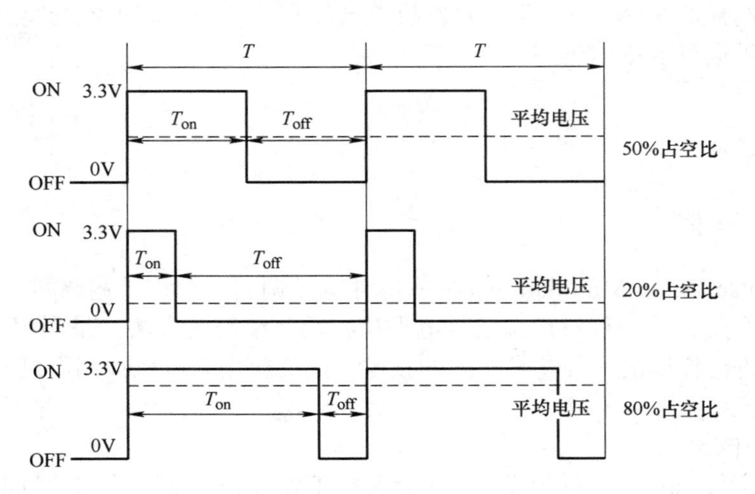


图 2-3-2　PWM 信号不同占空比等效电压示意图

对于占空比为 50% 的信号而言，它所等效的平均电压为 1.65V；对于占空比为 20% 的信号而言，它所等效的平均电压为 0.66V；对于占空比为 80% 的信号而言，它所等效的平均电压为 2.64V。因此，PWM 电压调节的原理就是不同占空比的 PWM 信号等效于不同的平均电压。

## 2.3.3　PWM 控制技术

PWM 控制技术就是对脉冲的宽度进行调制的技术，即通过对一系列脉冲的宽度进行调制来等效获得所需要的波形（含形状和幅值）。面积等效原理是 PWM 技术的重要基础理论。

脉宽调制是利用 MCU 的数字输出对模拟电路进行控制的一种非常有效的技术，广泛应用在测量、通信、功率控制与变换等领域中。PWM 是一种对模拟信号电平进行数字编码的方法。通过高分辨率计数器的使用，方波的占空比被调制用来对一个具体模拟信号的电平进行编码，如图 2-3-3 所示。

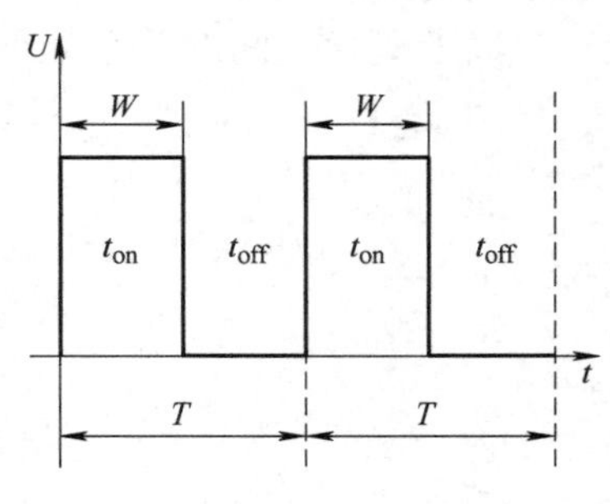


图 2-3-3　PWM 控制技术

### 1. PWM 控制技术的特点

开关电源一般都采用 PWM 技术，其特点是频率高、效率高、功率密度高和可靠性高。然而，由于其开关器件工作在高频通断状态，高频的快速瞬变过程本身就是一电磁骚扰（EMD）源，它产生的 EMI（电磁干扰）信号有很宽的频率范围，又有一定的幅度。若把这种电源直接用于数字设备，则设备产生的 EMI 信号会变得更加强烈和复杂。

### 2. PWM 控制技术的优点

PWM 的一个优点是从处理器到被控系统信号都是数字形式的，无须进行数 / 模转换。让信号保持为数字形式可将噪声影响降到最小。噪声只有在强到足以将逻辑 1 改变为逻辑

0 或将逻辑 0 改变为逻辑 1 时才能对数字信号产生影响。

对噪声抵抗能力的增强是 PWM 相对于模拟控制的另外一个优点，而且这也是在某些时候将 PWM 用于通信的主要原因。从模拟信号转向 PWM 可以极大地延长通信距离。在接收端，通过适当的 *RC* 或 *LC* 网络可以滤除调制高频方波并将信号还原为模拟形式。

总之，PWM 经济、节约空间、抗噪性能强，是一种值得广大工程师在许多设计应用中使用的有效技术。

## 2.3.4 PWM 应用

### 1. LED 呼吸灯

以经常使用的呼吸灯举例。一般人眼对于 80Hz 以上刷新频率完全没有闪烁感，那么，平时见到的 LED 灯，当它的频率大于 50Hz 时，人眼就会产生视觉暂留效果，基本就看不到闪烁了，而是误以为是一个常亮的 LED 灯。

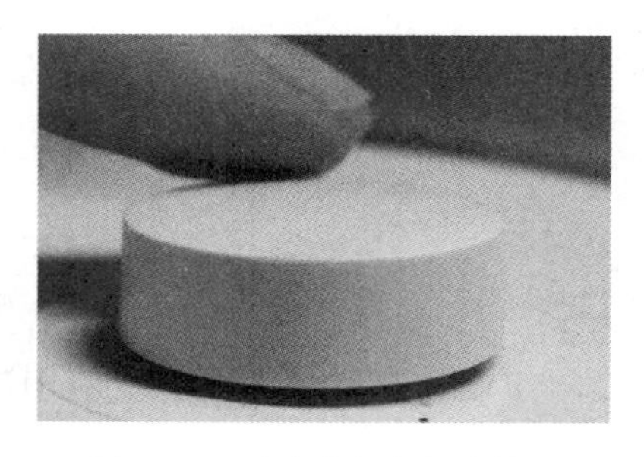

图 2-3-4 小米台灯的调光按钮

由于频率很高时看不到闪烁，占空比越大，LED 越亮，占空比越小，LED 越暗。所以，当频率一定时，可以用不同占空比改变 LED 灯的亮度，使其达到一个呼吸灯的效果。

例如，小米台灯上的调光按钮，其实不是一个可调电阻，而是利用了单片机处理脉冲数据输出 PWM，从而达到调光的效果，如图 2-3-4 所示。

### 2. PWM 对电动机转速的控制

调节占空比可以实现不同电压的输出，实现对电动机转速的调节。

对于直流电动机来讲，其输出端引脚是高电平就可以转动，当输出端为高电平时，电动机会转动，但是是一点一点提速，当由高电平突然转向低电平时，电动机由于感抗作用是不会停止的，而是保持原有的转速，如此往复，电动机的转速对应的是周期内输出的平均电压值，所以实质上调速是让电动机处于一种似停非停、似全速转动又非全速转动的状态，可见，在一个周期的平均转速取决于占空比。

在电动机控制中，电压越大，电动机转速越快，而通过 PWM 输出不同的模拟电压，便可以使电动机达到不同的输出转速。

当然，在电动机控制中，不同的电动机都有其适应的频率，频率太低会导致运动不稳定，如果频率刚好在人耳听觉范围，有时还会听到呼啸声。频率太高时，电动机可能反应不过来，正常的电动机频率为 6～16kHz。

### 3. PWM 对舵机的控制

舵机的控制就是通过一个固定的频率，给其不同的占空比来控制舵机不同的转角。

舵机的频率一般为 50Hz，也就是一个 20ms 左右的时基脉冲，而脉冲的高电平部分一般为 0.5～2.5ms 范围，用于控制舵机不同的转角。

500～2500μs 的 PWM 高电平部分对应控制 180° 舵机的 0～180°。

以 180° 伺服为例，对应的控制关系是这样的：0.5ms—0°，1.0ms—45°，1.5ms—90°，2.0ms—135°，2.5ms—180°。

图 2-3-5 所示为舵机转角控制。

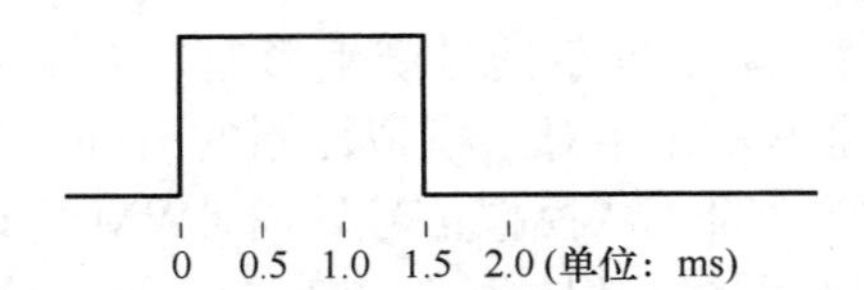


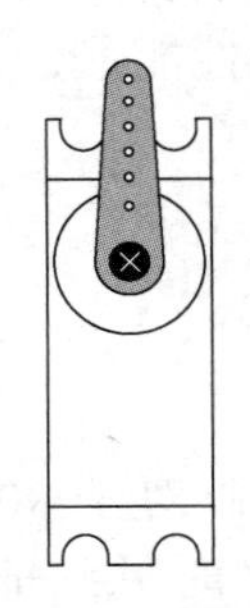

图 2-3-5　舵机转角控制

PWM 在其他方面也有应用这里不再举例。

## 2.3.5　使用延时方式实现呼吸灯

3.3V
LED
PxN
1kΩ

图 2-3-6　LED 灯电路

LED 灯电路如图 2-3-6 所示。要想实现呼吸灯，则需要 PxN 输出 PWM 信号占空比不断变化。PWM 信号占空比不断变小，则平均电压不断变小，LED 灯不断变亮；PWM 信号占空比不断变大，则平均电压不断变大，LED 灯不断变暗。

使用延时方式实现 PWM 信号，先固定周期 $T$，然后输出 $T_{on}$ 时间高电平，再输出（Period−$T_{on}$）时间低电平。不断改变 $T_{on}$，即可实现 PWM 信号占空比变化。

## 任务工单

任务工单 6　实现电子门铃

| 项目 2：电子门铃 | 任务 3：实现电子门铃 |
| --- | --- |

**（一）练习习题**

扫描右侧的二维码，完成练习

实现电子门铃

**（二）任务实施完成情况**

| 实施步骤 | 实施步骤具体操作 | 完成情况 |
| --- | --- | --- |
| 步骤 1：建立 STM32CubeMX 工程，进行相关配置并生成代码 | | |
| 步骤 2：在 Keil μVision 中完善代码 | | |
| 步骤 3：编译程序，生成 HEX 文件 | | |
| 步骤 4：烧写程序到开发板 | | |
| 步骤 5：测试效果 | | |

（续）

| 项目 2：电子门铃 | 任务 3：实现电子门铃 |
| --- | --- |

（三）任务检查与评价

| 项目名称 | 电子门铃 |
| --- | --- |
| 任务名称 | 实现电子门铃 |
| 评价方式 | 可采用自评、互评和教师评价等方式 |
| 说明 | 主要评价学生在项目学习过程中的操作技能、理论知识、学习态度、课堂表现和学习能力等 |

| 序号 | 评价内容 | 评价标准 | 分值 | 得分 |
| --- | --- | --- | --- | --- |
| 1 | 知识运用（20%） | 掌握相关理论知识，理解本任务要求，制订详细计划，计划条理清晰，逻辑正确（20 分） | 20 分 | |
| | | 理解相关理论知识，能根据本任务要求制订合理计划（15 分） | | |
| | | 了解相关理论知识，有制订计划（10 分） | | |
| | | 无制订计划（0 分） | | |
| 2 | 专业技能（40%） | 完成在 STM32CubeMX 中工程建立的所有操作步骤，完成任务代码的编写与完善，将生成的 HEX 文件烧写进开发板，并通过测试（40 分） | 40 分 | |
| | | 完成代码，也烧写进开发板，但功能未完成，按键无法控制蜂鸣器发声或者 LED 无法实现呼吸灯的效果（30 分） | | |
| | | 代码有语法错误，无法完成代码的烧写（20 分） | | |
| | | 不愿完成任务（0 分） | | |
| 3 | 核心素养（20%） | 具有良好的自主学习和分析解决问题的能力，整个任务过程中有指导他人（20 分） | 20 分 | |
| | | 具有较好的学习和分析解决问题的能力，任务过程中无指导他人（15 分） | | |
| | | 能够主动学习并收集信息，有请教他人进行解决问题的能力（10 分） | | |
| | | 不主动学习（0 分） | | |
| 4 | 课堂纪律（20%） | 设备无损坏，设备摆放整齐，工位区域内保持整洁，无干扰课堂秩序（20 分） | 20 分 | |
| | | 设备无损坏，无干扰课堂秩序（15 分） | | |
| | | 无干扰课堂秩序（10 分） | | |
| | | 干扰课堂秩序（0 分） | | |
| 总得分 | | | | |

（续）

| 项目 2：电子门铃 | 任务 3：实现电子门铃 |
| --- | --- |
| **（四）任务自我总结** | |
| 过程中遇到的问题 | 解决方式 |
| | |
| | |
| | |

## 任务小结

通过本任务的学习，了解 PWM 的相关概念、工作原理、控制技术以及它的应用，如图 2-3-7 所示。

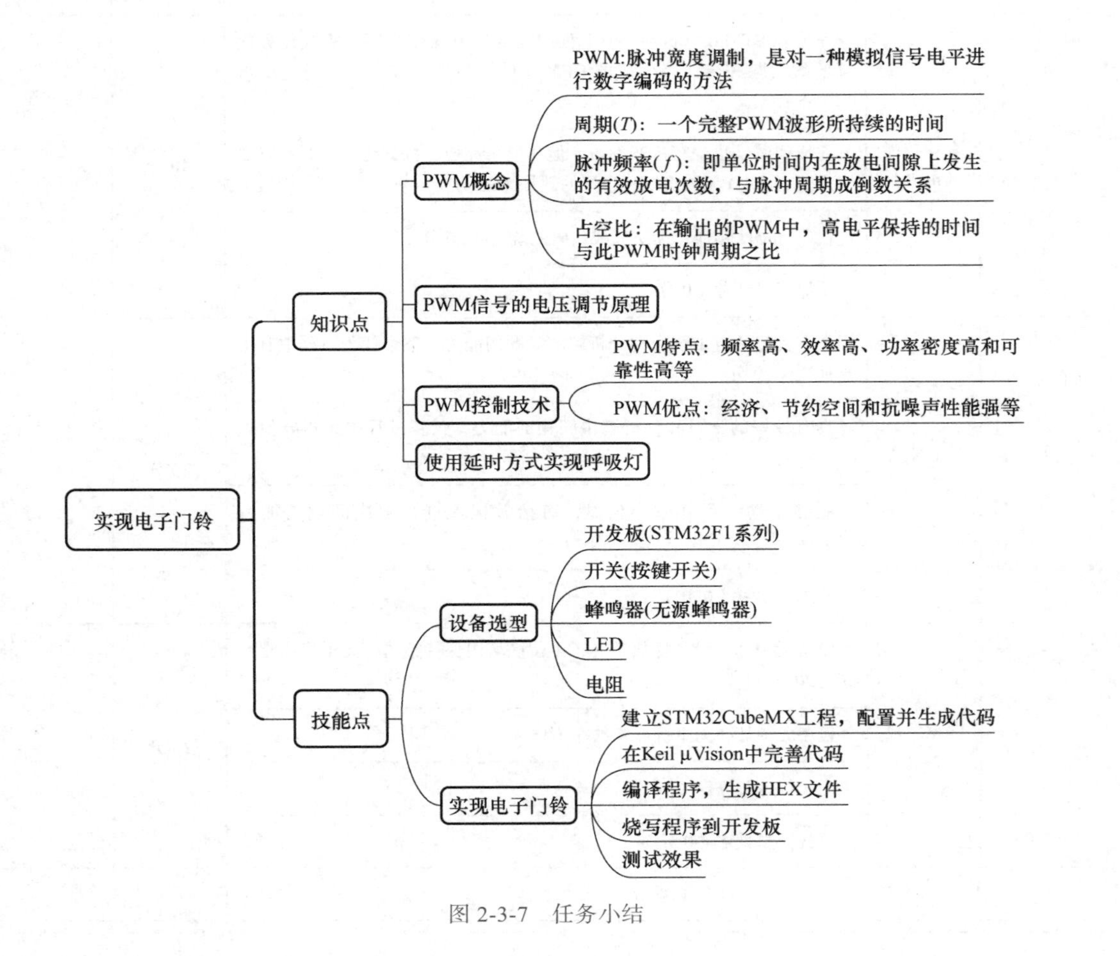


图 2-3-7 任务小结

## 任务拓展

拓展：如果开发板的按键 KEY2 电路如图 2-3-8 所示（以 STM32F103 为例），使用中断方式检测按键 KEY2，KEY2 按下蜂鸣器鸣响，且 LED 不断变亮，再不断变暗……释放按键 KEY2，蜂鸣器停止鸣响，LED 熄灭。

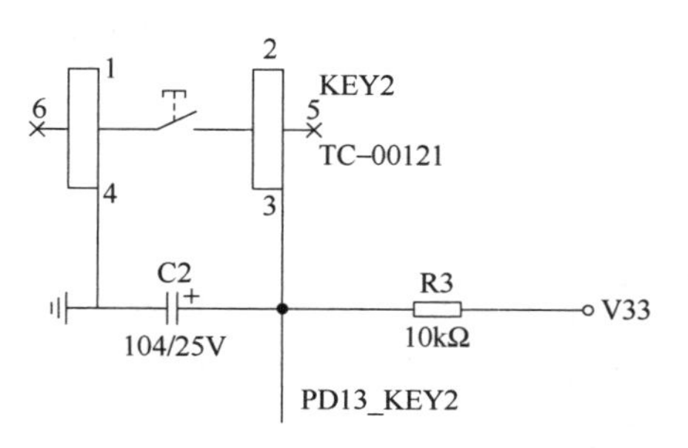


图 2-3-8　KEY2 电路

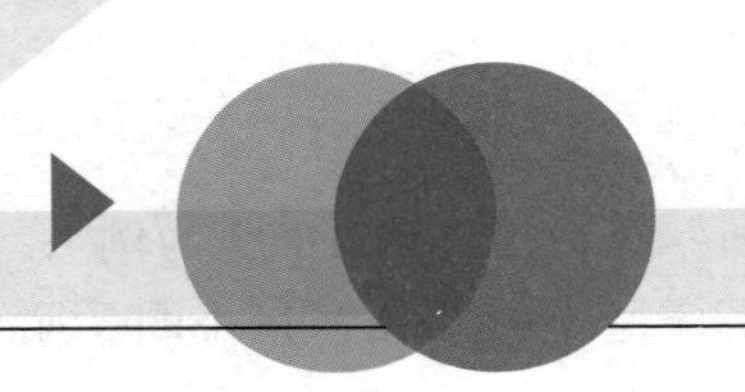

# 项目3

# 电子秒表

## 引导案例

如图 3-0-1 所示，在 2021 年东京奥运会 100m 短跑比赛中，我国奥运健儿一举跑出新亚洲纪录，秒表分毫不差，9 秒 83，是第一个打破 9 秒 90 的亚洲短跑选手，恭喜我国奥运健儿登上飞人决赛的舞台！

秒表旧称马表、跑表，是一种常用的测时仪器，多在径赛中计时用。秒表主要有机械和电子两大类，电子表又可分为三按键和四按键两大类。机械秒表如图 3-0-2a 所示，它在很多地方已经成为历史。绝大部分体育教师使用的是电子秒表，电子秒表如图 3-0-2b 所示，是一种较先进的电子计时器，国产的电子秒表一般都是采用 6 位液晶数字显示时间，具有显示直观、读取方便和功能多样等优点。

图 3-0-1　100m 短跑比赛

a) 机械秒表

b) 电子秒表

图 3-0-2　秒表

# 任务 1　定时一秒

## 职业能力目标

电子秒表
定时一秒

1）能根据功能需求使用 STM32CubeMX 软件正确配置 STM32 定时器。

2）能根据功能需求正确添加代码，操控 STM32 定时器实现基本定时。

3）能够培养学生珍惜时间、诚信守时和一丝不苟的工匠精神。

## 任务描述与要求

**任务描述：**电子秒表的制作需要产生一个精确的 1s 时间，本任务学习使用定时器产生 1s 的时间，并控制 LED 灯 1s 闪烁 1 次。

**任务要求：**

1）正确配置定时器。

2）使用定时器中断方式产生 1s 时间。

## 设备选型

设备需求如图 3-1-1 所示。

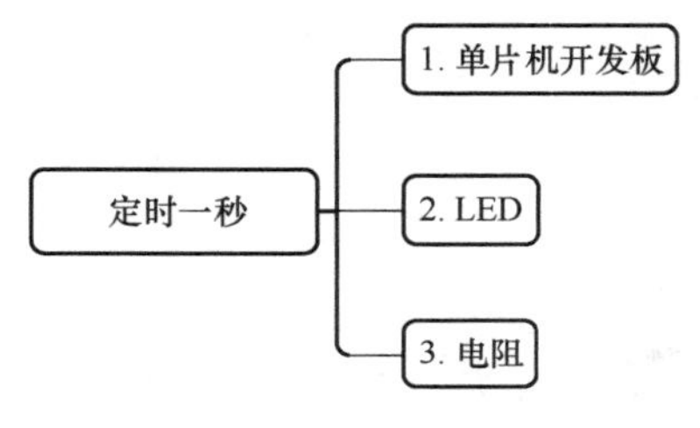


图 3-1-1　设备需求

1. 单片机开发板

根据项目 1 分析，本书选择 STM32F1 系列的开发板，读者可以根据手中现有的开发板进行合适的选型。

2. LED 一个

可以根据项目 1 任务 2 的 LED 相关类型进行选型。

3. 电阻一个

可以根据项目 1 任务 2 的电阻相关类型进行选型。

## 知识储备

### 3.1.1　定时器概述

1. 定时器与计数器

定时器是对周期固定的脉冲信号进行计数，如 MCU 内部的外设时钟（APB）。

计数器是对周期不确定（代表周期固定或者周期不固定）的脉冲信号进行计数，如 MCU 的 I/O 引脚所引入的外部脉冲信号。

从上面两点分析得出，定时器和计数器本质上都是计数器，定时器是计数器的一种特例。下面举例说明。

如图 3-1-2 所示，假如 1000 滴水刚好装满这个水桶（1000 滴水是计数终值），初始时已经装入 300 滴水（300 滴水是计数初值），问还需要滴入多少滴水才能将其装满？很

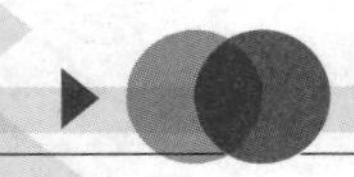

明显还需要滴入700滴水才能将其装满，第701滴水时水桶溢出（这个过程就是计数的概念）。如果每秒滴入1滴水，那么就需要700s时间才能将其装满，第701s时水桶溢出（这个过程就是定时的概念）。

通过上面的案例，整理出定时器需要关注的三个问题，如图3-1-3所示。

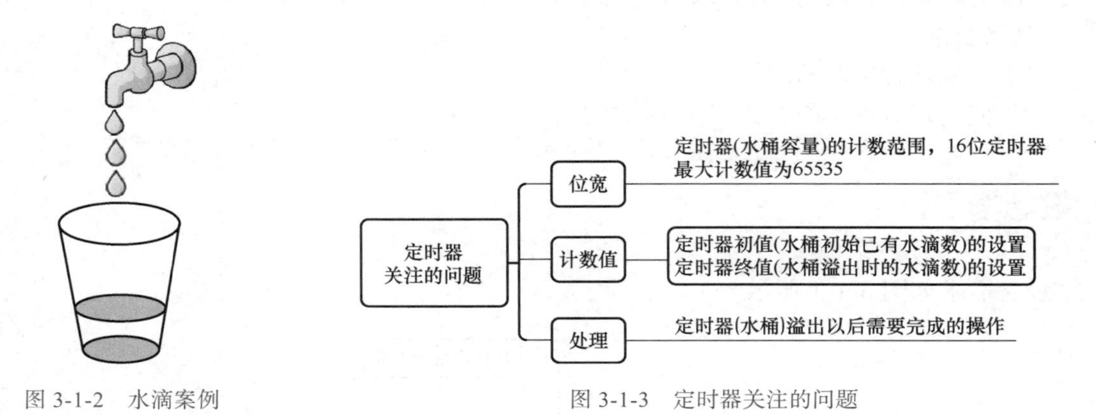


图3-1-2　水滴案例　　　　图3-1-3　定时器关注的问题

2. 定时器的分类

从项目1的选型中可知，32位的单片机占54%，所以本书选择ST公司的STM32系列。下面整理出STM32定时器家族分类，如图3-1-4所示。

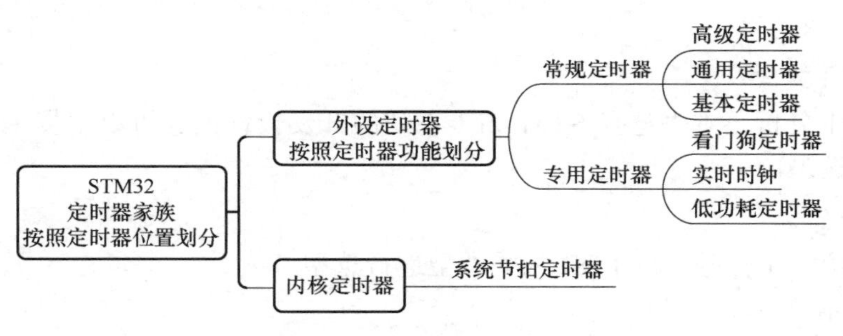


图3-1-4　STM32定时器家族分类

3. 定时器模式的两个概念

时钟频率：在定时器模式下，送入定时器的周期性时钟信号的频率。

计数时间：在定时器模式下，计数单元计一次数所花费的时间，它是时钟频率的倒数。

4. 常规定时器概述

本书重点介绍常规定时器，常规定时器分为：①高级定时器，除具备通用定时器的功能外，还具备带死区控制的互补信号输出、紧急刹车关断输入等功能，可用于电机控制和数字电源设计；②通用定时器，具备多路独立的捕获和比较通道，可以完成定时 / 计数、输入捕获和输出比较等功能；③基本定时器，几乎没有任何输入 / 输出通道，常用作时基，实现基本的定时 / 计数功能。

本书以STM32F1系列为例，通常含有8个定时器，分为两个基本定时器TIM6和TIM7，4个通用定时器TIM2～TIM5，两个高级定时器TIM1和TIM8。基本定时器是一个 16 位的只能向上计数的定时器，只能定时，产生时基，没有外部 I/O；通用定时器是一个 16 位的可以向上 / 下计数的定时器，除了包含基本定时器的功能外，还有输入捕捉、输出比较和 PWM 功能，每个定时器有 4 个外部 I/O；高级定时器是一个 16 位的可以向上 / 下计数的定时器，除了具有通用定时器的功能外，还可以有三相电动机互补输出信号，每个定时器有 8 个外部 I/O。更加具体的分类详见表 3-1-1。

表 3-1-1　STM32F1 定时器分类

| 定时器类型 | 定时器编号 | 计数器位数 | 计数器类型 | 捕获 / 比较通道数 | 挂载总线 / 接口时钟 | 定时器时钟 |
|---|---|---|---|---|---|---|
| 高级控制定时器 | TIM1、TIM8 | 16 位 | 递增、递减、递增 / 递减 | 4 | APB2/72MHz | 72MHz |
| 通用定时器 | TIM2 ～ TIM5 | 16 位 | 递增、递减、递增 / 递减 | 4 | APB1/36MHz | 72MHz |
| 基本定时器 | TIM6、TIM7 | 16 位 | 递增 | 无 | APB1/36MHz | 72MHz |

5. 定时 / 计数工作原理

通过表 3-1-1 可以发现，其实通用定时器和高级控制定时器的功能项是很接近的，只是高级控制定时器针对电动机的控制增加了一些功能（刹车信号输入、死区时间可编程的互补输出等）；基本定时器是三种定时器中实现功能最简单的定时器。因而阅读 STM32F10xxx 参考手册时应从最简单的基本定时器去理解其工作原理，而在使用时只要掌握了一个定时器的使用方法，其他定时器就可以类推了。

下面通过基本定时器框图来了解定时器的工作原理，如图 3-1-5 所示。

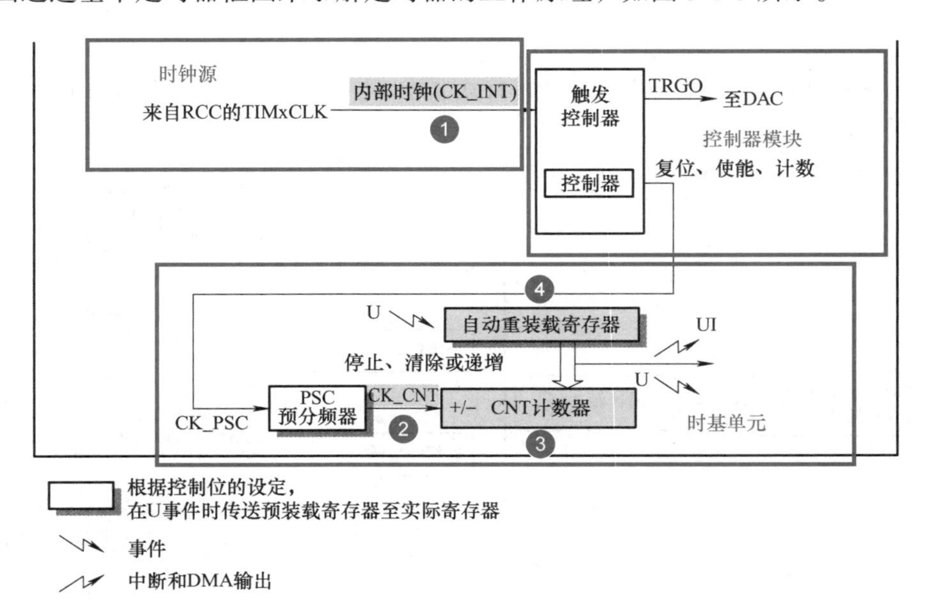


图 3-1-5　基本定时器框图

通过图 3-1-5 可以看到，基本定时器包含三部分：时钟源、控制器模块和时基单元。时基是基本定时器的核心，不仅基本定时器有，通用定时器和高级定时器也有。

通过图 3-1-5 可知，定时器使能后，时钟源通过预分频器分频后驱动计数器，计数器具有自动重装载寄存器。另外，基本定时器还可以为数 / 模转换器（DAC）提供时钟、在溢出事件时产生 DMA（直接存储器访问）请求等。四个重要部分功能如下。

1）图 3-1-5 标号①：时钟源，如图 3-1-6 所示。定时器时钟 TIMxCLK，内部时钟 CK_INT，是 HCLK（HCLK 是高速总线时钟，提供给存储器、DMA 和 Cortex 内核）经 APB1 预分频器分频后提供，如果 APB1 预分频系数（标号①处可以为 2、4、8、16）等于 1，则频率不变，否则频率乘以 2（标号②处），即 PCLK1=36MHz，所以得到定时器的时钟源 TIMxCLK=36MHz × 2=72MHz，如图 3-1-6 标号③所示。如 HCLK 为 72MHz，预分频系数为 2，通用定时器 TIM2～TIM5 和基本定时器的时钟源一样。高级控制定时器 TIM1 和 TIM8 的挂载总线为 APB2，时钟源设置方法相同，如图 3-1-6 标号④所示（**注意**：外设总线时钟和定时器时钟并不完全一致，APB1 总线时钟为 36MHz，APB2 总线时钟为 72MHz，而这两个外设总线所挂接的定时器时钟均为 72MHz）。

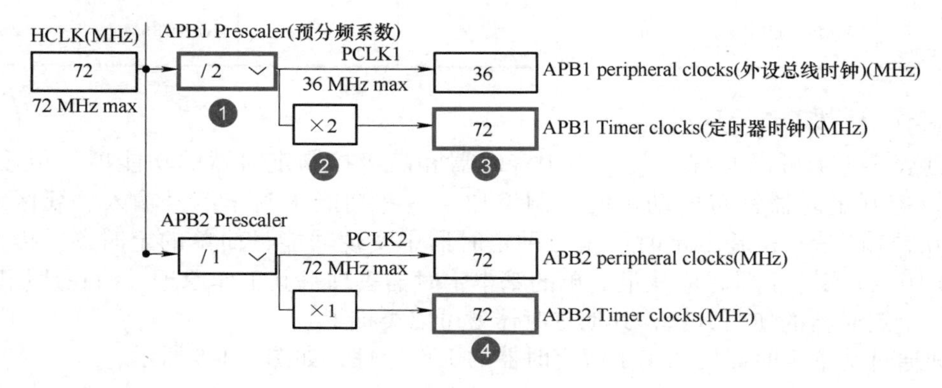


图 3-1-6　定时器时钟源

送入时基单元的时钟源一共有 4 个，详细信息如图 3-1-7 所示，本书定时器时钟源选择内部时钟 CK_INT。

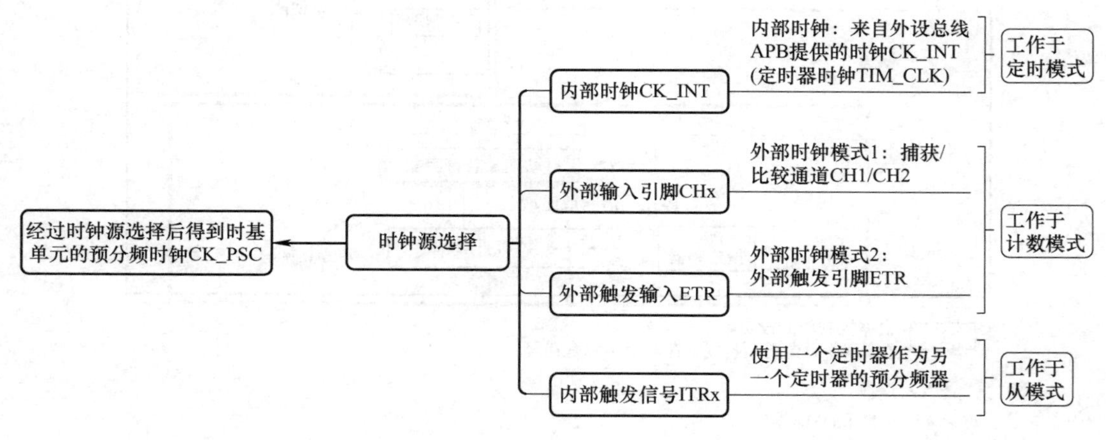


图 3-1-7　4 个不同时钟源选择

在讲解图 3-1-5 标号②③④之前，先对时基单元功能框架进行了解，如图 3-1-8 所示。

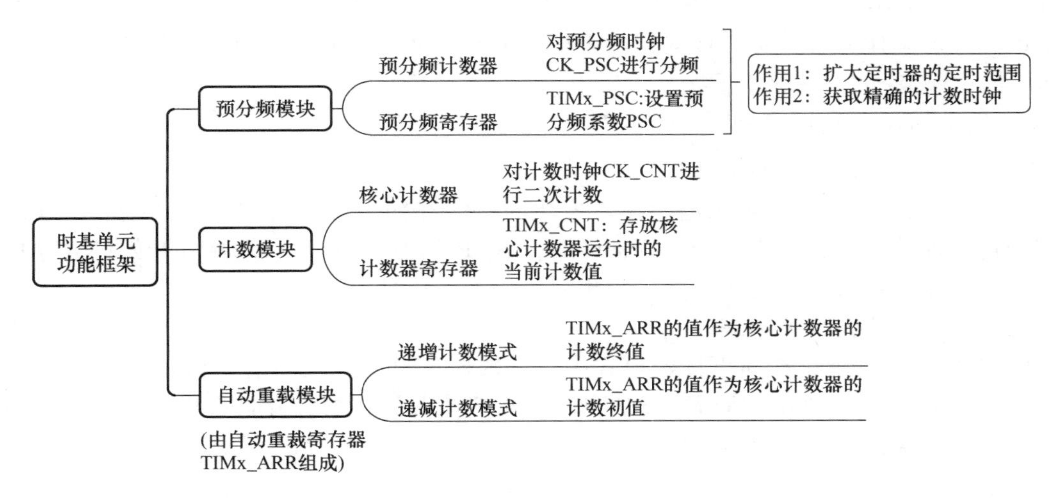


图 3-1-8　时基单元功能框架

预分频模块工作原理：定时器启动后，预分频计数器的初值为 0，预分频时钟 CK_PSC 每来一个时钟，预分频计数器的值就加 1。当计数值等于预分频寄存器所设定的预分频系数 PSC 时，预分频计数器的值将清零，开始下一轮计数。

2）图 3-1-5 标号②：计数器时钟 CK_CNT。定时器时钟经过 PSC 预分频器之后，输出 CK_CNT 时钟，用来驱动计数器计数。PSC 是一个 16 位的预分频器，可以对定时器时钟 TIMxCLK 也就是 CK_PSC 时钟进行 1～65536 之间的任何一个数的分频。根据图 3-1-9 所示预分频时序图，计数器时钟具体计算公式为 CK_CNT=CK_PSC/（PSC+1）。

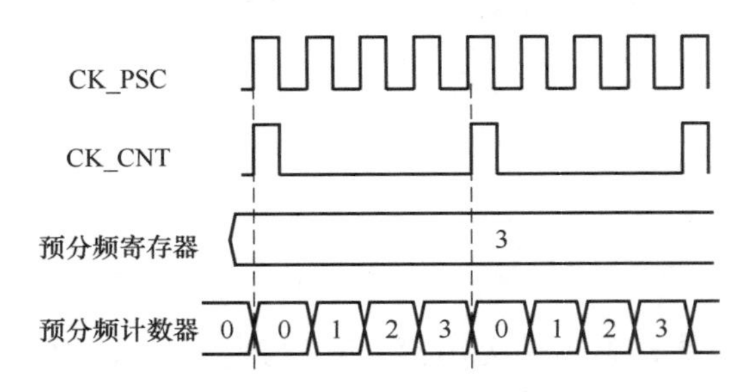


图 3-1-9　预分频时序图

3）图 3-1-5 标号③：计数器 TIMx_CNT。计数器 TIMx_CNT 是一个 16 位的计数器，只能往上计数（从 0 开始计数），最大计数值为 65535。当计数达到自动重装载寄存器时产生更新事件，并清零从头开始计数。如果是高级控制定时器和通用定时器，则可递增计数也可递减计数。

标号②和标号③组成了计数模块。计数模块工作原理：当前面预分频器达到预分频器的设定值，然后再 tick（表示一个特定的时钟信号或触发信号，用于控制计数器的计数操作）一次后计数器归零，同时，产生了 CK_CNT 时钟，通过这个时钟来驱动 CNT 计数器值加 1 计数。

4）图 3-1-5 标号④：自动重装载寄存器 TIMx_ARR。自动重装载模块由自动重装载寄存器 TIMx_ARR 组成，这个寄存器是一个 16 位的寄存器，里面装着计数器能计数的最大数值。它的工作原理就是当计数到这个最大值时，如果使能了中断，定时器就产生溢出中断。

6. 定时器的三种计数模式

（1）向上计数模式（递增计数）

如图 3-1-10 所示，圈表示溢出事件发生时刻，在向上计数模式中，计数器从 0 计数递增到自动加载值（自动重装载寄存器 TIMx_ARR 的值），然后重新从 0 开始计数并且产生一个计数器上溢事件，每次计数器溢出时可以产生更新事件。

（2）向下计数模式（递减计数）

如图 3-1-11 所示，在向下计数模式中，计数器从自动装入的值（TIMx_ARR 计数器的值）开始向下计数到 0，然后重新从自动装入的值开始计数，并且产生一个计数器向下溢出事件。每次计数器溢出时可以产生更新事件。

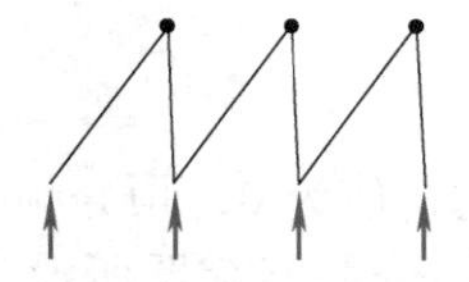

图 3-1-10　向上计数模式（递增计数）

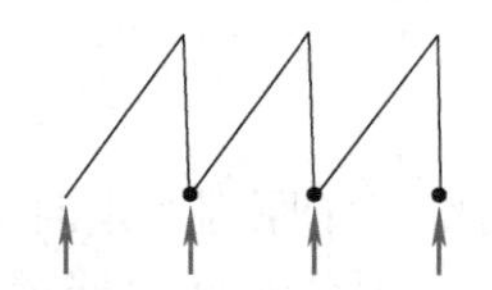

图 3-1-11　向下计数模式（递减模式）

（3）中央对齐模式（向上 / 向下计数）

如图 3-1-12 所示，在中央对齐模式中，计数器从 0 开始递增计数到自动加载的值（TIMx_ARR 寄存器值）–1，产生一个计数器上溢事件，然后从自动加载的值（TIMx_ARR 寄存器值）向下递减计数到 1 并且产生一个计数器下溢事件，然后再从 0 开始重新计数。可以在每次计数上溢和每次计数下溢时产生更新事件。

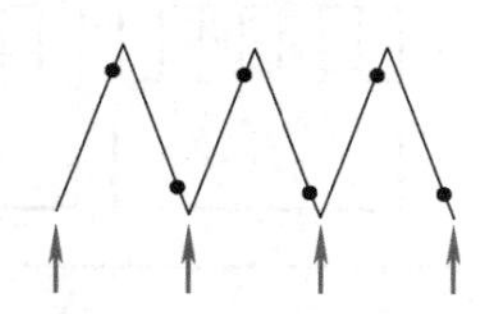

图 3-1-12　中央对齐模式（向上 / 向下计数）

通过上述三种计数模式，整理出溢出值 CNT 与自动重装载值（TIMx_ARR 寄存器值这里简写为 ARR）的关系列表，见表 3-1-2。

表 3-1-2　溢出值 CNT 与自动重装载值 ARR 的关系列表

| 计数模式 | 计数器溢出值 | 计数器重载值 |
|---|---|---|
| 递增计数 | CNT=ARR | 16 位 |
| 递减计数 | CNT=0 | 16 位 |
| 中央对齐计数 | CNT=ARR–1 | CNT=ARR |
| | CNT=1 | CNT=0 |

7. 定时器时序图

定时器时序图如图 3-1-13 所示。

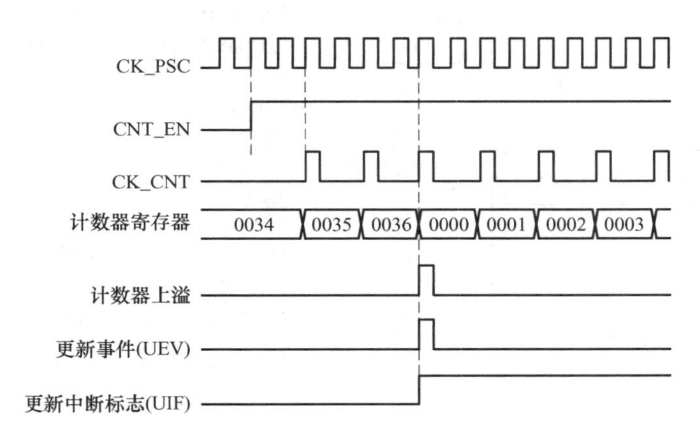


图 3-1-13　定时器时序图

假如预分频系数 PSC=1，自动重装载值 ARR=36，采用递增计数模式，计数初值 CNT=0，由于预分频系数 PSC=1，表示对预分频时钟 CK_PSC 进行两分频，得到计数时钟 CK_CNT，计数器寄存器从 0 计数到 ARR，实际计数值为 ARR+1，当计数器寄存器计数到 36 时，将引发上溢事件，进而触发更新中断，更新中断也称为定时中断，定时器工作过程时序图如图 3-1-14 所示。

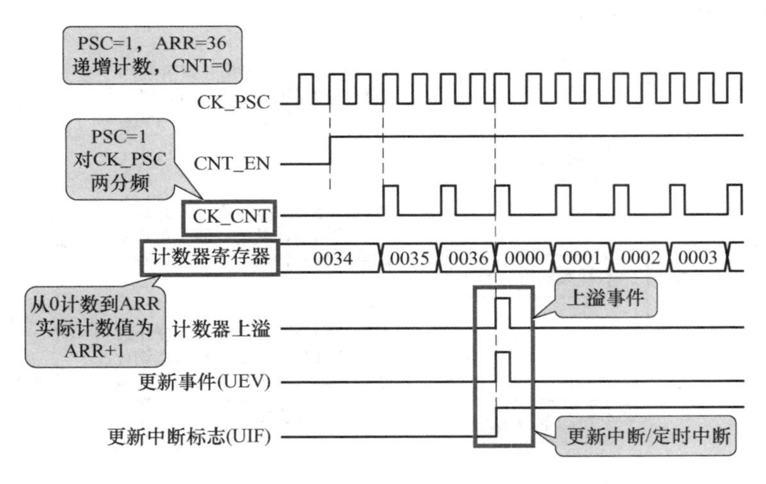


图 3-1-14　定时器工作过程时序图

8. 定时器的三类功能

定时器的三类功能分别是定时计数功能、输出比较功能和输入捕获功能，具体内容如图 3-1-15 所示。

9. 定时时间的计算

通过上文介绍的定时器模式两个概念，得知定时时间公式如下：

$$定时时间 = 计数值 \times 计数周期$$

$$定时时间 = 计数值 / 时钟频率$$

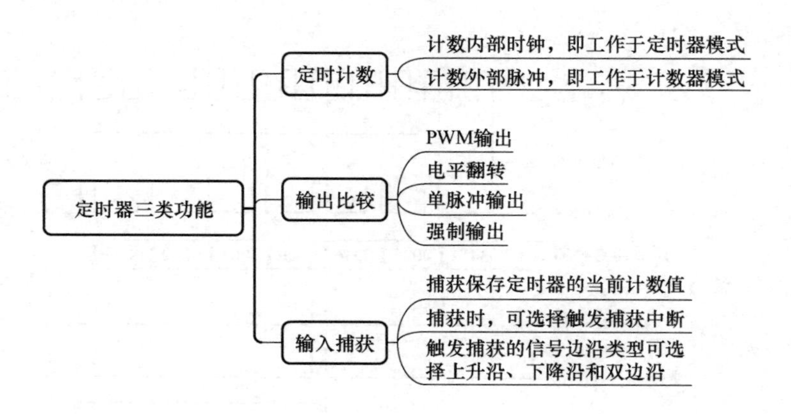


图 3-1-15　定时器三类功能

从上面的定时器时序图得知：时钟频率 =TIMxCLK/（PSC+1），这里的时钟频率表示计数时钟 CK_CNT，定时器时钟 TIMxCLK 等于预分频时钟 CK_PSC，计数值 =ARR+1，将时钟频率和计数值代入定时时间公式中，将得到定时器的定时时间计算公式：

$$T(\mathrm{s})=\frac{(\mathrm{ARR}+1)\times(\mathrm{PSC}+1)}{\mathrm{TIMxCLK(Hz)}} \tag{3-1-1}$$

#### 10. 时基单元寄存器

时基单元所使用的相关寄存器详情如图 3-1-16 所示。

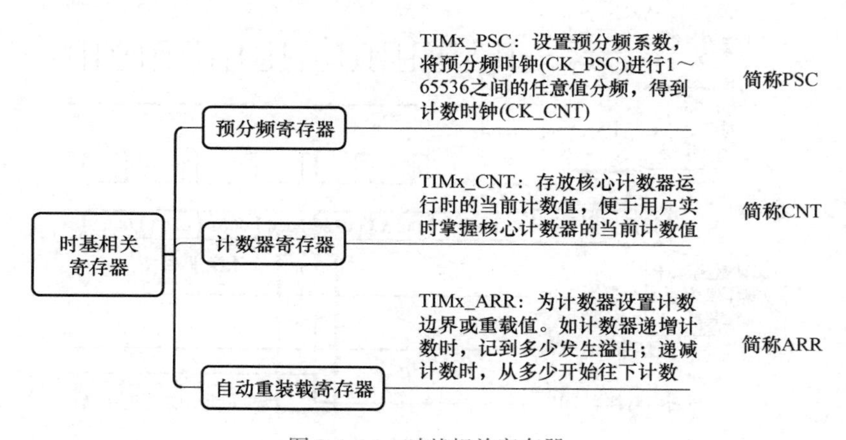


图 3-1-16　时基相关寄存器

### 3.1.2　定时 / 计数功能的数据类型和接口函数

#### 1. HAL 库外设模块设计方法

简单外设的设计方法：以 GPIO 外设为例，它只需要使用引脚初始化数据类型 GPIO_InitTypeDef 就可以描述 GPIO 引脚的全部属性：如引脚的编号、工作模式和输出速度等。

复杂外设的设计方法：以定时器外设为例，它具备三类功能。

1）定时 / 计数功能。

2）输出比较功能。

3）输入捕获功能。

这里面的每一类功能都需要单独的初始化数据类型。

在 HAL 库中对于复杂外设采用三种基本设计方法，如图 3-1-17 所示。

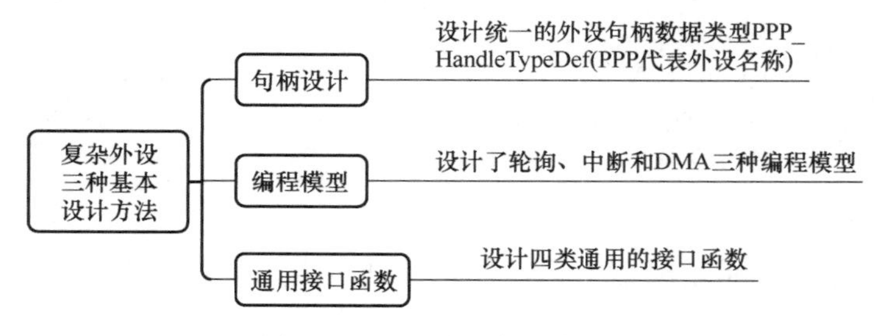


图 3-1-17　三种基本设计方法

2. 句柄

（1）外设句柄数据类型的组成

外设句柄数据类型的组成如图 3-1-18 所示。

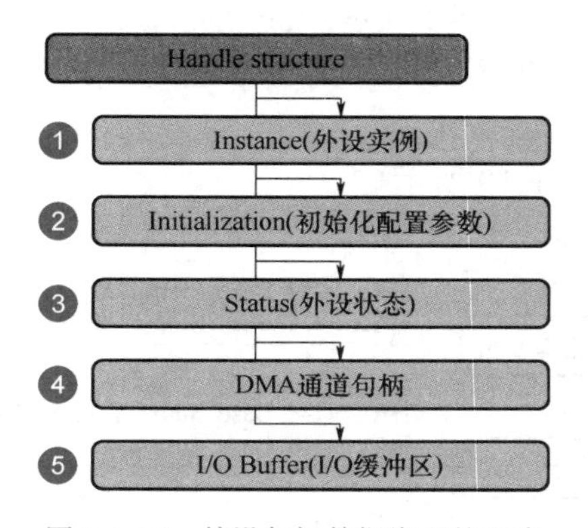


图 3-1-18　外设句柄数据类型的组成

下面详细讲解这五部分内容：

标号①：Instance（外设实例），相当于外设的名称，如定时器 1（TIM1）、定时器 2（TIM2）等。

标号②：Initialization（初始化配置参数），如时间基准功能的配置参数以及捕获 / 比较通道的配置参数。

标号③：Status（外设状态），这里的状态包括 Ready（就绪状态）、Busy（忙状态）以及 Error（错误状态）等。

标号④：DMA 通道句柄，Linked to DMA channel（连接到 DMA 通道），它是专门为 DMA 数据传输所定义的数据类型。

标号⑤：I/O Buffer（I/O 缓冲区），I/O buffer on address（地址上的 I/O 缓冲区），它是一个可选模块，串口和 A/D 转换器包含该模块，而定时器没有包含该模块。

（2）定时器句柄

定时器句柄结构组成如下：

```
1.  typedef struct
2.  {
```

```
3.    TIM_TypeDef                   *Instance; //定时器寄存器的基地址定义
4.    TIM_Base_InitTypeDef          Init;      //时基功能的配置参数定义
5.    HAL_TIM_ActiveChannel         Channel;   //捕获/比较通道的定义
6.    DMA_HandleTypeDef             *hdma[7];  // DMA通道句柄定义
7.    HAL_LockTypeDef               Lock;      //保护锁类型定义
8.    __IO HAL_TIM_StateTypeDef     State;     //定时器运行状态定义
9.  } TIM_HandleTypeDef;
```

组成说明：

结构体成员变量 1 表示定时器寄存器的基地址定义，就相当于定时器实例，如 TIM1 和 TIM2 等。

结构体成员变量 2 与结构体成员变量 3 这两部分就相当于定时器的初始化配置参数。

结构体成员变量 4 表示 DMA 通道句柄定义。

结构体成员变量 5 表示保护锁类型定义，保护锁是 HAL 库中提供的一种安全机制，以避免对外设的并发访问。

结构体成员变量 6 表示定时器运行状态定义。

结构体成员变量 5 和 6 这两部分相当于外设状态。

### 3. 三种外设编程模型

外设编程模型方式如图 3-1-19 所示。

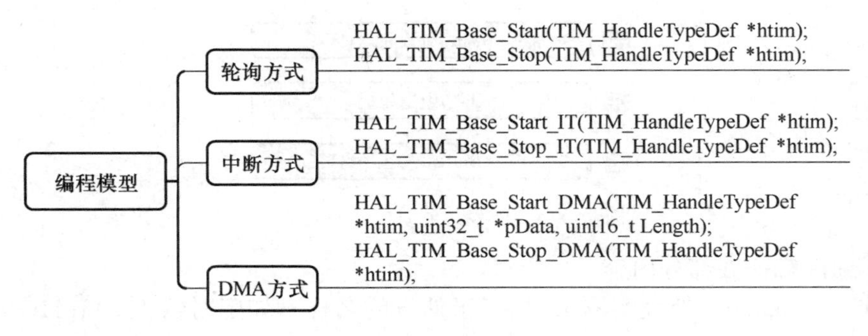


图 3-1-19　外设编程模型方式

从这些函数名称可以得到如下特点。

特点 1：以后缀区分编程模型，不带后缀表示轮询方式，后缀为 IT 表示中断方式，后缀为 DMA 表示 DMA 方式。

特点 2：函数的入口参数均为指向外设句柄的指针。

### 4. 通用接口函数

HAL 库中提供了四种类型的通用接口函数，分别如下。

1）初始化函数：主要用于根据用户配置参数完成外设的初始化操作。

2）I/O 操作函数：主要用于与外设进行数据交互，包括轮询、中断和 DMA 三种编程模型。

3）控制函数：主要用于动态配置外设参数。

4）状态函数：主要用于获取外设的运行状态以及出错信息。

5. 扩展接口函数的设计

扩展接口函数设计的目的如下。

1）为了兼顾 STM32 各产品系列的特有功能和扩展性能。

2）为了兼顾同一个产品系列中不同芯片的特有功能。

设计的方法是采用单独定义后缀为 ex 的文件，如 stm32fxxx_hal_ppp_ex.c、stm32fxxx_hal_ppp_ex.h。以定时器为例，它的通用接口函数存放在 stm32f1xx_hal_tim.c 文件中，而扩展接口函数存放在 stm32f1xx_hal_tim_ex.c 文件中。

6. 时基单元初始化类型

在头文件 stm32f1xx_hal_tim.h 中对定时器外设建立一个 TIM_Base_InitTypeDef（时基单元的初始化类型）结构体，它完成了定时器工作参数的配置，其定义如下：

```
1.  typedef struct
2.  {
3.    uint32_t Prescaler;            // 表示预分频系数 PSC，即 TIMx_PSC 寄存
                                     // 器的内容
4.    uint32_t CounterMode;          // 设置计数模式
5.    uint32_t Period;               // 表示自动重装载值 ARR，即 TIMx_ARR 寄
                                     // 存器的内容
6.    uint32_t ClockDivision;        // 设置定时器时钟 TIM_CLK 分频值，用于输
                                     // 入信号滤波
7.    uint32_t RepetitionCounter;    // 表示重复定时器的值，只针对高级定时器
8.    uint32_t AutoReloadPreload;    // 设置自动重装载寄存器 TIMx_ARR 内容的
                                     // 生效时刻
9.  } TIM_Base_InitTypeDef;
```

**说明：** 结构体成员变量 CounterMode 的取值范围见表 3-1-3，三种中心对齐计数模式的区别主要在输出比较中断标志位的设置方式，大多数情况下使用的是递增计数模式。

表 3-1-3　CounterMode 的取值范围

| 宏常量定义 | 含义 |
| --- | --- |
| TIM_COUNTERMODE_UP | 递增计数模式 |
| TIM_COUNTERMODE_DOWN | 递减计数模式 |
| TIM_COUNTERMODE_CENTERALIGNED1 | 中心对齐计数模式 1 |
| TIM_COUNTERMODE_CENTERALIGNED2 | 中心对齐计数模式 2 |
| TIM_COUNTERMODE_CENTERALIGNED3 | 中心对齐计数模式 3 |

结构体成员变量 Period 的值不能设置为 0，否则定时器将不会启动。

结构体成员变量 ClockDivision 的取值范围见表 3-1-4。这个成员变量主要用于输入信号的滤波，一般情况下使用默认值：1 分频。

表 3-1-4　ClockDivision 的取值范围

| 宏常量定义 | 含义 |
|---|---|
| TIM_CLOCKDIVISION_DIV1 | 对定时器时钟 TIM_CLK 进行 1 分频 |
| TIM_CLOCKDIVISION_DIV2 | 对定时器时钟 TIM_CLK 进行 2 分频 |
| TIM_CLOCKDIVISION_DIV4 | 对定时器时钟 TIM_CLK 进行 4 分频 |

结构体成员变量 AutoReloadPreload 的取值范围见表 3-1-5。

表 3-1-5　AutoReloadPreload 的取值范围

| 宏常量定义 | 含义 |
|---|---|
| TIM_AUTORELOAD_PRELOAD_DISABLE | 预装载功能关闭 |
| TIM_AUTORELOAD_PRELOAD_ENABLE | 预装载功能开启 |

这个成员变量在使用时需要注意以下三点。

1）用于设置自动重装载寄存器 TIMx_ARR 的预装载功能，即自动重装载寄存器的内容是更新事件产生时写入有效，还是立即写入有效。

2）预装载功能在多个定时器同时输出信号时比较有用，可以确保多个定时器的输出信号在同一个时刻变化，实现同步输出。

3）单个定时器输出时，一般不开启预装载功能。

7. 定时器定时相关接口函数

在 stm32f1xx_hal_tim.c 里定义了 10 个与定时器定时功能有关的接口函数，可分为四类：

1）时基单元初始化函数：HAL_TIM_Base_Init 和 HAL_TIM_Base_Deinit。

2）定时器启动与停止函数。定时器启动函数：HAL_TIM_Base_Start、HAL_TIM_Base_Start_IT 和 HAL_TIM_Base_Start_DMA。定时器停止函数：HAL_TIM_Base_Stop、HAL_TIM_Base_Stop_IT 和 HAL_TIM_Base_Stop_DMA。

3）中断相关函数：HAL_TIM_IRQHandler 和 HAL_TIM_PeriodElapsedCallback。

4）带参数的宏：__HAL_TIM_GET_COUNTER 和 __HAL_TIM_CLEAR_IT。

表 3-1-6 为定时器定时相关接口函数。

表 3-1-6　定时器定时相关接口函数

| 项目 | 说明 |
|---|---|
| HAL_TIM_Base_Init 函数 | |
| 函数原型 | HAL_StatusTypeDef　HAL_TIM_Base_Init（TIM_HandleTypeDef　*htim） |
| 功能描述 | 按照定时器句柄中指定的参数初始化定时器时基单元 |
| 入口参数 | *htim：定时器句柄的地址 |
| 返回值 | HAL_StatusTypeDef：HAL_OK（初始化成功），HAL_ERROR（初始化失败） |

（续）

| 项目 | 说明 |
|---|---|
| 注意事项 | ① 该函数将调用 MCU 底层初始化函数 HAL_TIM_Base_MspInit 完成引脚、时钟和中断的设置<br>② 该函数可以由 CubeMX 软件自动生成，不需要用户自己调用 |
| HAL_TIM_Base_Start 函数 | |
| 函数原型 | HAL_StatusTypeDef HAL_TIM_Base_Start（TIM_HandleTypeDef *htim） |
| 功能描述 | 在轮询方式下启动定时器运行 |
| 入口参数 | *htim：定时器句柄的地址 |
| 返回值 | HAL_StatusTypeDef：固定返回 HAL_OK 表示启动成功 |
| 注意事项 | ① 该函数在定时器初始化完成之后调用<br>② 函数需要由用户调用，用于轮询方式下启动定时器运行 |
| HAL_TIM_Base_Start_IT 函数 | |
| 函数原型 | HAL_StatusTypeDef HAL_TIM_Base_Start_IT（TIM_HandleTypeDef *htim） |
| 功能描述 | 使能定时器的更新中断，并启动定时器运行 |
| 入口参数 | *htim：定时器句柄的地址 |
| 返回值 | HAL_StatusTypeDef：固定返回 HAL_OK 表示启动成功 |
| 注意事项 | ① 该函数在定时器初始化完成之后调用<br>② 函数需要由用户调用，用于使能定时器的更新中断，并启动定时器运行<br>③ 启动前需要调用宏函数 HAL_TIM_CLEAR_IT 来清除更新中断标志 |
| HAL_TIM_Base_Stop 函数 | |
| 函数原型 | HAL_StatusTypeDef HAL_TIM_Base_Stop（TIM_HandleTypeDef *htim） |
| 功能描述 | 轮询方式下停止定时器运行 |
| 入口参数 | *htim：定时器句柄的地址 |
| 返回值 | HAL_StatusTypeDef：固定返回 HAL_OK 表示停止成功 |
| 注意事项 | ① 该函数在定时器初始化完成之后调用<br>② 需要用户自己调用 |
| HAL_TIM_Base_Stop_IT 函数 | |
| 函数原型 | HAL_StatusTypeDef HAL_TIM_Base_Stop_IT（TIM_HandleTypeDef *htim） |
| 功能描述 | 中断方式下停止定时器运行 |
| 入口参数 | *htim：定时器句柄的地址 |
| 返回值 | HAL_StatusTypeDef：固定返回 HAL_OK 表示停止成功 |
| 注意事项 | ① 该函数在定时器初始化完成之后调用<br>② 需要用户自己调用 |
| HAL_TIM_IRQHandler 函数 | |
| 函数原型 | void HAL_TIM_IRQHandler（TIM_HandleTypeDef *htim） |

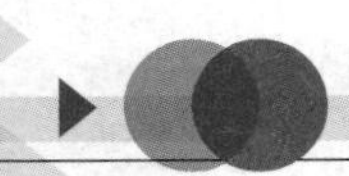



（续）

| 项目 | 说明 |
|---|---|
| | HAL_TIM_IRQHandler 函数 |
| 功能描述 | 所有定时器中断发生后的通用处理函数 |
| 入口参数 | *htim：定时器句柄的地址 |
| 返回值 | 无 |
| 注意事项 | ① 函数内部先判断中断类型，并清除对应的中断标志，最后调用回调函数完成中断处理<br>② 该函数可以由 CubeMX 软件自动生成，不需要用户自己调用 |
| | HAL_TIM_PeriodElapsedCallback 函数 |
| 函数原型 | void　HAL_TIM_PeriodElapsedCallback（TIM_HandleTypeDef　*htim） |
| 功能描述 | 回调函数，用于处理所有定时器的更新中断，用户在该函数内编写实际的任务处理程序 |
| 入口参数 | *htim：定时器句柄的地址 |
| 返回值 | 无 |
| 注意事项 | ① 该函数由定时器中断通用处理函数 HAL_ TIM_IRQHandler 调用，完成所有定时器更新中断的任务处理<br>② 函数内部需要根据定时器句柄的实例来判断是哪一个定时器产生的本次更新中断<br>③ 函数由用户根据具体的处理任务编写 |
| | HAL_TIM_Base_Start_DMA 函数 |
| 函数原型 | HAL_StatusTypeDef HAL_TIM_Base_Start_DMA<br>（TIM_HandleTypeDef * htim，uint32_t * pData，uint16_t Length） |
| 功能描述 | DMA 模式下启动定时器 |
| 入口参数 | *htim：定时器句柄的地址。*pData：原缓冲区地址。Length：从内存传输到外设的数据长度 |
| 返回值 | 返回 HAL 状态的值 |
| 注意事项 | ① 该函数在定时器初始化完成之后调用<br>② 函数需要由用户调用，用于轮询方式下启动定时器运行<br>③ DMA 传输位宽和定义的缓冲区位宽一定要一致 |
| | HAL_TIM_Base_Stop_DMA 函数 |
| 函数原型 | HAL_StatusTypeDef HAL_TIM_Base_Stop_DMA<br>（TIM_HandleTypeDef * htim） |
| 功能描述 | DMA 模式下启动定时器 |
| 入口参数 | *htim：定时器句柄的地址 |
| 返回值 | 返回 HAL 状态的值 |
| 注意事项 | 在 HAL 库中如果要把进入 stop 模式 DMA 相关外设唤醒正常工作，需要休眠之前把相关初始化好的 DMA 外设进行 DeInit 默认化，休眠之后再进行初始化就可以正常工作 |

__HAL_TIM_GET_COUNTER 计数值读取函数：

```
#define  __HAL_TIM_GET_COUNTER(__HANDLE__)((__HANDLE__)->Instance->CNT)
```

这个函数实际是一个带参数的宏，入口参数 __HANDLE__ 表示定时器句柄的地址，此函数通过访问计数器寄存器 TIMx_CNT 来获取计数器的当前计数值。

__HAL_TIM_CLEAR_IT 定时器中断标志清除函数：

```
#define  __HAL_TIM_CLEAR_IT(__HANDLE__,__INTERRUPT__)((__HANDLE__)->Instance->SR= ~(__INTERRUPT__))
```

这个函数也是一个带参数的宏，入口参数有两个，__HANDLE__ 表示定时器句柄地址，__INTERRUPT__ 表示定时器中断标志，这个函数也是通过直接访问计数器状态寄存器来清除定时器的中断标志。常用的中断标志有以下 5 个，见表 3-1-7。

表 3-1-7　常用中断标志

| 宏常量定义 | 含义 |
|---|---|
| TIM_IT_UPDATE | 更新中断标志 |
| TIM_IT_CC1 | 通道 1 的捕获 / 比较中断标志 |
| TIM_IT_CC2 | 通道 2 的捕获 / 比较中断标志 |
| TIM_IT_CC3 | 通道 3 的捕获 / 比较中断标志 |
| TIM_IT_CC4 | 通道 4 的捕获 / 比较中断标志 |

## 3.1.3　使用定时器定时 1s

项目 1 里使用延时的方法控制 LED 灯 1s 闪烁 1 次，在本项目任务 1 里需要使用定时器控制 LED 灯 1s 闪烁 1 次。任务实现的关键在于如何产生 1s 的时间。由前面的学习可知，定时器在上溢和下溢时会产生更新事件，因此只需要设定定时器的参数使得定时器的溢出时间为 1s 即可。定时时间计算公式见式（3-1-1）。

本任务使用定时器 TIM6，挂接在 APB1 总线，计数器时钟为 72MHz，合理选择两个寄存器的值，由定时时间计算公式就可以设定定时器定时时间为 1s，如设定 PSC=7200−1，则依据公式可以得到 ARR=10000−1。

**注意：** PSC 和 ARR 参数的选取以不超过它们的计数范围为准。PSC 为 16 位寄存器，最大预分频系数为 65536。TIMx_ARR 寄存器的位数由定时器位数决定：16 位定时器 ARR 的最大值为 65535。

## 3.1.4　定时器中断流程

定时器中断按照以下流程进行：

1）定时器 TIM6 递增计数，从 0 开始计到自动重装载值 ARR 时，产生计数器上溢事件，触发更新中断。

2）在启动文件中找到对应的中断服务程序 TIM6_IRQHandler。

3）在中断服务程序中再调用定时器通用处理函数 HAL_TIM_IRQHandler。

4）在 HAL_TIM_IRQHandler 函数内部先判断中断类型，并清除对应的中断标志，然后调用更新中断回调函数 HAL_TIM_PeriodElapsedCallback 完成具体的任务处理。

所以要做的是使能定时器的更新中断，并启动定时器运行，编写回调函数完成任务功能。

## 任务工单

任务工单 7　定时一秒

| 项目 3：电子秒表 | 任务 1：定时一秒 |
|---|---|

定时一秒

**（一）练习习题**

扫描右侧的二维码，完成练习

**（二）任务实施完成情况**

| 实施步骤 | 实施步骤具体操作 | 完成情况 |
|---|---|---|
| 步骤 1：新建 STM32CubeMX 工程，完成调试端口的配置、MCU 时钟树的配置和 LED 灯相关 GPIO 设置 | | |
| 步骤 2：配置 TIM6 的参数、配置 TIM6 的中断，保存 STM32CubeMX 工程、生成初始 C 代码工程并使用 Keil 打开 | | |
| 步骤 3：完善代码，启动 TIM6 并使能更新中断，编写 TIM6 更新中断服务程序 | | |
| 步骤 4：编译程序，生成 HEX 文件并烧写到开发板中 | | |
| 步骤 5：测试效果 | | |

**（三）任务检查与评价**

| 项目名称 | 电子秒表 |
|---|---|
| 任务名称 | 定时一秒 |
| 评价方式 | 可采用自评、互评和教师评价等方式 |
| 说明 | 主要评价学生在项目学习过程中的操作技能、理论知识、学习态度、课堂表现和学习能力等 |

| 序号 | 评价内容 | 评价标准 | 分值 | 得分 |
|---|---|---|---|---|
| 1 | 知识运用（20%） | 掌握相关理论知识，理解本任务要求，制订详细计划，计划条理清晰，逻辑正确（20 分） | 20 分 | |
| | | 理解相关理论知识，能根据本任务要求制订合理计划（15 分） | | |
| | | 了解相关理论知识，有制订计划（10 分） | | |
| | | 无制订计划（0 分） | | |

（续）

<table>
<tr><th colspan="3">项目 3：电子秒表</th><th colspan="2">任务 1：定时一秒</th></tr>
<tr><th>序号</th><th>评价内容</th><th>评价标准</th><th>分值</th><th>得分</th></tr>
<tr><td rowspan="4">2</td><td rowspan="4">专业技能（40%）</td><td>完成在 STM32CubeMX 中工程建立的所有操作步骤，完成任务代码的编写与完善，将生成的 HEX 文件烧写进开发板，并通过测试（40 分）</td><td rowspan="4">40 分</td><td rowspan="4"></td></tr>
<tr><td>完成代码，也烧写进开发板，但功能未完成，没有定时效果（30 分）</td></tr>
<tr><td>代码有语法错误，无法完成代码的烧写（20 分）</td></tr>
<tr><td>不愿完成任务（0 分）</td></tr>
<tr><td rowspan="4">3</td><td rowspan="4">核心素养（20%）</td><td>具有良好的自主学习和分析解决问题的能力，整个任务过程中有指导他人（20 分）</td><td rowspan="4">20 分</td><td rowspan="4"></td></tr>
<tr><td>具有较好的学习和分析解决问题的能力，任务过程中无指导他人（15 分）</td></tr>
<tr><td>能够主动学习并收集信息，有请教他人进行解决问题的能力（10 分）</td></tr>
<tr><td>不主动学习（0 分）</td></tr>
<tr><td rowspan="4">4</td><td rowspan="4">课堂纪律（20%）</td><td>设备无损坏，设备摆放整齐，工位区域内保持整洁，无干扰课堂秩序（20 分）</td><td rowspan="4">20 分</td><td rowspan="4"></td></tr>
<tr><td>设备无损坏，无干扰课堂秩序（15 分）</td></tr>
<tr><td>无干扰课堂秩序（10 分）</td></tr>
<tr><td>干扰课堂秩序（0 分）</td></tr>
<tr><td colspan="4">总得分</td><td></td></tr>
</table>

**（四）任务自我总结**

| 过程中遇到的问题 | 解决方式 |
| --- | --- |
| | |
| | |
| | |

## 任务小结

通过使用定时器控制 LED 灯 1s 闪烁 1 次，应了解 STM32 MCU 定时器的工作原理、定时时间的设置方法，并掌握使用 STM32 定时器完成定时时间的能力，如图 3-1-20 所示。

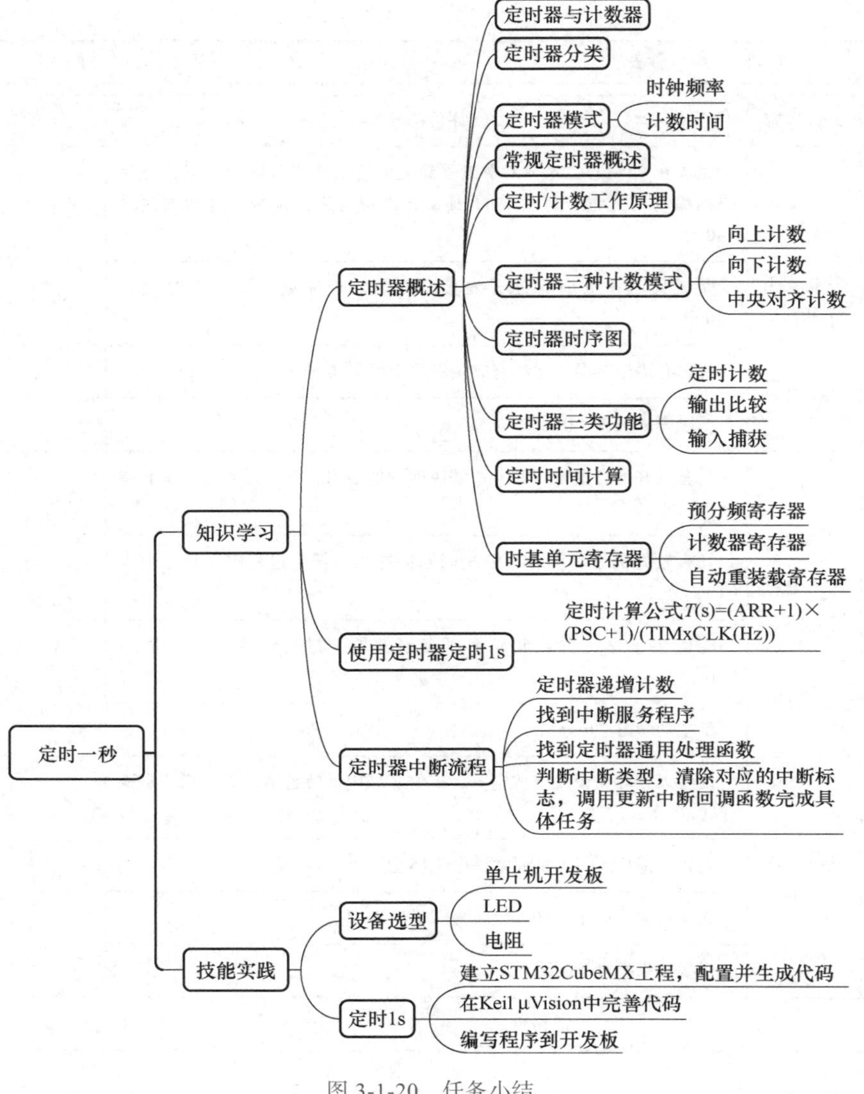


图 3-1-20　任务小结

## 任务拓展

拓展：使用定时器 TIM2 控制一个 LED 灯 0.5s 闪烁 1 次。

# 任务 2　显示数字

## 职业能力目标

1）能根据功能需求使用 STM32CubeMX 软件正确配置 STM32 定时器。

2）能根据功能需求正确添加代码，操控 STM32 定时器实现基本定时。

3）能根据功能需求正确配置数码管。

4）通过动态数码管视觉暂留特点使学生明白“夫耳闻之，不如目见之”。

电子秒表
显示数字

## 任务描述与要求

**任务描述：**电子秒表需要使用数码管作为显示器件，本任务学习使用数码管显示不断累加的数字。

**任务要求：**

1）数码管使用动态显示方式。

2）使用 8 位数码管。

## 设备选型

图 3-2-1　设备需求

设备需求如图 3-2-1 所示。

### 1. 单片机开发板

可以参考项目 1 任务 1 的单片机开发板相关类型进行选型。

### 2. LED 数码管

生活中常见的豆浆机、微波炉、点钞机和机顶盒上都会有显示操作或机器状态的小型液晶屏，它们大多是由多个 LED 数码管组合在一起的。

1）按显示位数分类，常用数码管如图 3-2-2 所示等。

2）按显示段数分类，有如图 3-2-3 所示的数码管等。

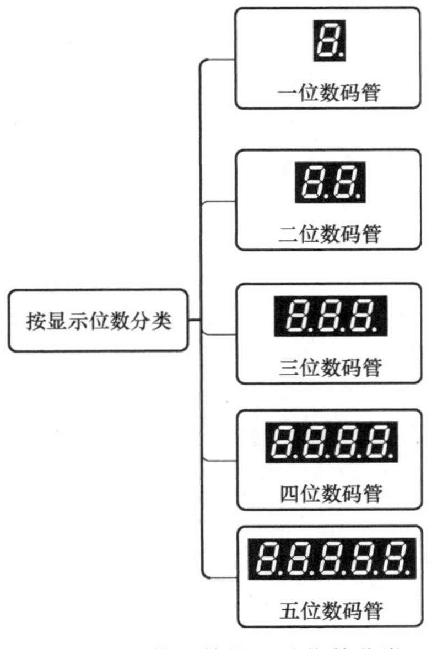


图 3-2-2　数码管按显示位数分类

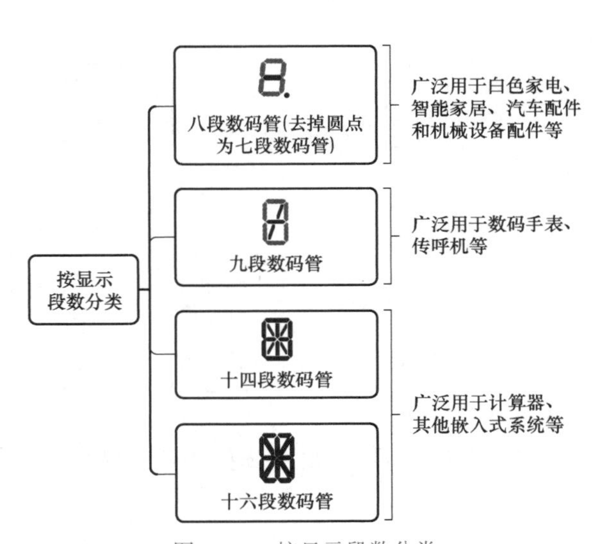


图 3-2-3　按显示段数分类

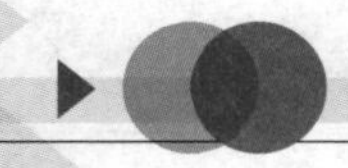

3）按 LED 单元连接方式分类，如图 3-2-4 所示。

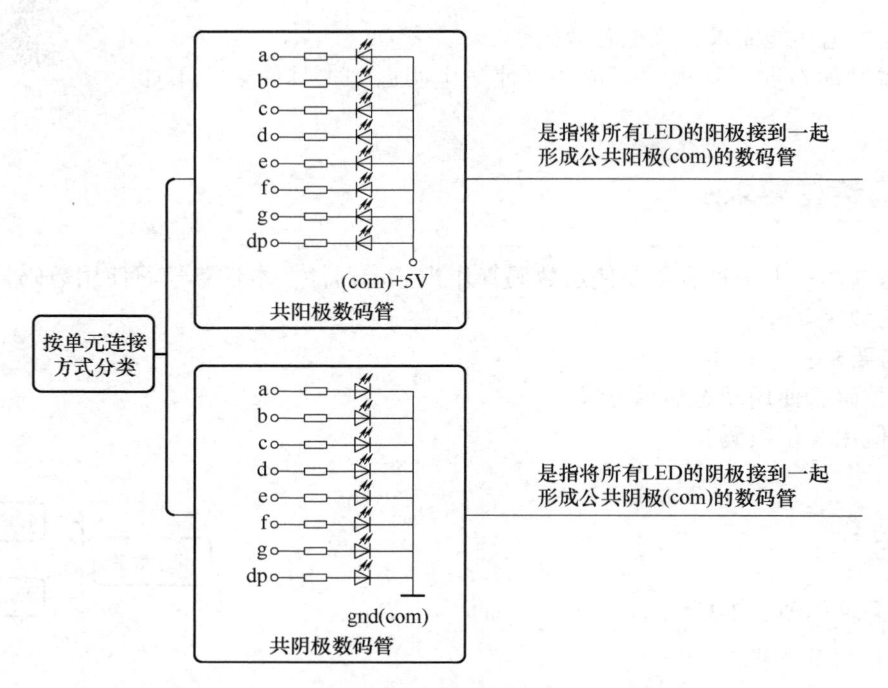


图 3-2-4　按照单元连接方式分类（以八段数码管为例）

4）按显示颜色分类如图 3-2-5 所示。

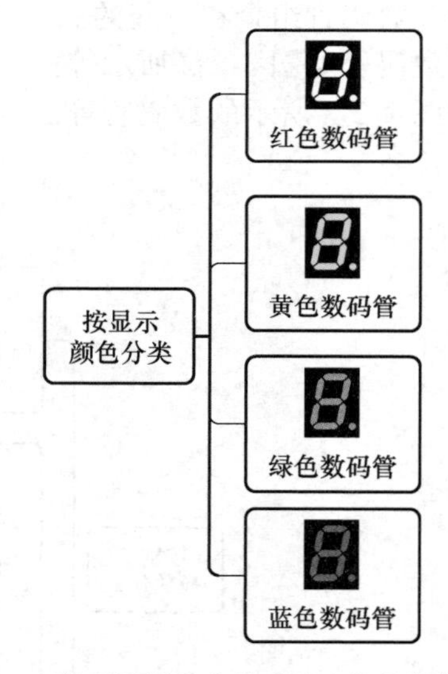


图 3-2-5　按显示颜色分类（以八段数码管为例）

根据任务需要，最终选择四位或四位以上数码管都可以。

## 知识储备

### 3.2.1 LED 数码管

1. LED 数码管的结构

LED 数码管是由多个 LED 封装在一起组成的“8”字形器件，引线已在内部连接完成，只须引出各个笔画、公共电极。常用的 LED 数码管由 7 段 LED 数码管构成，如图 3-2-6 所示。显示模块中有 8 个 LED，7 个 LED 组成字符“8”，1 个 LED 组成小数点。这些段分别由字母 a～g、dp 来表示。

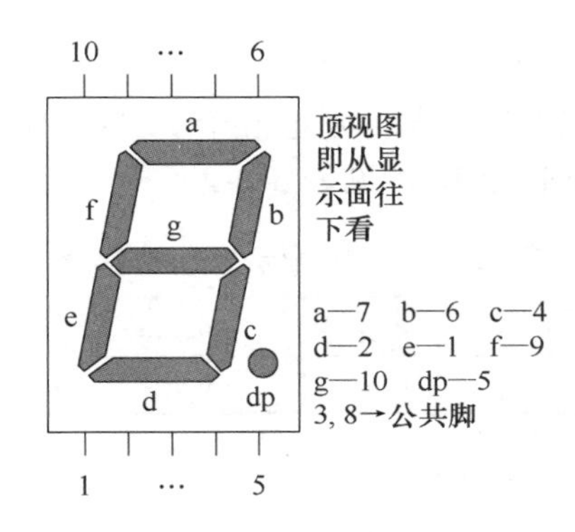


图 3-2-6 一位数码管引脚排列

数码管依据内部连接的形式分为两种：共阴极数码管和共阳极数码管。上面选型有介绍，这里再详细说明一下，如图 3-2-7 所示。

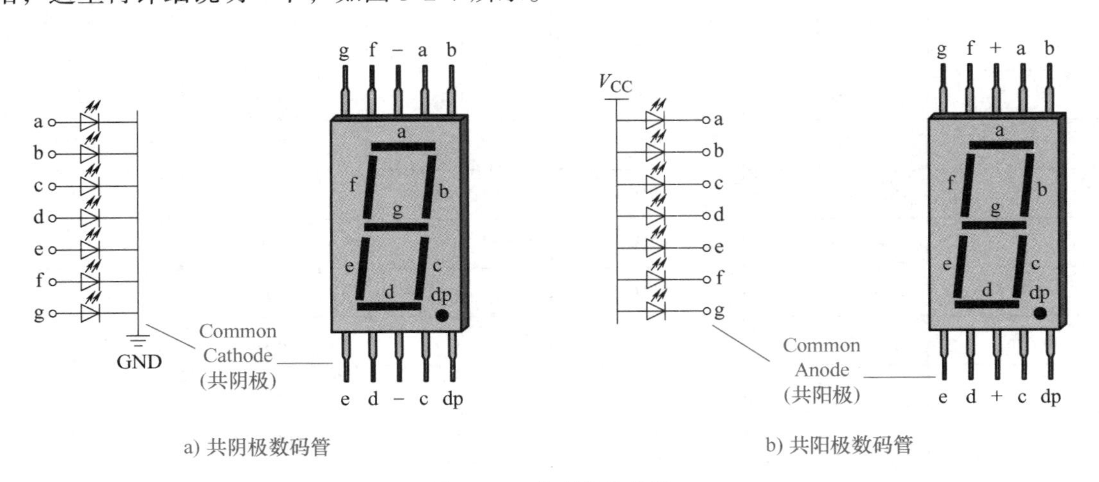


图 3-2-7 数码管的分类

共阴极：LED 数码管 LED 的阴极连接在一起作为公共引脚，如果把它接地，当某个 LED 的阳极电压为高电平时，LED 发光。

共阳极：LED 数码管 LED 的阳极连接在一起作为公共引脚，如果把它接电源，当某个 LED 的阴极电压为低电平时，LED 发光。

2. 显示原理

如果把数码管的引脚和 MCU 的输出口相连，控制输出口的数据就可以使数码管显示不同的数字和字符。如显示“2”，则要 a、b、d、e、g 同时发光。由于使 LED 发光的原理不一样，对数码管各个显示字段的编码也不同，例如，如果 a 接端口低位，dp 接端口高位，则：

1）共阴极：要使这五个 LED 发光，则这五个 LED 的阳极要给高电平“1”，输出的 8 位字节数据为：0101 1011B=5BH，见表 3-2-1。

表 3-2-1　共阴极显示 2 的段位配置

| dp | g | f | e | d | c | b | a |
|---|---|---|---|---|---|---|---|
| 0 | 1 | 0 | 1 | 1 | 0 | 1 | 1 |

2）共阳极：要使这五个 LED 发光，则这五个 LED 的阴极要给低电平“0”，则输出的 8 位字节数据为：1010 0100B=A4H，见表 3-2-2。

表 3-2-2　共阳极显示 2 的段位配置

| dp | g | f | e | d | c | b | a |
|---|---|---|---|---|---|---|---|
| 1 | 0 | 1 | 0 | 0 | 1 | 0 | 0 |

表 3-2-3 为八段数码管的字段编码。

表 3-2-3　八段数码管的字段编码

| 显示字符 | 共阴极字段编码 | 共阳极字段编码 | 显示字符 | 共阴极字段编码 | 共阳极字段编码 |
|---|---|---|---|---|---|
| 0 | 3FH | C0H | b | 7CH | 83H |
| 1 | 06H | F9H | C | 39H | C6H |
| 2 | 5BH | A4H | D | 5EH | A1H |
| 3 | 4FH | B0H | E | 79H | 86H |
| 4 | 66H | 99H | F | 71H | 8EH |
| 5 | 6DH | 92H | U | 3EH | C1H |
| 6 | 7DH | 82H | r | 31H | CEH |
| 7 | 07H | F8H | Y | 6EH | 91H |
| 8 | 7FH | 80H | 8. | FFH | 00H |
| 9 | 6FH | 90H | “灭” | 00H | FFH |
| A | 77H | 88H | | | |

举个小例子：

对共阴极数码管而言，如果要显示数字“7”，公共端给低电平，a～c 给高电平，d～h 给低电平就可以了，如图 3-2-8 所示。

对共阳极数码管而言，如果要显示数字“7”，公共端给高电平，a～c 给低电平，d～h 给高电平就可以了，如图 3-2-9 所示。

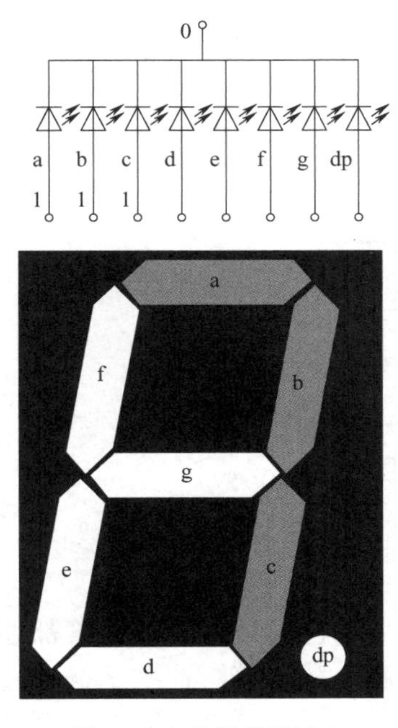


图 3-2-8　共阴极显示 7

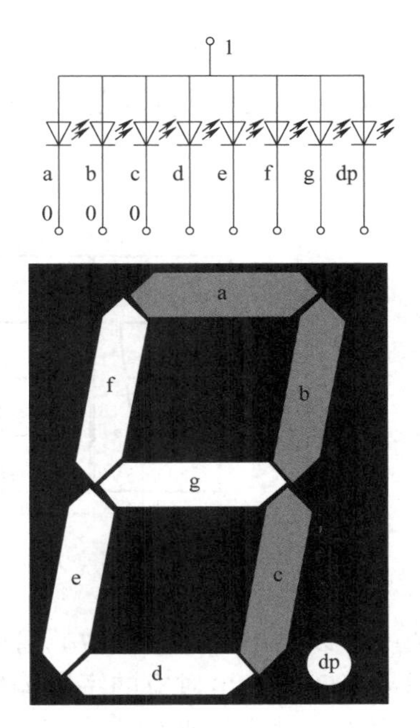


图 3-2-9　共阳极显示 7

## 3.2.2　LED 数码管的显示方式

在讲解数码管的显示方式之前，先来介绍一下数码管的位选与段选。

数码管位选：在众多数码管中，选择某一个数码管，如一共有 4 个，选择了第 4 个，这就是位选，就好比选择了那个位置。

数码管段选：在一个数码管中，选择让它显示什么数字，就要控制每一个发光的段是通电还是断电，对于组成该数码管的每一段的控制，就是段选，如以共阳极数码管为例，要显示 1，就让 b、c 为 0，让这两个 LED 灯亮即可。

总结：位选选择数码管，段选选择数码管里面的 LED。

在数码管显示系统中，一般利用多块 LED 显示器件构成多位 LED 显示器。构成原理图如图 3-2-10 所示。其显示方式有两种：静态显示和动态显示。

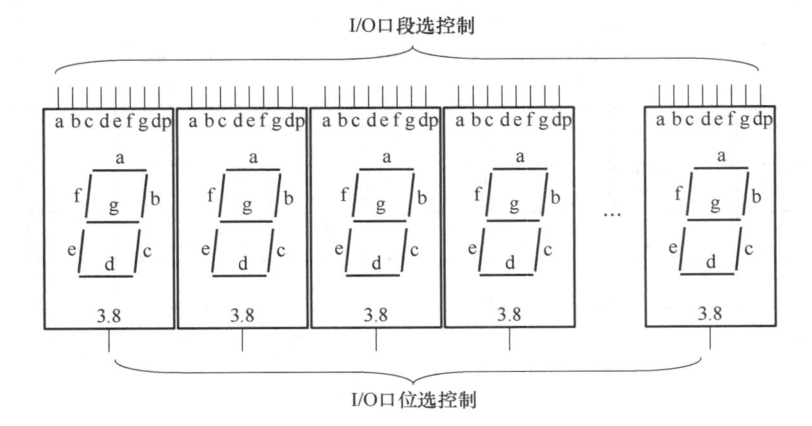


图 3-2-10　多位 LED 显示器

1. 数码管的静态显示

图 3-2-11 所示为一个 4 位静态 LED 数码管显示电路。

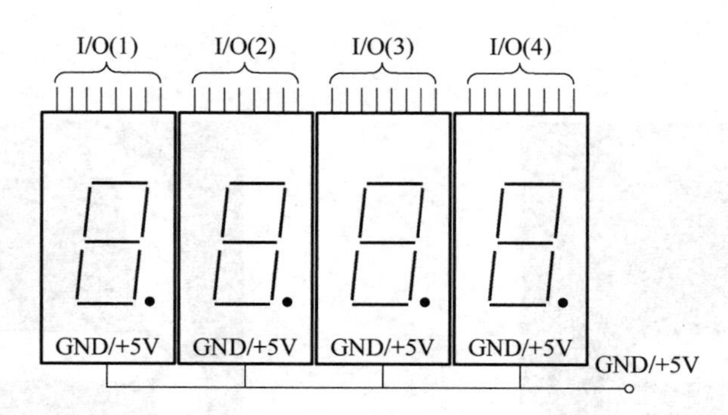

图 3-2-11　4 位静态 LED 数码管显示电路

从图中可以看出，每一位数码管的位选（公共端）均已连接好，数码管都处于选通状态，只要 I/O 口给出对应的字段编码，就可以显示相应的字符。这些字符一直处于点亮状态，而不是处于周期性点亮状态。不难发现，静态显示需要的 I/O 口线较多，4 位数码管需要 32 根 I/O 口线，占用资源较多，线路复杂，成本较高，显示位数较多时不适合使用。

2. 数码管的动态显示

图 3-2-12 所示为一个 8 位动态 LED 数码管显示电路。电路里将所有显示位的段选线并联在一起，由一个 8 位 I/O 口控制，而位选线由另一个 8 位 I/O 口控制，实现各位数码管的分时选通。控制位选线使每一时刻只有一位数码管选通，然后段选线送出该位数码管的字段编码，这一位数码管就点亮了。按此逐个点亮各位数码管，虽然看到的始终只有一个数码管在亮，而不是所有的数码管同时亮，但是由于人眼的视觉暂留作用，看到的是多个数码管同时显示的效果。就像看的电影是有一帧一帧的画面显示的，当速度够快时人眼看到的就是动态的。当显示数码管的速度够快时，人眼看到的就是同时显示了。

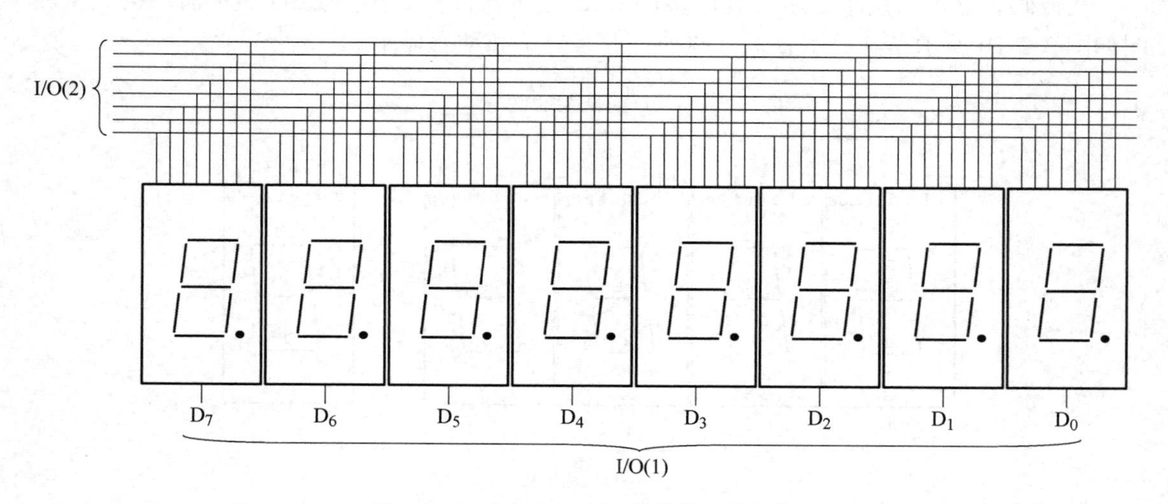

图 3-2-12　8 位动态 LED 数码管显示电路

不难发现，动态显示需要的I/O口线较少，8位数码管需要16根I/O口线，占用资源较少，所以数码管显示大多数采用动态显示方式。

### 3.2.3 数码管动态显示的思路

1）送清屏段码数据，也就是让数码管不显示数据，否则，当输出位选信号时，就会导致某位数码管显示乱码。

2）通过位选信号选定特定编号的数码管，由于步骤1）的存在，此时该位数码管不显示数据。

3）将该位数码管要显示数据字段编码送出。

4）延迟一段时间以保证该位数码管在每轮显示周期中被点亮足够的时间，否则该位数码管最终显示的效果会比较暗。

5）送清屏段码数据，否则进入到步骤6）时，刚刚被显示的图样会在下一位数码管上被短暂显示。

6）改变位选信号，使得下一位数码管开始显示属于它的数据。

7）进入到步骤3），不断循环。

## 任务工单

任务工单8　显示数字

| 项目3：电子秒表 | 任务2：显示数字 |
|---|---|

**（一）练习习题**

扫描右侧的二维码，完成练习

显示数字

**（二）任务实施完成情况**

| 实施步骤 | 实施步骤具体操作 | 完成情况 |
|---|---|---|
| 步骤1：新建STM32CubeMX工程，完成调试端口的配置、MCU时钟树的配置等 | | |
| 步骤2：配置段选引脚的GPIO功能，配置位选引脚的GPIO功能，保存STM32CubeMX工程，生成初始C代码工程并使用Keil打开 | | |
| 步骤3：定义变量完善代码，添加主循环程序以显示数字操作 | | |
| 步骤4：编译程序，生成HEX文件并烧写到开发板中 | | |
| 步骤5：测试效果 | | |

（续）

| 项目 3：电子秒表 | 任务 2：显示数字 |
| --- | --- |

**（三）任务检查与评价**

| 项目名称 | 电子秒表 | | | |
| --- | --- | --- | --- | --- |
| 任务名称 | 显示数字 | | | |
| 评价方式 | 可采用自评、互评和教师评价等方式 | | | |
| 说明 | 主要评价学生在项目学习过程中的操作技能、理论知识、学习态度、课堂表现和学习能力等 | | | |
| 序号 | 评价内容 | 评价标准 | 分值 | 得分 |
| 1 | 知识运用（20%） | 掌握相关理论知识，理解本任务要求，制订详细计划，计划条理清晰，逻辑正确（20 分） | 20 分 | |
| | | 理解相关理论知识，能根据本任务要求制订合理计划（15 分） | | |
| | | 了解相关理论知识，有制订计划（10 分） | | |
| | | 无制订计划（0 分） | | |
| 2 | 专业技能（40%） | 完成在 STM32CubeMX 中工程建立的所有操作步骤，完成任务代码的编写与完善，将生成的 HEX 文件烧写进开发板，并通过测试（40 分） | 40 分 | |
| | | 完成代码，也烧写进开发板，但功能未完成，数码管无显示（30 分） | | |
| | | 代码有语法错误，无法完成代码的烧写（20 分） | | |
| | | 不愿完成任务（0 分） | | |
| 3 | 核心素养（20%） | 具有良好的自主学习和分析解决问题的能力，整个任务过程中有指导他人（20 分） | 20 分 | |
| | | 具有较好的学习和分析解决问题的能力，任务过程中无指导他人（15 分） | | |
| | | 能够主动学习并收集信息，有请教他人进行解决问题的能力（10 分） | | |
| | | 不主动学习（0 分） | | |
| 4 | 课堂纪律（20%） | 设备无损坏，设备摆放整齐，工位区域内保持整洁，无干扰课堂秩序（20 分） | 20 分 | |
| | | 设备无损坏，无干扰课堂秩序（15 分） | | |
| | | 无干扰课堂秩序（10 分） | | |
| | | 干扰课堂秩序（0 分） | | |
| 总得分 | | | | |

**（四）任务自我总结**

| 过程中遇到的问题 | 解决方式 |
| --- | --- |
| | |
| | |
| | |

## 任务小结

通过使用 STM32 控制数码管动态显示数字，应了解 LED 数码管的结构、分类和显示的原理，同时掌握 STM32 MCU 输出段码、位码，并使用 STM32 MCU 完成数码管的动态显示，如图 3-2-13 所示。

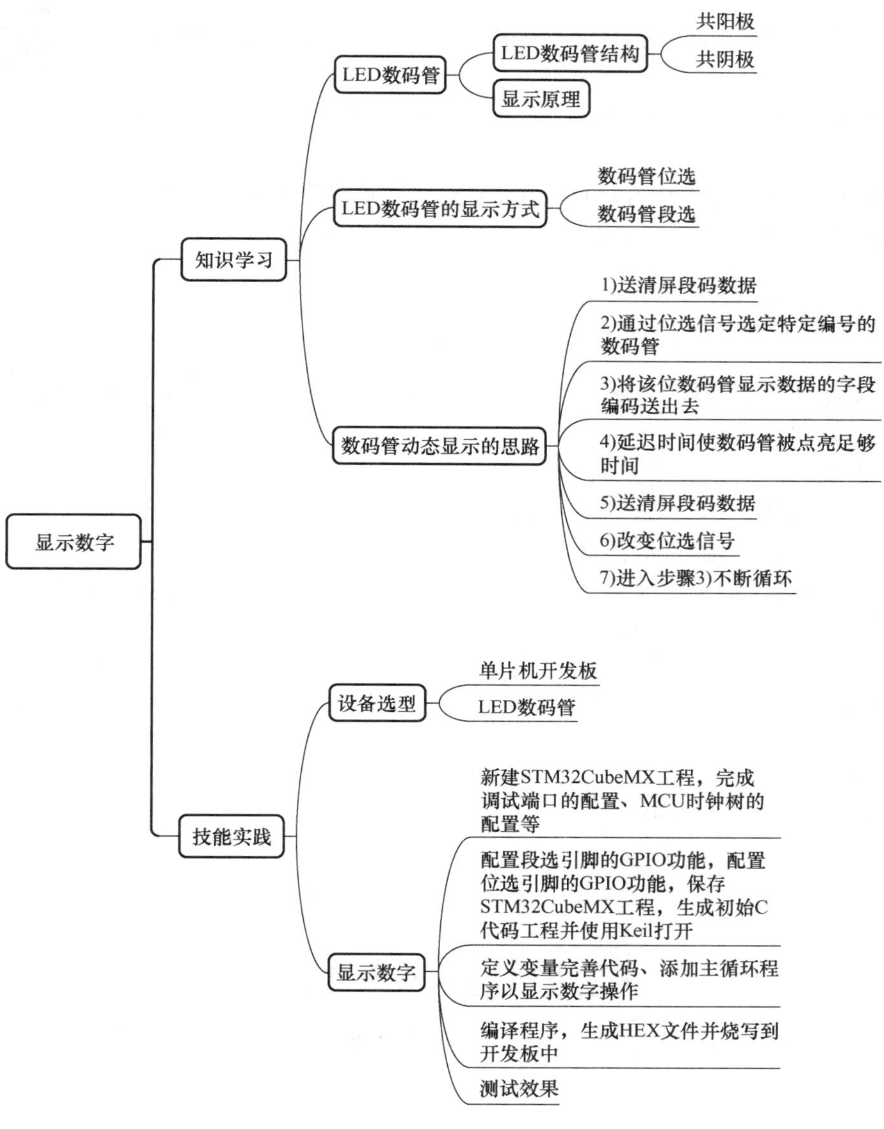


图 3-2-13　任务小结

## 任务拓展

拓展：用数码管循环显示 10 以内的单个数字累加过程。

# 任务 3 实现电子秒表

## 职业能力目标

1）能根据功能需求使用 STM32CubeMX 软件正确配置 STM32 定时器。

2）能根据功能需求正确添加代码，操控 STM32 定时器实现基本定时。

3）能根据按键电路使用 STM32CubeMX 软件正确配置外部中断。

4）培养学生严谨的学习态度。

## 任务描述与要求

**任务描述：** 完成电子秒表的制作，要求每隔 1s 变化 1 次，有启动 / 暂停按键，能够实现正计数和反计数。

**任务要求：**

1）采用定时器产生 1s 的定时时间。

2）使用数码管作为显示器件，显示方式：XXminXXs。

3）按下按键 1 启动电子秒表，再按一下暂停秒表；默认正计数，按下按键 2 电子秒表反计数，再按一下正计数。

## 设备选型

设备需求如图 3-3-1 所示。

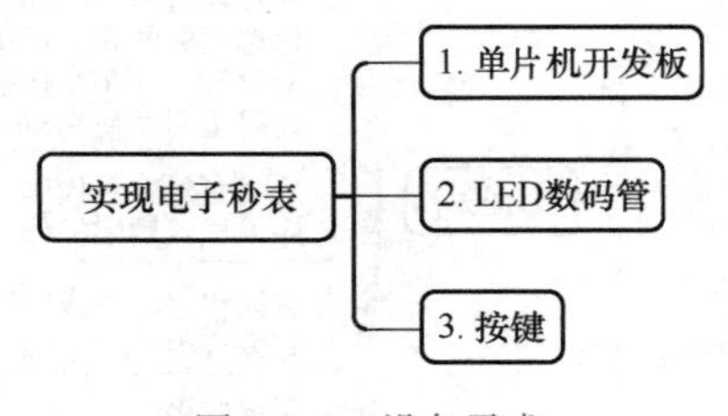


图 3-3-1 设备需求

### 1. 单片机开发板

可以参考项目 1 任务 1 单片机开发板的相关类型进行选型。

### 2. LED 数码管

根据本项目任务 2 的分析，选择合适的数码管。

3. 开关

项目 2 任务 1 中介绍过开关的选型，针对本任务，再按照按键结构原理和电路形式分类罗列出来，如图 3-3-2 和图 3-3-3 所示，根据任务需求选择合适的按键形式。

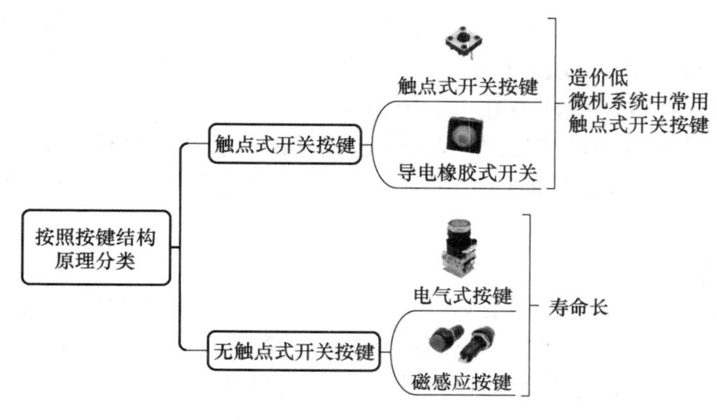


图 3-3-2　按键结构原理分类

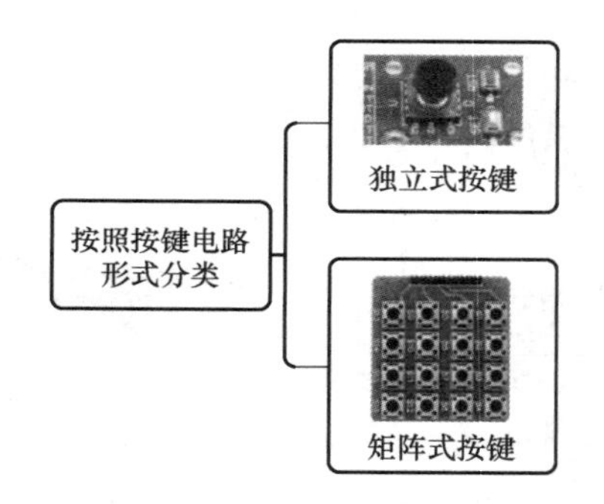


图 3-3-3　按键电路形式分类

## 知识储备

## 3.3.1　按键简介

1. 按键的结构与特点

在项目 2 中讲过按键抖动的问题，本任务详细说明按键抖动的原理：微机键盘通常使用机械触点式按键开关，其主要功能是把机械上的通断转换为电气上的逻辑关系。也就是说，它能提供标准的 TTL 电平，以便与通用数字系统的逻辑电平相容。机械式按键再按下或释放时，由于机械弹性作用的影响，通常伴随一定的时间触点机械抖动，然后其触点才稳定下来。其抖动过程如图 3-3-4 所示，抖动时间的长短与开关的机械特性有关，一般为 5～10ms。在触点抖动期间检测按键的通与断，可能导致判断出错，即按键一次按下或释放被错误地认为是多次操作，这种情况是不允许出现的。为了克服按键触点机械抖动所致的检测误判，必须采取消抖措施。按键较少时，可采用硬件消抖；按键较多时，采用软件消抖。

2. 独立按键与矩阵键盘

（1）独立按键

单片机控制系统中，如果只需要几个功能键，则可采用独立式按键结构。

独立按键是直接用I/O口线构成的单个按键电路，其特点是每个按键单独占用一根I/O口线，每个按键的工作不会影响其他I/O口线的状态。独立按键的典型应用如图2-1-11所示。独立按键电路配置灵活，软件结构简单，但每个按键必须占用一根I/O口线，因此，当按键较多时，I/O口线浪费较大，不宜采用。

独立按键的软件常采用查询式结构。先逐位查询每根I/O口线的输入状态，如某一根I/O口线输入为低电平，则可确认该I/O口线所对应的按键已按下，然后，再转向该按键的功能处理程序。

（2）矩阵键盘

在很多电子设备中都需要有输入设备，按键在其中占了很大的比例，当按键比较少，占用MCU的I/O口比较少，此时可以使用独立按键，但是当按键比较多时，占用MCU的资源比较多，独立按键就不再适合，此时，通常使用矩阵形式按键组，称之为矩阵键盘，如图3-3-5所示。

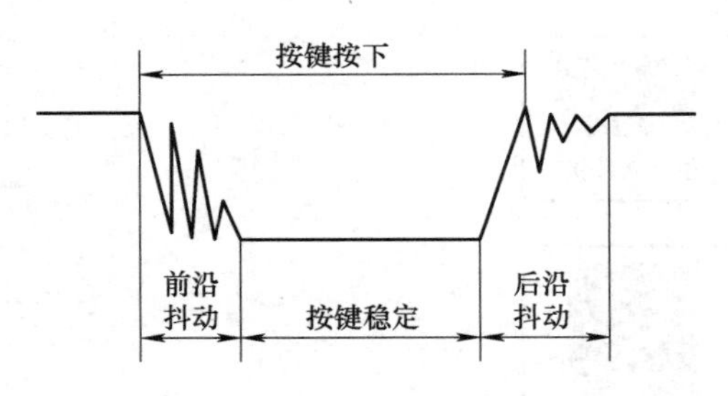


图3-3-4　按键触点机械抖动

图3-3-5　矩阵键盘

图3-3-6为图3-3-5所示矩阵键盘的原理图。在矩阵键盘中，每条水平线和垂直线在交叉处不直接连通，而是通过一个按键加以连接。这样，7个I/O口就可以构成4×3=12个按键的矩阵键盘。如果采用独立按键则需要12个I/O口，而且线数越多，区别越明显，如再多加一条线，即8个I/O口就可以构成16键的键盘，如图3-3-7所示。如果采用独立按键的方式需要16个I/O口。由此可见，当需要的键数比较多时，采用矩阵键盘是合理的。

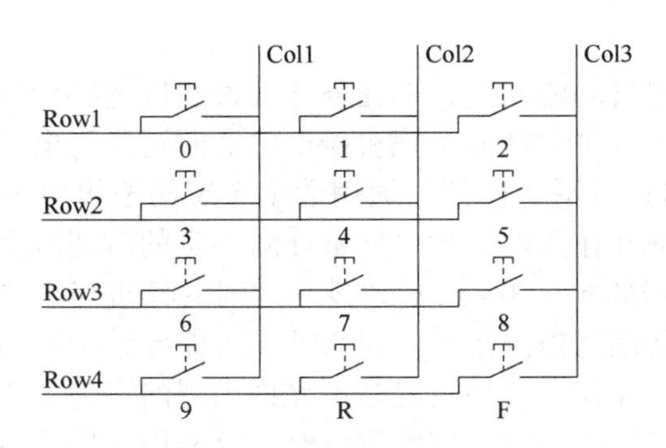


图3-3-6　矩阵键盘原理图

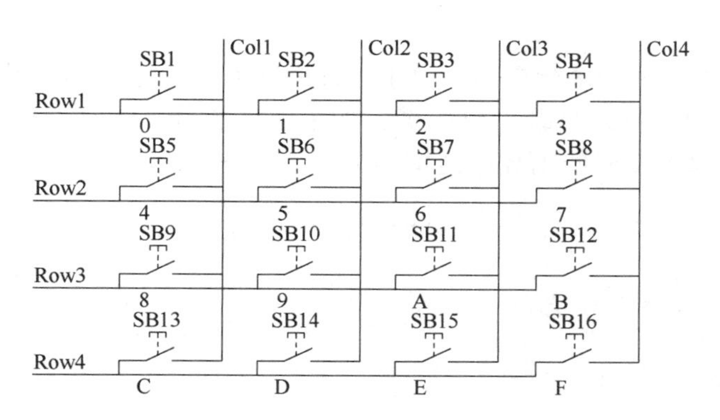


图 3-3-7 矩阵键盘电路图

本任务只需要两个按键，因此可以使用独立按键，也可以使用矩阵键盘，可以把矩阵键盘当独立按键使用。在图 3-3-7 中，若 Row1=“0”，Col1 接 STM32 的某个 I/O 口，使能上拉电阻，即可等效成图 3-3-8 所示电路。这样，把 Row1 接地，Col1 和 Col2 接 STM32 的两个 I/O 口，就可以把 SB1 和 SB2 当作独立按键使用。

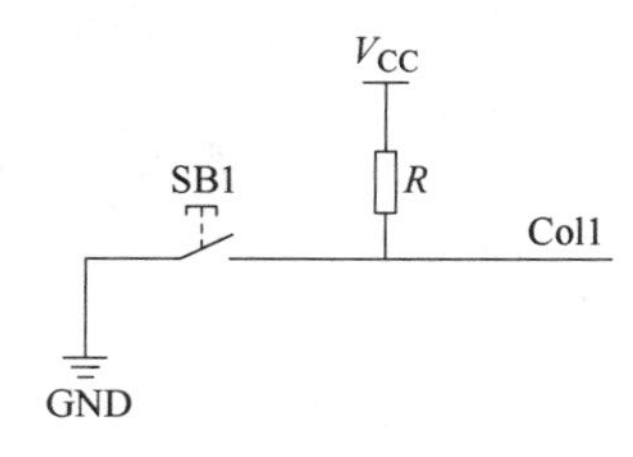


图 3-3-8 等效电路

## 3.3.2 矩阵键盘识别方法

矩阵式结构的键盘显然比独立按键要复杂一些，识别也要复杂一些。把列线通过电阻接正电源，并将行线所接 MCU 的 I/O 口作为输出端，而列线所接的 I/O 口则作为输入。这样，当按键没有被按下时，所有的输入端都是高电平，代表无按键被按下。行线输出是低电平，一旦有按键被按下，则输入线就会被拉低，这样，通过读入输入线的状态就可得知是否有按键被按下了。

## 3.3.3 键盘读取功能设计

### 1. 行扫描法

行扫描法又称为逐行（或列）扫描查询法，是一种常用的按键识别方法。在行扫描法中，行线 Rowx 接 MCU 的输出口，列线 Colx 接 MCU 的输入口，它的工作过程可以分为如下两个步骤。

1）判断键盘中有无按键按下及按下按键所在列的位置。

2）判断闭合按键所在行的位置。

### 2. 高低电平翻转法

首先，让列线 Colx 为 0，行线 Rowx 设置为上拉输入（即输入 1）。若有按键被按下，则行线 Rowx 中会有一行由 1 翻转为 0，此时，即可确定被按下按键的行位置。

然后让行线 Rowx 为 0，列线 Colx 设置为上拉输入（即输入 1）。若有按键被按下，则列线 Colx 中会有一根由 1 翻转为 0，此时即可确定被按下按键的列位置。

最后，将上述两者进行或运算即可确定被按下按键的位置。

### 3.3.4　代码分析

两个按键采用外部中断进行检测，由于外部中断回调函数使用的是同一个函数，所以需要在回调函数里判断具体是哪一个按键，如果定义了两个按键的用户标签位“KEY1”和“KEY2”，则外部中断回调函数的结构如下。

```
void HAL_GPIO_EXTI_Callback(uint16_t GPIO_Pin)
{
    if(GPIO_Pin==KEY1_Pin)
    {
        //按键 1 的处理
    }
    if(GPIO_Pin==KEY2_Pin)
    {
        //按键 2 的处理
    }
}
```

## 任务工单

任务工单 9　实现电子秒表

| 项目 3：电子秒表 | 任务 3：实现电子秒表 |
| --- | --- |

**（一）练习习题**

扫描右侧的二维码，完成练习

实现电子秒表

**（二）任务实施完成情况**

| 实施步骤 | 实施步骤具体操作 | 完成情况 |
| --- | --- | --- |
| 步骤 1：新建 STM32CubeMX 工程，配置完成调试端口的配置，MCU 时钟树的配置和数码管配置等相关 GPIO 设置 | | |
| 步骤 2：配置 TIM6 的参数，配置 TIM6 的中断，保存 STM32CubeMX 工程，生成初始 C 代码工程并使用 Keil 打开 | | |
| 步骤 3：启动 TIM6 并使能更新中断，完善代码，编写 TIM6 更新中断服务程序，编写按键扫描函数，完成主函数代码 | | |
| 步骤 4：编译程序，生成 HEX 文件并烧写到开发板中 | | |
| 步骤 5：搭建外部电路，并测试效果 | | |

（续）

| 项目 3：电子秒表 | 任务 3：实现电子秒表 |
| --- | --- |

**（三）任务检查与评价**

| 项目名称 | 电子秒表 | | | |
| --- | --- | --- | --- | --- |
| 任务名称 | 实现电子秒表 | | | |
| 评价方式 | 可采用自评、互评和教师评价等方式 | | | |
| 说明 | 主要评价学生在项目学习过程中的操作技能、理论知识、学习态度、课堂表现和学习能力等 | | | |
| 序号 | 评价内容 | 评价标准 | 分值 | 得分 |
| 1 | 知识运用（20%） | 掌握相关理论知识，理解本任务要求，制订详细计划，计划条理清晰，逻辑正确（20分） | 20分 | |
| | | 理解相关理论知识，能根据本任务要求制订合理计划（15分） | | |
| | | 了解相关理论知识，有制订计划（10分） | | |
| | | 无制订计划（0分） | | |
| 2 | 专业技能（40%） | 完成在STM32CubeMX中工程建立的所有操作步骤，完成任务代码的编写与完善，将生成的HEX文件烧写进开发板，并通过测试，外围电路搭建成功，矩阵键盘设置成功（40分） | 40分 | |
| | | 完成代码，也烧写进开发板，但功能未完成，没有定时效果（30分） | | |
| | | 代码有语法错误，无法完成代码的烧写（20分） | | |
| | | 不愿完成任务（0分） | | |
| 3 | 核心素养（20%） | 具有良好的自主学习和分析解决问题的能力，整个任务过程中有指导他人（20分） | 20分 | |
| | | 具有较好的学习和分析解决问题的能力，任务过程中无指导他人（15分） | | |
| | | 能够主动学习并收集信息，有请教他人进行解决问题的能力（10分） | | |
| | | 不主动学习（0分） | | |
| 4 | 课堂纪律（20%） | 设备无损坏，设备摆放整齐，工位区域内保持整洁，无干扰课堂秩序（20分） | 20分 | |
| | | 设备无损坏，无干扰课堂秩序（15分） | | |
| | | 无干扰课堂秩序（10分） | | |
| | | 干扰课堂秩序（0分） | | |
| 总得分 | | | | |

**（四）任务自我总结**

| 过程中遇到的问题 | 解决方式 |
| --- | --- |
| | |
| | |
| | |

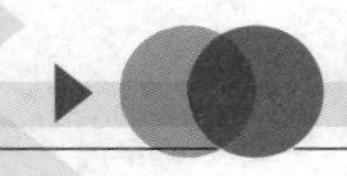

## 任务小结

通过使用 STM32 实现电子秒表，应加强对 STM32 MCU 定时器定时功能的使用能力、外部中断的使用能力、数码管动态显示的能力和按键扫描方法运用的能力等，如图 3-3-9 所示。

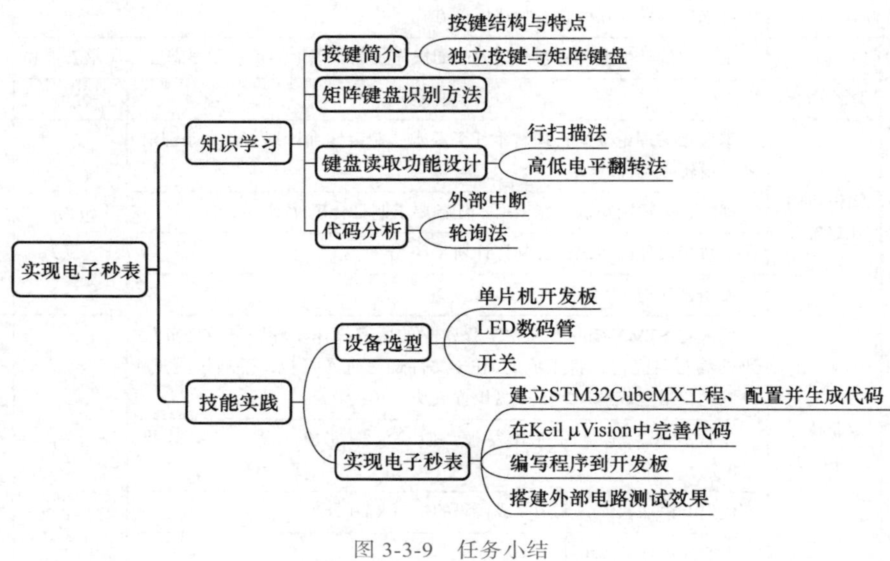


图 3-3-9　任务小结

## 任务拓展

拓展：将本任务中外部中断的触发方式改为上升沿触发，并观察数码管的显示。

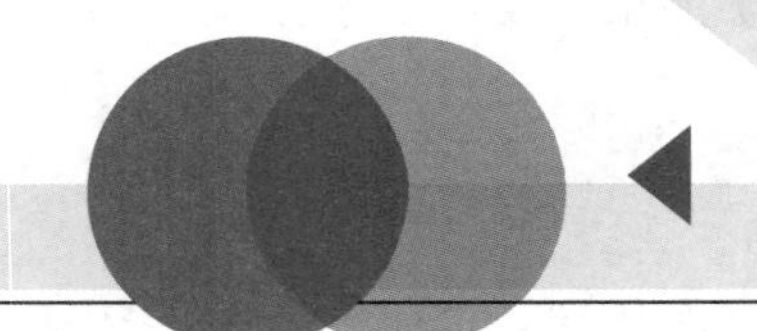

# 项目4 智能冰箱

## 引导案例

进入新世纪以来，智能家居概念大行其道。其中与“吃”有关的智能冰箱是其中一条非常重要的产品线。真正的智能冰箱应该是没有烦琐的操作，却能把放进去的蔬菜、肉蛋和海鲜等食材“照顾”得无微不至；同时还具有强大的智慧，能够给人健康饮食的建议。

“照顾”食材最重要的是温度。一般而言，蔬菜保存在 0～7℃，鱼类、肉类保存在 -5～-1℃时，食材大多数细菌的繁殖被有效抑制，能很大程度上推迟食品变质时间。

给人健康建议，则必然离不开大数据的支持。所以将来的冰箱一定要能联网，能依据主人喜好从网上搜索健康食谱，也能接收、执行主人的各项远程命令。图 4-0-1 为监控系统图。

图 4-0-1 监控系统图

开动思维，预测下未来的智能冰箱都会有哪些功能，又会用什么技术实现？

# 任务 1 上报数据

## 职业能力目标

智能冰箱
上报数据

1）能根据异步串口通信协议设计合理的通信参数。

2）能根据 MCU 的编程手册，利用 STM32CubeMX 准确配置 STM32 串口发送功能。

3）能根据功能需求正确添加串口处理代码实现字符串的发送。

## 任务描述与要求

**任务描述**：一大学生创业团队为国内某家电公司的冰箱产品的提档升级提供技术支持。任务内容是完成冰箱内部温度数据的采集以及与外部通信功能。该项目共分为四个阶段，第一阶段完成冰箱数据的外发功能，以便于验证，此阶段发送内容为固定格式数据，在计算机端使用串口调试助手观察接收数据以达到验证的效果。

**任务要求**：

1）配置串口发送模式。

2）发送固定格式数据。

3）在计算机上使用串口调试助手观察数据。

## 设备选型

设备需求如图 4-1-1 所示。

根据项目 1 分析，本书选择 STM32F1 系列的开发板，读者可以根据手中现有的开发板进行合适的选型。

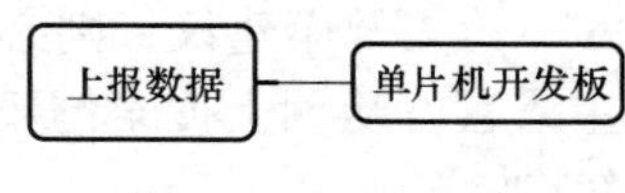

图 4-1-1　设备需求

## 知识储备

### 4.1.1　数据通信方式

#### 1. 串行与并行通信

按数据传送的方式，通信可分为串行通信与并行通信。

串行通信：指设备之间通过一根数据信号线、地线及控制信号线，按数据位形式一位一位地传输数据的通信方式，同一时刻只能传输一位（bit）数据。

并行通信：指使用 8 根、16 根、32 根及 64 根或更多的数据线（有多少信号位就需要多少根数据线）进行传输的通信方式，可以同一时刻传输多个数据位的数据，如图 4-1-2 所示。

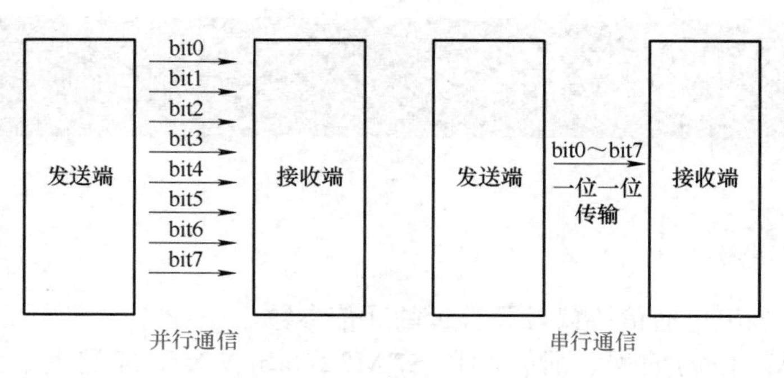

图 4-1-2　串行通信与并行通信

串行通信与并行通信的特性对比见表 4-1-1。

表 4-1-1　串行通信与并行通信特性

| 特性 | 串行通信 | 并行通信 |
|---|---|---|
| 通信距离 | 较远 | 较近 |
| 抗干扰能力 | 较强 | 较弱 |
| 传输速率 | 较慢 | 较高 |
| 成本 | 较低 | 较高 |

并行通信可以同时发送多位数据所以速度比串行通信的速度要快很多，但并行通信需要的数据线也更多，相对成本更高，而且并行通信传输对同步要求较高，且随着通信速率的提高，信号干扰的问题会显著影响通信性能。

2. 全双工、半双工及单工通信

根据通信双方的分工和信号传输方向可分为全双工、半双工和单工。

单工通信：信息只能单方向传输的工作方式，一个固定为发送设备（发送端），另一个固定为接收设备（接收端），发送端只能发送信息不能接收信息，接收端只能接收信息不能发送信息，只需一根信号线。

半双工通信：可以实现双向通信，但不能在两个方向上同时进行，必须轮流交替进行，其实也可以理解成一种可以切换方向的单工通信，同一时刻必须只能一个方向传输，只需一根数据线。

全双工通信：在同一时刻，两个设备之间可以同时收发数据，全双工方式无须进行方向的切换，这种方式要求通信双方均有发送器和接收器，同时，需要两根数据线，如图 4-1-3 所示。

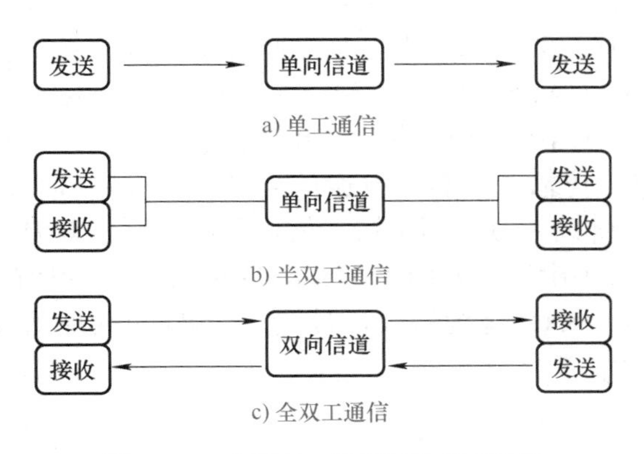


图 4-1-3　全双工、半双工及单工通信

3. 同步通信与异步通信

同步通信：收发设备双方会使用一根信号线表示时钟信号，在时钟信号的驱动下双方进行协调，同步数据，通信中通常双方会统一规定在时钟信号的上升沿或下降沿对数据线进行采样，对应时钟极性与时钟相位。

如 $I^2C$ 的同步通信如图 4-1-4 所示。

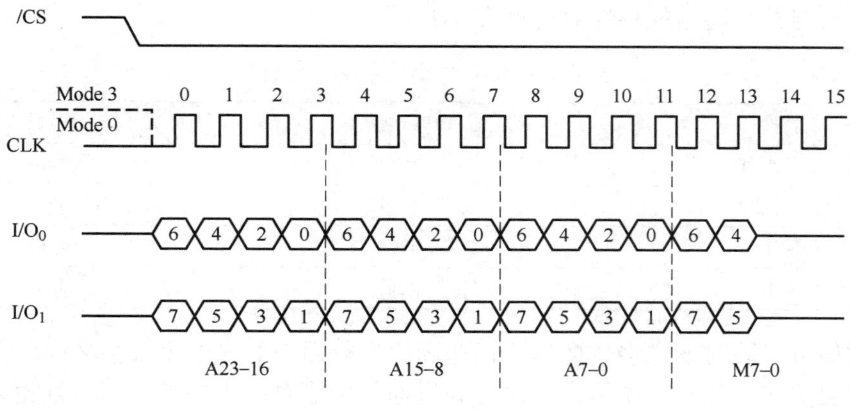


图 4-1-4　I²C 的同步通信

异步通信：不需要时钟信号进行数据同步，它们直接在数据信号中穿插一些同步用的信号位，或者把主体数据进行打包，以数据帧 [ 串口：起始位、数据校验位（可以没有）、停止位 ] 的格式传输数据，某些通信中还需要双方约定数据的传输速率（或波特率），以便更好地同步，如图 4-1-5 所示。

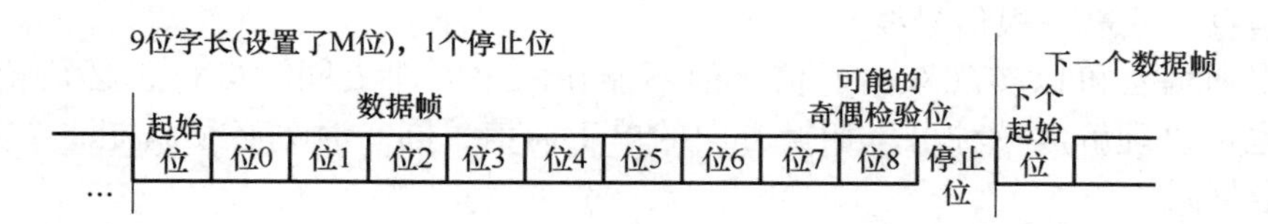


图 4-1-5　异步通信

4. 常见串行通信接口

串口是各类电子产品中最常见的通信接口之一，具有线路简单、连接方便，开发、调试工具丰富的优点，当前，串口已经成了几乎所有单片机的必备外设之一。在电子产品使用和开发中经常见到的 UART（Universal Asynchronous Receiver/Transmitter，通用异步接收发送设备）、SPI、USB 和 I²C 等事实上都属于串口范畴。它们共有的特点就是数据要一位一位地在线路中传输，故名串行通信接口，简称串口，这其中，UART 出现最早（20 世纪 80 年代），所以一般提到串口，人们最先想到的就是 UART，UART 是全双工（数据收发可同时进行）串口，使用 TxD、RxD 和 GND 三根信号线进行数据传输，其中 TxD 称为发送信号线，RxD 称为接收信号线，GND 为共地信号线。串口数据传输如图 4-1-6 所示。

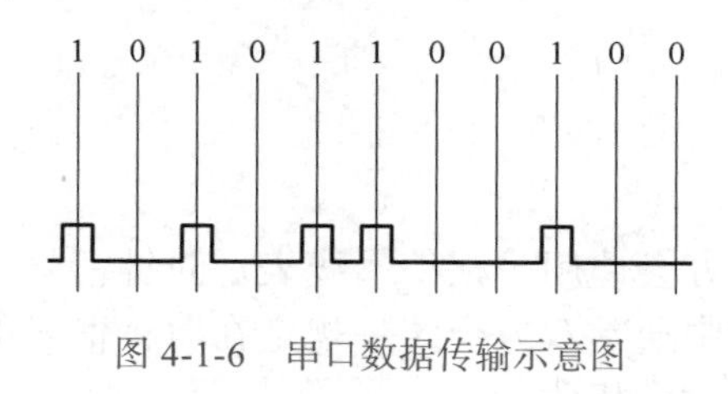


图 4-1-6　串口数据传输示意图

常见串行通信接口见表 4-1-2。

表 4-1-2　常见串行通信接口

| 通信标准 | 引脚说明 | 通信方式 | 通信方向 |
| --- | --- | --- | --- |
| UART | TxD：发送端<br>RxD：接收端<br>GND：公共地 | 异步通信 | 全双工 |
| 单总线<br>（1-wire） | DQ：发送 / 接收端 | 异步通信 | 半双工 |
| SPI | SCK：同步时钟<br>NSS：从设备选择<br>MISO：主机输入，从机输出<br>MOSI：主机输出，从机输入 | 同步通信 | 全双工 |
| $I^2C$ | SCL：同步时钟<br>SDA：数据输入 / 输出端 | 同步通信 | 半双工 |

## 4.1.2　串口通信协议

通信协议：分为物理层和协议层。物理层规定通信系统中具有机械、电子功能部分的特性，确保原始数据在物理媒体的传输（通俗讲就是硬件部分）。协议层主要规定通信逻辑，统一收发双方的数据打包、解包标准（软件）。

### 1. STM32 串口简介

STM32 的串口非常强大，它不仅支持最基本的通用串口同步、异步通信，还具有 LIN（局域互联网）总线功能、IRDA（红外线数据协会）功能和智能卡功能。

USART 是一个串行通信设备，可以灵活地与外部设备进行全双工数据交换。有别于 USART 的 UART，是在 USART 基础上裁剪掉了同步通信功能（时钟同步），只有异步通信。简单区分同步和异步就是看通信时需不需要对外提供时钟输出，平时用的串口通信基本都是 UART。

### 2. 物理层

串口通信的物理层有很多标准及变种，本书主要涉及 RS-232 标准，RS-232 标准主要规定了信号的用途、通信接口及信号的电平标准。

RS-232 是一种串行数据传输形式，称为串行连接，最经典的标志就是 9 针孔的 DB9 电缆，规定逻辑“1”的电平为 -15～-3V，逻辑“0”的电平为 +3～+15V，主要用于工业设备直接通信，DB9 串口线如图 4-1-7 所示。

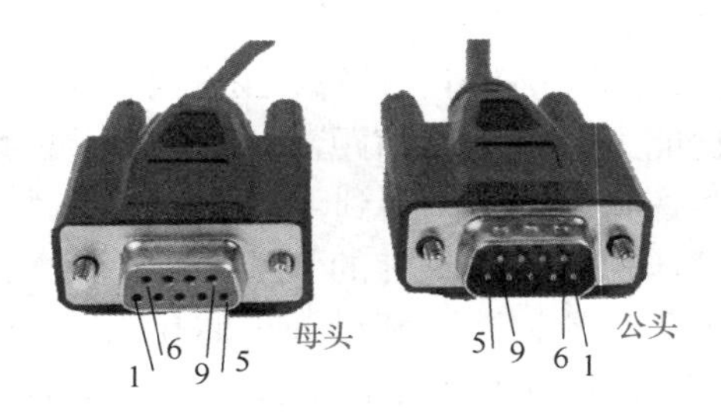


图 4-1-7　DB9 串口线

很多单片机内部（如本书所用的 STM32，以及一些传感器）一般都是 TTL 电平。

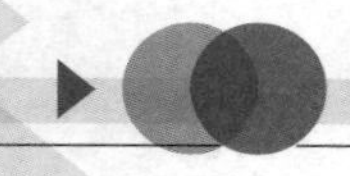

TTL 与 RS–232 通信标准的电平标准见表 4-1-3。

表 4-1-3　TTL 与 RS–232 通信标准的电平标准

| 通信标准 | 电平标准 |
| --- | --- |
| TTL | 逻辑 1：2.4 ～ 5V<br>逻辑 0：0 ～ 0.5V |
| RS–232 | 逻辑 1：–15 ～ –3V<br>逻辑 0：+3 ～ +15V |

两块单片机之间使用串口进行通信，如果双方都使用相同的 TTL 电平，则其连接方式如图 4-1-8 所示。两块单片机的 TxD 与 RxD 交叉相连。此外，GND 直接相连，这里没有画出。

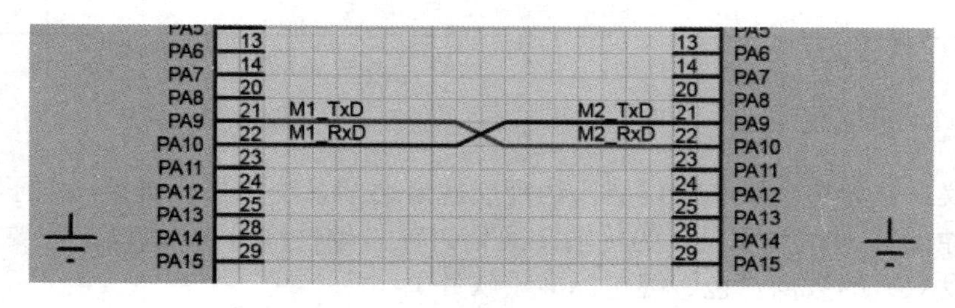


图 4-1-8　两块单片机之间串口通信连接方式

如果单片机与不同电平的设备相连，则需要进行电平转换以保护设备，达到正常通信的效果。显然，这样的电平转换电路在收发双方都应该各有一套。所以，通常情况下，实际电路的连接方式如图 4-1-9 所示。

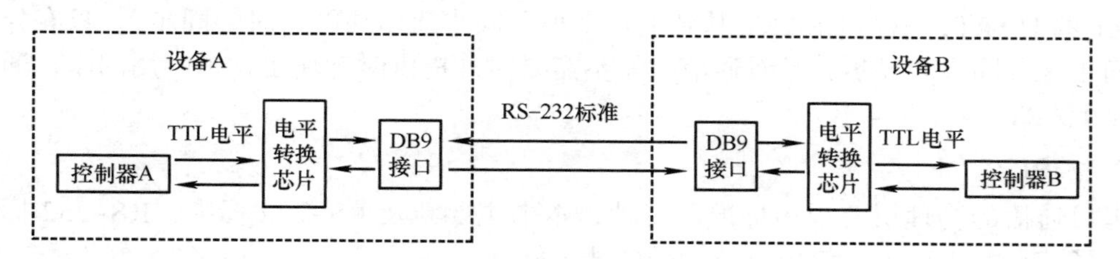


图 4-1-9　通常情况下串口的连接方式

这里的控制器可理解为单片机等采用 TTL 电平的设备，通信数据从控制器发出后经电平转换电路转换为 RS–232 标准接口电平，继而通过 DB9 接口连接到对方的接收通道。

RS–232 标准接口（又称 EIA RS–232）是常用的串行通信接口标准之一，它是由美国电子工业协会（EIA）联合贝尔系统公司、计算机终端生产厂家共同制定的。选用该电气标准的目的在于提高抗干扰能力，增大通信距离。RS–232 的噪声容限为 2V，接收器将能识别低至 +3V 的信号作为逻辑“0”，将高到 –3V 的信号作为逻辑“1”。

RS–232 标准采用的接口是 9 针或 25 针的 D 型插头，常用的一般是 9 针插头，称为 DB9 接口。该接口又分为公头（插针式）和母头（插孔式）。串口通信时一般使用 2、3、5 号引脚即可正常通信，这三个引脚在公头中分别定义为 RxD、TxD 和 GND，而在母头中则分别定义为 TxD、RxD 和 GND。所以串口线又有交叉线、直通线之分，加之工程中又有不同的定义逻辑，因而比较容易混淆。使用串口之前可用万用表做一个简单测量，第一先确定 GND 信号，然后测量两个引脚，如果有电平是负值，则该引脚为 RS-232 电平的 TxD。

Max232 系列芯片是最常见的电平转换芯片，其电平转换电路图基本相同，如图 4-1-10 所示。

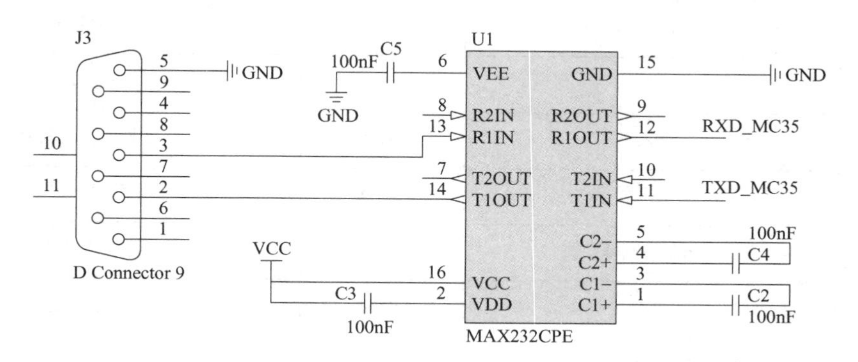


图 4-1-10　Max232 电平转换电路

（1）RS-232 信号线

在最初的应用中，RS-232 串口标准常用于计算机、路由器与调制解调器之间的通信，在这种通信系统中，设备被分为数据终端设备（DTE，计算机、路由）和数据电路端接设备（DCE，调制解调器）。在台式计算机中一般会有 RS-232 标准的 COM 口（也称 DB9 接口），DB9 接收与发送如图 4-1-11 所示。

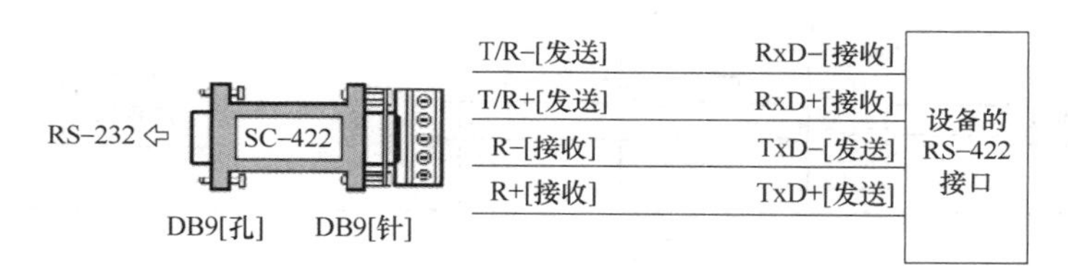


图 4-1-11　DB9 接收与发送

其中，接线口以针式引出信号线的称为公头，以孔式引出信号线的称为母头。在计算机中一般引出公头接口，而在调制调解器设备中引出的一般为母头，使用图 4-1-11 中的串口线即可把它与计算机连接起来。通信时，串口线中传输的信号就是使用前面讲解的 RS-232 标准调制的。在这种应用场合下，DB9 接口中的公头及母头的各个引脚的标准信号线接法如图 4-1-12 所示，RS-232 接口定义见表 4-1-4。

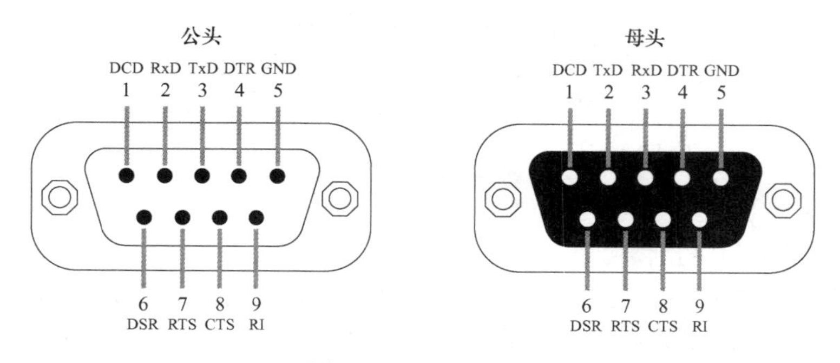


图 4-1-12　DB9 引脚

表 4-1-4　RS-232 接口定义

| 9 芯 | 信号方向来自 | 缩写 | 描述 |
| --- | --- | --- | --- |
| 1 | 调制解调器 | DCD | 载波检测 |
| 2 | 调制解调器 | RxD | 接收数据 |
| 3 | PC | TxD | 发送数据 |
| 4 | PC | DTR | 数据终端准备好 |
| 5 | | GND | 信号地线 |
| 6 | 调制解调器 | DSR | 通信设备准备好 |
| 7 | PC | RTS | 请求发送 |
| 8 | 调制解调器 | CTS | 允许发送 |
| 9 | 调制解调器 | RI | 响铃指示器 |

（2）USB 转串口

USB 转串口：主要用于设备（STM32）与计算机通信，如图 4-1-13 所示。

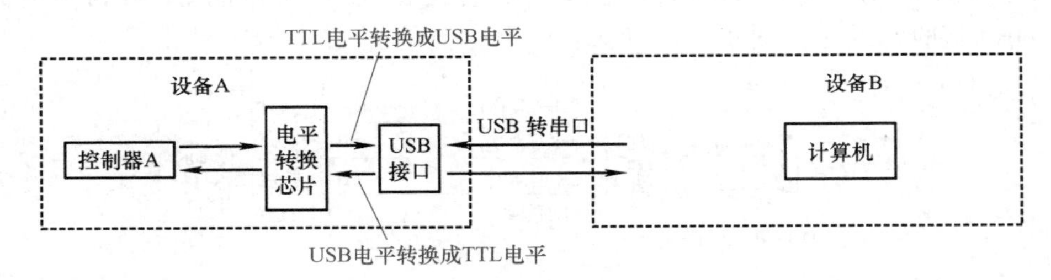


图 4-1-13　设备与计算机通信

3. 协议层

串口通信的协议层中规定了数据包的内容，它由起始位、主体数据、校验位及停止位组成，通信双方的数据包格式要约定一致（一样的起始位、数据、校验位和停止位）才能正常收发数据，如图 4-1-14 所示。

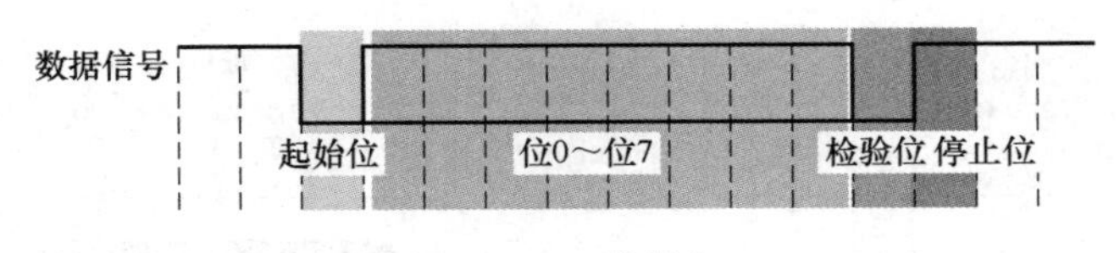


图 4-1-14　数据包

（1）通信的起始和停止信号

串口通信的一个数据包从起始信号开始直到停止信号结束。数据包的起始信号由一个逻辑 0 的数据位表示，而数据包的停止信号可由 0.5 个、1 个、1.5 个或 2 个逻辑 1 的数据位表示。

1 个停止位：停止位位数的默认值。

2 个停止位：可用于常规 USART 模式、单线模式及调制解调器模式。

0.5 个停止位：在智能卡模式下接收数据时使用。

1.5 个停止位：在智能卡模式下发送和接收数据时使用。

（2）有效数据

在数据包的起始位之后紧接着的就是要传输的主体数据内容，也称为有效数据，有效数据的长度常被约定为 5 位、6 位、7 位或 8 位。

（3）数据校验

无校验：没有校验位。

1 校验：校验位总为 1。

0 校验：校验位总为 0。

奇校验：让原有数据序列中（包括要加上的一位）1 的个数为奇数，1000 110（0）必须添 0，这样原来有 3 个 1 已经是奇数个，所以添上 0 之后 1 的个数还是奇数。

偶校验：让原有数据序列中（包含要加上的一位）1 的个数为偶数，1000 110（1）必须添 1，这样原来有 3 个 1，要想 1 的个数为偶数，就只能添 1。

### 4.1.3 STM32 串口基本功能

从下至上，串口主要由三个部分组成，分别是传输速率控制、收发控制和数据存储转移三部分。

#### 1. 传输速率控制

传输速率即每秒传输的二进制位数，单位用 bit/s 表示。通过对时钟进行控制可以改变传输速率。在配置传输速率时，向传输速率寄存器 USART_BRR 写入参数，修改串口时钟的分频值 USARTDIV。USART_BRR 寄存器包括两部分，分别是 DIV_Mantissa（USARTDIV 的整数部分）和 DIV_Fraction（USARTDIV 的小数部分），最终，计算公式为 USARTDIV=DIV_Mantissa+（DIV_Fraction/16）。

USARTDIV 是对串口外设的时钟源进行分频的，对于 USART1，由于它挂载在 APB2 总线上，所以它的时钟源为 $f_{PCLK2}$；而 USART2、3 挂载在 APB1 上，时钟源则为 $f_{PCLK1}$。串口的时钟源经过 USARTDIV 分频后分别输出作为发送器时钟及接收器时钟，控制发送和接收的时序。STM32 串口架构图如图 4-1-15 所示。

#### 2. 收发控制

围绕着发送器和接收器控制部分，有好多个寄存器：CR1、CR2、CR3 和 SR，即 USART 的三个控制寄存器（Control Register）及一个状态寄存器（Status Register）。通过向寄存器写入各种控制参数来控制发送和接收，如奇偶校验位、停止位等，还包括对 USART 中断的控制；串口的状态在任何时候都可以从状态寄存器中查询得到。相比于 8 位单片机时代对寄存器的“纯手工”操作，人们使用效率更高的 STM32CubeMX 中的库函数对其进行操作，降低开发难度的同时也提高了综合开发效率。因此，具体控制位和状态位这里就不再分析。对性能要求苛刻的读者可自行查阅 STM32 的相关资料。

#### 3. 数据存储转移

收发控制器根据寄存器配置，对数据存储转移部分的移位寄存器进行控制。当需要发送数据时，内核或 DMA 外设把数据从内存（变量）写入到发送数据寄存器 TDR 后，发送控制器将自动把数据从 TDR 加载到发送移位寄存器，然后通过串口线 TxD 把数据一位一位地发送出去，当数据从 TDR 转移到移位寄存器时，会产生发送数据寄存器 TDR 已空事件 TXE；当数据从移位寄存器全部发送出去时，会产生数据发送完成事件 TC。这些事件可以在状态寄存器中查询到。

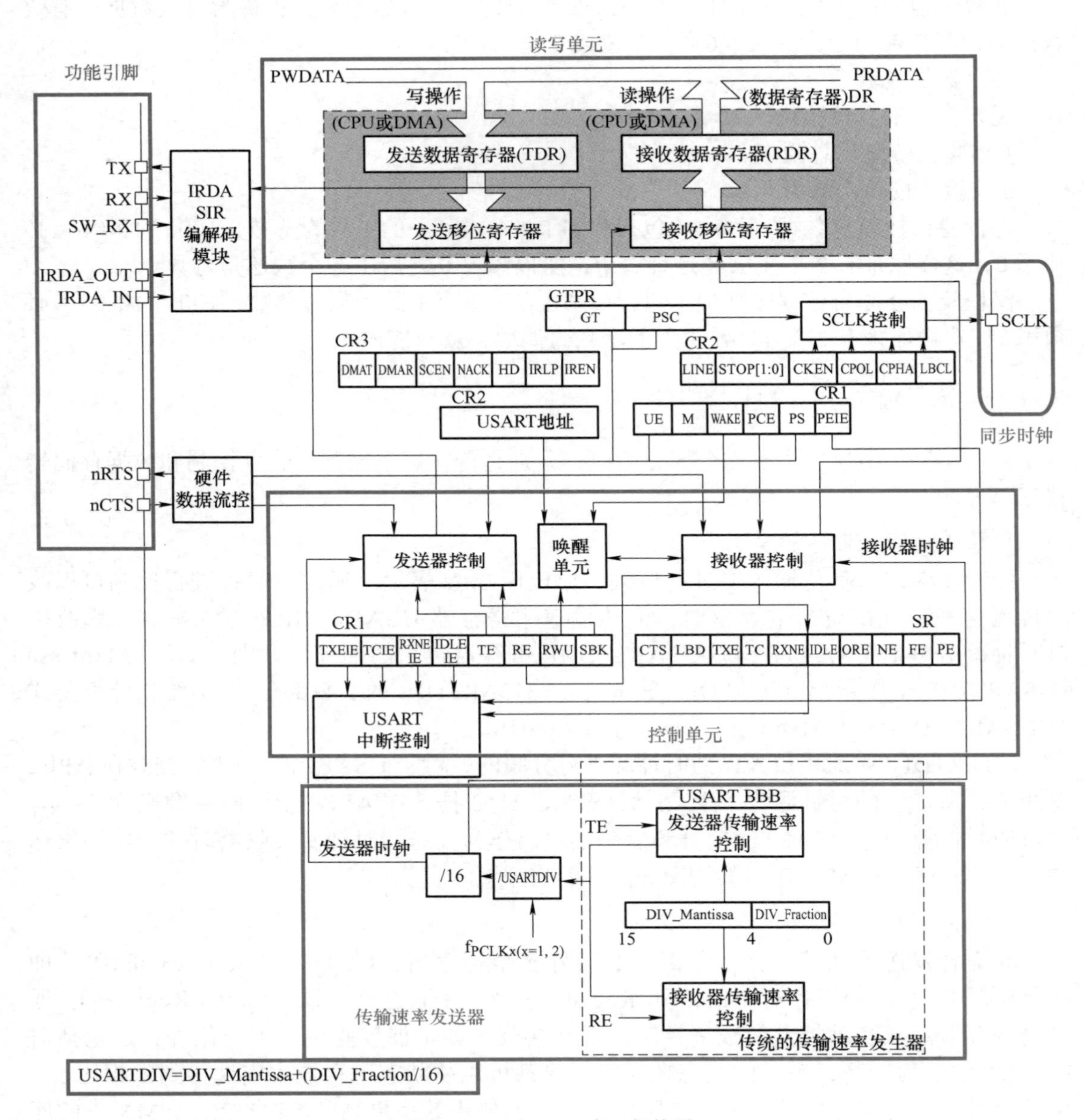


图 4-1-15　STM32 串口架构图

接收数据则是一个逆过程，数据从串口线 RxD 一位一位地输入到接收移位寄存器，然后自动地转移到接收数据寄存器 RDR，最后用内核指令或 DMA 读取到内存（变量）中。

### 4.1.4 串口发送步骤分析

UART 串口属于异步通信，时钟信号需要通信双方各自产生。同时，各项通信数据也要统一约定。约定内容包括通信速率、字长、校验模式、起始位个数和停止位个数等。

1. 通信速率

通信速率，一般也称为传输速率，也就是每秒传送的字节数。双方在传输数据的过程中传输速率一致，这是通信成功的基本保障。STM32 串口支持的传输速率非常多，表 4-1-5 是 STM32 串口常用的传输速率及误差。

表 4-1-5 STM32 串口常用的传输速率及误差

| 传输速率 | | $f_{PCLK}$=36MHz | | | $f_{PCLK}$=72MHz | | |
|---|---|---|---|---|---|---|---|
| 序号 | 单位：kbit/s | 实际 | 置于传输速率寄存器中的值 | 误差（%） | 实际 | 置于传输速率寄存器中的值 | 误差（%） |
| 1 | 2.4 | 2.400 | 937.5 | 0% | 2.4 | 1875 | 0% |
| 2 | 9.6 | 9.600 | 234.375 | 0% | 9.6 | 468.75 | 0% |
| 3 | 19.2 | 19.2 | 117.1875 | 0% | 19.2 | 234.375 | 0% |
| 4 | 57.6 | 57.6 | 39.0625 | 0% | 57.6 | 78.125 | 0% |
| 5 | 115.2 | 115.384 | 19.5 | 0.15% | 115.2 | 39.0625 | 0% |
| 6 | 230.4 | 230.769 | 9.75 | 0.16% | 230.769 | 19.5 | 0.16% |
| 7 | 460.8 | 461.538 | 4.875 | 0.16% | 461.538 | 9.75 | 0.16% |
| 8 | 921.6 | 923.076 | 2.4375 | 0.16% | 923.076 | 4.875 | 0.16% |
| 9 | 2250 | 2250 | 1 | 0% | 2250 | 2 | 0% |
| 10 | 4500 | 不可能 | 不可能 | 不可能 | 4500 | 1 | 0% |

在通信过程中，一般根据器件支持的传输速率范围、通信距离和干扰等因素选择合适的传输速率。9.6～115.2kbit/s 是经常选用的。

2. 字长

STM32 的串口支持 8 位、9 位字长，一般情况下会选择按照字节传送数据，所以通常情况下选择数据长度为 8 位。当然，有时也会选择 9 位数据，其中 8 位是要传送的 1 个字节数据，额外加的 1 位用来检验传送过程有没有发生错误，具体说明见下文。

3. 校验模式

为了能够了解通信过程中是否发生错误，还可以在传送数据之外增加 1 位用于检验，这一位称为校验位。STM32 支持奇校验、偶校验和无校验三种模式。假设要传送 8 位数据，分别采用 1 位奇 / 偶校验位之后数据变化见表 4-1-6。

表 4-1-6　奇偶校验示例

| 有效数据（8 位） | 奇校验（Odd） | 偶校验（Even） |
|---|---|---|
| 0000 0000 | 0000 0000　1 | 0000 0000　0 |
| 0101 0101 | 0101 0101　1 | 0101 0101　0 |
| 0100 1100 | 0100 1100　0 | 0100 1100　1 |
| 1111 1111 | 1111 1111　1 | 1111 1111　0 |

所以，在传送 8 位有效数据时，如果要对数据进行奇 / 偶校验，则相应的数据长度应设为 9 位；反之，如果不进行校验，则字长选择 8 位即可。

4. 起始位、停止位

串口为了区分停止状态和数据传输状态还设置了起始位、停止位的概念，这将在本项目任务 2 中详细解释。一般情况下采用默认值 1 位起始位、1 位停止位即可。

5. 硬件流控

标准串口除了上述三个引脚之外还有 RTS、CTS 等引脚用于硬件流控制，本书不使用。

设定了以上参数之后，还有诸如 STM32 相应的引脚状态也需要做相应设置，这里选择第二功能即可，至此，STM32 串口发送配置完成。

### 4.1.5　单片机发送数据

使用 HAL 库开发 STM32 单片机的优点之一就是有大量的 HAL 库函数供调用，以加速开发过程。关于串口发送函数，根据串口的工作模式不同也有多个函数可供调用，如：

HAL_UART_Transmit()

HAL_UART_Transmit_IT()

HAL_UART_Transmit_DMA()

三个函数分别对应串口的查询方式发送、中断方式发送和 DMA 方式发送。本任务使用 HAL_UART_Transmit() 来实现数据发送。HAL_UART_Transmit() 函数原型为

```
HAL_StatusTypeDef HAL_UART_Transmit(UART _HandleTypeDef *huart,
                                    uint8_t *pData,
                                    uint16_t Size,
                                    uint32_t Timeout)
```

该函数有四个形参，第一个形参为串口句柄指针，可理解为包含配置信息在内的串口号；第二个形参为指向数据缓冲区的指针；第三个形参为发送数据长度；第四个形参为最大发送时长，在此时间内没有完成发送则函数返回超时标志。如要使用串口 1 发送 1 个字节，在程序中可能写作：

```
HAL_UART_Transmit(&Huart1,&ch,1,0xffff);
```

串口中断发送数据函数与串口 DMA 发送数据函数与此类似，函数原型如下，读者可以自行尝试调用。

```
HAL_StatusTypeDef HAL_UART_Transmit_IT(UART _HandleTypeDef *huart,
```

```
                                          uint8_t  *pData,
                                          uint16_t Size);


HAL_StatusTypeDef HAL_UART_Transmit_DMA(UART_HandleTypeDef *huart,
                                          uint8_t *pData,
                                          uint16_t Size);
```

## 4.1.6 在计算机上查看数据

STM32 通过串口将数据发送之后，如何观察数据是否正确呢？显然，人们希望能够在计算机屏幕上看到刚刚发送的数据。这里将 STM32F1 系列开发板放置在 NEWLab 实验台为例，通过 USB 转串口线将 NEWLab 实验台与计算机 USB 口连接起来（USB 转串口线需要事先安装驱动程序）。

串口调试助手是最经常使用的工具之一，界面如图 4-1-16 所示。硬件连接完毕，在计算机上使用串口调试助手将通信参数设为一致，即可正常查看单片机发送数据。

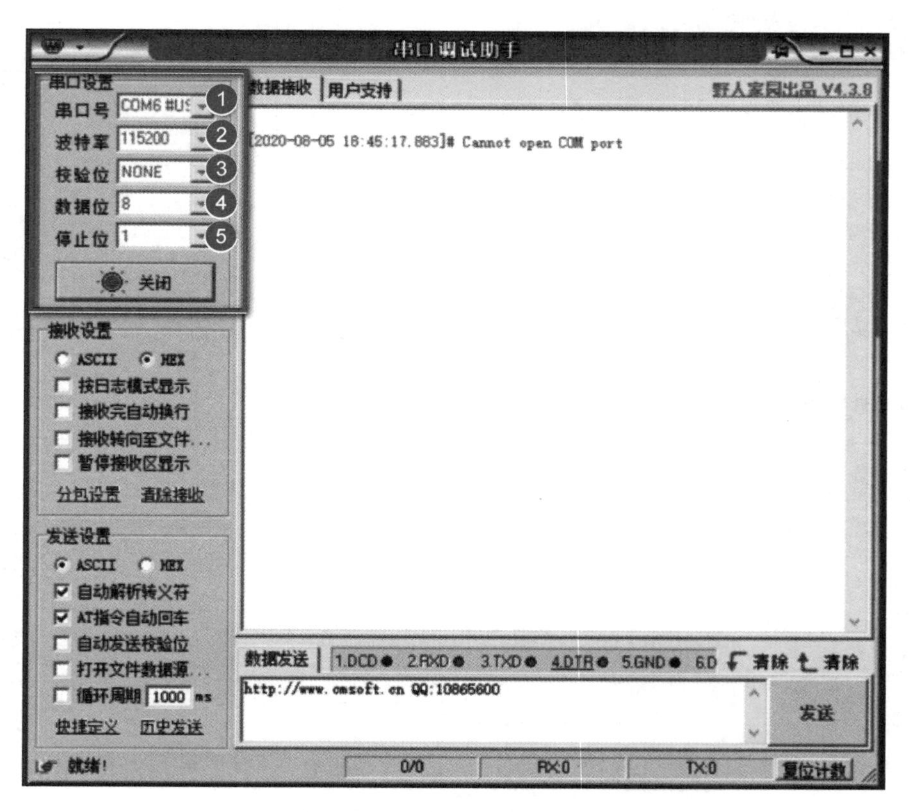

图 4-1-16　串口调试助手设置

**注意：** 图中串口号在不同的计算机中及 USB 转串口线在接入不同的 USB 口时都可能会不同。其余参数按照图 4-1-16 所示设置保持一致即可。

## 任务工单

任务工单 10　上报数据

| 项目 4：智能冰箱 | 任务 1：上报数据 |
|---|---|

上报数据

**（一）练习习题**

扫描右侧的二维码，完成练习

**（二）任务实施完成情况**

| 实施步骤 | 实施步骤具体操作 | 完成情况 |
|---|---|---|
| 步骤 1：新建 STM32CubeMX 工程，完成调试端口的配置、MCU 时钟树的配置和中断配置等 | | |
| 步骤 2：配置串口参数，保存 STM32CubeMX 工程，生成初始 C 代码工程并使用 Keil 打开 | | |
| 步骤 3：完善代码，添加串口发送代码 | | |
| 步骤 4：编译程序，生成 HEX 文件并烧写到开发板中 | | |
| 步骤 5：测试效果，使用串口调试助手验证结果 | | |

**（三）任务检查与评价**

| 项目名称 | 智能冰箱 |
|---|---|
| 任务名称 | 上报数据 |
| 评价方式 | 可采用自评、互评和教师评价等方式 |
| 说明 | 主要评价学生在项目学习过程中的操作技能、理论知识、学习态度、课堂表现和学习能力等 |

| 序号 | 评价内容 | 评价标准 | 分值 | 得分 |
|---|---|---|---|---|
| 1 | 知识运用（20%） | 掌握相关理论知识，理解本任务要求，制订详细计划，计划条理清晰，逻辑正确（20 分） | 20 分 | |
| | | 理解相关理论知识，能根据本任务要求制订合理计划（15 分） | | |
| | | 了解相关理论知识，有制订计划（10 分） | | |
| | | 无制订计划（0 分） | | |

（续）

| 项目 4：智能冰箱 | | | 任务 1：上报数据 | |
|---|---|---|---|---|
| 序号 | 评价内容 | 评价标准 | 分值 | 得分 |
| 2 | 专业技能（40%） | 完成在 STM32CubeMX 中工程建立的所有操作步骤，完成串口参数的配置，完成任务代码的编写与完善，将生成的 HEX 文件烧写进开发板，并通过测试（40 分） | 40 分 | |
| | | 完成代码，也烧写进开发板，但功能未完成，没有定时效果（30 分） | | |
| | | 代码有语法错误，无法完成代码的烧写（20 分） | | |
| | | 不愿完成任务（0 分） | | |
| 3 | 核心素养（20%） | 具有良好的自主学习和分析解决问题的能力，整个任务过程中有指导他人（20 分） | 20 分 | |
| | | 具有较好的学习和分析解决问题的能力，任务过程中无指导他人（15 分） | | |
| | | 能够主动学习并收集信息，有请教他人进行解决问题的能力（10 分） | | |
| | | 不主动学习（0 分） | | |
| 4 | 课堂纪律（20%） | 设备无损坏，设备摆放整齐，工位区域内保持整洁，无干扰课堂秩序（20 分） | 20 分 | |
| | | 设备无损坏，无干扰课堂秩序（15 分） | | |
| | | 无干扰课堂秩序（10 分） | | |
| | | 干扰课堂秩序（0 分） | | |
| 总得分 | | | | |

**（四）任务自我总结**

| 过程中遇到的问题 | 解决方式 |
|---|---|
| | |
| | |
| | |

## 任务小结

通过冰箱发送数据任务的设计与实现，应了解使用 STM32CubeMX 配置 STM32F1xx 单片机的串口方法，以及 HAL 库中串口发送函数 HAL_UART_Transmit() 的基本使用方法，如图 4-1-17 所示。

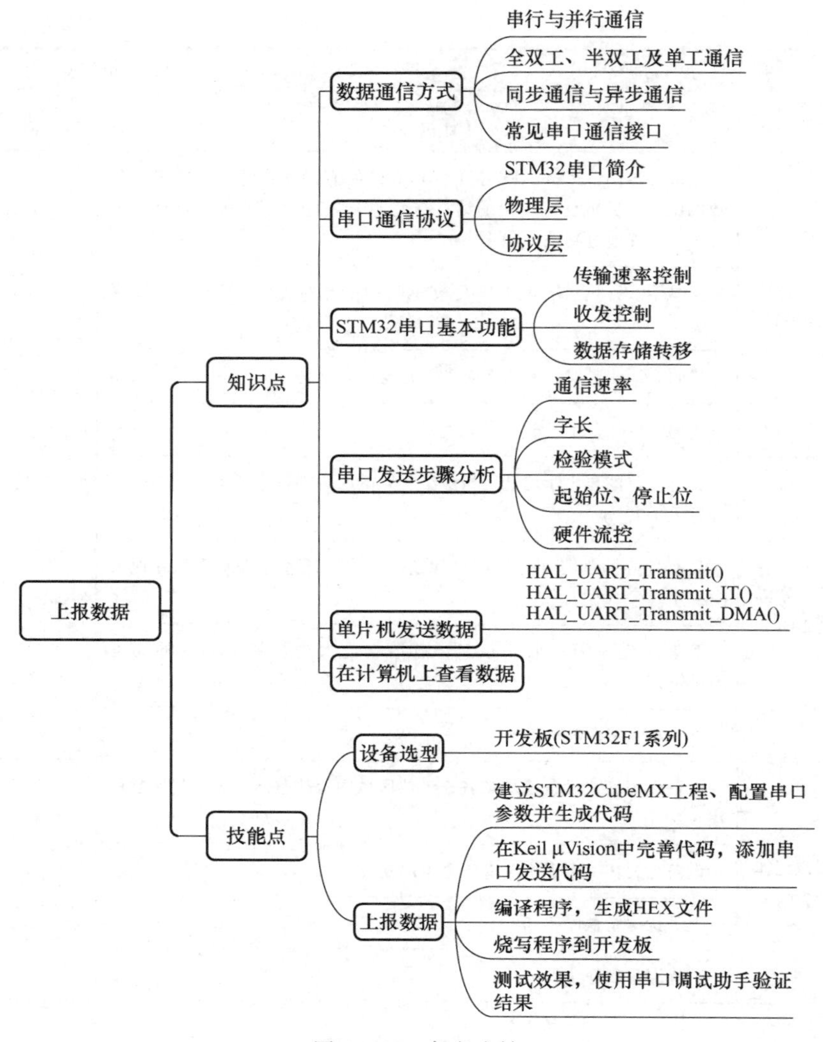


图 4-1-17　任务小结

## 任务拓展

拓展：在学习 C 语言时，最经常使用的函数之一就是格式化输出 printf() 函数。在单片机编程中能不能使用这个函数呢？在 8 位机时代几乎是不可能的，因为 printf() 函数过于占用资源，但在 STM32 系列单片机中，资源已经足够使用 printf() 函数了。C 语言中设计的 printf() 函数是将数据向标准化输出设备也就是显示器输出，这里要改向串口输出，所以需要部分改动代码，这个过程称为重定向。printf() 函数是依赖 fputc() 函数完成输出，所以这里只要修改 fputc 的函数体，使之向串口输出即可。因此，这里 printf() 函数的重定向事实上是通过 fputc() 函数重定向实现的。需要将数据从串口 1 输出，为保持程序的结构化，将相关代码写在 usart.c 中，如下所示。

```
1.  /* USER CODE BEGIN 1 */
2.  int fputc(int ch,FILE *p)
```

```
3.  {
4.      HAL_UART_Transmit(&huart1,(uint8_t*)&ch,1,1000);
5.      return 0;
6.  }
7.  /* USER CODE END 1 */
```

在重定向过程中，需要使用C库函数以及宏定义，所以还需要做一些准备工作，否则编译过程中将会出现警告。在usart.h文件中增加如下所示代码。

```
1.  /* USER CODE BEGIN Includes */
2.  #include<stdio.h>
3.  /* USER CODE END Includes */
```

重定向可以通过很多函数实现，原理大同小异。

完成以上准备工作之后，在主程序中即可使用printf()函数从串口输出数据。可在原串口输出代码的基础上增加如下所示语句。

```
1.  // 在 usart.c 中通过改写 fputc() 实现了 printf() 重定向
2.  printf("Yes!Good Luck!\r\n");
```

# 任务2　设计查询式接收命令

## 职业能力目标

智能冰箱　设计查询式接收命令

1）能根据MCU的编程手册，利用STM32CubeMX准确配置STM32串口接收功能。

2）能根据任务要求快速查阅硬件连接资料，准确搭建设备环境。

3）能根据功能需求正确添加串口处理代码，实现字符串的查询接收。

## 任务描述与要求

**任务描述：**一大学生创业团队为国内某家电公司的冰箱产品的提档升级提供技术支持。任务内容是完成冰箱内部温度数据的采集以及与外部通信功能。该项目共分为四个阶段进行，第二阶段完成冰箱外部数据接收，并显示接收命令代码功能。此阶段使用查询方式接收串口数据。为便于测试，在计算机端使用串口调试助手发射字符串；冰箱接收完成使用数码管显示，以达到验证的效果。

**任务要求：**

1）配置串口接收模式。

2）查询方式接收数据。

3）数码管显示数据。

## 设备选型

设备需求如图 4-2-1 所示。

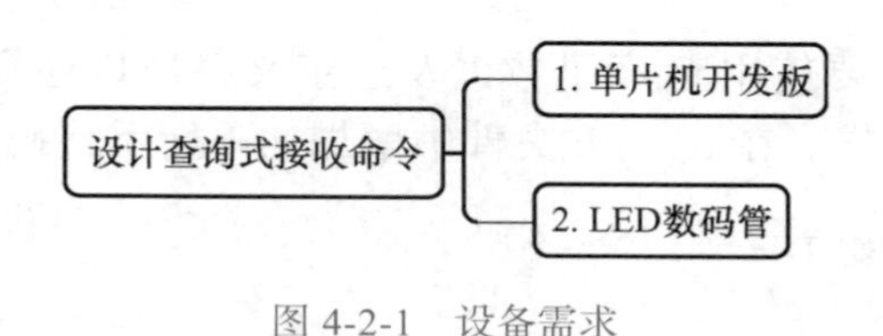


图 4-2-1　设备需求

1. 单片机开发板

可以参考项目 1 任务 1 单片机开发板的相关类型进行选型。

2. LED 数码管

选取之前选型的数码管模块，根据任务需要最终选择四位或者四位以上数码管。

## 知识储备

### 4.2.1　异步串口通信协议

本项目任务 1 利用 STM32CubeMX 中的相关库函数完成了串口数据的发送，而接收则是由串口调试助手工具自动完成。本阶段来处理一个相反的过程。在计算机上使用串口调试助手发送数据，使用 STM32 单片机接收。异步串口通信协议如图 4-2-2 所示（1bit 起始位 +8bit 数据 +1bit 校验位 +1bit 停止位）。在发送引脚 TxD 上：①没有数据发送时，引脚一直处在高电平；②当有数据要发送时，TxD 上输出 1bit 周期低电平，表示起始位；③后面接着输出 8bit 数据，其中“1”用高电平表示，“0”用低电平表示；④数据位结束后紧跟着 1bit 的奇偶校验位（也可以没有）；⑤数据传输完毕，TxD 输出 1bit 周期高电平，表示停止位。

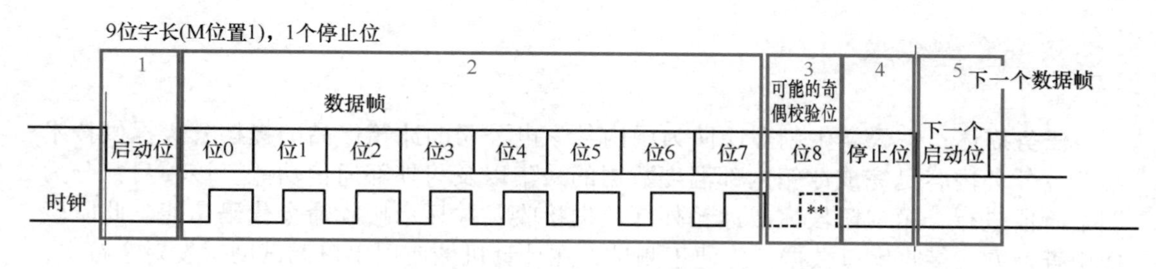


图 4-2-2　异步串口通信协议

这里的 bit 周期就是传输速率的倒数，如当传输速率为 9600bit/s 时，1s 传输 9600bit，bit 周期大约为 0.1ms。可以发现，以上的串口发送过程中，起始位 + 停止位 + 校验位（也可以没有）共 3bit，有效数据为 8bit，则传送效率约为 70%。特别注意，在 STM32 单片机中，奇偶校验位也是包含在字长 Word Length 中的，一般情况下，是按照整个字节传输数据的，不希望校验位占用字节内容，所以如果要奇偶校验，就要设置 Word Length 为 9，如图 4-2-3 所示；反之，如果不设校验，则 Word Length 设置为 8 即可。

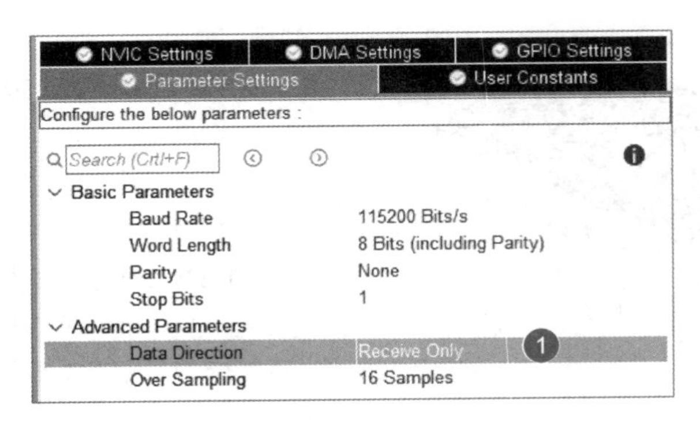


图 4-2-3　Word Length 设置

STM32 单片机支持查询接收、中断接收等模式，先来使用查询方式进行数据接收。为了检验接收是否正确，使用数码管对接收到的数据进行指示。

## 4.2.2　查询接收 HAL 库函数

使用 STM32CubeMX 开发的便捷之处就是其官方为单片机准备了大量的库函数以供调用。在使用库函数之前，首先来研究 STM32 串口的收发器接收部分。

STM32 的 HAL 函数库中提供了 HAL_UART_Receive() 函数进行查询接收。该函数原型为

```
HAL_StatusTypeDef HAL_UART_Receive(UART_HandleTypeDef *huart,
uint8_t *pData,
uint16_t Size,
uint32_t Timeout);
```

形参 *huart 是串口句柄指针，这里使用串口 1，该传输即为“huart1”；形参 *pData 是串口接收数据的存放地址，在使用该函数之前应该在内存中开辟一段内存用于存放接收数据；形参 Size 是指定串口接收数据的长度；形参 Timeout 是查询串口最长等待时间，这里以 ms 为单位。

该函数是一个阻塞函数，即在执行本函数期间，单片机不能做其他事。如果超时没接收完成，则不再接收数据到指定缓冲区，返回超时标志（HAL_TIMEOUT）。

## 4.2.3　数码管显示

单片机收到数据之后驱动数码管显示命令代码，数码管本质上是 LED 的组合。在显示数字时给相应的 LED 加正偏电压即可。图 4-2-4 是 CL3641BH 型共阳极 4 位八段数码管，图 4-2-5 是共阳极数码管的其中 1 位的内部结构示意图，CL3641BH 相当于内部集成了 4 个这样的结构。图 4-2-6 是数码管中 LED 的排列顺序。

连接电路时，只需要将 CL3641BH 的一位数码管阳极（公共端）接到电源，其余 8 只引脚通过限流电阻接到单片机控制引脚即可。如要显示数字“0”，则需要二极

管 a～f 亮起即可。因为是共阳极，所以单片机控制 a～f 的引脚输出低电平即可显示数字“0”。

图 4-2-4　共阳极 4 位八段数码管

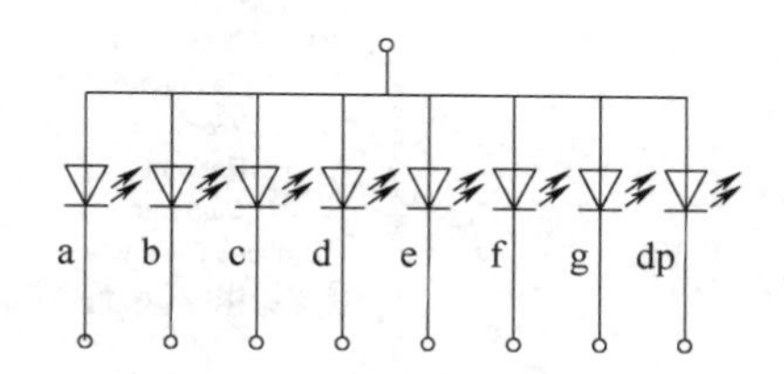


图 4-2-5　共阳极数码管其中 1 位的内部结构示意图

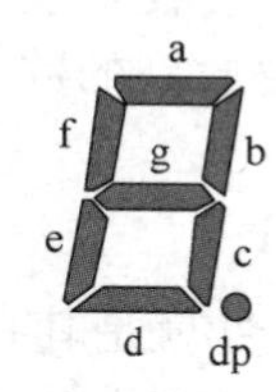


图 4-2-6　数码管中 LED 的排列顺序

### 4.2.4　串口接收流程分析

与本项目任务 1 类似，作为异步串口通信，通信双方传输速率、字长、校验方式等参数都要相同方可通信。

1）传输速率：115200bit/s。本项目任务 1 中对各个参数的作用做了一个简要的介绍，这里再对传输速率这一重要参数的计算做一个补充。STM32 的 USART1 接在 APB2 时钟上，所以其传输速率跟 APB2 的时钟速率有关。

传输速率即每秒传输的二进制位个数，单位用 bit/s 表示，通过对时钟的控制可以改变传输速率。在配置传输速率时，向传输速率寄存器 USART_BRR 写入参数，修改了串口时钟的分频值 USARTDIV。USART_BRR 寄存器包含两部分，分别是 DIV_Mantissa（USARTDIV 的整数部分）和 DIV_Fraction（USARTDIV 的小数部分），最终计算公式为 USARTDIV=DIV_Mantissa+（DIV_Fraction/16）。因为使用了库函数对 STM32 进行配置，所以无须计算寄存器的 USARTDIV 的值，大大提高了开发效率。

2）字长：8 位。

3）校验：无校验。

4）停止位：1 位。

5）数据收发：Receive only。

6）过采样：16 抽样。

配置完成生成初始代码。

## 4.2.5 数据与控制寄存器

发送和接收的数据都放在数据寄存器中，所以数据寄存器实际上包含了两个寄存器，一个是用于发送的可写寄存器 TDR，一个是用于接收的可读寄存器 RDR。当进行读写操作时，数据都是放在这两个数据寄存器当中。

TDR 和 RDR 都介于系统总线和移位寄存器之间。串行通信是一个位一个位传输的，发送时把 TDR 内容转移到发送移位寄存器，然后把移位寄存器数据每一位发送出去，接收时把接收到的每一位顺序保存在接收移位寄存器内，然后才转移到 RDR，如图 4-2-7 所示。

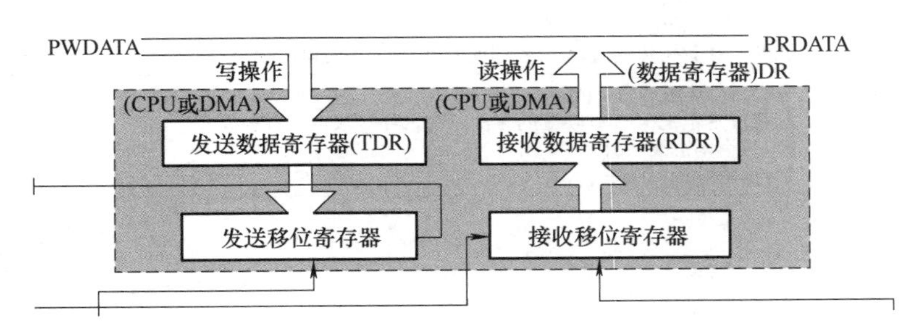


图 4-2-7 数据寄存器的组成

由图 4-2-8 可见，STM32 的 USART 有 9 位数据寄存器，也就是只有低 9 位有效，并且第 9 位数据是否有效要取决于 USART 控制寄存器 1（USART_CR1，见图 4-2-9）的 M 位设置，当 M 位为 0 时，表示 8 位数据字长，当 M 位为 1，表示 9 位数据字长，一般使用 8 位字长。当上位机发送数据时，由于 MCU 使能了串口接收和发送，因此硬件会自动将一帧数据存储于数据寄存器当中。但由于数据寄存器只能保存一帧的数据，因此面临大量数据，且未即时读取时，会产生数据丢失的情况。但是一帧数据不会丢失。

**数据寄存器(USART_DR)**

地址偏移：0x04

复位值：不确定

| 31 | 30 | 29 | 28 | 27 | 26 | 25 | 24 | 23 | 22 | 21 | 20 | 19 | 18 | 17 | 16 |
|---|---|---|---|---|---|---|---|---|---|---|---|---|---|---|---|
| 保留 | | | | | | | | | | | | | | | |

| 15 | 14 | 13 | 12 | 11 | 10 | 9 | 8 | 7 | 6 | 5 | 4 | 3 | 2 | 1 | 0 |
|---|---|---|---|---|---|---|---|---|---|---|---|---|---|---|---|
| 保留 | | | | | | | DR[8:0] | | | | | | | | |
| | | | | | | | rw | rw | rw | rw | rw | rw | rw | rw | rw |

| 位31:9 | 保留位，硬件强制为0 |
|---|---|

图 4-2-8 数据寄存器

**控制寄存器1(USART_CR1)**

地址偏移：0x0C

复位值：0x0000

| 31 | 30 | 29 | 28 | 27 | 26 | 25 | 24 | 23 | 22 | 21 | 20 | 19 | 18 | 17 | 16 |
|---|---|---|---|---|---|---|---|---|---|---|---|---|---|---|---|
| 保留 | | | | | | | | | | | | | | | |

图 4-2-9 控制寄存器 1

| 15 14 | 13 | 12 | 11 | 10 | 9 | 8 | 7 | 6 | 5 | 4 | 3 | 2 | 1 | 0 |
|---|---|---|---|---|---|---|---|---|---|---|---|---|---|---|
| 保留 | UE | M | WAKE | PCE | PS | PEIE | TXEIE | TCIE | RXNE IE | IDLE IE | TE | RE | RWU | SBK |
| res | rw | rw | rw | rw | rw | rw | rw | rw | rw | rw | rw | rw | rw | rw |

| 位 | 说明 |
|---|---|
| 位31:14 | 保留位，硬件强制为0 |
| 位13 | UE：USART使能(USART enable)<br>当该位被清零，在当前字节传输完成后USART的分频器和输出停止工作，以减少功耗。该位由软件设置和清零<br>0：USART分频器和输出被禁止<br>1：USART模块使能 |
| 位12 | M：字长(Word Length)<br>该位定义了数据字的长度，由软件对其设置和清零<br>0：一个起始位，8个数据位，n个停止位<br>1：一个起始位，9个数据位，n个停止位<br>注意：在数据传输过程中(发送或者接收时)不能修改这个位 |
| 位11 | WAKE：唤醒的方法(Wakeup method)<br>这位决定了把USART唤醒的方法，由软件对该位设置和清零<br>0：被空闲总线唤醒<br>1：被地址标记唤醒 |

图 4-2-9　控制寄存器 1（续）

## 4.2.6　添加串口接收代码

调用 HAL_UART_Receive() 函数实现串口接收是非常简单的，但要注意一点，接收到的数据是以字符的形式存在的。如从计算机上发送了‘0’，则函数会认为接收到的数据是字符‘0’，而不是数字 0。如要完成接收到字符‘0’就点亮数码管的 a 段，否则熄灭数码管 a 段。此外，为了更加深入地理解该函数的第四个形参阻塞的含义，这里放置了数码管 b 段闪烁的代码。可以发现，数码管 b 段以 1s 为周期闪烁（500ms 点亮，500ms 熄灭）。

```
1.  //其余自动生成部分省略
2.  uint8_t char;
3.  HAL_GPIO_WritePin(LED_A_GPIO_Port,0xff,(GPIO_PinState)1);
4.  While(1)
5.  {
6.    HAL_UART_Receive(&huart1,&Char,1,500);
7.    HAL_GPIO_TogglePin(LED_B_GPIO_Port,LED_B_Pin);  //b 段闪烁，用于指
                                                      //示程序循环
8.    if(Char=='0')
9.      HAL_GPIO_WritePin(LED_A_GPIO_Port,LED_A_Pin,GPIO_PIN_RESET);
10.    else
11.      HAL_GPIO_WritePin(LED_A_GPIO_Port,LED_A_Pin,GPIO_PIN_SET);
12.  }
```

串口接收数据处理主要需要注意两点，第一点是单片机如何确定一帧数据接收完成，第二点是单片机如果判断接收到的数据是正确的指令。第一点可以通过帧尾、数据长度等标志确定接收完成。第二点可以先通过帧头初步判断指令的正确性，再通过校验二次处理判断指令是否正确接收。

# 任务工单

任务工单 11　设计查询式接收命令

| 项目 4：智能冰箱 | 任务 2：设计查询式接收命令 |
| --- | --- |

设计查询式接收命令

**（一）练习习题**

扫描右侧的二维码，完成练习

**（二）任务实施完成情况**

| 实施步骤 | 实施步骤具体操作 | 完成情况 |
| --- | --- | --- |
| 步骤 1：新建 STM32CubeMX 工程，完成调试端口的配置、MCU 时钟树的配置等 | | |
| 步骤 2：配置串口，LED 驱动 GPIO 配置，保存 STM32CubeMX 工程，生成初始 C 代码工程并使用 Keil 打开 | | |
| 步骤 3：完善代码，调用 HAL_UART_Receive() 函数接收串口数据 | | |
| 步骤 4：编译程序，生成 HEX 文件并烧写到开发板中，完成硬件搭建 | | |
| 步骤 5：测试效果 | | |

**（三）任务检查与评价**

| 项目名称 | 智能冰箱 | | | |
| --- | --- | --- | --- | --- |
| 任务名称 | 设计查询式接收命令 | | | |
| 评价方式 | 可采用自评、互评和教师评价等方式 | | | |
| 说明 | 主要评价学生在项目学习过程中的操作技能、理论知识、学习态度、课堂表现和学习能力等 | | | |
| 序号 | 评价内容 | 评价标准 | 分值 | 得分 |
| 1 | 知识运用（20%） | 掌握相关理论知识，理解本任务要求，制订详细计划，计划条理清晰，逻辑正确（20 分） | 20 分 | |
| | | 理解相关理论知识，能根据本任务要求制订合理计划（15 分） | | |
| | | 了解相关理论知识，有制订计划（10 分） | | |
| | | 无制订计划（0 分） | | |

（续）

| 项目4：智能冰箱 | 任务2：设计查询式接收命令 |
|---|---|

| 序号 | 评价内容 | 评价标准 | 分值 | 得分 |
|---|---|---|---|---|
| 2 | 专业技能（40%） | 完成在STM32CubeMX中工程建立的所有操作步骤，完成任务代码的编写与完善，将生成的HEX文件烧写进开发板，并通过测试（40分） | 40分 | |
| | | 完成代码，也烧写进开发板，但功能未完成，串口没有接收到数据（30分） | | |
| | | 代码有语法错误，无法完成代码的烧写（20分） | | |
| | | 不愿完成任务（0分） | | |
| 3 | 核心素养（20%） | 具有良好的自主学习和分析解决问题的能力，整个任务过程中有指导他人（20分） | 20分 | |
| | | 具有较好的学习和分析解决问题的能力，任务过程中无指导他人（15分） | | |
| | | 能够主动学习并收集信息，有请教他人进行解决问题的能力（10分） | | |
| | | 不主动学习（0分） | | |
| 4 | 课堂纪律（20%） | 设备无损坏，设备摆放整齐，工位区域内保持整洁，无干扰课堂秩序（20分） | 20分 | |
| | | 设备无损坏，无干扰课堂秩序（15分） | | |
| | | 无干扰课堂秩序（10分） | | |
| | | 干扰课堂秩序（0分） | | |
| 总得分 | | | | |

**（四）任务自我总结**

| 过程中遇到的问题 | 解决方式 |
|---|---|
| | |
| | |
| | |

## 任务小结

使用 STM32CubeMX 完成单片机的串口接收配置，使用串口调试助手与单片机进行通信。单片机根据接收字符在数码管上进行显示，如图 4-2-10 所示。

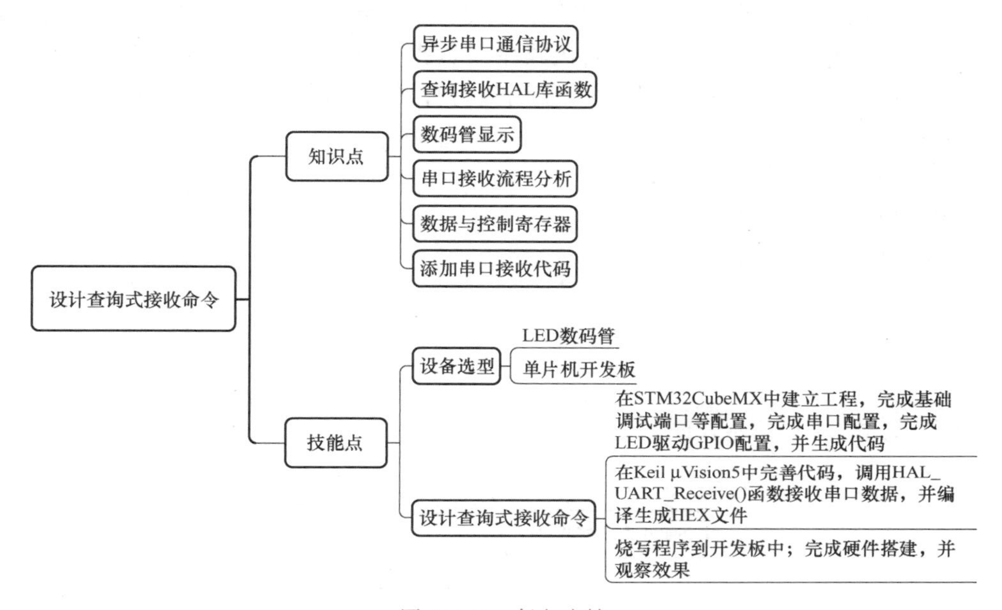


图 4-2-10　任务小结

## 任务拓展

拓展：现在来完成一个简单的通信协议，假设冰箱有 10 个指令，分别用数字 0～9 来表示，实现数码管对接收命令代码的显示。

本任务中已经完成了字符‘0’的接收与显示。现在只需要在这个任务的基础上修改、添加代码即可。因为这里有 10 个指令代码需要显示，所以可以选用 C 语言中的 switch—case 语句来完成。代码的工作流程是循环进行“接收→判断→显示”。

# 任务 3　设计中断式接收命令

## 职业能力目标

1）能利用 STM32CubeMX 准确启用 STM32 串口接收功能。

2）能利用 STM32CubeMX 正确启用串口中断并配置优先级。

3）能根据功能需求正确添加串口处理代码，实现字符串的中断接收。

## 任务描述与要求

**任务描述：**一大学生创业团队为国内某家电公司的冰箱产品的提档升级提供技术支持。任务内容是完成冰箱内部温度数据的采集以及与外部通信功能。该项目共分为四个阶段进行，第三阶段完成冰箱外部数据接收，并显示接收命令代码功能。此阶段对串口接收提出效率要求，故采用中断接收串口数据。为便于测试，在计算机端使用串口调试助手发射字符串；冰箱接收完成使用数码管显示，以达到验证的效果。

**任务要求：**

1）配置串口接收模式。

2）中断方式接收数据。

3）数码管显示数据。

## 设备选型

设备需求如图 4-3-1 所示。

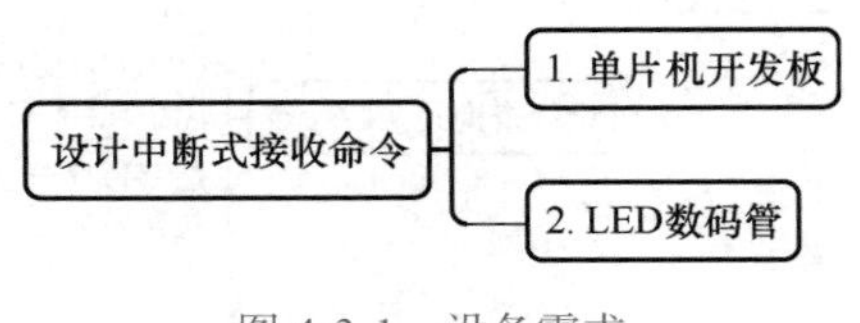


图 4-3-1　设备需求

### 1. 单片机开发板

可以参考项目 1 任务 1 单片机开发板的相关类型进行选型。

### 2. LED 数码管

选取之前选型的数码管模块，根据任务需要最终选择四位或四位以上数码管。

## 知识储备

### 4.3.1　中断接收

本项目任务 2 中使用了查询方式接收串口数据，使用了 HAL_UART_Receive() 函数，其中第四个参数是超时时间。为什么要设置这个参数呢？这是因为使用查询方式接收数据时，CPU 不断查询相应寄存器状态位，直至满足条件才进行下一步动作。在这个过程中，CPU 不能进行其他任务处理。显然，对于 STM32 单片机来讲，这是非常低效的方式。毕竟理论上 STM32 可以达到 1.25MIPS（每秒执行百万条指令数）/MHz 的指令效率。对于 72MHz 主频速率，每秒可执行上百万条指令。而中断方式则是事件触发的，只要有事件产生都会进入中断，取得 CPU 的运行权，因此响应更快、更及时。

在 STM32CubeMX 提供的 HAL 库中，有串口中断接收函数 HAL_UART_Receive_IT()，函数原型与 HAL_UART_Receive() 非常类似，如下所示。

```
HAL_StatusTypeDef HAL_UART_Receive_IT(UART_HandleTypeDef *huart,
                    uint8_t *pData,
                    uint16_t Size);
```

其中，参数 UART_HandleTypeDef *huart，huart 这个参数是 UART_HandleTypeDef 结构体指针类型，俗称串口句柄。串口很多数据设置保存在这个结构体中。HAL 库对其进行了集成，对寄存器进行了提前设置，通常输入需要进行通信的串口号，这大大方便了用户的工作。uint8_t *pData 指针指向首字符地址的字符串（字符以 8 位存储），这个参数其实就是要发送的数据。uint16_t Size 指针指向首字符地址，往后所取的地址数，就是指针指向首地址后，作为起始部分，共发送多少个字节。

该函数以中断方式接收指定长度数据。大致过程是把接收缓冲区指针指向要存放接收数据的数组，设置接收长度，接收计数器初值，然后使能串口接收中断。接收到数据时，会触发串口中断。接着，串口中断函数处理，直到接收到指定长度数据，而后关闭中断，不再触发接收中断，最后调用串口接收完成回调函数。使用回调函数能够实现更为灵活的处理，在较为复杂的嵌入式程序和嵌入式操作系统中比较常见。HAL_UART_Receive_IT() 函数使用时一般是在主程序的 while 主循环之外启动一次，然后在中断处理程序中再次开启，如此实现高效率的比较复杂的功能。在 while 主循环之内使用该函数则往往体现不出中断处理的优越性。

要使用串口中断接收就必须先开启中断，HAL_UART_Receive_IT() 函数隐式包含了中断开启过程，简单却容易造成误用，不能体现出中断接收的特点。为了更加清晰地了解串口中断处理过程，这里不使用 HAL 库中的串口中断接收函数 HAL_UART_Receive_IT()，而使用显式的处理过程。

## 4.3.2 HAL 库串口中断源调用流程

USART1_IRQHandler：由硬件调用，不是 HAL 库函数，寄存器编程或固件库编程也需要调用此函数。

HAL_UART_IRQHandler：通过中断类型（发送中断还是接收中断）来判断调用哪个函数。

UART_Receive_IT：此函数可以指定，每收到若干个数据，调用一次回调函数；这是因为，每收到一个字节，都会把此函数的接收计数器 -1，如果接收计数器为零，调用串口接收回调函数 HAL_UART_RxCpltCallback（实际上 HAL 库一共提供了 5 个回调函数，只有这个函数在接收完成时调用）。

HAL_UART_RxCpltCallback：弱函数，用户可以在此函数中编写业务逻辑。清除中断标记是中断处理函数一定要做的事情，但是对于用户函数，把这个操作给隐藏了，如图 4-3-2 所示。

## 4.3.3 用户自定义串口中断处理过程

串口接收中断属于可屏蔽中断，系统默认该中断是关闭的。所以要使用串口接收中断，首先要在程序中开启中断。HAL 库提供了 __HAL_UART_ENABLE_IT() 函数用以启动串口中断，中断类型使用函数形参确定。开启中断，单片机接收到数据后进入中断处理程序。MDK 中每个中断都有相应的默认中断处理程序。

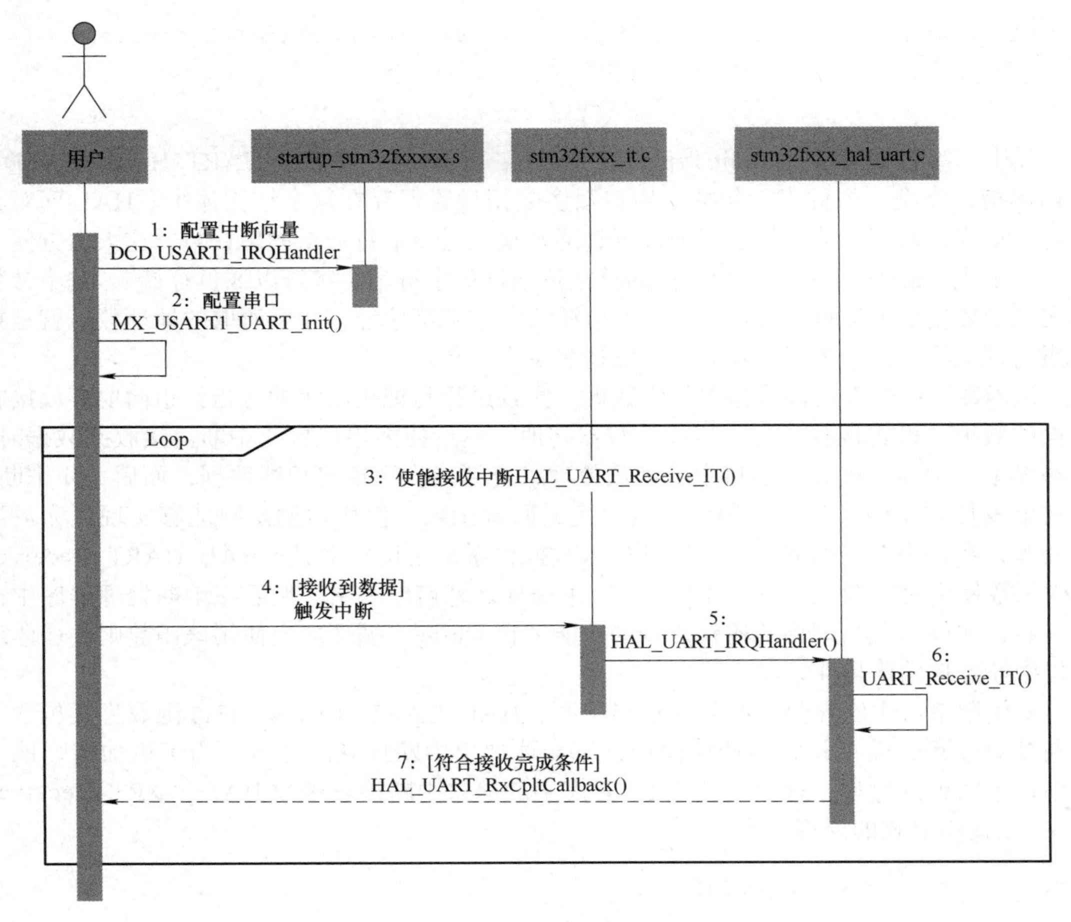


图 4-3-2　HAL 库串口中断源调用流程

MDK 将 STM32 单片机的默认中断处理函数统一放置在 stm32f1xx_it.c 中，串口 1 的默认中断程序如下。

```
void USART1_IRQHandler(void)
{
   /* USER CODE BEGIN USART1_IRQn 0 */

   /* USER CODE END USART1_IRQn 0 */
      // HAL_UART_IRQHandler(&huart1);
        // 用下面的用户自定义中断处理程序去替换上面的默认中断处理程序
        USR_UART_IRQHandler();
   /* USER CODE BEGIN USART1_IRQn 1 */
```

可以看到该中断处理函数默认调用 HAL_UART_IRQHandler() 函数去执行真正的中断处理任务。用户可以用自己的中断处理程序去替换默认程序以实现独特的功能。

所以在 MDK 中使用串口中断接收大致经过以下三个步骤：

1）在 main.c 文件中增加自己的中断接收程序。

2）在 stm32f1xx_it.c 文件中修改中断处理函数。

3）在 main.c 的主程序中开串口接收中断。

## 4.3.4 中断接收程序设计

串口通信基本设置与本项目任务 1、任务 2 相同，通信速率 115200bit/s、8 位数据位、1 位停止位、无校验。

为保证通信可靠性，通信程序往往设置起始、校验和结束等标志。在本任务中对通信程序做一个简单升级，使用三个字节表示一个完整命令。命令格式见表 4-3-1。

表 4-3-1 命令格式

| 1 字节 | 1 字节 | 1 字节 |
| --- | --- | --- |
| a | r | 0/1 |
| 固定，表示起始 | 表示读取 | 0：表示温度<br>1：表示湿度 |

这样，冰箱可接收两个命令，分别是读取温度命令“ar0”和读取湿度命令“ar1”。在中断处理程序中，因为已知命令都是 3 个字节，所以可以三个数据为一组，接收到 3 个字节数据后就给出一个标志位，告诉系统接收完成。

## 4.3.5 主程序设计

主程序在发现接收数据完成标志位置位后，首先判断是否以字符‘a’起始，如果不是则丢弃数据，并等待下一次标志位置位。如果是字符‘a’开始，则继续判断后续字节是否为‘r’以及最后一个字符是‘0’还是‘1’。即主程序会逐个匹配接收字符以查找对应命令并执行相应动作。

完成一次接收数据处理后，接收完成标志位都会被复位，相应的接收数据长度计数器、接收缓冲也会被清零。

# 任务工单

任务工单 12 设计中断式接收命令

| 项目 4：智能冰箱 | 任务 3：设计中断式接收命令 |
| --- | --- |

**（一）练习习题**

扫描右侧的二维码，完成练习

设计中断式接收命令

**（二）任务实施完成情况**

| 实施步骤 | 实施步骤具体操作 | 完成情况 |
| --- | --- | --- |
| 步骤 1：新建 STM32CubeMX 工程，完成调试端口的配置、MCU 时钟树的配置等 | | |
| 步骤 2：开启串口中断并设置其中断优先级，保存 STM32CubeMX 工程，生成初始 C 代码工程并使用 Keil 打开 | | |
| 步骤 3：完善代码，添加中断处理代码，添加自定义中断处理函数声明及函数体代码，在主程序中判断接收完成标志是否为真，完成接收命令代码显示环节，清零接收完成标志等 | | |

（续）

| 项目4：智能冰箱 | | 任务3：设计中断式接收命令 |
|---|---|---|
| 实施步骤 | 实施步骤具体操作 | 完成情况 |
| 步骤4：编译程序，生成HEX文件并烧写到开发板中，完成硬件搭建 | | |
| 步骤5：测试效果 | | |

**（三）任务检查与评价**

| 项目名称 | 智能冰箱 | | | |
|---|---|---|---|---|
| 任务名称 | 设计中断式接收命令 | | | |
| 评价方式 | 可采用自评、互评和教师评价等方式 | | | |
| 说明 | 主要评价学生在项目学习过程中的操作技能、理论知识、学习态度、课堂表现和学习能力等 | | | |

| 序号 | 评价内容 | 评价标准 | 分值 | 得分 |
|---|---|---|---|---|
| 1 | 知识运用（20%） | 掌握相关理论知识，理解本任务要求，制订详细计划，计划条理清晰，逻辑正确（20分） | 20分 | |
| | | 理解相关理论知识，能根据本任务要求制订合理计划（15分） | | |
| | | 了解相关理论知识，有制订计划（10分） | | |
| | | 无制订计划（0分） | | |
| 2 | 专业技能（40%） | 完成在STM32CubeMX中工程建立的所有操作步骤，完成任务代码的编写与完善，将生成的HEX文件烧写进开发板，并通过测试（40分） | 40分 | |
| | | 完成代码，也烧写进开发板，但功能未完成，串口没有接收到数据（30分） | | |
| | | 代码有语法错误，无法完成代码的烧写（20分） | | |
| | | 不愿完成任务（0分） | | |
| 3 | 核心素养（20%） | 具有良好的自主学习和分析解决问题的能力，整个任务过程中有指导他人（20分） | 20分 | |
| | | 具有较好的学习和分析解决问题的能力，任务过程中无指导他人（15分） | | |
| | | 能够主动学习并收集信息，有请教他人进行解决问题的能力（10分） | | |
| | | 不主动学习（0分） | | |
| 4 | 课堂纪律（20%） | 设备无损坏，设备摆放整齐，工位区域内保持整洁，无干扰课堂秩序（20分） | 20分 | |
| | | 设备无损坏，无干扰课堂秩序（15分） | | |
| | | 无干扰课堂秩序（10分） | | |
| | | 干扰课堂秩序（0分） | | |
| 总得分 | | | | |

**（四）任务自我总结**

| 过程中遇到的问题 | 解决方式 |
|---|---|
| | |
| | |
| | |

## 任务小结

使用 STM32CubeMX 完成单片机的串口中断接收配置，使用串口调试助手与单片机进行通信。单片机根据接收字符在数码管上进行显示，如图 4-3-3 所示。

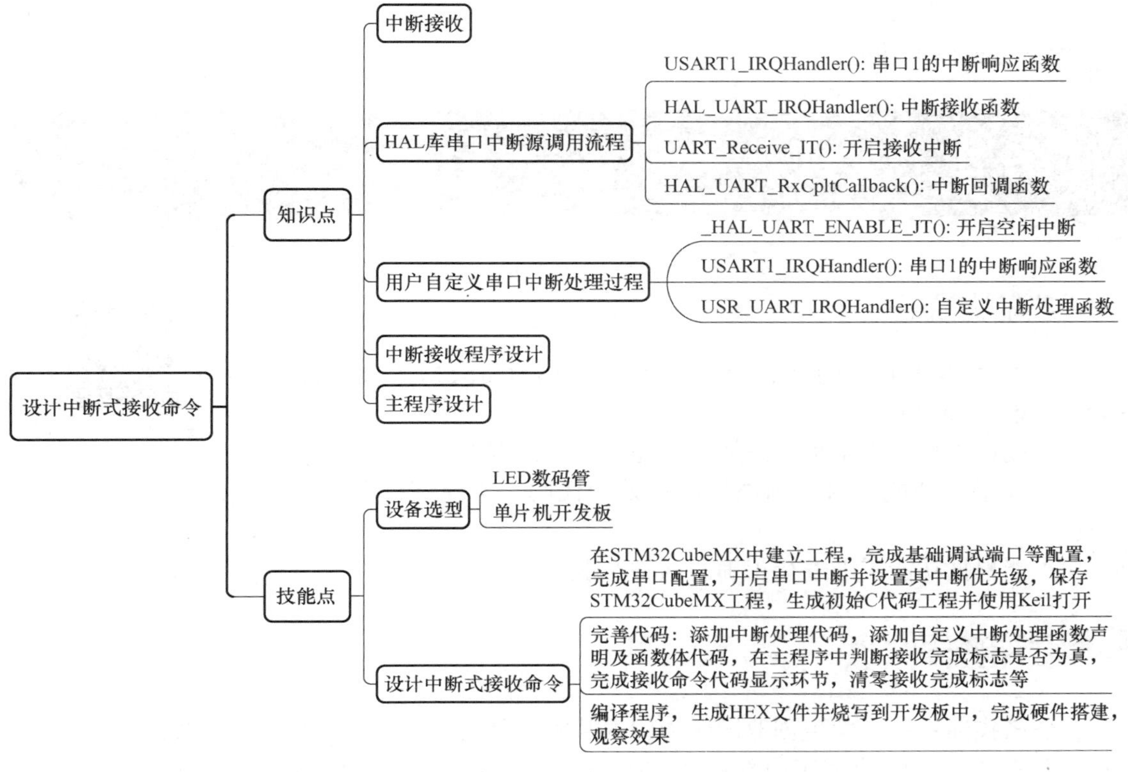


图 4-3-3 任务小结

## 任务拓展

拓展：STM32 系列单片机串口支持 UART_IT_IDLE 中断，含义是串行总线空闲中断。IDLE 是在接收到第一个数据后才开启触发条件的，即接收的数据断流（总线空闲时间超过 1 个字节传输周期）产生 IDLE 中断。该中断在串口无数据接收的情况下不会一直产生。利用 UART_IT_IDLE 中断能够灵活处理串口接收数据长度。

在本任务中，如果每次串口输入数据长度不是 3 个，则可能会造成程序“莫名其妙”地不正常工作。原因就是数据接收完成标志是根据接收数据长度确定的，可能造成一个命令被分成两次输入的情况。改进方法之一就是在中断处理程序中启用 UART_IT_IDLE 判断，代码如下所示。

```
1.   if(__HAL_UART_GET_FLAG(&huart1,UART_FLAG_IDLE)!=RESET)
2.   {
3.       __HAL_UART_DISABLE_IT(&huart1,UART_IT_IDLE);
```

```
4.        uart1RxStat=1;
5.    }
```

将上述代码取代以下代码即可。

```
1.    if(uart1RxCount>=3)
2.      uart1RxStat=1;
```

尝试完成以上功能。

# 任务 4　实现智能冰箱

## 职业能力目标

智能冰箱　实现智能冰箱

1）能根据 MCU 的编程手册使用 STM32CubeMX 准确配置 STM32 数 / 模转换功能。

2）能根据功能需求正确添加串口处理代码，实现字符串的发送。

3）能根据功能需求正确添加串口处理代码，实现字符串的中断接收。

4）能根据功能需求进行正确的 A/D 转换。

## 任务描述与要求

**任务描述：**一大学生创业团队为国内某家电公司的冰箱产品的提档升级提供技术支持。任务内容是完成冰箱内部温度数据的采集以及与外部通信功能。该项目共分为四个阶段进行，第四阶段完成冰箱外部命令接收、命令代码显示及数据返回功能。此阶段要求采用中断方式接收串口数据。为便于测试，在计算机端使用串口调试助手发送命令；冰箱接收完成使用数码管显示命令代码，并将执行命令之后的数据返回计算机，达到交互的效果。

**任务要求：**

1）配置串口发送、接收功能。

2）配置数码管驱动 GPIO。

3）数码管显示数据。

4）接收计算机命令。

5）向计算机返回数据。

## 设备选型

设备需求如图 4-4-1 所示。

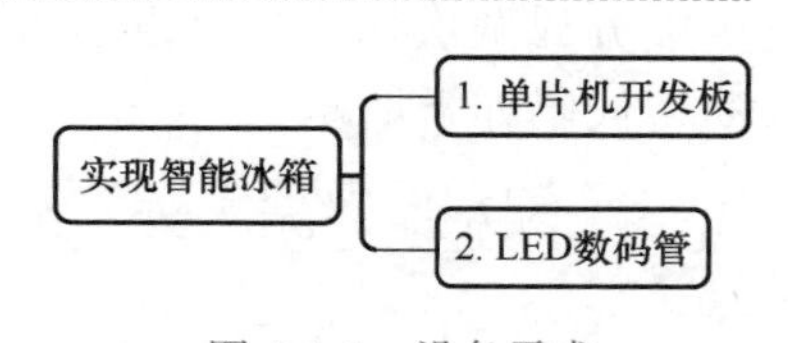


图 4-4-1　设备需求

1. 单片机开发板

可以参考项目 1 任务 1 单片机开发板的相关类型进行选型。

2. LED 数码管

选取之前选型的数码管模块，根据任务需要最终选择四位或四位以上数码管。

## 知识储备

### 4.4.1 什么是 ADC

单片机中的 ADC 是 Analog-to-Digital Converter 的缩写，指模 / 数转换器。

Analog：模拟，就是模拟信号，模拟信号是将电路模拟成信号，电信号有电压、电流等。

Digital：数字，就是数字信号，它比模拟信号更容易理解，将电路的信号模拟成数字信号，通常情况下高电平就用 1 表示，低电平就用 0 表示。

Converter：模拟信号转变成数字信号，通过相应的采集装置，采集到的值为电压的大小，此时就需要用到模 / 数转换来将它转换成数字信号。

在仪器检测系统中，常常需要将检测到的连续变化的模拟量（如温度、压力、流量和速度等）转换为离散的数字量，才能进行计算处理。

这些模拟量通过传感器转换为电信号后，需要通过一定的处理变成数字量，实现模拟量到数字量转换的设备通常称为 ADC，也称为 A/D。

从原理上讲，一般的 A/D 转换分为采样保持、量化和编码三个过程。采样的量一般是电压（电流不好取），通过一定的采样保持时间后把采样的电压量转换为数字量，并按一定形式的 0/1 编码顺序给出转换结果，这就得到了相应的数字信号，如图 4-4-2 所示。

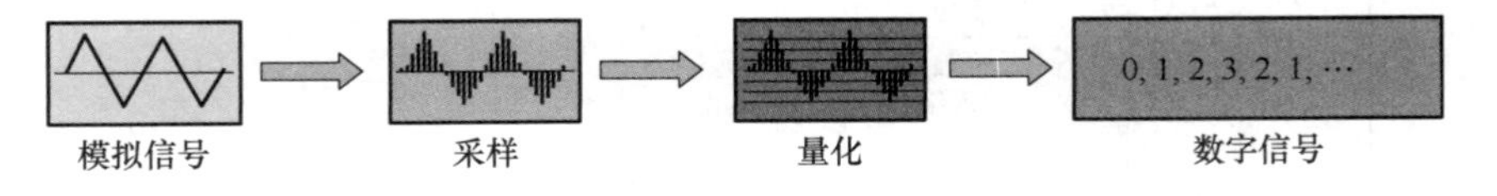


图 4-4-2　模拟信号转换为数字信号的过程

### 4.4.2 STM32 单片机 ADC 功能

STM32 包含 1～3 个 12 位逐次逼近型的 ADC。每个 ADC 最多有 18 个通道，可测量 16 个外部信号源和两个内部信号源。各通道都以单次（single）、连续（continuous）、扫描（scan）或间断（discontinuous）模式执行。与其他单片机不同，STM32 的 ADC 分为规则通道组和注入通道组。以温度测量为例，假设主要目标是监控室外温度，偶尔也想监控下室内温度，这时使用规则组和注入组来处理这个问题就非常简单。可以将室外温度放在规则组中，将室内温度转换放在注入组中。通过合适的触发来启动注入动作，启动注入组后，规则组转换暂停，等待注入组完成后，规则组再进行。

ADC 转换的结果为 12 位，即产生 12 位二进制数，以左对齐或右对齐方式存储在 16 位数据寄存器中。在对精度要求不高的场合可以选择结果左对齐，只读取高位字节数据。

STM32 的 ADC 功能模块如图 4-4-3 所示，分成 7 个部分。

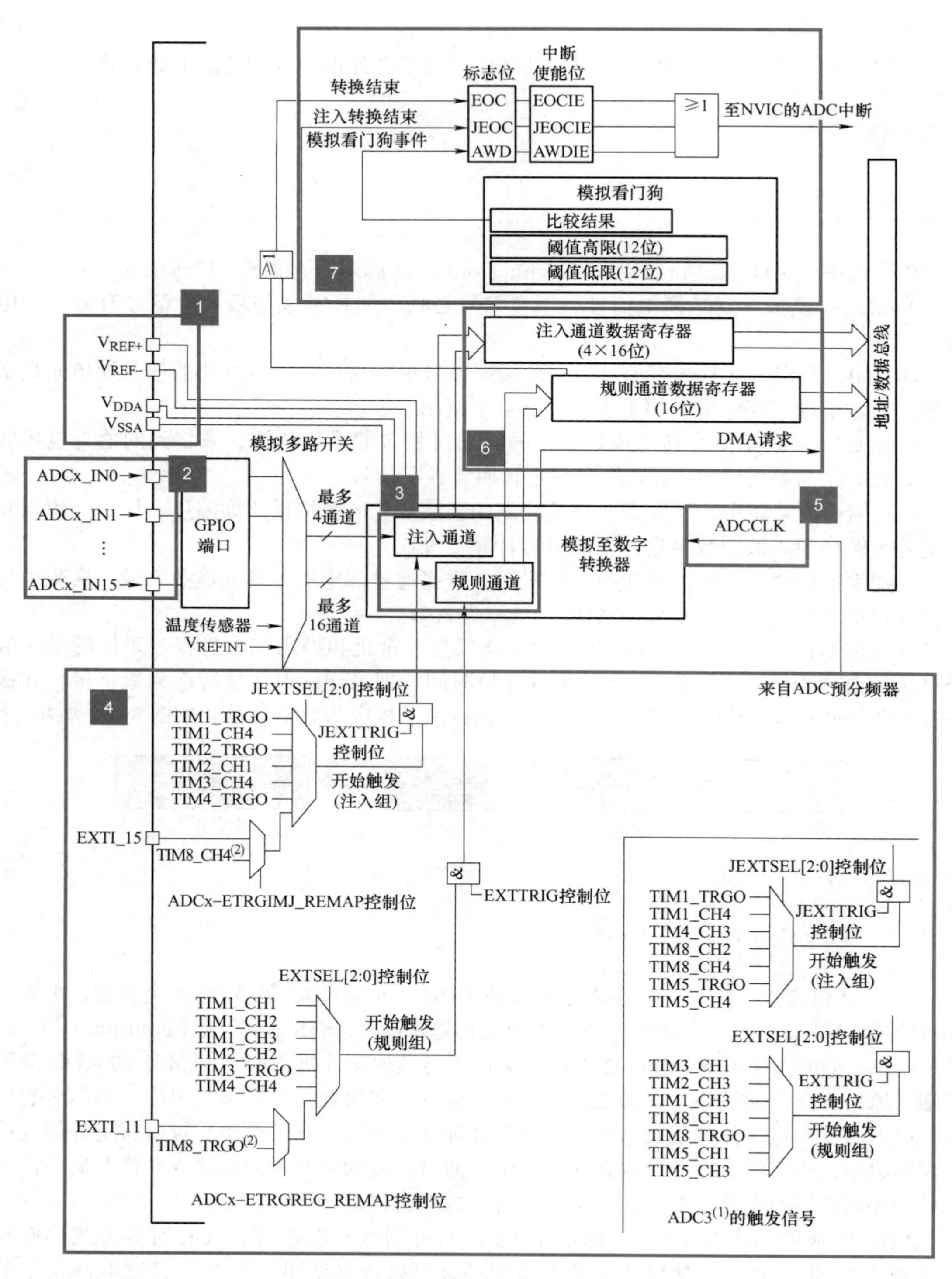


图 4-4-3　STM32 的 ADC 功能模块

1. 电压输入范围

ADC 所能测量的电压范围就是 $V_{REF-} \leqslant V_{IN} \leqslant V_{REF+}$，把 $V_{SSA}$ 和 $V_{REF-}$ 接地，把 $V_{REF+}$ 和 $V_{DDA}$ 接 3.3V，得到 ADC 的输入电压范围为 0～3.3V。

2. 输入通道

ADC 的信号输入就是通过通道来实现的，模拟信号通过通道输入到单片机中，单片机经过转换后，输出数字信号。STM32 中的 ADC 有 18 个通道，其中外部的 16 个通道已经在框图中标出，对应 ADCx_IN0～ADCx_IN15；两个内部通道 ADC1_IN16 和 ADC1_IN17 分别连接到温度传感器和内部参考电压（$V_{REFINT}$=1.2V）。

ADC 的全部通道见表 4-4-1。

表 4-4-1　ADC 的全部通道

| ADC 通道 | GPIO 引脚 | GPIO 配置 | ADC 通道 | GPIO 引脚 | GPIO 配置 |
|---|---|---|---|---|---|
| ADC123_IN0 | PA.00 | 模拟输入 | ADC12_IN8 | PB.00 | 模拟输入 |
| ADC123_IN1 | PA.01 | 模拟输入 | ADC12_IN9 | PB.01 | 模拟输入 |
| ADC123_IN2 | PA.02 | 模拟输入 | ADC123_IN10 | PC.00 | 模拟输入 |
| ADC123_IN3 | PA.03 | 模拟输入 | ADC123_IN11 | PC.01 | 模拟输入 |
| ADC12_IN4 | PA.04 | 模拟输入 | ADC123_IN12 | PC.02 | 模拟输入 |
| ADC12_IN5 | PA.05 | 模拟输入 | ADC123_IN13 | PC.03 | 模拟输入 |
| ADC12_IN6 | PA.06 | 模拟输入 | ADC123_IN14 | PC.04 | 模拟输入 |
| ADC12_IN7 | PA.07 | 模拟输入 | ADC123_IN15 | PC.05 | 模拟输入 |

3. 转换顺序

外部的 16 个通道在转换时又分为规则通道和注入通道，其中规则通道最多有 16 路，注入通道最多有 4 路，下面简单介绍两种通道。

1）规则通道。规则通道顾名思义就是最平常的通道，也是最常用的通道，平时的 ADC 转换都是用规则通道实现的。

2）注入通道。注入通道是相对于规则通道而言的，注入通道可以在规则通道转换时强行插入转换，相当于一个“中断通道”。当有注入通道需要转换时，规则通道的转换会停止，优先执行注入通道的转换，当注入通道的转换执行完毕后，再回到之前规则通道进行转换。

知道了 ADC 的转换通道后，如果 ADC 只使用一个通道来转换，那就很简单，但如果是使用多个通道进行转换就涉及一个先后顺序了，毕竟规则转换通道只有一个数据寄存器。多个通道的使用顺序分为两种情况：规则通道的转换顺序和注入通道的转换顺序。

3）规则通道的转换顺序。规则通道的转换顺序由三个寄存器控制：SQR1～SQR3，它们都是 32 位寄存器。SQR 寄存器控制着转换通道的数目和转换顺序，只要在对应的寄存器位 SQx 中写入相应的通道，这个通道就是第 x 个转换。具体的对应关系见表 4-4-2。

表 4-4-2　规则通道转换对应关系

| 规则序列寄存器 SQRx，x（1，2，3） | | | |
|---|---|---|---|
| 寄存器 | 寄存器位 | 功能 | 取值 |
| SQR3 | SQ1[4:0] | 设置第 1 个转换的通道 | 通道 1 ～ 16 |
| | SQ2[4:0] | 设置第 2 个转换的通道 | 通道 1 ～ 16 |
| | SQ3[4:0] | 设置第 3 个转换的通道 | 通道 1 ～ 16 |
| | SQ4[4:0] | 设置第 4 个转换的通道 | 通道 1 ～ 16 |
| | SQ5[4:0] | 设置第 5 个转换的通道 | 通道 1 ～ 16 |
| | SQ6[4:0] | 设置第 6 个转换的通道 | 通道 1 ～ 16 |
| SQR2 | SQ7[4:0] | 设置第 7 个转换的通道 | 通道 1 ～ 16 |
| | SQ8[4:0] | 设置第 8 个转换的通道 | 通道 1 ～ 16 |
| | SQ9[4:0] | 设置第 9 个转换的通道 | 通道 1 ～ 16 |
| | SQ10[4:0] | 设置第 10 个转换的通道 | 通道 1 ～ 16 |
| | SQ11[4:0] | 设置第 11 个转换的通道 | 通道 1 ～ 16 |
| | SQ12[4:0] | 设置第 12 个转换的通道 | 通道 1 ～ 16 |
| SQR1 | SQ13[4:0] | 设置第 13 个转换的通道 | 通道 1 ～ 16 |
| | SQ14[4:0] | 设置第 14 个转换的通道 | 通道 1 ～ 16 |
| | SQ15[4:0] | 设置第 15 个转换的通道 | 通道 1 ～ 16 |
| | SQ16[4:0] | 设置第 16 个转换的通道 | 通道 1 ～ 16 |
| | SQL[3:0] | 需要转换多少个通道 | 1 ～ 16 |

通过 SQR1 寄存器就能了解其转换顺序在寄存器上的实现，ADC 规则序列寄存器如图 4-4-4 所示。

**ADC规则序列寄存器1(ADC_SQR1)**

地址偏移：0x2C

复位值：0x0000 0000

| 31 | 30 | 29 | 28 | 27 | 26 | 25 | 24 | 23 | 22 | 21 | 20 | 19 | 18 | 17 | 16 |
|---|---|---|---|---|---|---|---|---|---|---|---|---|---|---|---|
| 保留 | | | | | | | | L[3:0] | | | | SQ16[4:1] | | | |
| | | | | | | | | rw | rw | rw | rw | rw | rw | rw | rw |

| 15 | 14 | 13 | 12 | 11 | 10 | 9 | 8 | 7 | 6 | 5 | 4 | 3 | 2 | 1 | 0 |
|---|---|---|---|---|---|---|---|---|---|---|---|---|---|---|---|
| SQ16_0 | SQ15[4:0] | | | | | SQ14[4:0] | | | | | SQ13[4:0] | | | | |
| rw | rw | rw | rw | rw | rw | rw | rw | rw | rw | rw | rw | rw | rw | rw | rw |

| 位 | 说明 |
|---|---|
| 位31:24 | 保留。必须保持为0 |
| 位23:20 | **L[3:0]**：规则通道序列长度(Regular channel sequence length)<br>这些位由软件定义在规则通道转换序列中的通道数目<br>0000：1个转换<br>0001：2个转换<br>⋮<br>1111：16个转换 |
| 位19:15 | **SQ16[4:0]**：规则序列中的第16个转换(16th conversion in regular sequence)<br>这些位由软件定义转换序列中的第16个转换通道的编号(0～17) |
| 位14:10 | **SQ15[4:0]**：规则序列中的第15个转换(15th conversion in regular sequence) |
| 位9:5 | **SQ14[4:0]**：规则序列中的第14个转换(14th conversion in regular sequence) |
| 位4:0 | **SQ13[4:0]**：规则序列中的第13个转换(13th conversion in regular sequence) |

图 4-4-4　ADC 规则序列寄存器

4）注入通道的转换顺序。和规则通道转换顺序的控制一样，注入通道的转换也是通过注入寄存器来控制，只不过只由一个 JSQR 寄存器来控制，转换关系见表 4-4-3。

表 4-4-3　注入通道转换关系

| 注入序列寄存器 JSQR | | | |
|---|---|---|---|
| 寄存器 | 寄存器位 | 功能 | 取值 |
| JSQR | JSQ1[4:0] | 设置第 1 个转换的通道 | 通道 1 ～ 4 |
| | JSQ2[4:0] | 设置第 2 个转换的通道 | 通道 1 ～ 4 |
| | JSQ3[4:0] | 设置第 3 个转换的通道 | 通道 1 ～ 4 |
| | JSQ4[4:0] | 设置第 4 个转换的通道 | 通道 1 ～ 4 |
| | JL[1:0] | 需要转换多少个通道 | 1 ～ 4 |

需要注意的是，只有当 JL=4 时，注入通道的转换顺序才会按照 JSQ1～JSQ4 的顺序执行。当 JL<4 时，注入通道的转换顺序恰恰相反，也就是执行顺序为 JSQ4、JSQ3、JSQ2、JSQ1。

4. 触发源

ADC 转换的输入、通道和转换顺序都已经说明了，但 ADC 转换是怎么触发的呢？就像通信协议一样，都要规定一个起始信号才能传输信息，ADC 也需要一个触发信号来实行模 / 数转换。

其一，通过直接配置寄存器触发，通过配置控制寄存器 CR2 的 ADON 位，写 1 时开始转换，写 0 时停止转换。在程序运行过程中只要调用库函数，将 CR2 寄存器的 ADON 位置 1 就可以进行转换，比较好理解。

另外，还可以通过内部定时器或者外部 I/O 触发转换，也就是说可以利用内部时钟让 ADC 进行周期性的转换，也可以利用外部 I/O 使 ADC 在需要时转换，具体的触发由控制寄存器 CR2 决定。

ADC_CR2 寄存器的详情如图 4-4-5 所示。

5. 转换时间

ADC 的每一次信号转换都要时间，这个时间就是转换时间，转换时间由输入时钟和采样周期来决定。

1）输入时钟。由于 ADC 在 STM32 中是挂载在 APB2 总线上的，所以 ADC 的时钟是由 PCLK2（72MHz）经过分频得到的，分频因子由 RCC 时钟配置寄存器 RCC_CFGR 的位 15:14 ADCPRE[1:0] 设置，可以是 2/4/6/8 分频，一般配置分频因子为 8，即 8 分频得到 ADC 的输入时钟频率为 9MHz。

2）采样周期。采样周期是确立在输入时钟上，配置采样周期可以确定使用多少个 ADC 时钟周期来对电压进行采样，采样的周期数可通过 ADC 采样时间寄存器 ADC_SMPR1 和 ADC_SMPR2 中的 SMP[2:0] 位设置，ADC_SMPR2 控制的是通道 0～9，ADC_SMPR1 控制的是通道 10～17。每个通道可以配置不同的采样周期，但最小的采样周期是 1.5 个周期，也就是说，如果想最快时间采样，就设置采样周期为 1.5。

**ADC控制寄存器2(ADC_CR2)**

地址偏移：0x08

复位值：0x0000 0000

| 31 | 30 | 29 | 28 | 27 | 26 | 25 | 24 | 23 | 22 | 21 | 20 | 19 | 18 | 17 | 16 |
|---|---|---|---|---|---|---|---|---|---|---|---|---|---|---|---|
| 保留 | | | | | | | | TS VREFE | SW START | JSW START | EXT TRIG | EXTSEL[2:0] | | | 保留 |
| | | | | | | | | rw | rw | rw | rw | rw | rw | rw | rw |

| 15 | 14 | 13 | 12 | 11 | 10 | 9 | 8 | 7 | 6 | 5 | 4 | 3 | 2 | 1 | 0 |
|---|---|---|---|---|---|---|---|---|---|---|---|---|---|---|---|
| JEXT TRIG | JEXTSEL[2:0] | | | ALIGN | 保留 | | DMA | 保留 | | | | RST CAL | CAL | CONT | ADON |
| rw | rw | rw | rw | rw | | | rw | | | | | rw | rw | rw | rw |

| 位 | 说明 |
|---|---|
| 位31:24 | 保留。必须保持为0 |
| 位23 | **TSVREFE**：温度传感器和$V_{REFINT}$使能(Temperature sensor and $V_{REFINT}$ enable)<br>该位由软件设置和清除，用于开启或禁止温度传感器和$V_{REFINT}$通道。在多于1个ADC的器件中，该位仅出现在ADC1中<br>0：禁止温度传感器和$V_{REFINT}$<br>1:启用温度传感器和$V_{REFINT}$ |
| 位22 | **SWSTART**：开始转换规则通道(Start conversion of regular channels)<br>由软件设置该位以启动转换，转换开始后硬件马上清除此位。如果在EXTSEL[2:0]位中选择了SWSTART为触发事件，该位用于启动一组规则通道的转换<br>0：复位状态<br>1：开始转换规则通道 |
| 位21 | **JSWSTART**：开始转换注入通道(Start conversion of injected channels)<br>由软件设置该位以启动转换，软件可清除此位或在转换开始后硬件马上清除此位。如果在JEXTSEL[2:0]位中选择了JSWSTART为触发事件，该位用于启动一组注入通道的转换<br>0：复位状态<br>1：开始转换注入通道 |
| 位20 | **EXTTRIG**：规则通道的外部触发转换模式(External trigger conversion mode for regular channels)<br>该位由软件设置和清除，用于开启或禁止可以启动规则通道组转换的外部触发事件<br>0：不用外部事件启动转换<br>1：使用外部事件启动转换 |
| 位19:17 | **EXTSEL[2:0]**：选择启动规则通道组转换的外部事件(External event select for regular group)<br>这些位选择用于启动规则通道组转换的外部事件<br>ADC1和ADC2的触发配置如下<br>000：定时器1的CC1事件　　100：定时器3的TRGO事件<br>001：定时器1的CC2事件　　101：定时器4的CC4事件<br>010：定时器1的CC3事件　　110：EXTI线11/TIM8_TRGO事件，仅大容量产品具有TIM8_TRGO功能<br>011：定时器2的CC2事件　　111：SWSTART<br>ADC3的触发配置如下<br>000：定时器3的CC1事件　　100：定时器8的TRGO事件<br>001：定时器2的CC3事件　　101：定时器5的CC1事件<br>010：定时器1的CC3事件　　110：定时器5的CC3事件<br>011：定时器8的CC1事件　　111：SWSTART |
| 位16 | 保留。必须保持为0 |
| 位15 | **JEXTTRIG**：注入通道的外部触发转转模式(External trigger conversion mode for injected channels)<br>该位由软件设置和清障，用于开启或禁止可以启动注入通道组转换的外部触发事件<br>0：不用外部事件启动转换<br>1：使用外部事件启动转换 |

图 4-4-5　ADC_CR2 控制寄存器

| | |
|---|---|
| 位14:12 | **JEXTSEL[2:0]：** 选择启动注入通道组转换的外部事件(External event select for injected group)<br>这些位选择用于启动注入通道组转换的外部事件<br>ADC1和ADC2的触发配置如下<br>000：定时器1的TRGO事件　100：定时器3的CC4事件<br>001：定时器1的CC4事件　101：定时器4的TRGO事件<br>010：定时器2的TRGO事件　110：EXTI线15/TIM8_CC4事件(仅大容量产品具有TIM8_CC4)<br>011：定时器2的CC1事件　111：JSWSTART<br>ADC3的触发配置如下<br>000：定时器1的TRGO事件　100：定时器8的CC4事件<br>001：定时器1的CC4事件　101：定时器5的TRGO事件<br>010：定时器4的CC3事件　110：定时器5的CC4事件<br>011：定时器8的CC2事件　111：JSWSTART |
| 位11 | **ALIGN：** 数据对齐(Data alignment)<br>该位由软件设置和清除<br>0：右对齐<br>1：左对齐 |
| 位10:9 | 保留。必须保持为0 |
| 位8 | **DMA：** 直接存储器访问模式(Direct memory access mode)<br>该位由软件设置和清除<br>0：不使用DMA模式<br>1：使用DMA模式<br>注：只有ADC1和ADC3能产生DMA请求 |
| 位7:4 | 保留。必须保持为0 |
| 位3 | **RSTCAL：** 复位校准(Reset calibration)<br>该位由软件设置并由硬件清除。在校准寄存器被初始化后该位将被清除<br>0：校准寄存器已初始化<br>1：初始化校准寄存器<br>注：如果正在进行转换时设值RSTCAL，清除校准寄存器需要额外的周期 |
| 位2 | **CAL：** A/D校准(A/D Calibration)<br>该位由软件设置以开始校准，并在校准结束时由硬件清除<br>0：校准完成<br>1：开始校准 |
| 位1 | **CONT：** 连续转换(Continuous conversion)<br>该位由软件设置和清除。如果设置了此位，则转换将连续进行直到该位被清除<br>0：单次转换模式<br>1：连续转换模式 |

图 4-4-5　ADC_CR2 控制寄存器（续）

3）转换时间。转换时间 = 采样时间 +12.5 个周期。12.5 个周期是固定的，一般设置 PCLK2=72MHz，经过 ADC 预分频器能分频到最大的时钟只能是 12MHz，采样周期设置为 1.5 个周期，算出最短的转换时间为 $\frac{1.5+12.5}{12\text{MHz}} = 1.17\mu\text{s}$。

### 6. 数据寄存器

转换完成后的数据就存放在数据寄存器中，但数据的存放也分为规则通道转换数据和注入通道转换数据。

1）规则数据寄存器。规则数据寄存器负责存放规则通道转换的数据，通过 32 位寄存器 ADC_DR 来存放，如图 4-4-6 所示。

**ADC规则数据寄存器(ADC_DR)**

地址偏移：0x4C

复位值：0x0000 0000

| 31 | 30 | 29 | 28 | 27 | 26 | 25 | 24 | 23 | 22 | 21 | 20 | 19 | 18 | 17 | 16 |
|---|---|---|---|---|---|---|---|---|---|---|---|---|---|---|---|
| ADC2DATA[15:0] | | | | | | | | | | | | | | | |
| r | r | r | r | r | r | r | r | r | r | r | r | r | r | r | r |

| 15 | 14 | 13 | 12 | 11 | 10 | 9 | 8 | 7 | 6 | 5 | 4 | 3 | 2 | 1 | 0 |
|---|---|---|---|---|---|---|---|---|---|---|---|---|---|---|---|
| DATA[15:0] | | | | | | | | | | | | | | | |
| r | r | r | r | r | r | r | r | r | r | r | r | r | r | r | r |

| 位 | 说明 |
|---|---|
| 位31:16 | **ADC2DATA[15:0]：** ADC2转换的数据(ADC2 data)<br>在ADC1中：双模式下，这些位包含了ADC2转换的规则通道数据<br>在ADC2和ADC3中：不使用这些位 |
| 位15:0 | **DATA[15:0]：** 规则转换的数据(Regular data)<br>这些位为只读，包含了规则通道的转换结果。数据是左对齐或右对齐 |

图 4-4-6　ADC 规则数据寄存器

当使用 ADC 独立模式（也就是只使用一个 ADC，可以使用多个通道）时，数据存放在低 16 位中，当使用 ADC 多模式时，高 16 位存放 ADC2 的数据。需要注意的是，ADC 转换的精度是 12 位，而寄存器中有 16 个位来存放数据，所以要规定数据存放是左对齐还是右对齐。

这里要注意，当使用多个通道转换数据时，会产生多个转换数据，然而数据寄存器只有一个，多个数据存放在一个寄存器中会覆盖数据，导致 ADC 转换错误，所以经常在一个通道转换完成之后就立刻将数据取出来，方便下一个数据存放。一般开启 DMA 模式将转换的数据传输在一个数组中，程序对数组读操作就可以得到转换的结果。

2）注入数据寄存器。注入通道转换的数据寄存器有 4 个，由于注入通道最多有 4 个，所以注入通道转换的数据都有固定的存放位置，不会跟规则寄存器那样产生数据覆盖的问题。ADC_JDRx 是 32 位的，低 16 位有效，高 16 位保留，数据同样分为左对齐和右对齐，具体是以哪一种方式存放，由 ADC_CR2 的 11 位 ALIGN 设置，如图 4-4-7 所示。

7. 中断

从图 4-4-3 所示框图中可以知道，数据转换完成后可以产生中断，有下列三种情况。

1）规则通道转换完成中断。规则通道数据转换完成之后，可以产生一个中断，可以在中断函数中读取规则数据寄存器的值。这也是单通道时读取数据的一种方法。

2）注入通道转换完成中断。注入通道数据转换完成后，可以产生一个中断，并且也可以在中断函数中读取注入数据寄存器的值，起到读取数据的作用。

3）模拟看门狗事件。当输入的模拟量（电压）不在阈值范围内，就会产生看门狗事件，即用来监视输入的模拟量是否正常。

以上中断的配置都由 ADC_SR 寄存器决定，如图 4-4-8 所示。

**ADC注入数据寄存器x(ADC_JDRx)(x=1～4)**

地址偏移：0x3C～0x48

复位值：0x0000 0000

| 31 | 30 | 29 | 28 | 27 | 26 | 25 | 24 | 23 | 22 | 21 | 20 | 19 | 18 | 17 | 16 |
|---|---|---|---|---|---|---|---|---|---|---|---|---|---|---|---|
| 保留 | | | | | | | | | | | | | | | |

| 15 | 14 | 13 | 12 | 11 | 10 | 9 | 8 | 7 | 6 | 5 | 4 | 3 | 2 | 1 | 0 |
|---|---|---|---|---|---|---|---|---|---|---|---|---|---|---|---|
| JDATA[15:0] | | | | | | | | | | | | | | | |
| r | r | r | r | r | r | r | r | r | r | r | r | r | r | r | r |

| 位 | 描述 |
|---|---|
| 位31:16 | 保留。必须保持为0 |
| 位21:20 | **JDATA[15:0]**：注入转换的数据(Injected data)<br>这些位为只读，包含了注入通道的转换结果。数据是左对齐或右对齐 |

图 4-4-7　ADC 注入数据寄存器

**ADC状态寄存器x(ADC_SR)**

地址偏移：0x00

复位值：0x0000 0000

| 31 | 30 | 29 | 28 | 27 | 26 | 25 | 24 | 23 | 22 | 21 | 20 | 19 | 18 | 17 | 16 |
|---|---|---|---|---|---|---|---|---|---|---|---|---|---|---|---|
| 保留 | | | | | | | | | | | | | | | |

| 15 | 14 | 13 | 12 | 11 | 10 | 9 | 8 | 7 | 6 | 5 | 4 | 3 | 2 | 1 | 0 |
|---|---|---|---|---|---|---|---|---|---|---|---|---|---|---|---|
| 保留 | | | | | | | | | | | STRT | JSTRT | JEOC | EOC | AWD |
| | | | | | | | | | | | rc w0 | rc w0 | rc w0 | rc w0 | rc w0 |

| 位 | 描述 |
|---|---|
| 位31:5 | 保留。必须保持为0 |
| 位4 | **STRT**：规则通道开始位(Regular channel Start flag)<br>该位由硬件在规则通道转换开始时设置，由软件清除<br>0：规则通道转换未开始<br>1：规则通进转换已开始 |
| 位3 | **JSTRT**：注入通道开始位(Injected channel Start flag)<br>该位由硬件在注入通道组转换开始时设置，由软件清除<br>0：注入通道组转换未开始<br>1：注入通道组转换已开始 |
| 位2 | **JEOC**：注入通道转换结束位(Injected channel end of conversion)<br>该位由硬件在所有注入通道组转换结束时设置，由软件清除<br>0：转换未完成<br>1：转换完成 |
| 位1 | **EOC**：转换结束位(End of conversion)<br>该位由硬件在(规则或注入)通道组转换结束时设置，由软件清除或由读取ADC_DR时清除<br>0：转换未完成<br>1：转换完成 |
| 位0 | **AWD**：模拟看门狗标志位(Analog watchdog flag)<br>该位由硬件在转换的电压值超出了ADC_LTR和ADC_HTR寄存器定义的范围时设置，由软件清除<br>0：没有发生模拟看门狗事件<br>1：发生模拟看门狗事件 |

图 4-4-8　ADC 状态寄存器

在转换完成之后也可以产生 DMA 请求，从而将转换好的数据从数据寄存器中读取到内存中。

外部模拟信号通过任意一路通道进入 ADC 并被转换成数字量，接着该数字量会被存入一个 16 位的数据寄存器中。在 DMA 使能的情况下，STM32 的存储器可以直接读取转换后的数据。

STM32F103 系列具有 3 个 ADC，共享 16 个外部通道。ADC1 的通道 16 即 ADC1_IN16 与内部温度传感器相连，通道 17 即 ADC1_IN17 与内部参考电源 VREFINT 相连。

ADC 必须在时钟 ADCCLK 的控制下才能进行 A/D 转换。ADCCLK 的值由时钟控制器控制，与高级外设总线 APB2 同步。时钟控制器为 ADC 提供了一个专用的可编程预分频器，默认的分频值为 2。ADCCLK 最高允许 14MHz。如果系统 APB2 时钟为 72MHz，当采用 6 分频时，得到 ADCCLK=12MHz。

ADC 总转换时间由两部分组成：T_conv= 采样时间 +12.5cycles（周期）。采样时间可以是 1.5 个、7.5 个、13.5 个、28.5 个、41.5 个、55.5 个、71.5 个和 239.5 个时钟周期。例如：

当 ADCCLK=12MHz、采用 239.5 个周期的采样时间时，T_conv=239.5+12.5=252cycles。此时，总的转换时间为 T_conv=252/12MHz=21μs。

采样时间越长，转换结果越稳定。ADC 引脚时钟与采样时间如图 4-4-9 所示。

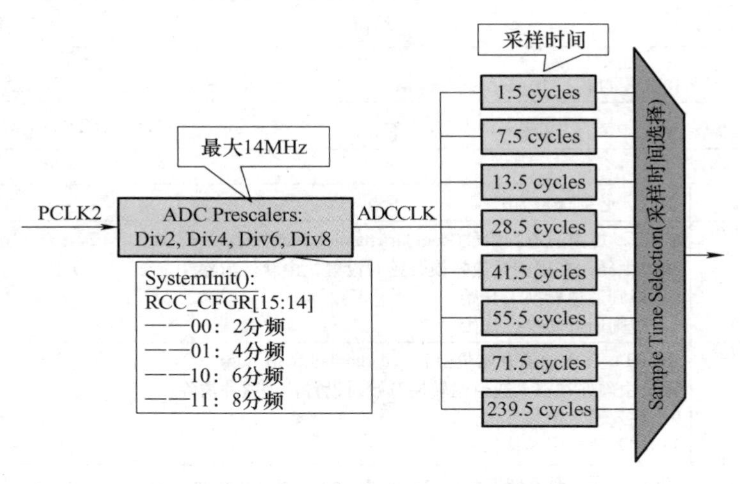


图 4-4-9　ADC 引脚时钟与采样时间

8. 电压转换

要知道，转换后的数据是一个 12 位的二进制数，需要把这个二进制数代表的模拟量（电压）用数字表示出来。如测量的电压范围是 0～3.3V，转换后的二进制数是 x，因为 12 位 ADC 在转换时将电压的范围大小（也就是 3.3）分为 4096（$2^{12}$）份，所以转换后的二进制数 x 代表的真实电压的计算方法就是 y=3.3x / 4096。

## 4.4.3　ADC 库函数

STM32 的 ADC 大部分配置可以在 STM32CubeMX 中以图形化的形式配置，如通道、转换周期和数据对齐方式等。这里介绍三个在程序中需要手动调用的函数。

1. ADC 开启函数 HAL_ADC_Start()

该函数原型为

```
HAL_StatusTypeDef HAL_ADC_Start(ADC_HandleTypeDef* hadc)
```

这个函数的主要作用有两个：开启 ADC、开启 ADC 转换。该函数比较简单，是以查询方式启动单片机的 ADC 功能，注意，这里的函数形参是 ADC 的句柄结构体，是 ADC（转换器）而非 ADC 的通道。与串口类似，ADC 功能除了可工作在查询方式，还可以工作在中断方式、DMA 方式。库函数中也有 HAL_ADC_Start_IT()、HAL_ADC_Start_DMA() 等函数。对应地，也有 HAL_ADC_Stop() 函数，函数原型、用法都类似。

2. 转换完成查询函数 HAL_ADC_PollForConversion()

ADC 转换需要时间，HAL 库提供了转换完成查询函数：

```
HAL_StatusTypeDef HAL_ADC_PollForConversion(
                                   ADC_HandleTypeDef* hadc,
                                   uint32_t Timeout)
```

该函数是阻塞函数，即在查询期间 CPU 不能做其他工作，所以该函数的第二个形参是超时时间，即在此时间内，如果没有查询到转换结果，返回超时标志。

3. 获取转换结果函数 HAL_ADC_GetValue()

该函数原型为

```
uint32_t HAL_ADC_GetValue(ADC_HandleTypeDef* hadc)
```

同样，该函数形参也是转换器而非通道。函数的返回值是 32 位无符号整数。

以上三个函数能够实现简单的 ADC 转换功能。

### 4.4.4 中断接收程序设计

串口通信基本设置与本项目前述任务相同，通信速率 115200bit/s、8 位数据位，1 位停止位和无校验。采用与本项目任务 3 中相同的通信协议，使用三个字节表示一个完整命令。命令格式见表 4-3-1。

这样，冰箱可接收两个命令，分别是读取温度命令“ar0”和读取湿度命令“ar1”。为避免本项目任务 3 中根据接收数据个数判断命令响应方式的弊端，这里启用 UART_IT_IDLE 中断，该中断将在串行总线接收任务中断 1 个字节传输时间时触发，通常用作一帧数据结束的标志。

```
if(__HAL_UART_GET_FLAG(&huart1,UART_FLAG_IDLE)!=RESET)
{
   __HAL_UART_DISABLE_IT(&huart1,UART_IT_IDLE);
   uart1RxStat=1;
}
```

### 4.4.5　命令解析与代码显示

主程序在发现接收数据完成标志位置位后，首先判断是否以字符‘a’起始，如果不是，则丢弃数据，并等待下一次标志位置位。如果是字符‘a’开始，则继续判断后续字节是否为‘r’以及最后一个字符是‘0’还是‘1’。即主程序会逐个匹配接收字符以查找对应命令并执行相应动作，包括本地的代码显示与 A/D 转换。

完成一次接收数据处理后，接收完成标志位都会被复位，相应的接收数据长度计数器、接收缓冲也会被清零。

### 4.4.6　A/D 转换

主程序解析完成接收命令后，根据命令代码执行相应动作，如“ar0”，则启动温度转换功能，获得冰箱当前的温度值。转换完成后，则关闭 A/D 功能，以节省能耗。这里的温度转换采用 STM32 单片机内部的温度传感器实现。该传感器输出固定接入到 ADCx_IN16，如图 4-4-10 所示。

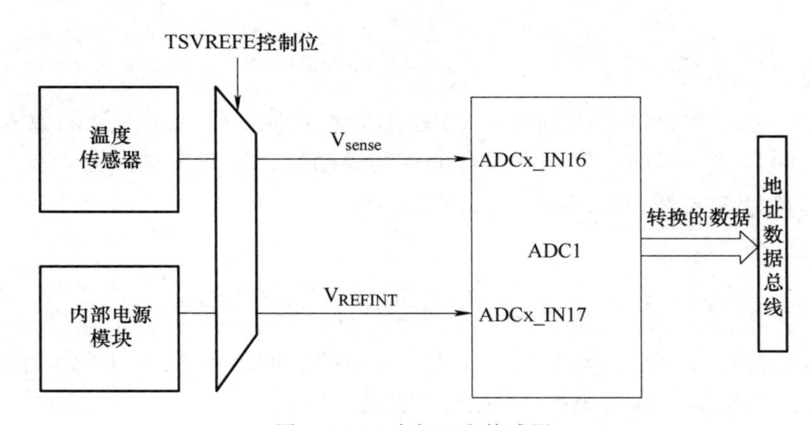


图 4-4-10　内部温度传感器

该温度传感器输出电压值与温度之间的对应关系由下式决定：$T$（单位为℃）=（Vsense−$V_{25}$）/Avg_Slope+25℃。其中，Vsense 是温度通道测得的电压值，$V_{25}$ 是 25℃时的典型电压值（0.76V），Avg_Slope 是温度与 Vsense 曲线的平均斜率（典型值为 2.5mV/℃）。

```
/* USER CODE BEGIN PV */
    HAL_ADC_Start(&hadc1);
    HAL_ADC_PollForConversion(&hadc1,100);
    adc_value=HAL_ADC_GetValue(&hadc1);
/* USER CODE END PV */
```

### 4.4.7　数据回传

采用 printf() 函数将温度信息回传到计算机串口调试助手，观察数据。使用 printf() 将数据通过串口回传到计算机，可参考本项目任务 1，实现打印数据重定向。

# 任务工单

任务工单 13　实现智能冰箱

| 项目 4：智能冰箱 | 任务 4：实现智能冰箱 |
| --- | --- |

实现智能冰箱

**（一）练习习题**

扫描右侧的二维码，完成练习

**（二）任务实施完成情况**

| 实施步骤 | 实施步骤具体操作 | 完成情况 |
| --- | --- | --- |
| 步骤 1：新建 STM32CubeMX 工程，完成调试端口的配置、MCU 时钟树的配置等 | | |
| 步骤 2：配置 ADC1 通道，保存 STM32CubeMX 工程，生成初始 C 代码工程并使用 Keil 打开 | | |
| 步骤 3：完善代码，添加接收代码，添加中断处理代码，添加自定义中断处理函数声明及函数体代码等 | | |
| 步骤 4：编译程序，生成 HEX 文件并烧写到开发板中，完成硬件搭建 | | |
| 步骤 5：测试效果 | | |

**（三）任务检查与评价**

| 项目名称 | 智能冰箱 |
| --- | --- |
| 任务名称 | 实现智能冰箱 |
| 评价方式 | 可采用自评、互评和教师评价等方式 |
| 说明 | 主要评价学生在项目学习过程中的操作技能、理论知识、学习态度、课堂表现和学习能力等 |

| 序号 | 评价内容 | 评价标准 | 分值 | 得分 |
| --- | --- | --- | --- | --- |
| 1 | 知识运用（20%） | 掌握相关理论知识，理解本任务要求，制订详细计划，计划条理清晰，逻辑正确（20 分） | 20 分 | |
| | | 理解相关理论知识，能根据本任务要求制订合理计划（15 分） | | |
| | | 了解相关理论知识，有制订计划（10 分） | | |
| | | 无制订计划（0 分） | | |

（续）

| 项目4：智能冰箱 | | | 任务4：实现智能冰箱 | |
|---|---|---|---|---|
| 序号 | 评价内容 | 评价标准 | 分值 | 得分 |
| 2 | 专业技能（40%） | 完成在STM32CubeMX中工程建立的所有操作步骤，完成任务代码的编写与完善，将生成的HEX文件烧写进开发板，并通过测试（40分） | 40分 | |
| | | 完成代码，也烧写进开发板，但功能未完成，ADC配置未成功（30分） | | |
| | | 代码有语法错误，无法完成代码的烧写（20分） | | |
| | | 不愿完成任务（0分） | | |
| 3 | 核心素养（20%） | 具有良好的自主学习和分析解决问题的能力，整个任务过程中有指导他人（20分） | 20分 | |
| | | 具有较好的学习和分析解决问题的能力，任务过程中无指导他人（15分） | | |
| | | 能够主动学习并收集信息，有请教他人进行解决问题的能力（10分） | | |
| | | 不主动学习（0分） | | |
| 4 | 课堂纪律（20%） | 设备无损坏，设备摆放整齐，工位区域内保持整洁，无干扰课堂秩序（20分） | 20分 | |
| | | 设备无损坏，无干扰课堂秩序（15分） | | |
| | | 无干扰课堂秩序（10分） | | |
| | | 干扰课堂秩序（0分） | | |
| 总得分 | | | | |

**（四）任务自我总结**

| 过程中遇到的问题 | 解决方式 |
|---|---|
| | |
| | |
| | |

## 任务小结

使用STM32CubeMX完成单片机的串口中断接收配置，通过启动ADC功能，转换完毕后通过串口向计算机输出结果，如图4-4-11所示。

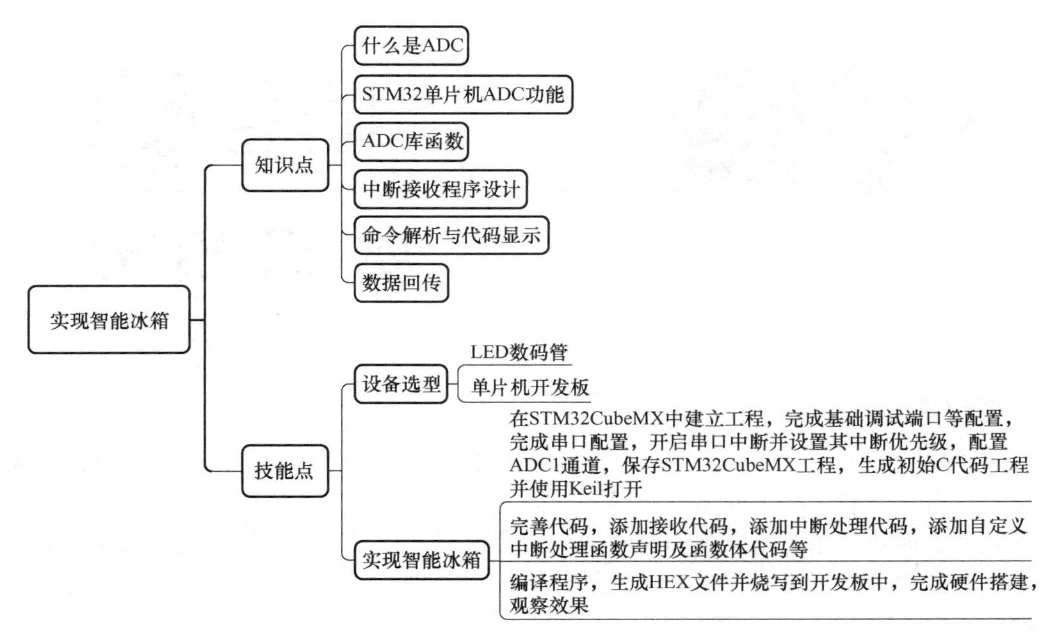


图 4-4-11　任务小结

## 任务拓展

拓展：将 ADC 改变成 ADC2，完成冰箱外部命令接收、命令代码显示及数据的返回功能，要求采用中断方式接收串口数据，当向串口输入 ar0 时，启动温度转换功能，获得冰箱当前的温度值，并采用 printf() 函数将温度信息回传到计算机串口调试助手，观察数据；当向串口输入 ar1 时，获得湿度信息，回传到计算机串口调试助手，观察数据。

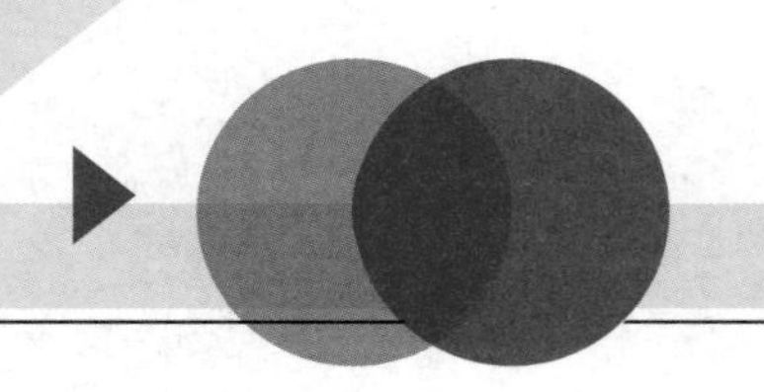

# 项目5

# 数码相册

## 引导案例

数码相册如图 5-0-1 所示，又称为数码相框或电子相框，是一种类似于传统相框的多媒体播放设备，一般主要由液晶显示屏、存储器和控制电路三部分组成。传统的相框只能放一张照片，而数码相册可以利用存储器存放大量照片，并可以在控制电路的控制下或静态或动态地播放，甚至可以配乐实现更复杂的特效。数码相册的出现给现代生活增添了很多乐趣。

图 5-0-1　数码相册

STM32 单片机具有强大的处理功能，其 FSMC（Flexible Static Memory Controller，灵活静态存储控制器）能够非常简便地控制液晶显示器。因此，使用 STM32 单片机与液晶显示屏可以很方便地实现数码相册功能。

## 任务 1　实现相册显示

### 职业能力目标

1）能根据 LCD（液晶显示）技术和数据手册中时序图的使用进行数据的传输。

2）能根据功能需求对大型工程项目中多个源文件进行组织管理。

数码相册　实现相册显示

3）能根据功能需求理解模块化编程的思想。

4）能根据任务要求编制相应代码，进行 BMP 图片存储和静态显示。

## 任务描述与要求

**任务描述：** 某公司准备开发数码相册产品，经过慎重选型决定采用 STM32 系列单片机为控制单元，液晶屏则采用 LCD12864。技术团队将开发任务分为三个子任务，分步实现。此阶段为第一阶段，任务内容是实现图片的静态显示。

**任务要求：**

1）移植液晶驱动。

2）显示静态图片。

## 设备选型

设备需求如图 5-1-1 所示。

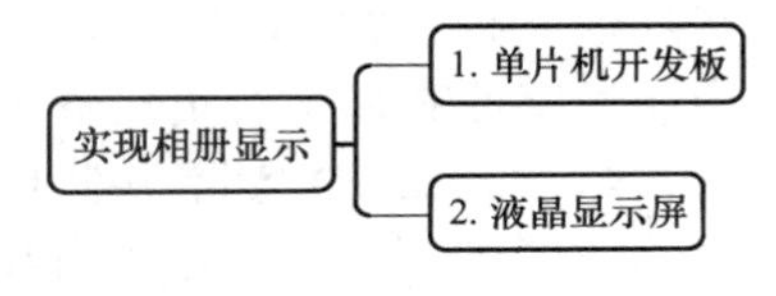


图 5-1-1　设备需求

### 1. 单片机开发板

根据项目分析，本书选择 STM32F1 系列开发板，读者可以根据手中现有的开发板进行合适的选型。

### 2. 液晶显示屏

如图 5-1-2 所示，液晶显示屏大致可以分为如下 4 种，本任务主要是显示出相册，可以选择第 2 种或者第 4 种。本任务选择第 2 种。

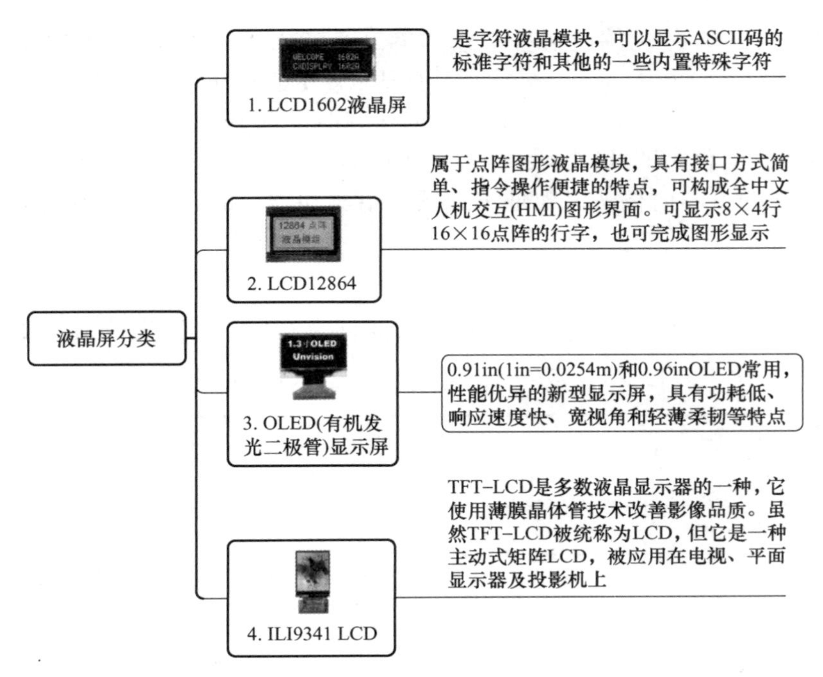


图 5-1-2　液晶屏大致分类

## 知识储备

### 5.1.1 LCD12864 概述

在常用的人机交互显示界面中，除了数码管、LED，有一种 LCD12864 液晶屏用得比较多。顾名思义，LCD12864 表示横向可以显示 128 个点，纵向可以显示 64 个点。常用的 LCD12864 液晶模块中有带字库的，也有不带字库的，其控制芯片也有很多种，如 KS0108、T6963C 和 ST7920 等。

1. LCD12864 基本资料

点阵式液晶显示模块广泛应用于单片机控制系统，如图 5-1-3 所示，比数码管、段式液晶模块能显示更多其他更直观的信息，如汉字、曲线和图片等。点阵式液晶显示模块集成度非常高，一般都内置控制芯片、行驱动芯片和列驱动芯片，点阵数量较大的 LCD 还配置 RAM 芯片，带汉字库的 LCD 还内嵌汉字库芯片，有负压输出的 LCD 还设有负压驱动电路等。单片机读写 LCD 实际上就是对 LCD 的控制芯片进行读写命令和数据。编程驱动 LCD 时，不需要对 LCD 的结构和点阵行列驱动原理深入了解，仅理解 LCD 接口的定义和 LCD 控制芯片的读写时序和命令即可。

图 5-1-3　LCD12864

LCD12864 属于点阵图形液晶显示模块，不但能显示字符，还能显示汉字和图形，分带汉字库和不带汉字库两种，价格也有区别。带汉字库的 LCD12864 使用起来很方便，不需要编写复杂的汉字显示程序，仅按时序写入两个字节的汉字机内码，汉字就能显示出来了，驱动程序简单很多。

常见的 LCD12864 使用的控制芯片是 ST7920。ST7920 一般和 ST7921（列驱动芯片）配合使用，做成显示 2 行、每行 16 个汉字的显示屏 LCD25632，或者是做成 4 行、每行 8 个汉字的显示屏 LCD12864。LCD12864 的读写时序和 LCD1602 是一样的，全然能够照搬 LCD1602 驱动程序的读写函数。需要注意的是，LCD12864 分成上半屏和下半屏，并且两半屏之间的点阵内存映射地址不连续，给驱动程序的图片显示函数的编写增加了难度。

2. LCD12864 引脚

LCD12864 总共有 20 个引脚，引脚功能说明见表 5-1-1，引脚图如图 5-1-4 所示。

表 5-1-1　LCD12864 引脚功能说明

| 引脚号 | 引脚名称 | 方向 | 功能说明 |
|---|---|---|---|
| 1 | GND | — | 逻辑电源地 |
| 2 | VDD | — | 逻辑电源 +5V |
| 3 | V0 | — | LCD 调整电压，应用时接 10kΩ 电位器可调端 |
| 4 | RS（CS） | I | 数据 / 指令选择<br>高电平：数据 D0 ～ D7 将送入显示 RAM<br>低电平：数据 D0 ～ D7 将送入指令寄存器执行 |

（续）

| 引脚号 | 引脚名称 | 方向 | 功能说明 |
|---|---|---|---|
| 5 | R/W（SID） | I | 读 / 写选择<br>高电平：读数据<br>低电平：写数据 |
| 6 | E（CLK） | I | 读写使能，高电平有效，下降沿锁定数据 |
| 7 | DB0 | I/O | 数据输入 / 输出引脚 |
| 8 | DB1 | I/O | 数据输入 / 输出引脚 |
| 9 | DB2 | I/O | 数据输入 / 输出引脚 |
| 10 | DB3 | I/O | 数据输入 / 输出引脚 |
| 11 | DB4 | I/O | 数据输入 / 输出引脚 |
| 12 | DB5 | I/O | 数据输入 / 输出引脚 |
| 13 | DB6 | I/O | 数据输入 / 输出引脚 |
| 14 | DB7 | I/O | 数据输入 / 输出引脚 |
| 15 | CS1 | I | 片选择信号，高电平时选择左半屏 |
| 16 | CS2 | I | 片选择信号，高电平时选择右半屏 |
| 17 | RST | I | 复位信号，低电平有效 |
| 18 | VEE | θ | LCD 驱动，负电压输出，对地接 10kΩ 电位器 |
| 19 | LEDA | — | 背光源正极（LED+5V） |
| 20 | LEDK | — | 背光源负极（LED−0V） |

接下来介绍一下比较重要的几个引脚。

3 号引脚：V0，调节对比度，相当于调节每个点显示出来的深浅，虽然只有亮与不亮两种选择，但亮的模式下相当于可以调节每个点到底多亮。

4 号引脚：RS，为 1 时，表示发送数据；为 0 时，表示发送命令。

5 号引脚：R/W，控制是往 LCD12864 读数据（1）还是写数据（0），要控制 LCD，当然是往里面写数据（0）。

6 号引脚：E，使能信号。

17 号引脚：RST，复位脚。

7 号引脚～14 号引脚：DB0～DB7 用来传输数据，一个字节 8 个位刚好。

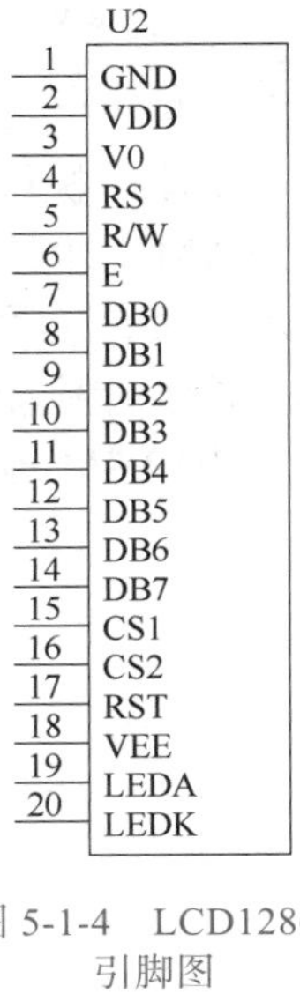

U2
1 GND
2 VDD
3 V0
4 RS
5 R/W
6 E
7 DB0
8 DB1
9 DB2
10 DB3
11 DB4
12 DB5
13 DB6
14 DB7
15 CS1
16 CS2
17 RST
18 VEE
19 LEDA
20 LEDK

图 5-1-4　LCD12864 引脚图

## 5.1.2　LCD12864 液晶控制器的指令说明

### 1. 显示开 / 关设置

12864 显示器的开头可以用指令来控制，见表 5-1-2。

表 5-1-2　显示开 / 关设置指令

| | R/W | RS | DB7 | DB6 | DB5 | DB4 | DB3 | DB2 | DB1 | DB0 |
|---|---|---|---|---|---|---|---|---|---|---|
| 编码 | L | L | L | L | H | H | H | H | H | H/L |

该指令的功能：设置屏幕显示开 / 关。

DB0=H，开显示；DB0=L，关显示。不影响显示 RAM（DDRAM，即显示数据随机存储器）中的内容。表 5-1-2 中的 R/W 表示读 / 写，RS 也称为 D/I，它表示数据 / 命令。

R/W 为低电平时，表示向 LCD 写入数据。

R/W 为高电平时，表示从 LCD 读出数据。

RS 为低电平时，DB0～DB7 为命令编码。

RS 为高电平时，DB0～DB7 为通信的数据。

2. 设置起始行

设置起始行见表 5-1-3。

表 5-1-3　设置起始行

| | R/W | RS | DB7 | DB6 | DB5 | DB4 | DB3 | DB2 | DB1 | DB0 |
|---|---|---|---|---|---|---|---|---|---|---|
| 编码 | L | L | H | H | 行地址（范围 0 ～ 63） | | | | | |

功能：执行该命令后，所设置的行将显示在屏幕的第一行。显示起始行是由 Z 地址计数器控制的，该命令自动将 A0～A5 位地址送入 Z 地址计数器，起始地址可以是 0～63 范围内任意一行。Z 地址计数器具有循环计数功能，用于显示行扫描同步，当扫描完一行后自动加 1。

3. 设置起始页

设置起始页见表 5-1-4。

表 5-1-4　设置起始页

| | R/W | RS | DB7 | DB6 | DB5 | DB4 | DB3 | DB2 | DB1 | DB0 |
|---|---|---|---|---|---|---|---|---|---|---|
| 编码 | L | L | H | L | H | H | H | 页地址（范围 0 ～ 7） | | |

功能：执行本指令后，下面的读写操作将在指定页内，直到重新设置。页地址也就是 DDRAM（即屏内置的显示缓存）的行地址，页地址存储在 X 地址计数器中，A0～A2 可表示 8 页，读写数据对页地址没有影响，除本指令可改变页地址外，复位信号（RST）可把页地址计数器内容清零。

DDRAM 地址映像表如图 5-1-5 所示。

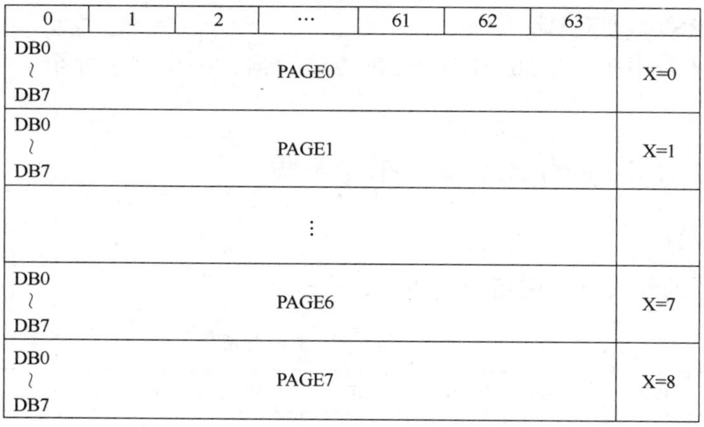

| 0 | 1 | 2 | … | 61 | 62 | 63 | |
|---|---|---|---|---|---|---|---|
| DB0 ≀ DB7 | PAGE0 | | | | | | X=0 |
| DB0 ≀ DB7 | PAGE1 | | | | | | X=1 |
| | ⋮ | | | | | | |
| DB0 ≀ DB7 | PAGE6 | | | | | | X=7 |
| DB0 ≀ DB7 | PAGE7 | | | | | | X=8 |

图 5-1-5　DDRAM 地址映像表

### 4. 设置列地址

设置列地址见表 5-1-5。

表 5-1-5　设置列地址

| | R/W | RS | DB7 | DB6 | DB5 | DB4 | DB3 | DB2 | DB1 | DB0 |
|---|---|---|---|---|---|---|---|---|---|---|
| 编码 | L | L | L | H | 列地址（范围 0 ～ 63） | | | | | |

功能：DDRAM 的列地址存储在 Y 地址计数器中，读写数据对列地址有影响，在对 DDRAM 进行读写操作后，Y 地址自动加 1。

### 5. 状态检测

状态检测见表 5-1-6。

表 5-1-6　状态检测

| | R/W | RS | DB7 | DB6 | DB5 | DB4 | DB3 | DB2 | DB1 | DB0 |
|---|---|---|---|---|---|---|---|---|---|---|
| 编码 | H | L | BF | L | ON/OFF | RST | L | L | L | L |

功能：读忙信号标志位（BF）、复位标志位（RST）以及显示状态位（ON/OFF）。

BF=H：表示内部正在执行操作。BF=L：表示空间状态。

RST=H：表示正处于复位初始化状态。RST=L：表示正常状态。

ON/OFF=H：表示显示关闭。ON/OFF=L；表示显示开启。

### 6. 写显示数据

写显示数据见表 5-1-7。

表 5-1-7　写显示数据

| | R/W | RS | DB7 | DB6 | DB5 | DB4 | DB3 | DB2 | DB1 | DB0 |
|---|---|---|---|---|---|---|---|---|---|---|
| 编码 | L | H | D7 | D6 | D5 | D4 | D3 | D2 | D1 | D0 |

功能：写数据到 DDRAM，DDRAM 是存储图形显示数据的，写指令执行后，Y 地址计数器会自动加 1。D0～D7 为 1 表示显示，为 0 表示不显示。写数据到 DDRAM 前，要先执行“设置页地址”及“设置列地址”命令。

### 7. 读显示数据

读显示数据见表 5-1-8。

表 5-1-8　读显示数据

| | R/W | RS | DB7 | DB6 | DB5 | DB4 | DB3 | DB2 | DB1 | DB0 |
|---|---|---|---|---|---|---|---|---|---|---|
| 编码 | H | H | D7 | D6 | D5 | D4 | D3 | D2 | D1 | D0 |

功能：从 DDRAM 读数据，读指令执行后 Y 地址计数器自动加 1。从 DDRAM 读数据前要先执行“设置页地址”及“设置列地址”命令。

**注意：**设置列地址后，首次读 DDRAM 中的数据时，须连续读操作两次，第二次才为正确数据。读内部状态则不需要此操作。

## 5.1.3　LCD12864 控制器接口的时序说明

1. 读操作时序

给 LCD12864 的 E 脚（使能脚）一个上升沿，R/W 脚（读 / 写脚）一个高电平，可以从其读出数据，如图 5-1-6 所示。

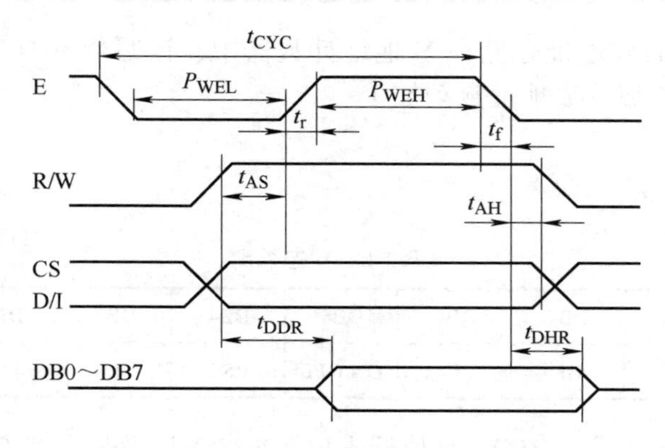


图 5-1-6　LCD12864 的读操作时序图

2. 写操作时序

给 LCD12864 的 E 脚（使能脚）一个下降沿，R/W 脚（读 / 写脚）一个低电平，可以对其写入数据，如图 5-1-7 所示。

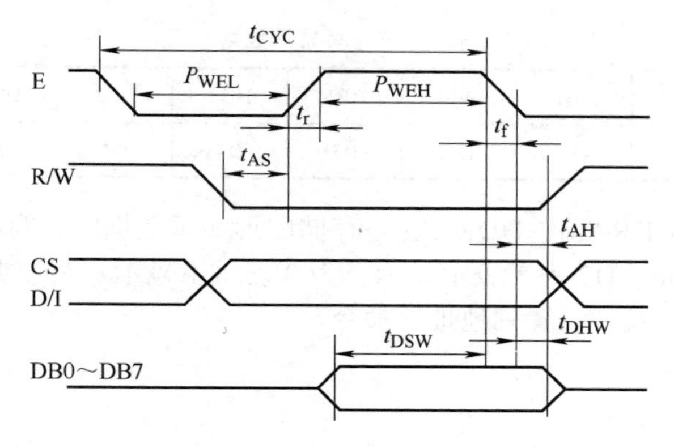


图 5-1-7　LCD12864 的写操作时序图

## 5.1.4　LCD12864 涉及的函数介绍

1）对液晶屏进行初始化的函数 LCD_Init()。

```
1.  void LCD_Init(void)
2.  {
3.      LCD_GpioInit();               //74HC595 信号引脚对应的 I/O 口功能初始化
4.      LCD12864_BL  = 0;             // 打开背光
```

```
5.     LCD12864_RST = 0;            // 对 LCD 复位
6.     delay_ms(100);
7.     LCD12864_RST = 1;
8.     delay_ms(1);
9.     LCD12864_CS1 = 1;            // 关左屏幕
10.     LCD12864_CS2 = 1;           // 关右屏幕
11.     LCD_WrCmd(0xC0);            // 设置显示起始行
12.     LCD_WrCmd(0x3F);            // 显示打开
13.     LCD_Clr()                   // 清屏
14.  }
```

2）清屏函数 LCD_Clr()。

```
1.  void LCD_Clr(void)
2.  {
3.      unsigned char i,x=0;
4.
5.      for(x=0;x<8;x++)
6.      {
7.          LCD_Select(x,0);        // 选中左屏
8.          for(i=0;i<64;i++)
9.          {
10.             LCD_WrData(0);      // 向 LCD12864 写数据
11.         }
12.
13.          LCD_Select(x,64);      // 选中右屏
14.          for(i=0;i<64;i++)
15.          {
16.             LCD_WrData(0);      // 向 LCD12864 写数据
17.          }
18.      }
19.  }
```

3）显示图片函数 void LCD_DispImg()。

```
1.  /* 入口参数:unsigned char x,unsigned char y,unsigned char wid,unsigned char lon,unsigned char code *img
2.  *          x—显示起始行,0～7(一行宽度为 8 个点)
3.  *          y—显示起始列,0～127,超过列显示无效
4.  *          wid—图片宽度,单位:像素点,最大值 64
5.  *          lon—图片长度,单位:像素点,最大值 128
6.  *          img—指针,指向待显示的图片 */
7.  void LCD_DispImg(unsigned char x,unsigned char y,unsigned char wid,unsigned char lon,unsigned char *img) // 指定位置显示特定大小的图片
8.  {
9.  unsigned char i=0,j=0,k;
10. k=wid/8;
11. for(i=x;i<(k+x);i++)
12. {
```

```
13.     LCD_Select(i,y);
14.     for(j=y;j<(lon+y);j++)
15.     {
16.         if(j == 64)
17.         {
18.             LCD_Select(i,j);  //选中右屏
19.         }
20.         LCD_WrData(*img);
21.         img++;
22.     }
23. }
24. }
```

### 5.1.5 BMP 图片取模

1. BMP 简介

BMP（Bitmap）是 Windows 操作系统中的标准图像文件格式，可以分成两类：设备相关位图和设备无关位图，使用非常广泛。它采用位映射存储格式，除了图像深度可选以外，不采用其他任何压缩，因此，BMP 文件所占用的空间很大。BMP 文件的图像深度可选 1bit、4bit、8bit 及 24bit。BMP 文件存储数据时，图像的扫描方式是按从左到右、从下到上的顺序。由于 BMP 文件格式是 Windows 环境中交换与图有关的数据的一种标准，因此在 Windows 环境中运行的图形图像软件都支持 BMP 图像格式。

2. BMP 的格式组成

1）位图头文件数据结构，它包含 BMP 图像文件的类型、显示内容等信息。

2）位图信息数据结构，它包含 BMP 图像的宽、高、压缩方法及定义颜色等信息。

3）调色板，这个部分是可选的，有些位图需要调色板，有些位图如真彩色图（24 位的 BMP）就不需要调色板。

4）位图数据，这部分的内容根据 BMP 位图使用的位数不同而不同，在 24 位图中直接使用 RGB，而其他小于 24 位的使用调色板中颜色索引值。

3. BMP 的位图类型

位图一共有两种类型，即设备相关位图和设备无关位图。

（1）设备无关位图（Device-Independent Bitmap，DIB）

DIB 包含下列的颜色和尺寸信息：原始设备（即创建图片的设备）的颜色格式；原始设备的分辨率；原始设备的调色板；一个位数位，由红、绿和蓝（RGB）三个值代表一个像素；一个数组压缩标志，用于表明数据的压缩方案。

（2）设备相关位图（Device-Dependent Bitmaps，DDB）

DDB 是被一个单个结构 BITMAP 所描述，这个结构的成员标明了该位图的宽度、高度和设备的颜色格式等信息。

4. 取模软件及设置

取模软件 PCtoLCD2002 可以对位图图片进行取模。事先准备像素大小不超过

128 × 64 像素的位图，可以利用图片处理软件如 Photoshop 将其他格式的图片转换为位图图片（.bmp）。

下面以一幅蜜蜂的位图 Bee.bmp（大小为 60 × 60 像素）为例，讲解如何使用取模软件以及如何设置。

首先，将 PCtoLCD2002 配置为图形模式，如图 5-1-8 所示。

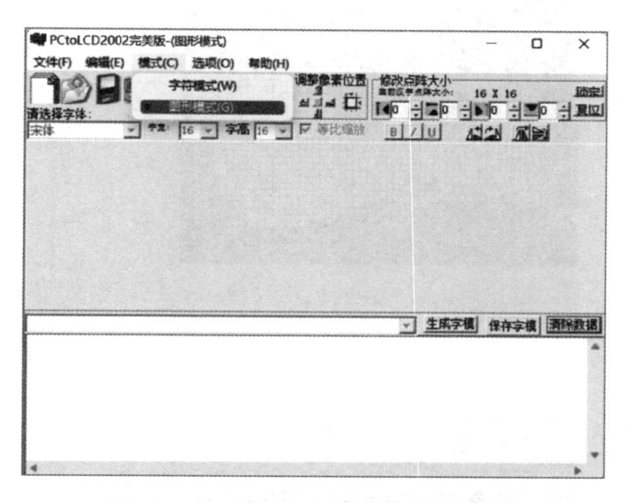


图 5-1-8　PCtoLCD2002 配置为图形模式

打开新建图像对话框，如图 5-1-9 所示，设置图片的宽度和高度分别为“60”。

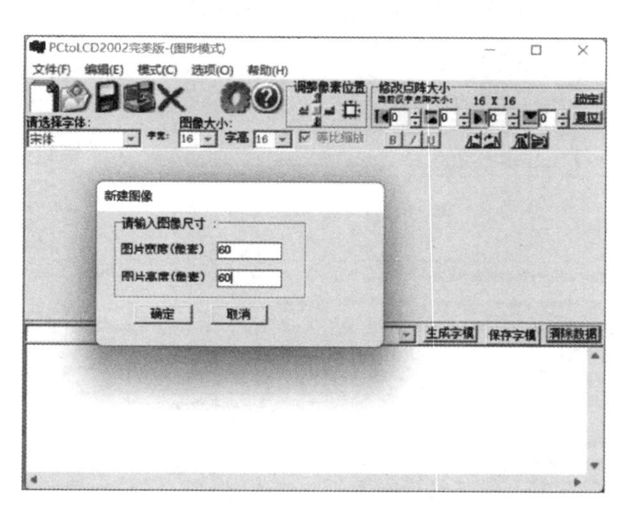


图 5-1-9　新建图像设置

如图 5-1-10 所示，导入 Bee.bmp 位图。

单击“生成字模”按钮，生成图片的字模，如图 5-1-11 所示。

复制产生的字模，打开 KeilMDK，在工程中新建一个名为“Image.h”的头文件，按照汉字显示实验的方法将图片的字模数据存储在名称为 gImage_test 的数组中，如图 5-1-12 所示。

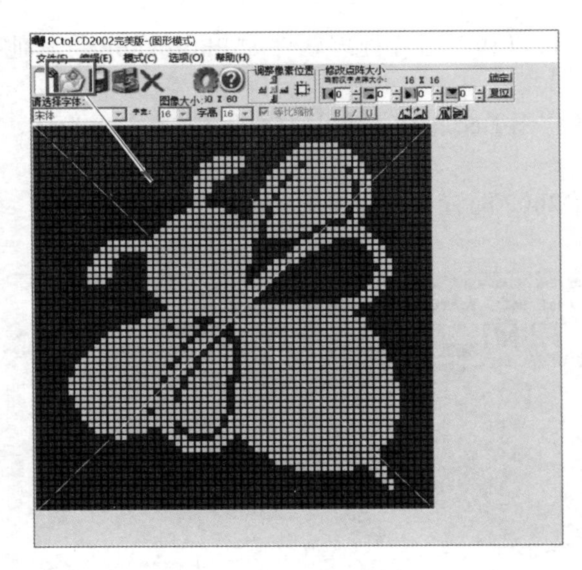

图 5-1-10　导入位图

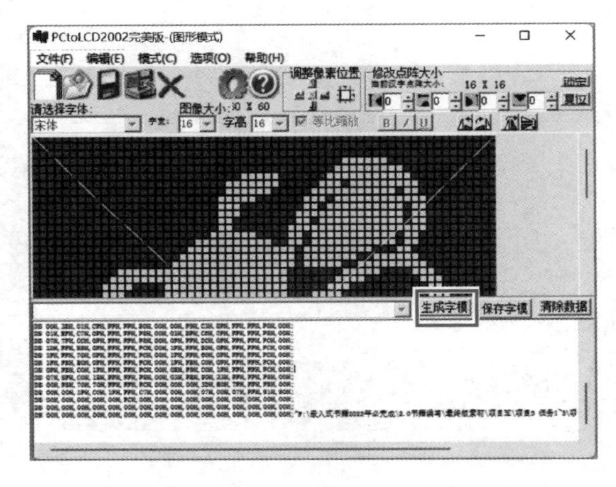

图 5-1-11　生成图片的字模

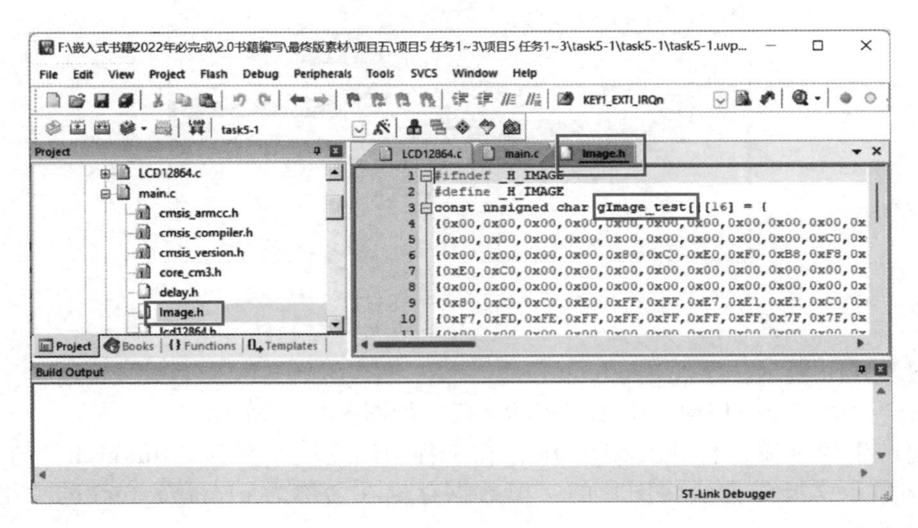

图 5-1-12　建立 Image.h 头文件

## 任务工单

### 任务工单 14　实现相册显示

| 项目 5：数码相册 | 任务 1：实现相册显示 |
|---|---|

**（一）练习习题**

扫描右侧的二维码，完成练习

实现相册显示

**（二）任务实施完成情况**

| 实施步骤 | 实施步骤具体操作 | 完成情况 |
|---|---|---|
| 步骤 1：新建工程文件夹，新建 Keil 工程，选择 MCU 型号，配置运行环境。在 CMSIS 中选择 Core，这样就把 ARM 核相关软件标准接口导入项目。其次，在 Device 中选择 Startup，这样就把系统启动相关软件接口导入项目。最后，在 StdPeriph Drivers 中根据需要选择外设，本例要通过 I/O 口连接液晶屏，需要 GPIO 驱动，任何外设都需要时钟驱动，需要把 RCC 驱动选中，选择 Framework，这样就可以把所需要的外设相关头文件自动包含进工程，极大地方便开发<br>配置项目：打开 Options for Target 配置目标，配置晶振频率为 12.0MHz，选择 Use MicroLIB，选择 Output 标签，选中 Create HEX File，这样产生用于下载到 MCU 的十六进制文件 | | |
| 步骤 2：向工程中添加如下 9 个文件，ascii8x16.h、delay.c、delay.h、LCD12864.c、LCD12864.h、stm32f103_config.h、sys.c、sys.h、main.c | | |
| 步骤 3：完善代码，实现在 LCD12864 液晶屏中显示图片操作 | | |
| 步骤 4：编译程序，生成 HEX 文件并烧写到开发板中 | | |
| 步骤 5：硬件搭建、测试效果 | | |

**（三）任务检查与评价**

| 项目名称 | 数码相册 | | | |
|---|---|---|---|---|
| 任务名称 | 实现相册显示 | | | |
| 评价方式 | 可采用自评、互评和教师评价等方式 | | | |
| 说明 | 主要评价学生在项目学习过程中的操作技能、理论知识、学习态度、课堂表现和学习能力等 | | | |
| 序号 | 评价内容 | 评价标准 | 分值 | 得分 |
| 1 | 知识运用（20%） | 掌握相关理论知识，理解本任务要求，制订详细计划，计划条理清晰，逻辑正确（20 分） | 20 分 | |
| | | 理解相关理论知识，能根据本任务要求制订合理计划（15 分） | | |
| | | 了解相关理论知识，有制订计划（10 分） | | |
| | | 无制订计划（0 分） | | |

（续）

<table>
<tr><th colspan="3">项目 5：数码相册</th><th colspan="2">任务 1：实现相册显示</th></tr>
<tr><th>序号</th><th>评价内容</th><th>评价标准</th><th>分值</th><th>得分</th></tr>
<tr><td rowspan="4">2</td><td rowspan="4">专业技能（40%）</td><td>在 Keil 中新建工程，满足任务要求，最后在 LCD12864 液晶屏显示图片，将生成的 HEX 文件烧写进开发板，并通过测试（40 分）</td><td rowspan="4">40 分</td><td rowspan="4"></td></tr>
<tr><td>完成代码，也烧写进开发板，但功能未完成，没有显示图片效果（30 分）</td></tr>
<tr><td>代码有语法错误，无法完成代码的烧写（20 分）</td></tr>
<tr><td>不愿完成任务（0 分）</td></tr>
<tr><td rowspan="4">3</td><td rowspan="4">核心素养（20%）</td><td>具有良好的自主学习和分析解决问题的能力，整个任务过程中有指导他人（20 分）</td><td rowspan="4">20 分</td><td rowspan="4"></td></tr>
<tr><td>具有较好的学习和分析解决问题的能力，任务过程中无指导他人（15 分）</td></tr>
<tr><td>能够主动学习并收集信息，有请教他人进行解决问题的能力（10 分）</td></tr>
<tr><td>不主动学习（0 分）</td></tr>
<tr><td rowspan="4">4</td><td rowspan="4">课堂纪律（20%）</td><td>设备无损坏，设备摆放整齐，工位区域内保持整洁，无干扰课堂秩序（20 分）</td><td rowspan="4">20 分</td><td rowspan="4"></td></tr>
<tr><td>设备无损坏，无干扰课堂秩序（15 分）</td></tr>
<tr><td>无干扰课堂秩序（10 分）</td></tr>
<tr><td>干扰课堂秩序（0 分）</td></tr>
<tr><td colspan="4">总得分</td><td></td></tr>
</table>

**（四）任务自我总结**

| 过程中遇到的问题 | 解决方式 |
| --- | --- |
| | |
| | |
| | |

## 任务小结

通过本任务的学习，应掌握利用 STM32 开发板实现在 LCD12864 中显示图片的操作，如图 5-1-13 所示。

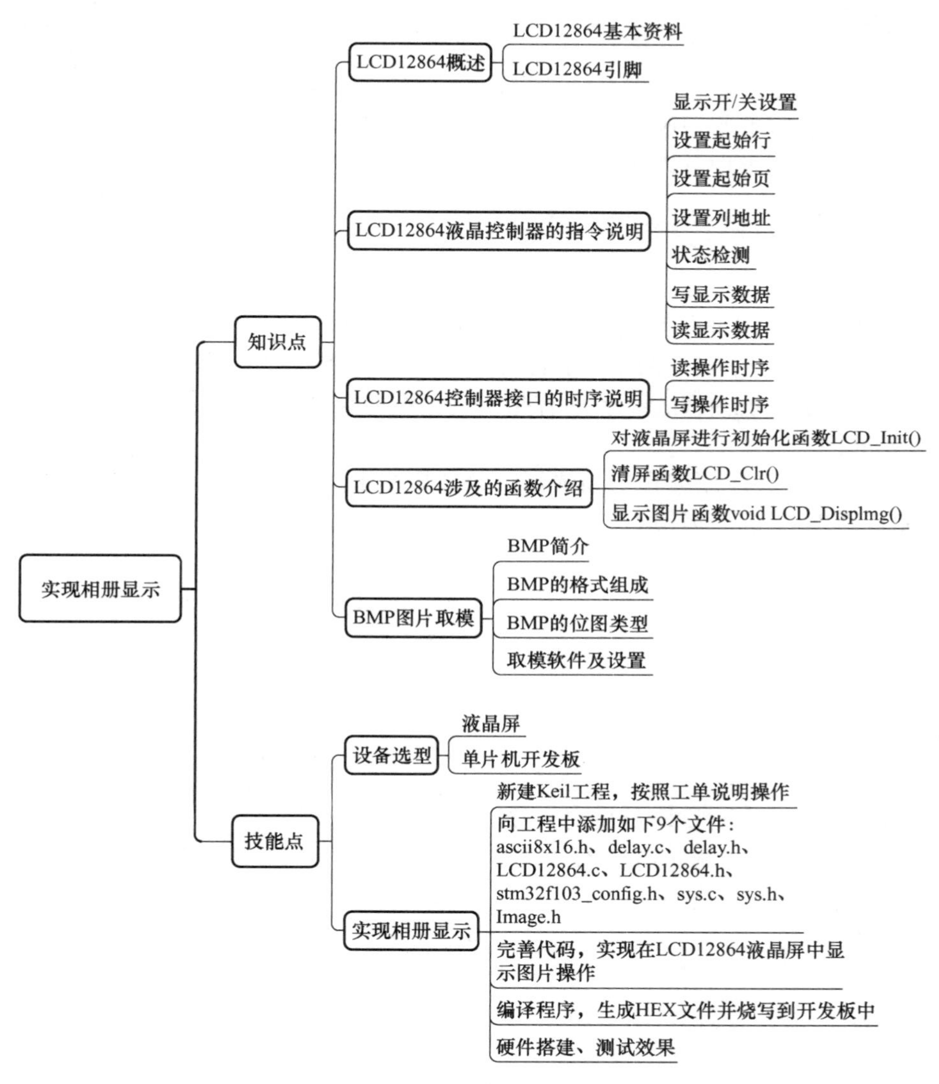


图 5-1-13　任务小结

## 任务拓展

拓展：查看液晶屏驱动函数声明，实现文字、图片混合显示。

# 任务 2　实现相册存储

## 职业能力目标

数码相册　实现相册存储

1）能根据功能需求进行数据存储的操作。

2）能根据功能需求使用函数对 Flash 进行读写操作。

3）能根据功能需求理解模块化编程的思想。

## 任务描述与要求

**任务描述：**某公司准备开发数码相册产品，经过慎重选型决定采用 STM32 系列单片机为控制单元，液晶屏则采用 LCD12864。技术团队将开发任务分为三个子任务，分步实现。此阶段为第二阶段，任务内容是实现数据的存储功能。

**任务要求：**

1）了解 IAP（在应用编程）相关函数原型与使用方法。

2）图片文件的写入与读取。

3）图片显示验证。

## 设备选型

设备需求如图 5-2-1 所示。

实现相册存储
1. 单片机开发板
2. 液晶显示屏

图 5-2-1　设备需求

1. 单片机开发板

根据任务分析，本书选择 STM32F1 系列开发板，读者可以根据手中现有的开发板进行合适的选型。

2. 液晶显示屏

液晶显示屏选择和本项目任务 1 选型一致。

## 知识储备

### 5.2.1　STM32 存储器架构

STM32F1 系列单片机拥有 Cortex-M 系列的处理器，可以对 32 位存储器进行寻址，因此存储器的寻址空间能够达到 4GB，这就意味着指令和数据共用相同的地址空间，也就是将程序存储器、数据存储器、寄存器和输入 / 输出端口组织在同一个 4GB 的线性地址空间内。数据字节以小端格式存放在存储器中。一个字里的最低地址字节被认为是该字的最低有效字节，而最高地址字节是最高有效字节。

4GB 的地址空间就是地址编码的范围。编码就是对每一个程序存储器、数据存储器、寄存器和输入输出端口（一个字节）分配唯一的地址号码，这个过程又称为“编址”或者“地址映射”。这个过程就好像在日常生活中人们给每家每户分配一个地址门牌号。与编码相对应的是“寻址”过程——分配一个地址号码给一个存储单元的目的是便于找到它，完成数据的读写，这就是“寻址”，因此地址空间有时又被称作“寻址空间”。

有了 4GB 的可寻址空间，就可通过寻址来操作相应的地址对象。这就需要将程序存储器、数据存储器、寄存器和输入 / 输出端口进行统一编号，也就是存储器映射。

存储器映射是指把芯片中或芯片外的 Flash、RAM、外设和 BOOTBLOCK 等进行统一编址，即用地址来表示对象。这个地址绝大多数是由厂家规定好的，用户只能用而不能改。用户只能在挂外部 RAM 或 Flash 的情况下才可进行自定义。

图 5-2-2a 为 Cortex-M3 存储器映射结构图，图 5-2-2b 为内存映射图。

Cortex-M3 是 32 位的内核，其 PC 指针可以指向 $2^{32}$=4GB 的地址空间，也就是 0x0000 0000～0xFFFF FFFF 这一大块空间。根据图中描述，Cortex-M3 内核将 0x0000 0000～0xFFFF FFFF 这块 4GB 大小的空间分成 8 大块（Block）：代码、SRAM、外设、外部 RAM、外部设备、专用外设总线（内部）、专用外设总线（外部）和特定厂商等，因此使用该内核的设计者必须按照这个进行各自芯片的存储器结构设计。

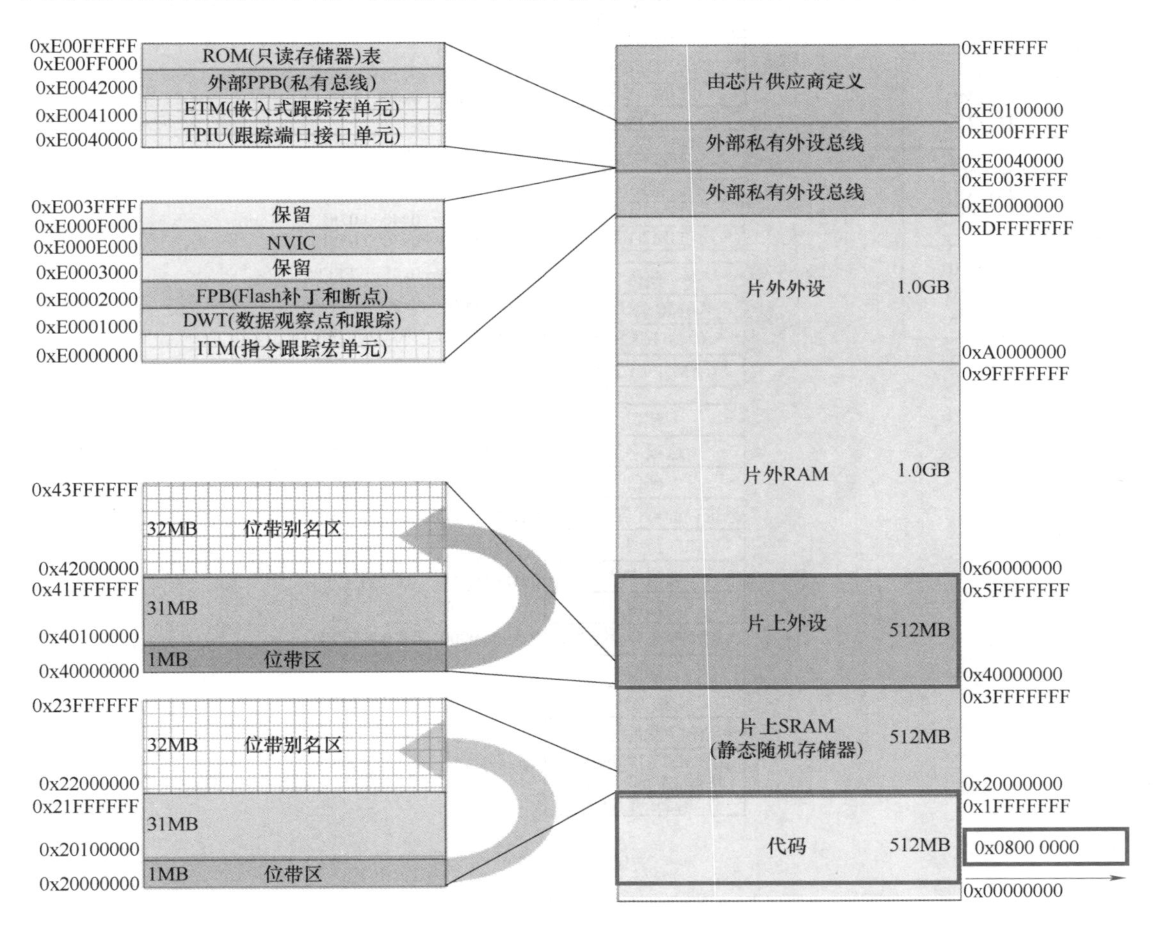


a) 存储器映射结构图

图 5-2-2 STM32 存储器架构

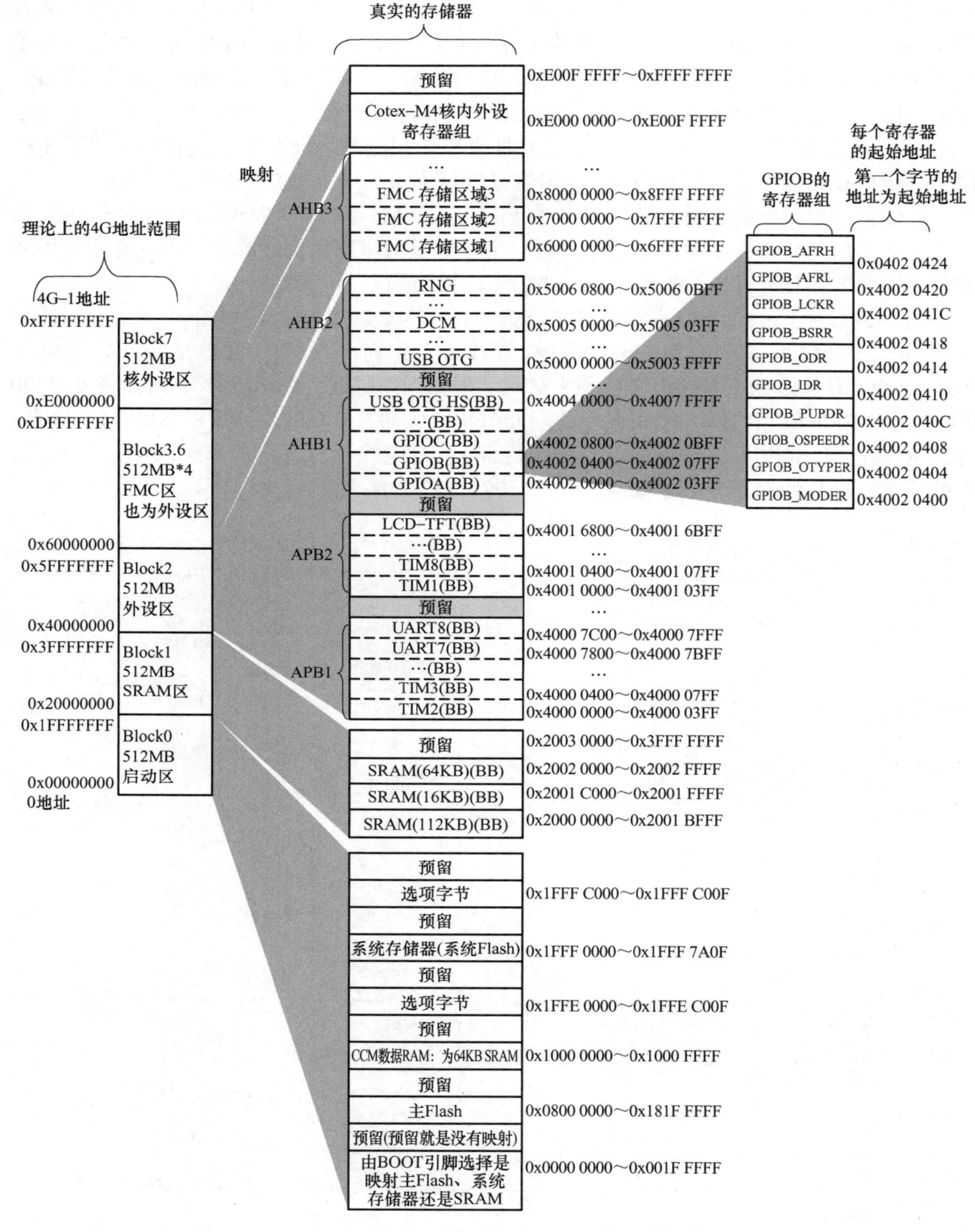


b) 内存映射图

图 5-2-2　STM32 存储器架构（续）

STM32 的 Flash 地址起始于 0x0800 0000，结束地址是 0x0800 0000 加上芯片实际的 Flash 大小，不同的芯片 Flash 大小不同。

RAM 起始地址是 0x2000 0000，结束地址是 0x2000 0000 加上芯片的 RAM 大小。不同的芯片 RAM 也不同。

Flash 中的内容一般用来存储代码和一些定义为 const 的数据，断电不丢失，RAM 可以理解为内存，用来存储代码运行时的数据、变量等。掉电数据丢失。STM32 将外设等都映射为地址的形式，对地址的操作就是对外设的操作。

STM32 的外设地址从 0x4000 0000 开始，在库文件中，是通过基于 0x4000 0000 地址的偏移量来操作寄存器以及外设的。

一般情况下，程序文件是从 0x0800 0000 地址写入，这个是 STM32 开始执行的地方，0x0800 0004 是 STM32 的中断向量表的起始地址。

在使用 Keil 进行编写程序时，其编程地址的设置一般如图 5-2-3 所示。

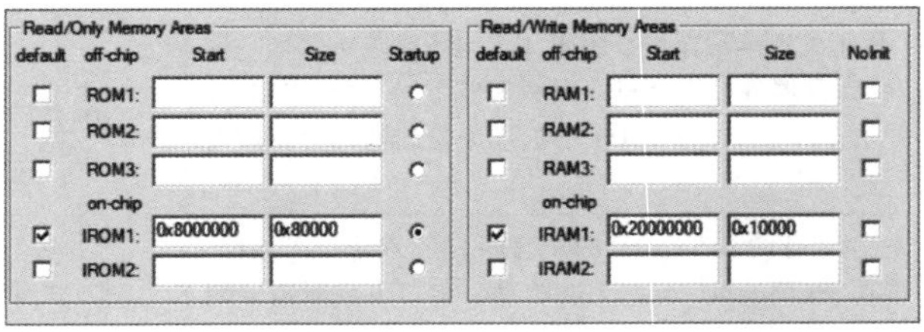

图 5-2-3　编程地址设置

程序的写入地址从 0x0800 0000（数好零的个数）开始，其大小为 0x80000，也就是 512KB 的空间，换句话说就是告诉编译器 Flash 的空间是从 0x0800 0000～0x0808 0000，RAM 的地址从 0x2000 0000 开始，大小为 0x10000，也就是 64KB 的 RAM。这与 STM32 的内存地址映射关系是对应的。

M3 复位后，从 0x0800 0004 取出复位中断的地址，并且跳转到复位中断程序，中断执行完之后会跳到 main 函数，main 函数里边一般是一个死循环，进去后就不会再退出，当有中断发生时，M3 将 PC 指针强制跳转回中断向量表，然后根据中断源进入对应的中断函数，执行完中断函数之后，再次返回 main 函数中。大致的流程就是这样。

Cortex-M3 的存储器映射功能分类见表 5-2-1。

表 5-2-1　Cortex-M3 的存储器映射功能分类

| 序号 | 用途 | 地址范围 |
| --- | --- | --- |
| Block 0 | Code | 0x0000 0000 ～ 0x1FFF FFFF（512MB） |
| Block 1 | SRAM | 0x2000 0000 ～ 0x3FFF FFFF（512MB） |
| Block 2 | 片上外设 | 0x4000 0000 ～ 0x5FFF FFFF（512MB） |
| Block 3 | FSMC 的 bank1 ～ bank2 | 0x6000 0000 ～ 0x7FFF FFFF（512MB） |
| Block 4 | FSMC 的 bank3 ～ bank4 | 0x8000 0000 ～ 0x9FFF FFFF（512MB） |
| Block 5 | FSMC 寄存器 | 0xA000 0000 ～ 0xBFFF FFFF（512MB） |
| Block 6 | 没有使用 | 0xC000 0000 ～ 0xDFFF FFFF（512MB） |
| Block 7 | Cortex-M3 内部外设 | 0xE000 0000 ～ 0xFFFF FFFF（512MB） |

在这 8 个 Block 里面，有三个 Block 非常重要，也是最关心的三个块，分别是：① Block 0，用来设计成内部 Flash；② Block 1，用来设计成内部 RAM；③ Block 2，用

来设计成片上的外设。这三个 Block 内部具体区域功能划分如下。

存储器 Block 0 内部区域功能划分：Block 0 主要用于设计片内的 Flash，STM32F1 系列的 Flash 就是 512KB，属于大容量。

Block 1 用于设计片内 SRAM。本书使用的 STM32F1 系列的 SRAM 是 64KB。

Block 2 用于片上外设，根据外设的总线速度不同，Block 被分成了 APB 和 AHB 两部分，其中 APB 又被分为 APB1 和 APB2。

具体功能划分即块用途见表 5-2-2。

表 5-2-2　块用途

| 块 | 用途说明 | 地址范围 |
| --- | --- | --- |
| Block 0 | 预留 | 0x1FFE C008 ～ 0x1FFF FFFF |
| | 选项字节：用于配置读写保护、BOR（欠电压复位）级别、软件 / 硬件看门狗以及器件处于待机或停止模式下的复位。当芯片不小心被锁住之后，可以从 RAM 里面启动来修改这部分相应的寄存器位 | 0x1FFF F800 ～ 0x1FFF F80F |
| | 系统存储器：里面存的是 ST 出厂时烧写的 ISP（在系统可编程）自举程序（即 BootLoader），用户无法改动。串口下载时需要用到这部分程序 | 0x1FFF F000 ～ 0X1FFF F7FF |
| | 预留 | 0x0808 0000 ～ 0x1FFF EFFF |
| | Flash：本书的程序就放在这里 | 0x0800 0000 ～ 0x0807 FFFF（512KB） |
| | 预留 | 0x0008 0000 ～ 0x07FF FFFF |
| | 取决于 BOOT 引脚，为 Flash、系统存储器和 SRAM 的别名 | 0x0000 0000 ～ 0x0007 FFFF |
| Block 1 | 预留 | 0x2001 0000 ～ 0x3FFF FFFF |
| | SRAM 64KB | 0x2000 0000 ～ 0x2000 FFFF |
| Block 2 | APB1 总线外设 | 0x4000 0000 ～ 0x4000 77FF |
| | APB2 总线外设 | 0x4001 0000 ～ 0x4001 3FFF |
| | AHB 总线外设 | 0x4001 8000 ～ 0x5003 FFFF |

## 5.2.2　STM32 的内部 Flash 简介

在 STM32 芯片内部有一个 Flash 存储器，它主要用于存储代码，在计算机上编写好应用程序后，使用下载器把编译后的代码文件烧录到该内部 Flash 中，由于 FLASH 存储器的内容在掉电后不会丢失，芯片重新上电复位后，内核可从内部 Flash 中加载代码并运行。STM32 的内部框架如图 5-2-4 所示。

除了使用外部的工具（如下载器）读写内部 Flash 外，STM32 芯片在运行时，也能对自身的内部 Flash 进行读写，因此，若内部 Flash 存储了应用程序后还有剩余的空间，可以把它像外部 SPI-Flash 那样利用起来，存储一些程序运行时产生的需要掉电保存的数据。

由于访问内部 Flash 的速度要比外部的 SPI-Flash 快得多，所以在紧急状态下常常会使用内部 Flash 存储关键记录；为了防止应用程序被抄袭，有的应用会禁止读写内部 Flash 中的内容，或者在第一次运行时计算加密信息并记录到某些区域，然后删除自身的部分加密代码，这些应用都涉及内部 Flash 的操作。

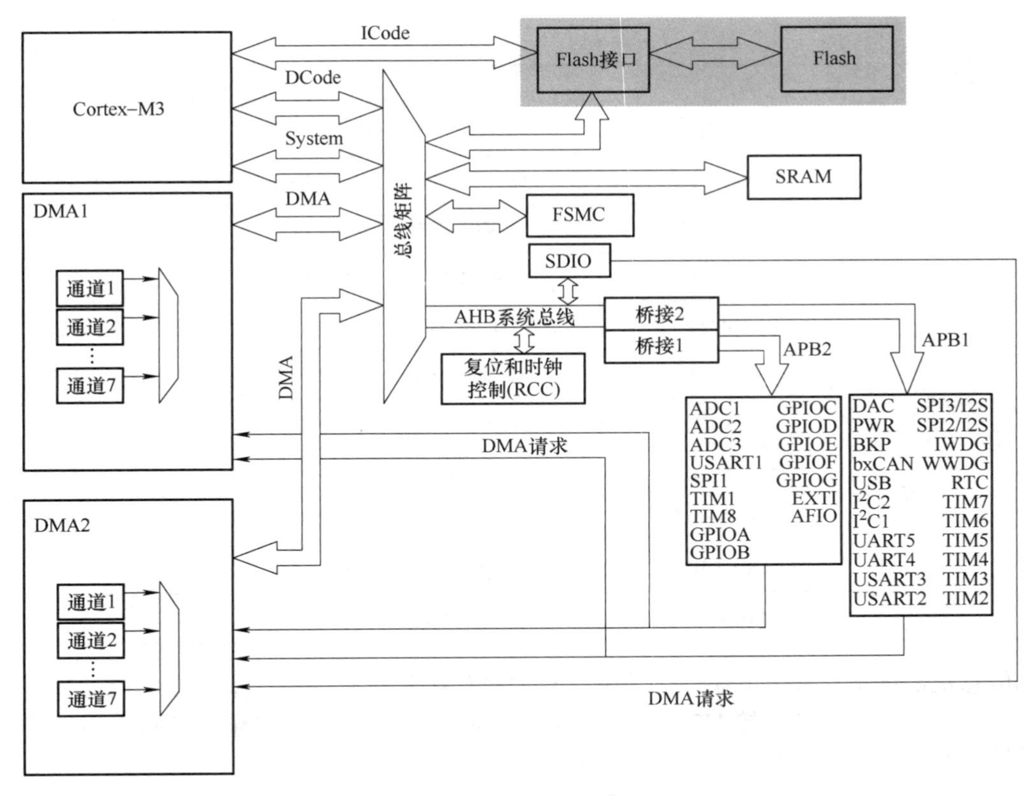


图 5-2-4　STM32 的内部框架图

## 5.2.3　STM32 的 Flash 读写函数

STM32 大容量产品内部 Flash 模块由主存储器、信息块和 Flash 存储器接口寄存器三部分组成，见表 5-2-3。主存储器，用来存放代码和数据常数（如 const 类型的数据）。对于大容量产品，其被划分为 256 页，每页 2KB。**注意**，小容量和中容量产品则每页只有 1KB。如主存储器的起始地址是 0x0800 0000，B0、B1 都接 GND 时，就是从 0x0800 0000 开始运行代码。

表 5-2-3　STM32 大容量产品内部 Flash 的构成

| 区域 | 名称 | 块地址 | 大小 |
|---|---|---|---|
| 主存储器 | 页 0 | 0x0800 0000 ~ 0x0800 07FF | 2KB |
| | 页 1 | 0x0800 0800 ~ 0x0800 0FFF | 2KB |
| | 页 2 | 0x0800 1000 ~ 0x0800 17FF | 2KB |
| | 页 3 | 0x0800 1800 ~ 0x0800 FFFF | 2KB |
| | ⋮ | ⋮ | ⋮ |
| | 页 255 | 0x0807 F800 ~ 0x0807 FFFF | 2KB |

（续）

| 区域 | 名称 | 块地址 | 大小 |
|---|---|---|---|
| 信息块 | 系统存储器 | 0x1FFF F000 ~ 0x1FFF F7FF | 2KB |
| | 选择字节 | 0x1FFF F800 ~ 0x1FFF F80F | 16KB |
| 闪存存储器接口寄存器 | FLASH_ACR | 0x4002 2000 ~ 0x4002 2003 | 4 |
| | FLASH_KEYR | 0x4002 2004 ~ 0x4002 2007 | 4 |
| | FLASH_OPTKEYR | 0x4002 2008 ~ 0x4002 200B | 4 |
| | FLASH_SR | 0x4002 200C ~ 0x4002 200F | 4 |
| | FLASH_CR | 0x4002 2010 ~ 0x4002 2013 | 4 |
| | FLASH_AR | 0x4002 2014 ~ 0x4002 2017 | 4 |
| | 保留 | 0x4002 2018 ~ 0x4002 201B | 4 |
| | FLASH_OBR | 0x4002 201C ~ 0x4002 201F | 4 |
| | FLASH_WRPR | 0x4002 2020 ~ 0x4002 2023 | 4 |

信息块部分分为两个小部分，其中启动程序代码是用来存储厂家自带的启动程序，用于串口下载代码，当B0接V3.3、B1接GND时，运行的就是这部分代码。用户选择字节，则一般用于配置写保护、读保护等功能。

Flash存储器接口寄存器，用于控制Flash读写等，是整个Flash模块的控制机构。Flash读取时，内置Flash模块可以在通用地址空间直接寻址，任何32位数据的读操作都能访问Flash模块的内容并得到相应的数据。读接口在Flash端包含一个读控制器，还包含一个AHB接口与CPU衔接。这个接口的主要工作是产生读闪存的控制信号并预取CPU要求的指令块，预取指令块仅用于在I-Code总线上的取指操作，数据常量是通过D-Code总线访问的。这两条总线的访问目标是相同的Flash模块，访问D-Code将比预取指令优先级高。

这里要特别留意一个Flash等待时间，因为CPU运行速度比Flash快得多，STM32F103的Flash最快访问速度≤24MHz，如果CPU频率超过这个速度，那么必须加入等待时间，如一般使用72MHz的主频，那么Flash等待周期就必须设置为2，该设置通过FLASH_ACR寄存器设置。在STM32CubeMX的HAL库中，对以上操作步骤整合，封装到了4个函数中。

1）FLASH_ErasePage()API，可以对Flash进行按页或块擦除。

原型：FLASH_Status FLASH_ErasePage（uint32_t Page_Address）。

所在文件：stm32f10x_flash.h。

2）FLASH_ProgramWord()API，对Flash进行编程。

原型：FLASH_Status FLASH_ProgramWord（uint32_t Address，uint32_t Data）。

所在文件：stm32f10x_flash.h。

3）FLASH_Unlock()API，在调用Flash编程函数之前调用，用于解锁Flash。

4）FLASH_Lock()API，执行完编程API后调用，锁Flash，避免误操作。

有了以上函数，对Flash的读写步骤变得非常简单。

Flash 的读写操作之前都要进行解锁操作，读写完成后也要相应地进行锁定操作。这样严格的操作流程可有效避免误操作给程序带来不可预知的问题。

### 5.2.4 STM32 的 Flash 实现思路

1. 实现功能

本任务要实现数据的存储以及读取验证工作。根据知识储备以及本项目任务 1 实现的功能，可以将一个数字 0x2345 存储到 STM32 的 Flash 中，然后读取显示在液晶屏上，达到验证的效果。

2. 数据存储

根据知识储备，数据存储之前应当先擦除相应存储空间的信息，然后才是写入相应的数据，最后是读取。在读写操作之间都应该严格遵循 Flash 的解锁与锁定操作。HAL 库相应擦除函数、写入函数事实上已经在内部集成了该操作，所以在程序调用中，代码可得到更进一步的简化。Flash 的读取没有专门的函数，可以自行实现，读取相应地址的数据即可。

3. 数据显示

数据的液晶屏显示可在本项目任务 1 的基础上修改完成。

## 任务工单

任务工单 15　实现相册存储

| 项目 5：数码相册 | 任务 2：实现相册存储 |
| --- | --- |

**（一）练习习题**

扫描右侧的二维码，完成练习

实现相册存储

**（二）任务实施完成情况**

| 实施步骤 | 实施步骤具体操作 | 完成情况 |
| --- | --- | --- |
| 步骤 1：将本项目任务 1 的工程文件夹复制副本，改名为 task5-2，双击进入目录中，将 task5-1.uvprojx 更改为 task5-2.uvprojx，保留更改的文件和 src 文件夹，其他删除 | | |
| 步骤 2：打开工程后，先编译，之后打开运行环境，勾选 Flash 选项 | | |
| 步骤 3：完善代码，实现读写 Flash 数据信息，显示在 LCD12864 液晶屏中 | | |
| 步骤 4：编译程序，生成 HEX 文件并烧写到开发板中 | | |
| 步骤 5：硬件搭建，测试效果 | | |

（续）

| 项目 5：数码相册 | 任务 2：实现相册存储 |
| --- | --- |

（三）任务检查与评价

| 项目名称 | 数码相册 |
| --- | --- |
| 任务名称 | 实现相册存储 |
| 评价方式 | 可采用自评、互评和教师评价等方式 |
| 说明 | 主要评价学生在项目学习过程中的操作技能、理论知识、学习态度、课堂表现和学习能力等 |

| 序号 | 评价内容 | 评价标准 | 分值 | 得分 |
| --- | --- | --- | --- | --- |
| 1 | 知识运用（20%） | 掌握相关理论知识，理解本任务要求，制订详细计划，计划条理清晰，逻辑正确（20 分） | 20 分 | |
| | | 理解相关理论知识，能根据本任务要求制订合理计划（15 分） | | |
| | | 了解相关理论知识，有制订计划（10 分） | | |
| | | 无制订计划（0 分） | | |
| 2 | 专业技能（40%） | 在 Keil 中新建工程，满足任务要求，最后在 LCD12864 液晶屏显示图片，将生成的 HEX 文件烧写进开发板，并通过测试（40 分） | 40 分 | |
| | | 完成代码，也烧写进开发板，但功能未完成，没有数据显示（30 分） | | |
| | | 代码有语法错误，无法完成代码的烧写（20 分） | | |
| | | 不愿完成任务（0 分） | | |
| 3 | 核心素养（20%） | 具有良好的自主学习和分析解决问题的能力，整个任务过程中有指导他人（20 分） | 20 分 | |
| | | 具有较好的学习和分析解决问题的能力，任务过程中无指导他人（15 分） | | |
| | | 能够主动学习并收集信息，有请教他人进行解决问题的能力（10 分） | | |
| | | 不主动学习（0 分） | | |
| 4 | 课堂纪律（20%） | 设备无损坏，设备摆放整齐，工位区域内保持整洁，无干扰课堂秩序（20 分） | 20 分 | |
| | | 设备无损坏，无干扰课堂秩序（15 分） | | |
| | | 无干扰课堂秩序（10 分） | | |
| | | 干扰课堂秩序（0 分） | | |
| 总得分 | | | | |

（续）

| 项目 5：数码相册 | 任务 2：实现相册存储 |
|---|---|
| **（四）任务自我总结** | |
| 过程中遇到的问题 | 解决方式 |
| | |
| | |
| | |

## 任务小结

通过本任务的学习，掌握利用 STM32 的 Flash 模拟 EEPROM（电擦除可编程只读存储器）方法以及多个库函数的使用，如图 5-2-5 所示。

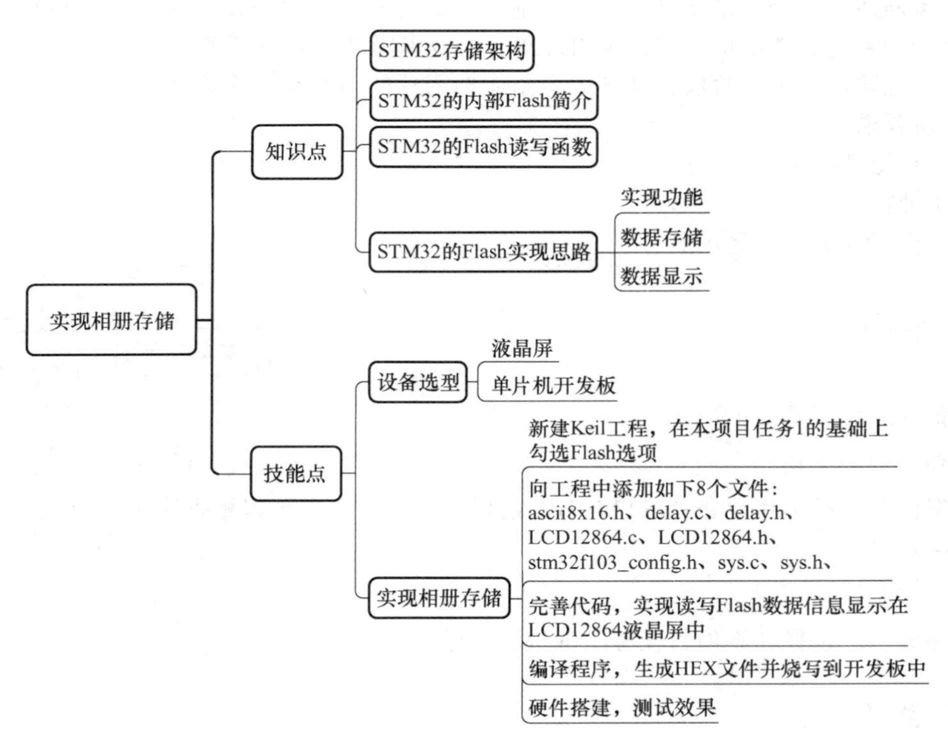


图 5-2-5　任务小结

## 任务拓展

拓展：按照本任务格式，存储 32 字节 uint8_t 型随机数组到 Flash 中，然后将其读出显示到液晶屏上。

# 任务3　实现数码相册

## 职业能力目标

数码相册　实现数码相册

1）能根据任务要求快速查阅硬件连接资料，准确搭建设备环境。

2）能根据任务要求编制相应代码，实现按键功能。

3）能根据任务要求编制相应代码，实现图片存储的轮换显示、删除功能。

## 任务描述与要求

**任务描述：** 某公司准备开发数码相册产品，经过慎重选型决定采用STM32系列单片机为控制单元，液晶屏则采用LCD12864。技术团队将开发任务分为三个子任务，分步实现。此阶段为第三阶段，任务内容是实现图片的切换和删除等操作。

**任务要求：**

1）移植液晶驱动。

2）捕捉按键。

3）按键控制图片显示。

## 设备选型

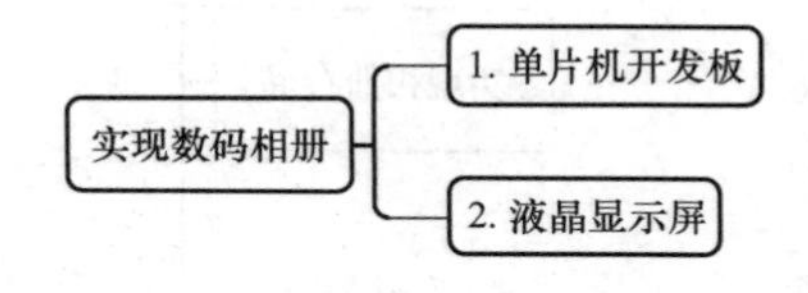

图5-3-1　设备需求

设备需求如图5-3-1所示。

1. 单片机开发板

根据任务分析，本书选择STM32F1系列开发板，读者可以根据手中现有的开发板进行合适的选型。

2. 液晶显示屏

液晶显示屏选择和本项目任务1的选型一致。

## 知识储备

### 5.3.1　数码相册

传统相册容量有限，又很占地方，而且随着时间的推移，相片还可能会褪色，让人对曾经的回忆也模糊起来。相较于传统的相册，数码相册不仅携带起来十分方便，容量和照片的“保鲜”度也是传统相册无法比拟的。

数码相册具有图、文、声、像等各种表现手法，具有修改编辑功能、快速检索方式和恒久保存等特性，还可以很方便地复制分享。这也是数码存储普遍的优势。

随着技术的进步和人们对数码产品的广泛应用，以及数码产品更新换代步伐的加快及功能的增强，数码相册的设计模板可以满足人们自助制作、编辑等需求，满足人们对生活品质不断提高的要求，同时也显示出其在生命力、价格和品质等方面的综合优势。数码化是相册产品的发展趋势。

使用强大的 STM32F1 单片机与 LCD12864 液晶屏，简易的数码相册功能是完全能够实现的。数码相册最基本功能包含图片的显示、切换、存储和删除等。通过本项目任务 1 和任务 2 实现了图片的显示和存储功能。在本任务中将通过按键操作实现对图片的切换和删除操作。如此，一个简易的数码相册基本功能就完成了。

## 5.3.2 系统结构

整个系统主要是由 STM32F1 开发板和其上按键以及 LCD12864 构成，如图 5-3-2 所示。它主要是通过程序存储在内部的 Flash 内，并通过 LCD12864 进行显示，当接收到按键的控制指令时，可以进行图片的切换及删除，按键 1 进行图片的切换操作，按键 2 进行图片的删除操作。

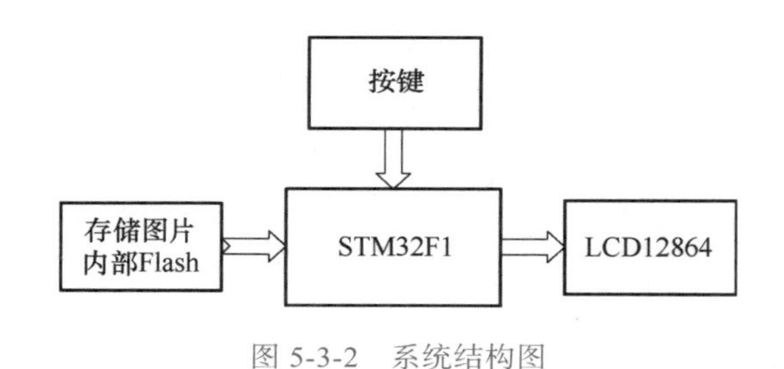


图 5-3-2 系统结构图

## 5.3.3 数码相册实现思路

### 1. 实现功能

本任务要在本项目任务 1 和任务 2 的基础上实现图片的显示切换和删除功能。首先，将三张图片存放到 STM32F1 中，默认显示第一张图片。按下“切换”键时，显示第二张图片，再次按下，则显示第三张图片，如此循环显示。在显示某张图片时，按下“删除”键，则相应的图片被删除。

### 2. 系统程序流程图

图 5-3-3 所示是整个系统的程序流程图，当程序烧录好后，程序先进行初始化，初始化完成后，显示屏会将第一张图片的数据读取出来进行显示，当按下 key1 按键时，程序会执行读取下一张图片数据的操作，并将下一张图片通过 LCD 显示出来；当按下 key2 按键时，程序会执行删除当前图片数据的操作，将当前图片删除掉并显示下一张图片，直至将图片删除完。

### 3. 增加按键功能

增加按键功能包含两部分内容，一是检测按键，二是给按键赋予相应的功能。

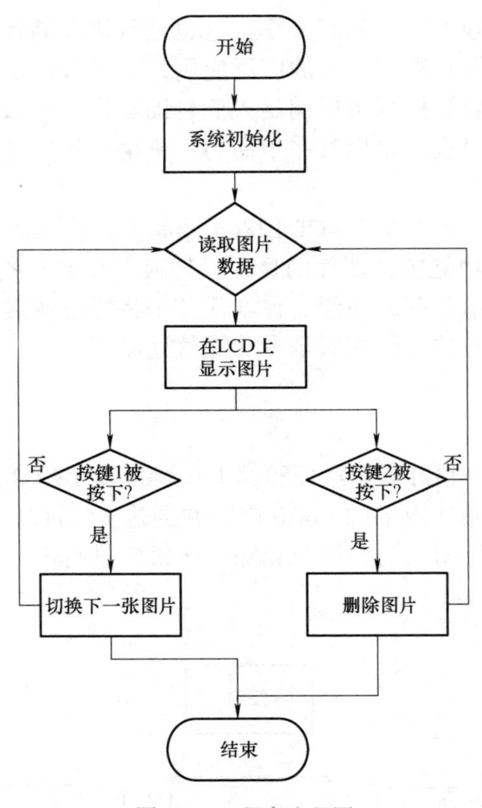


图 5-3-3　程序流程图

（1）检测按键

1）外部中断源的中断子程序，若 PC13 按键被按下就执行下面的中断子程序，进而到主函数中执行切换图片的操作。

```
void EXTI15_10_IRQHandler(void){                    // 外部中断源 10～15 的中断子
                                                    // 程序
    if(EXTI_GetITStatus(EXTI_Line13)!=RESET){       // 检查按键是否被按下
       Key1Down_Flag=1;                             // key1 按键按下标志
       EXTI_ClearFlag(EXTI_Line13);                 // 清除 EXTI 的行挂起标志
    }
}
```

2）轮询哪个按键被按下：if（！ GPIO_ReadInputDataBit（GPIOD，GPIO_Pin_13））。

使用 GPIO_ReadInputDataBit 函数轮询 PD13 按键是否被按下，若被按下，则去做删除图片操作，若没有被按下，继续判断这两个按键哪个被按下了。

（2）给按键赋予相应功能

1）PC13 按键被按下赋予的功能。

```
LCD_Clr();                                  // 清屏
          PicIndex++;
          if(PicIndex>=3)
             PicIndex=0;
```

```
        for(uint8_t i=0;i<3;i++)                              //切换显示图片
        {
            if(DelIndex[(PicIndex+i)%3]!=1)
            {
                LCD_Clr();
                LCD_DispImg(0,30,60,60,(unsigned char *)gImage
                [(PicIndex+i)%3]);
                Command_Status=0;
                PicIndex=(PicIndex+i)%3;
                break;
            }
        }
        if(DelIndex[0]+DelIndex[1]+DelIndex[2]==3)   //所有图片删除完毕
        {
            LCD_Clr();
            LCD_DispImg(0,30,60,60,(unsigned char *)gImage_
            NoPicture);
            Command_Status=0;
        }
```

2）PD13 按键被按下赋予的功能。

```
DelIndex[PicIndex]=1;
        LCD_Clr();
        PicIndex++;
        if(PicIndex>=3)                         //如果已经删除完所有图片
            PicIndex=0;                         //图片指针复位
        for(uint8_t i=0;i<3;i++)
        {
            if(DelIndex[(PicIndex+i)%3]!=1)
            {
                LCD_Clr();
                LCD_DispImg(0,30,60,60,(unsigned char *)
                gImage[(PicIndex+i)%3]);
                Command_Status=0;
                PicIndex=(PicIndex+i)%3;
                break;
            }
        }
        if(DelIndex[0]+DelIndex[1]+DelIndex[2]==3)   //所有图片删除完毕
        {
            LCD_Clr();
            LCD_DispImg(0,30,60,60,(unsigned char *)gImage_
            NoPicture);
            Command_Status=0;
        }
```

本任务重点描述按键功能的实现，也就是“切换”“删除”功能。

# 任务工单

任务工单 16　实现数码相册

| 项目 5：数码相册 | 任务 3：实现数码相册 |
|---|---|

实现数码相册

（一）练习习题

扫描右侧的二维码，完成练习

（二）任务实施完成情况

| 实施步骤 | 实施步骤具体操作 | 完成情况 |
|---|---|---|
| 步骤 1：新建 Keil 工程，在任务 2 的基础上选中 I²C 和 EXTI 选项 | | |
| 步骤 2：向工程中添加如下 9 个文件：ascii8x16.h、delay.c、delay.h、LCD12864.c、LCD12864.h、stm32f103_config.h、sys.c、sys.h、Image.h | | |
| 步骤 3：完善代码，实现在 LCD12864 液晶屏中通过按键进行图片的切换和删除 | | |
| 步骤 4：编译程序，生成 HEX 文件并烧写到开发板中 | | |
| 步骤 5：硬件搭建、测试效果 | | |

（三）任务检查与评价

| 项目名称 | 数码相册 | | | |
|---|---|---|---|---|
| 任务名称 | 实现数码相册 | | | |
| 评价方式 | 可采用自评、互评和教师评价等方式 | | | |
| 说明 | 主要评价学生在项目学习过程中的操作技能、理论知识、学习态度、课堂表现和学习能力等 | | | |
| 序号 | 评价内容 | 评价标准 | 分值 | 得分 |
| 1 | 知识运用（20%） | 掌握相关理论知识，理解本任务要求，制订详细计划，计划条理清晰，逻辑正确（20 分） | 20 分 | |
| | | 理解相关理论知识，能根据本任务要求制订合理计划（15 分） | | |
| | | 了解相关理论知识，有制订计划（10 分） | | |
| | | 无制订计划（0 分） | | |

（续）

| 项目 5：数码相册 | | | 任务 3：实现数码相册 | |
|---|---|---|---|---|
| 序号 | 评价内容 | 评价标准 | 分值 | 得分 |
| 2 | 专业技能（40%） | 在 Keil 中新建工程，满足任务要求，最后在 STM32 开发板实现按键控制 LCD12864 液晶屏显示图片，将生成的 HEX 文件烧写进开发板，并通过测试（40 分） | 40 分 | |
| | | 完成代码，也烧写进开发板，但功能未完成，没有图片显示，未实现切换和删除功能（30 分） | | |
| | | 代码有语法错误，无法完成代码的烧写（20 分） | | |
| | | 不愿完成任务（0 分） | | |
| 3 | 核心素养（20%） | 具有良好的自主学习和分析解决问题的能力，整个任务过程中有指导他人（20 分） | 20 分 | |
| | | 具有较好的学习和分析解决问题的能力，任务过程中无指导他人（15 分） | | |
| | | 能够主动学习并收集信息，有请教他人进行解决问题的能力（10 分） | | |
| | | 不主动学习（0 分） | | |
| 4 | 课堂纪律（20%） | 设备无损坏，设备摆放整齐，工位区域内保持整洁，无干扰课堂秩序（20 分） | 20 分 | |
| | | 设备无损坏，无干扰课堂秩序（15 分） | | |
| | | 无干扰课堂秩序（10 分） | | |
| | | 干扰课堂秩序（0 分） | | |
| 总得分 | | | | |

**（四）任务自我总结**

| 过程中遇到的问题 | 解决方式 |
|---|---|
| | |
| | |
| | |

## 任务小结

通过本任务的学习，应掌握 STM32 与 LCD12864 液晶屏组合的数码相册功能。该数码相册具备图片的显示、存储、切换和删除等功能，如图 5-3-4 所示。

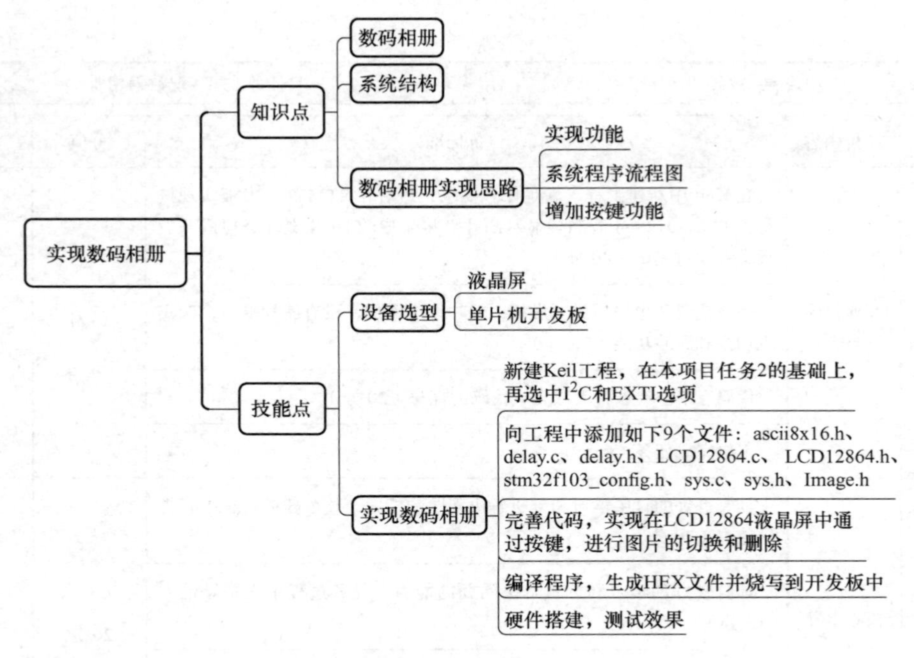


图 5-3-4　任务小结

## 任务拓展

拓展：实现按键操作的文字提示功能，即识别按键操作后在屏幕的左上角显示操作命令。如果命令能够正常执行，则显示命令名称；如果命令不能正常执行，则提示错误。

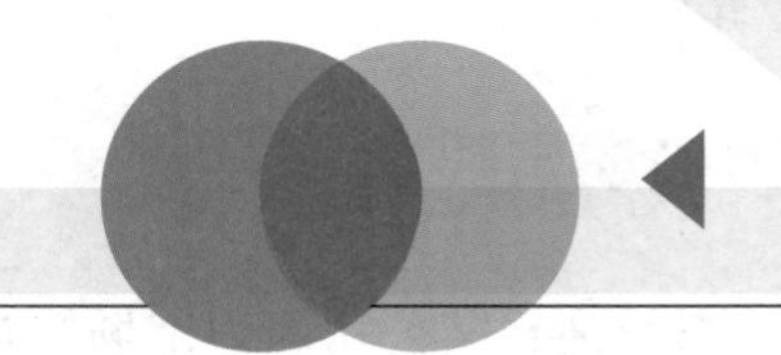

# 项目6

# 电子时钟

## 引导案例

小华每天早上都被闹钟惊醒，闹钟真是美梦的终结者！

现在，多功能的电子时钟已经成为人们生活的重要组成部分，出现在生活中的各个场景。

传统的电子时钟一般只有显示时间和闹钟定时的功能，功能上比较单一，无法满足人们生活中的多元需求。随着社会的发展，科技的逐渐进步，智能设备越来越多地走入人们的生活，多功能电子时钟就是其中之一。家庭中的多功能电子时钟，除了显示时间，有的还具有显示温度、光照数据，检测室内空气质量，将室内环境数据发送到移动端进行查看的功能。这样人们随时随地都可以知道家里的环境状况。未来，配合智能家居的发展，电子时钟不再仅具有这些功能，还会实现更多的功能，也将更加便捷、智能。

生活中的多功能电子时钟如图 6-0-1 所示。读者可以思考一下，生活中还有哪些多功能电子时钟？未来的多功能电子时钟会是什么样子？

图 6-0-1　生活中的多功能电子时钟

# 任务 1　采集数据

## 职业能力目标

电子时钟
采集数据

1）能根据 MCU 编程手册，利用 STM32CubeMX 软件，准确对 ADC 进行配置。

2）能利用温湿度光电传感器的知识，通过编写代码，准确获取湿度、光照数据。

## 任务描述与要求

**任务描述：**某公司因为市场需要，准备研发一款多功能电子时钟。经过研究考察，准备使用 STM32 单片机和 PCF8563 时钟芯片以及湿度、光照传感器实现多功能需求。本项目主要分为三个任务，本任务主要进行湿度和光照数据的获取。

**任务要求：**

1）配置单片机的 ADC。

2）获取湿度和光照数据并通过串口显示。

## 设备选型

设备需求如图 6-1-1 所示。

1. 单片机开发板

根据项目任务分析，本书选择 STM32F1 系列的开发板，读者可以根据手中现有的开发板进行合适的选型。

2. 温湿度传感器模块

根据本任务分析，需要在电子时钟显示湿度和光照，所以可以根据需要选择温湿度 + 光照传感器模块。本书选择温湿度和光照传感器为一体的模块，温湿度模块是 SHT3X，温湿度 + 光照传感器模块实物如图 6-1-2 所示。

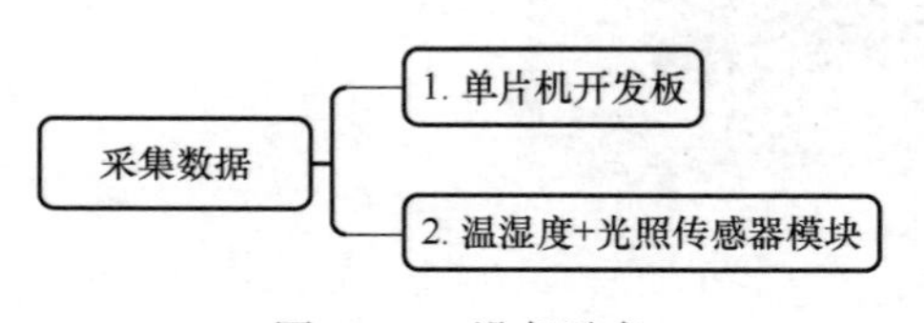


图 6-1-1　设备需求

图 6-1-2　温湿度 + 光照传感器模块实物

## 知识储备

### 6.1.1　多功能电子时钟

电子时钟主要是利用电子技术将时钟电子化、数字化，拥有时钟精确、体积小、界面友好和可拓展性强的特点，被广泛用于生活和工作中。另外，在生活和工农业生产中，也常常需要湿度监测，这就需要电子时钟具有多功能性。

电子时钟是采用电子电路实现将时、分、秒进行数字显示的即时装置，广泛应用于个人、家庭、车站、码头和办公室等场所，是人们日常生活的必需品。由于数字集成电路的发展和石英晶体振荡器的广泛应用，电子时钟的精度远远超过老式钟表，钟表的数字化给人们生产带来了极大的方便，而且扩展了老式钟表的功能，诸如定时报警、闹钟和定时开关等。另外，温度、湿度和光照等实时显示系统应用越来越广泛，如热水器显示温度等。如果能够在电子时钟上附加温度、湿度和光照采集功能，将使电子时钟的应用更加广泛。

## 6.1.2 温湿度传感器 SHT3X

SHT3X 是 Sensirion（盛思锐）公司新一代的温湿度传感器，精度为 ±2%RH（相对湿度）和 ±0.3℃，输入电压范围从 2.4～5.5V，采用 $I^2C$ 总线接口，速率可达 1MHz。测量温湿度范围分别为 −40～125℃和 0～100%。

### 1. 功能框图

SHT3X 的功能框图如图 6-1-3 所示，可以看到 SHT3X 内部集成了湿度传感器（RH 传感器）和温度传感器（T 传感器），通过 ADC 采样输入到数据处理和线性化单元，同时通过校正存储器处理环境对器件测量的影响。通过数字接口 $I^2C$ 读取数据。带警报引脚，可通过修改寄存器的值设定阈值，当测量的温湿度超过阈值时它会被置位。

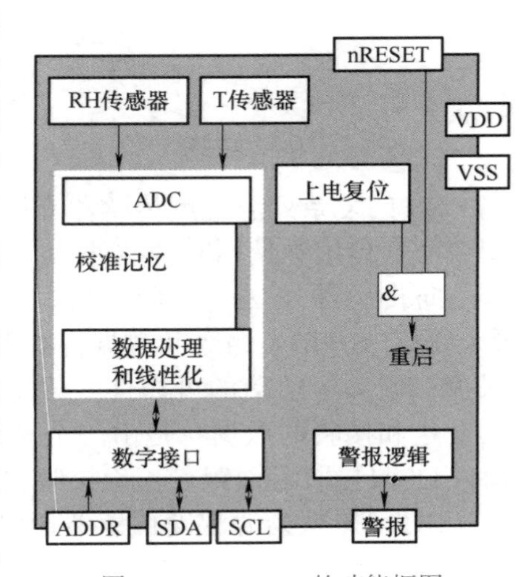


图 6-1-3 SHT3X 的功能框图

引脚分配见表 6-1-1，1 号和 4 号脚是 $I^2C$ 接口，2 号脚是决定地址的引脚，当 ADDR 接 VSS 时芯片地址为 0x44，接 VCC 时芯片地址为 0x45；3 号脚为警报引脚（当不使用时浮空），当温湿度超过设定阈值时，该脚会被置位，它可用于连接 MCU 的中断引脚；5 号和 8 号脚是电源引脚；6 号脚是复位引脚（当不使用时接 VDD，低电平有效），可复位传感器；7 号脚是为了封装而保留的引脚。

表 6-1-1 SHT3X 引脚分配

| 引脚 | 名称 | 描述 | 封装 |
|---|---|---|---|
| 1 | SDA | 串行数据输入 / 输出 | 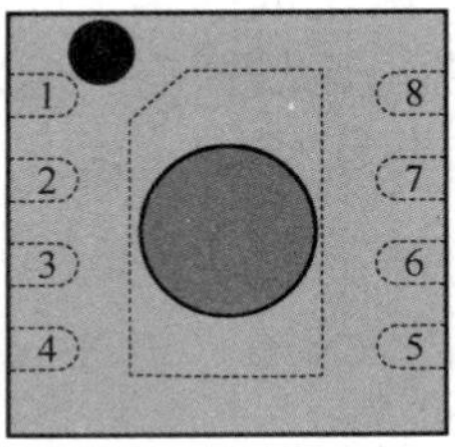 |
| 2 | ADDR | 地址输入，连接到高或低电平，不可浮空 | |
| 3 | ALERT | 报警输出，不用时浮空 | |
| 4 | SCL | 串行时钟 | |
| 5 | VDD | 电源 | |
| 6 | nRESET | 复位引脚，可以浮空或通过电阻接 VDD | |
| 7 | R | 无电气功能，要求接 VSS | |
| 8 | VSS | 接地 | |

典型应用电路如图 6-1-4 所示。SCL 和 SDA 为开漏输出，驱动能力不足，需要接上拉电阻。VDD 和 VSS 之间接一个小电容滤除高频杂波。nRESET 和 ALERT 根据情况进行选择，若不需要，nRESET 接高电平，ALERT 浮空。

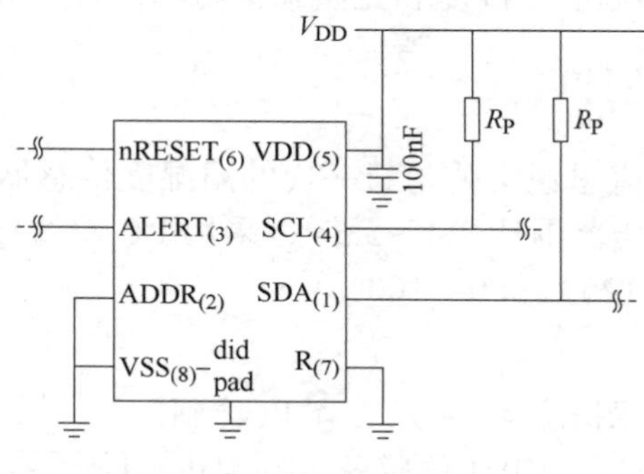


图 6-1-4　典型应用电路

2. 信息通信

SHT3X 系列温湿度传感器支持 $I^2C$ 快速模式（频率高达 1000kHz），可以通过适当的用户命令启用和禁用时钟拉伸。

向传感器发送一个命令后，传感器需要最少等待 1ms 的时间才能接收到另一个命令。所有 SHT3X 命令和数据都映射到 16 位地址空间。此外，数据和命令由 CRC 校验和保护，增加了通信的可靠性。传感器的 16 位命令已经包含一个 3 位 CRC 校验和。传感器发送和接收的数据总是由一个 8 位 CRC 来完成。在写方向上，必须传输校验和，因为 SHT3X 只接收后面跟着正确校验和的数据。在读取方向上，由主程序读取和处理校验和。

SHT3X 系列温湿度传感器可以通过 ADDR 引脚设置设备的通信地址。注意，$I^2C$ 地址是通过 $I^2C$ 读写头的 7 个 MSB（最高有效位）表示的，LSB（最低有效位）在读写操作之间切换。具体地址见表 6-1-2。

表 6-1-2　$I^2C$ 设备地址

| SHT3X | $I^2C$ 地址（无读写位） | $I^2C$ 地址（含读写位） | ADDR 引脚连接 |
|---|---|---|---|
| $I^2C$ address A | 0x44 | 0x88 | 连接到逻辑低电平 |
| $I^2C$ address B | 0x45 | 0x8A | 连接到逻辑高电平 |

3. 数据转换

测量数据总是以 16 位无符号整数的形式传输。这些值已经线性化，并补偿了温度和电源电压的影响。可以使用简单的公式将这些原始值转换为物理量值。相对湿度换算公式（结果为 %RH）为

$$RH = 100 \times \frac{S_{RH}}{2^{16}-1}$$

温度转换公式$\left(结果为摄氏度和华氏度，1°F = \frac{5}{9}K\right)$为

$$T（单位为℃）=-45+175 \times \frac{S_T}{2^{16}-1}$$

$$T（单位为 ^\circ F）=-49+315\times\frac{S_T}{2^{16}-1}$$

式中，$S_{RH}$ 和 $S_T$ 分别表示原始传感器输出的湿度和温度。只有当 $S_{RH}$ 和 $S_T$ 用十进制表示时，这些公式才适用。

4. 温湿度传感器 SHT3X 相关函数介绍

（1）初始化 SHT3X 芯片函数 SHT3X_Init()

```
etError SHT3X_Init(u8t i2cAddress)          //参数代表 I²C 的地址
{
   u32t  serialNumber;                       // serial number 定义传感器编号
   I2c_Init();                               //初始化 I²C
   SHT3X_SetI2cAdr(i2cAddress);              //设置 I²C 的地址
   SHT3X_SoftReset();                        //执行软复位

   DelayMicroSeconds(50000);                            //延迟 50000μs
   error = SHT3x_ReadSerialNumber(&serialNumber);       //读取传感器编号
   return error;
}
```

软复位命令用于无须关闭和再次打开电源的情况下，重新启动传感器系统，重新初始化并恢复默认设置状态。所需要的时间不超过 15ms，由 MCU 发起软复位命令为 1111 1110。

（2）获取温湿度数据函数 SHT3X_GetTempAndHumi()

```
etError SHT3X_GetTempAndHumi(ft* temperature,ft* humidity,
                             etRepeatability repeatability,etMode mode,
                             u8t timeout)    //参数代表温湿度的地址、重复性和
                                             //使用模式
{
   etError error;
   switch(mode)
   {
   case MODE_CLKSTRETCH:// get temperature with clock stretching
   mode(使用时钟拉伸模式获取温度和湿度)
      error = SHT3X_GetTempAndHumiClkStretch(temperature,humidity,
                                             repeatability,timeout);
      break;
   case MODE_POLLING:   // get temperature with polling mode(使用轮询模
                           式获取温度与湿度)
      error = SHT3X_GetTempAndHumiPolling(temperature,humidity,
                                          repeatability,timeout);
      break;
   default:
      error = PARM_ERROR;//参数超出范围错误
      break;
   }
```

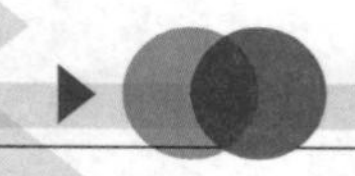


```
    return error;
}
```

### 6.1.3 光照传感器

1. 光照传感器简介

光照传感器是将光通量转换为电量的一种传感器，它的基础是光电转换元件的光电效应。

光电效应是光电器件的理论基础。光可以认为是由具有一定能量的粒子（一般 $g$ 称为光子）所组成的，而每个光子所具有的能量 $E$ 与其频率大小成正比。光照射在物体表面上就可以看成是物体受到一连串能量为 $E$ 的光子轰击，而光电效应就是由于该物质吸收到光子能量为 $E$ 的光后产生的电效应。通常把光线照射到物体表面后产生的光电效应分为三类：

1）外光电效应。在光线的作用下能使电子逸出物体表面的称为外光电效应。例如，光电管、光电倍增管等就是基于外光电效应的光电器件。

2）内光电效应。在光线的作用下能使物体电阻率改变的称为内光电效应，又称为光电导效应。例如，光敏电阻就是基于内光电效应的光电器件。

3）半导体光生伏特效应。在光线的作用下能使物体产生一定方向电动势的称为半导体光生伏特效应。例如，光电池、光电晶体管就是基于半导体光生伏特效应的光电器件。基于外光电效应的光电器件属于真空光电器件，基于内光电效应和半导体光生伏特效应的光电器件属于半导体光电器件。

2. 光电二极管型器件

光电二极管是一种将光转换为电流的半导体器件，在 P（正）层和 N（负）层之间存在一个本征层。光电二极管接收光能作为输入以产生电流。光电二极管也被称为光电探测器、光电传感器或光探测器。

光电二极管工作在反向偏置条件下，即光电二极管的 P 侧与电池（或电源）的负极相连，N 侧与电池的正极相连。典型的光电二极管材料是硅、锗、砷化铟镓和砷化铟镓铅。

在内部，光电二极管具有滤光器、内置透镜和表面区域。当光电二极管的表面积增加时，会缩短响应时间，如图 6-1-5 所示。

光电二极管的符号类似于 LED 的符号，但箭头指向内部而不是外部，如图 6-1-6 所示。

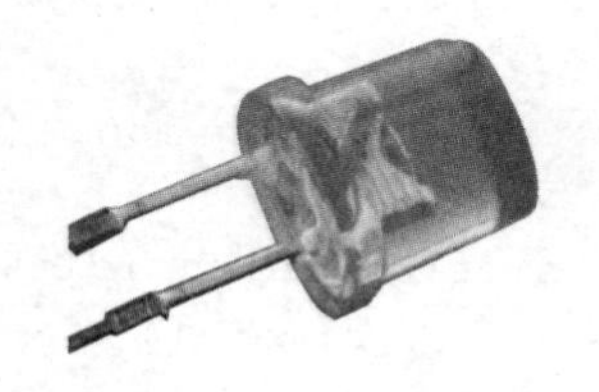

图 6-1-5 光电二极管

阳极 阴极

图 6-1-6 光电二极管符号

这里以 GB5-A1E 光电传感器为例，介绍其基本特性和典型应用。

（1）基本特性

1）环境光照强度变化与输出的电流成正比。

2）稳定性好，一致性强，实用性高。

3）对可见光的反应近似于人眼。

4）工作湿度范围广。

（2）典型应用

1）背光调节：电视机、计算机显示器、手机、数码相机、MP4（多功能播放器）、PDA（个人数字助理）和车载导航。

2）节能控制：红外摄像机、室内广告机、感应照明器具和玩具。

3）仪表、仪器：测量光照度仪器及工业控制。

3. 光照传感器涉及的函数介绍

（1）ADC初始化函数MX_ADC1_Init()

```
void MX_ADC1_Init(void)
{
  ADC_ChannelConfTypeDef sConfig = {0};

  hadc1.Instance = ADC1;
  hadc1.Init.ScanConvMode = DISABLE;                      //非扫描模式
  hadc1.Init.ContinuousConvMode = DISABLE;                //非连续转换模式
  hadc1.Init.DiscontinuousConvMode = DISABLE;             //禁止不连续采样模式
  hadc1.Init.ExternalTrigConv = ADC_SOFTWARE_START;       //软件触发
  hadc1.Init.DataAlign = ADC_DATAALIGN_RIGHT;             //右对齐（推荐）
  hadc1.Init.NbrOfConversion = 1;                         //1个转换在规则序列中
  if(HAL_ADC_Init(&hadc1)!=HAL_OK);                       //初始化
  {
    Error_Handler();
  }
/** Configure Regular Channel  （配置通道）*/
   sConfig.Channel = ADC_CHANNEL_0;                  //设置通道为ADC_CHANNEL_0
   sConfig.Rank = ADC_REGULAR_RANK_1;                     //第1个序列，序列1
   sConfig.SamplingTime = ADC_SAMPLETIME_1CYCLE_5;        //采样时间
   if(HAL_ADC_ConfigChannel(&hadc1,&sConfig)!= HAL_OK) //配置ADC通道
   {
      Error_Handler();
   }
}
```

（2）获取ADC1_IN0（PA0）的电压值函数Get_Voltage()

```
uint16_t Get_Voltage(void)
{
  uint16_t voltage;
  uint16_t adcx=0;
  //启动ADC
  HAL_ADC_Start(&hadc1);
  //等待采集完成
  HAL_ADC_PollForConversion(&hadc1,10);
```

```
    //获取ADC采集的数据
    adcx = HAL_ADC_GetValue(&hadc1);
    //将采集到的数据转换为电压值
    voltage=(adcx*330)/4096;
    //停止ADC
    HAL_ADC_Stop(&hadc1);
    return voltage;
}
```

## 任务工单

任务工单 17　采集数据

| 项目 6：电子时钟 | 任务 1：采集数据 |
|---|---|

采集数据

**（一）练习习题**

扫描右侧的二维码，完成练习

**（二）任务实施完成情况**

| 实施步骤 | 实施步骤具体操作 | 完成情况 |
|---|---|---|
| 步骤 1：新建 STM32CubeMX 工程，完成调试端口的配置、MCU 时钟树的配置，配置串口、ADC 等，保存 STM32CubeMX 工程，生成初始 C 代码工程并使用 Keil 打开 | | |
| 步骤 2：在 Keil 中完善代码，完成采集光照、采集湿度并通过串口输出等 | | |
| 步骤 3：编译程序，生成 HEX 文件并烧写到开发板中 | | |
| 步骤 4：搭建硬件环境，测试效果，使用串口调试助手验证结果 | | |

**（三）任务检查与评价**

| 项目名称 | 电子时钟 | | | |
|---|---|---|---|---|
| 任务名称 | 采集数据 | | | |
| 评价方式 | 可采用自评、互评和教师评价等方式 | | | |
| 说明 | 主要评价学生在项目学习过程中的操作技能、理论知识、学习态度、课堂表现和学习能力等 | | | |

| 序号 | 评价内容 | 评价标准 | 分值 | 得分 |
|---|---|---|---|---|
| 1 | 知识运用（20%） | 掌握相关理论知识，理解本任务要求，制订详细计划，计划条理清晰，逻辑正确（20 分） | 20 分 | |
| | | 理解相关理论知识，能根据本任务要求制订合理计划（15 分） | | |
| | | 了解相关理论知识，有制订计划（10 分） | | |
| | | 无制订计划（0 分） | | |

（续）

| 项目 6：电子时钟 | | | 任务 1：采集数据 | |
|---|---|---|---|---|
| 序号 | 评价内容 | 评价标准 | 分值 | 得分 |
| 2 | 专业技能（40%） | 完成在 STM32CubeMX 中工程建立的所有操作步骤，完成串口参数的配置、ADC 配置，完成任务代码的编写与完善，将生成的 HEX 文件烧写进开发板，并通过测试（40 分） | 40 分 | |
| | | 完成代码，也烧写进开发板，但功能未完成，没有采集到数据，无效果（30 分） | | |
| | | 代码有语法错误，无法完成代码的烧写（20 分） | | |
| | | 不愿完成任务（0 分） | | |
| 3 | 核心素养（20%） | 具有良好的自主学习和分析解决问题的能力，整个任务过程中有指导他人（20 分） | 20 分 | |
| | | 具有较好的学习和分析解决问题的能力，任务过程中无指导他人（15 分） | | |
| | | 能够主动学习并收集信息，有请教他人进行解决问题的能力（10 分） | | |
| | | 不主动学习（0 分） | | |
| 4 | 课堂纪律（20%） | 设备无损坏，设备摆放整齐，工位区域内保持整洁，无干扰课堂秩序（20 分） | 20 分 | |
| | | 设备无损坏，无干扰课堂秩序（15 分） | | |
| | | 无干扰课堂秩序（10 分） | | |
| | | 干扰课堂秩序（0 分） | | |
| 总得分 | | | | |

**（四）任务自我总结**

| 过程中遇到的问题 | 解决方式 |
|---|---|
| | |
| | |
| | |

## 任务小结

通过本任务的学习，能够了解温湿度、光照传感器的相关知识，掌握 STM32 的 ADC 和循环的配合，打印出实时采集到的湿度和光照值，能够添加代码实现湿度和光照数据的获取，如图 6-1-7 所示。

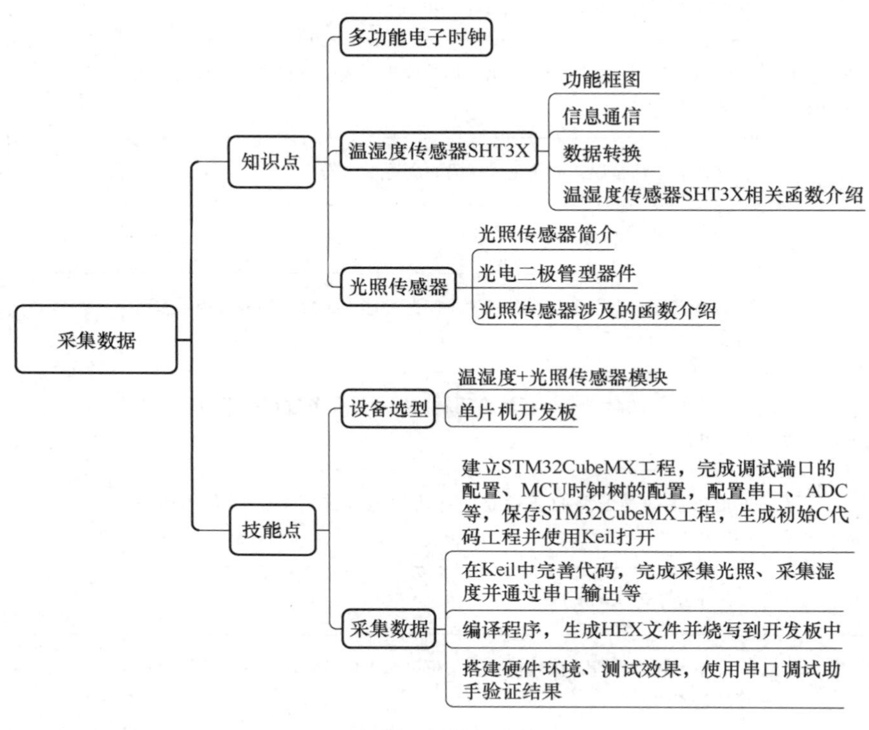


图 6-1-7　任务小结

## 任务拓展

拓展：根据前面所学知识，为获取到的湿度和光照数据设置阈值，当达到阈值时进行报警，湿度数据超过警报值时，蜂鸣器响；光照数据超过警报值时 LED 闪烁。

# 任务 2　获取时间

## 职业能力目标

1）能根据 MCU 编程手册，通过 STM32CubeMX 软件准确配置引脚。

2）能根据 $I^2C$ 相关资料理解 $I^2C$ 的工作过程。

3）能根据 PCF8563 相关手册，通过 $I^2C$ 进行读写等操作，获取 RTC 时间。

## 任务描述与要求

**任务描述：**某公司因为市场需要，准备研发一款多功能电子时钟。经过研究考虑，准备使用 STM32 单片机和 PCF8563 时钟芯片以及湿度、光照传感器实现多功能需求。本项目主要分为三个任务，本任务主要进行实时时间的获取和显示。

**任务要求：**

1）实现 STM32 的 $I^2C$ 的配置。

2）实现 STM32 与外设 PCF8563 时钟芯片的通信。

3）实现 PCF8563 芯片实时时间的获取。

## 设备选型

设备需求如图 6-2-1 所示。

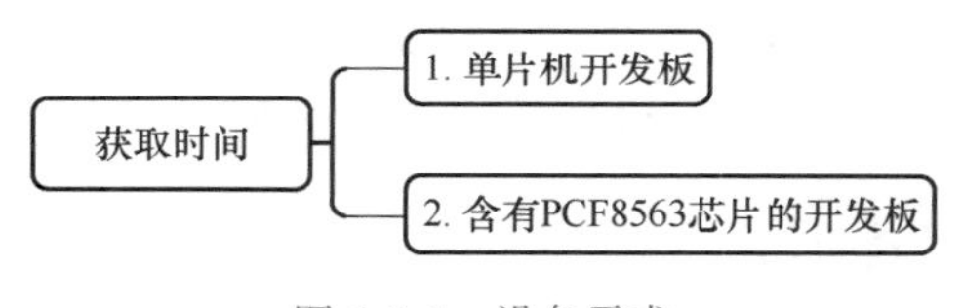


图 6-2-1 设备需求

### 1. 单片机开发板

根据项目任务分析，本书选择 STM32F1 系列开发板，读者可以根据手中现有的开发板进行合适的选型。

### 2. 含有 PCF8563 芯片的开发板

根据本任务分析，需要准备一块含有 PCF8563 芯片的开发板，芯片如图 6-2-2 所示。

图 6-2-2 PCF8563 芯片

## 知识储备

### 6.2.1 RTC 简介

实时时钟的缩写是 RTC（Real Time Clock），是指可以像时钟一样输出实际时间的电子设备，一般是集成电路，因此也称为时钟芯片。总之，RTC 只是一种能靠电池维持运行的 32 位定时器，并不像实时时钟芯片，读出来就是年月日。RTC 只是一个定时器，掉电之后所有信息都会丢失，因此需要找一个地方来存储这些信息，于是就找到了备份寄存器（BKP）。因为它掉电后仍然可以通过纽扣电池供电，所以能时刻保存这些数据。STM32 的 RTC 是一个独立的定时器。STM32 的 RTC 模块拥有一组连续计数的计数器，在相应软件配置下，可提供时钟日历的功能。修改计数器的值可以重新设置系统当前的时间和日期。

实时时钟芯片是日常生活中应用最为广泛的消费类电子产品之一。它为人们提供精确的实时时间，或者为电子系统提供精确的时间基准，目前实时时钟芯片大多采用精度较高的晶体振荡器作为时钟源。有些时钟芯片为了在主电源掉电时还可以工作，需要外加电池供电。

从 RTC 的定时器特性来说，它是一个 32 位的计数器，只能向上计数。它使用的时钟源有三种，分别为：①高速外部时钟的 128 分频，HSE/128；②低速内部时钟 LSI；③低速外部时钟 LSE。

使用 HSE 分频时钟或者 LSI 时，在主电源 VDD 掉电的情况下，这两个时钟源都会受到影响，因此没法保证 RTC 正常工作，所以 RTC 一般都使用 LSE，频率为 RTC 模块中常用的 32.768kHz，因为 $32768=2^{15}$，分频容易实现，所以被广泛应用到 RTC 模块。在主电源 VDD 有效的情况下（待机），RTC 还可以配置闹钟事件使 STM32 退出待机模式。

### 6.2.2　RTC 工作过程及相关寄存器介绍

#### 1. RTC 工作过程

首先来看 RTC 时钟框图，如图 6-2-3 所示，它比较简单，这里把它分为两个部分。

第一部分是 APB1 接口：用来和 APB1 总线相连。此单元还包含一组 16 位寄存器，可通过 APB1 总线对其进行读写操作。APB1 接口由 APB1 总线时钟驱动，用来与 APB1 总线连接。通过 APB1 可以访问 RTC 的相关寄存器（预分频值、计数器值和闹钟值）。

第二部分是 RTC 核心接口：由一组可编程计数器组成，分成两个主要模块。

第一个模块是 RTC 的预分频模块，它可编程产生 1s 的 RTC 时间基准 TR_CLK。RTC 的预分频模块包含了一个 20 位的可编程分频器（RTC 预分频器）。如果在 RTC_CR 寄存器中设置了相应的允许位，则在每个 TR_CLK 周期中 RTC 产生一个中断（秒中断）。

第二个模块是一个 32 位的可编程计数器（RTC_CNT），可被初始化为当前的系统时间，一个 32 位的时钟计数器，按秒钟计算，可以记录 4294967296s，约为 136 年，作为一般应用，这已经足够了。

接下来介绍 RTC 的具体工作过程。

RTCCLK 经过 RTC_DIV 预分频，RTC_PRL 设置预分频系数，得到 TR_CLK 时钟信号，一般设置其周期为 1s，RTC_CNT 计数器计数，假如 1970 年设置为时间起点 0s，通过当前时间的秒数计算得到当前的时间。RTC_ALR 是设置闹钟时间，RTC_CNT 计数到 RTC_ALR 就会产生计数中断。

RTC_Second 为秒中断，用于刷新时间。

RTC_Overflow 是溢出中断。

RTC Alarm 控制开关机。

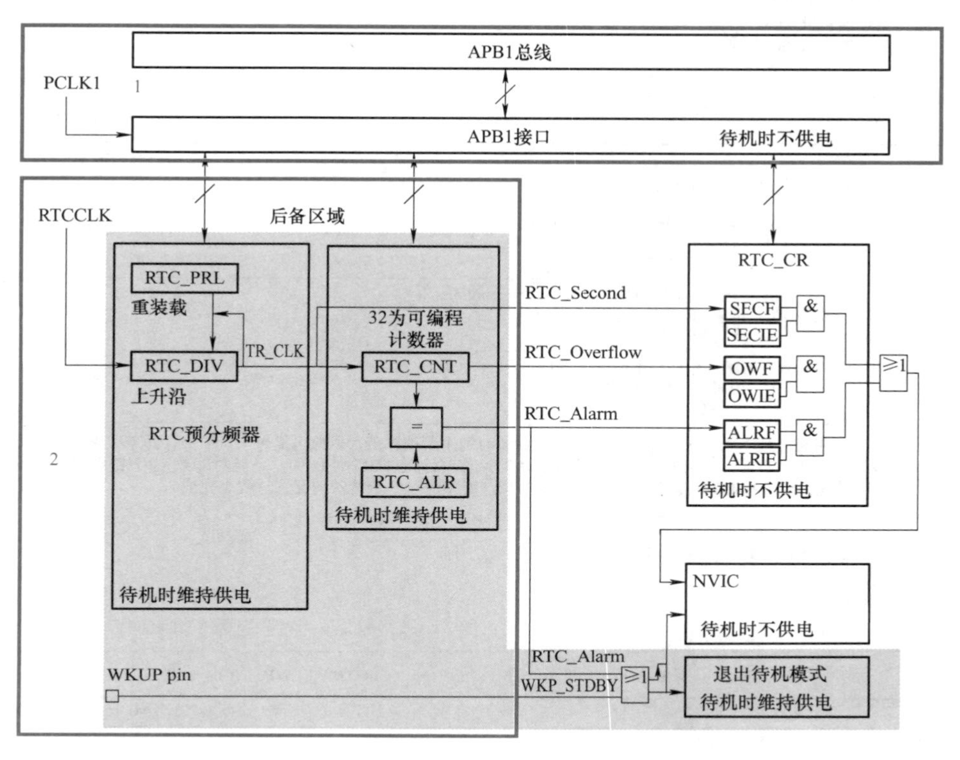


图 6-2-3　RTC 时钟框图

### 2. RTC 涉及的相关寄存器

（1）RTC 闹钟寄存器（RTC_ALRH/RTC_ALRL）

RTC 还有一个闹钟寄存器 RTC_ALR，用于产生闹钟。该寄存器由两个寄存器 RTC_ALRH 和 RTC_ALRL 组成。系统时间按 TR_CLK 周期累加并与存储在 RTC_ALR 寄存器中的可编程时间相比较，如果 RTC_CR 控制寄存器中设置了相应允许位，比较匹配时将产生一个闹钟中断。由于 RTC 内核完全独立于 APB1 接口，软件只能通过 APB1 的接口访问 RTC 的预分频值、计数器值和闹钟值，相关的寄存器值是在 APB1 时钟进行重新同步的 RTC 上升沿被更新，所以在读取 RTC 寄存器曾经被禁止的 APB1 接口前，必须等待 RTC_CRL 寄存器的 PSF 位被置 1。

（2）RTC 控制寄存器（RTC_CRH/ RTC_CRL）

该寄存器由两个寄存器 RTC_CRH 和 RTC_CRL 组成，且两个都是 16 位的，如图 6-2-4 所示。

RTC_CRH：0～2 位置 1，允许秒中断、闹钟中断和溢出中断。

RTC_CRL：

1）0 位：进入秒中断后，可判断该位为 1 发生了中断，必须写 0 清除。

2）3 位：寄存器同步标志位，没有同步之前，不被允许修改 RTC_CRL 的值，必须先判断该位为 1 时，产生同步。

3）4 位：在修改 RTC_CNT/RTC_ALR/RTC_PRL 的值前，必须置该位为 1，进入配置模式。

**RTC控制寄存器高位(RTC_CRH)**

地址偏移量：0x00

复位值：0x0000

| 15 | 14 | 13 | 12 | 11 | 10 | 9 | 8 | 7 | 6 | 5 | 4 | 3 | 2 | 1 | 0 |
|---|---|---|---|---|---|---|---|---|---|---|---|---|---|---|---|
| 保留 | | | | | | | | | | | | | OWIE | ALRIE | SECIE |
| | | | | | | | | | | | | | rw | rw | rw |

| 位 | 说明 |
|---|---|
| 位15:3 | 保留，被硬件强制为0 |
| 位2 | OWIE：允许溢出中断位(Overflow interrupt enable)<br>0：屏蔽(不允许)溢出中断<br>1：允许溢出中断 |
| 位1 | ALRIE：允许闹钟中断(Alarm interrupt enable)<br>0：屏蔽(不允许)闹钟中断<br>1：允许闹钟中断 |
| 位0 | SECIE：允许秒中断(Second interrupt enable)<br>0：屏蔽(不允许)秒中断<br>1：允许秒中断 |

这些位用来屏蔽中断请求。注意：系统复位后所有的中断被屏蔽，因此可通过写RTC寄存器来确保在初始化后没有挂起的中断请求。当外设正在完成前一次写操作时(标志位RTOFF=0)，不能对RTC_CRH寄存器进行写操作

RTC功能由这个控制寄存器控制。一些位的写操作必须经过一个特殊的配置过程来完成

a)

**RTC控制寄存器高位(RTC_CRL)**

偏移地址：0x04

复位值：0x0020

| 15 | 14 | 13 | 12 | 11 | 10 | 9 | 8 | 7 | 6 | 5 | 4 | 3 | 2 | 1 | 0 |
|---|---|---|---|---|---|---|---|---|---|---|---|---|---|---|---|
| 保留 | | | | | | | | | | RTOFF | CNF | RSF | OWF | ALRF | SECF |
| | | | | | | | | | | r | rw | rc w0 | rc w0 | rc w0 | rc w0 |

| 位 | 说明 |
|---|---|
| 位15:6 | 保留，被硬件强制为0 |
| 位5 | RTOFF：RTC操作关闭(RTC operation OFF)<br>RTC模块利用这位来指示对其寄存器进行的最后一次操作的状态，指示操作是否完成。若此位为0，则表示无法对任何的RTC寄存器进行写操作。此位为只读位<br>0：上一次对RTC寄存器的写操作仍在进行<br>1：上一次对RTC寄存器的写操作已经完成 |
| 位4 | CNF：配置标志(Configuration flag)<br>此位必须由软件置1以进入配置模式，从而允许向RTC_CNT、RTC_ALR或RTC_PRL寄存器写入数据。只有当此位在被置1并重新由软件清零后，才会执行写操作<br>0：退出配置模式(开始更新RTC寄存器)<br>1：进入配置模式 |
| 位3 | RSF：寄存器同步标志(Registers synchronized flag)<br>每当RTC_CNT寄存器和RTC_DIV寄存器由软件更新或清零时，此位由硬件置1。在APB1复位后，或APB1时钟停止后，此位必须由软件清零。要进行任何的读操作之前，用户程序必须等待这位被硬件置1，以确保RTC_CNT、RTC_ALR或RTC_PRL已经被同步<br>0：寄存器尚未被同步<br>1：寄存器已经被同步 |
| 位2 | OWF：溢出标志(Overflow flag)<br>当32位可编程计数器溢出时，此位由硬件置1。如果RTC_CRH寄存器中OWIE=1，则产生中断。此位只能由软件清零。对此位写1是无效的<br>0：无溢出<br>1：32位可编程计数器溢出 |
| 位1 | ALRF：闹钟标志(Alarm flag)<br>当32位可编程计数器达到RTC_ALR寄存器所设置的预定值，此位由硬件置1。如果RTC_CRH寄存器中ALRIE=1，则产生中断。此位只能由软件清零。对此位写1是无效的<br>0：无闹钟<br>1：有闹钟 |
| 位0 | SECF：秒标志(Second flag)<br>当32位可编程预分频器溢出时，此位由硬件置1，同时RTC计数器加1。因此，此标志为分辨率可编程的RTC计数器提供一个周期性的信号(通常为1s)。如果RTC_CRH寄存器中SECIE=1，则产生中断。此位只能由软件清零。对此位写1是无效的<br>0：秒标志条件不成立<br>1：秒标志条件成立 |

b)

图 6-2-4　RTC 的控制寄存器

4）5 位：RTC 操作位，由硬件操作，软件只读，判断该位为 1 时，表示上一次操作已经完成，才可进行下一次操作。

（3）RTC 预分频装载寄存器（RTC_PRLH/RTC_PRLL）

该寄存器也由两个寄存器 RTC_PRLH（低 4 位有效，存放 PRL[19:16]）和 RTC_PRLL（存放 PRL[15:0]）组成。这两个寄存器用来配置 RTC 的分频数，如使用外部 32.768kHz 的晶体振荡器作为时钟的输入频率，就要设置这两个寄存器的值为 32767，以得到 1s 的计数频率，如图 6-2-5 所示。

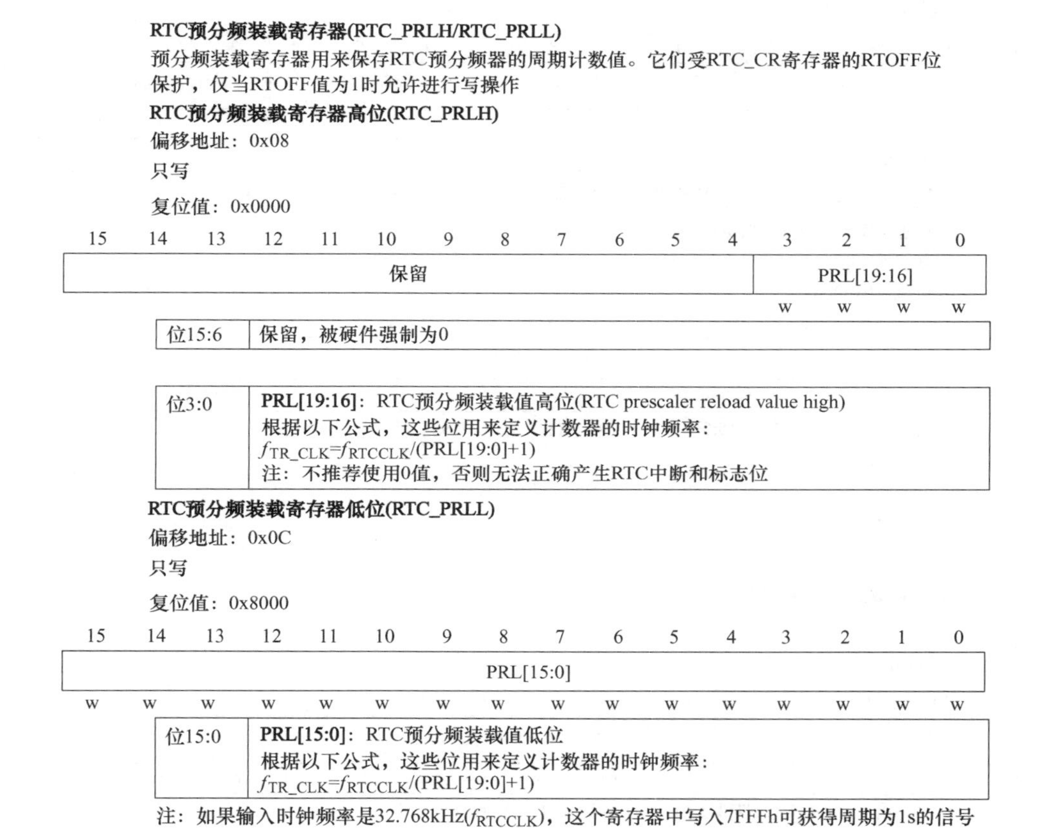

**RTC预分频装载寄存器(RTC_PRLH/RTC_PRLL)**

预分频装载寄存器用来保存RTC预分频器的周期计数值。它们受RTC_CR寄存器的RTOFF位保护，仅当RTOFF值为1时允许进行写操作

**RTC预分频装载寄存器高位(RTC_PRLH)**

偏移地址：0x08

只写

复位值：0x0000

| 15 | 14 | 13 | 12 | 11 | 10 | 9 | 8 | 7 | 6 | 5 | 4 | 3 | 2 | 1 | 0 |
|---|---|---|---|---|---|---|---|---|---|---|---|---|---|---|---|
| 保留 | | | | | | | | | | | | PRL[19:16] | | | |
| | | | | | | | | | | | | w | w | w | w |

| 位15:6 | 保留，被硬件强制为0 |
|---|---|

| 位3:0 | PRL[19:16]：RTC预分频装载值高位(RTC prescaler reload value high)<br>根据以下公式，这些位用来定义计数器的时钟频率：<br>$f_{TR\_CLK}=f_{RTCCLK}/(PRL[19:0]+1)$<br>注：不推荐使用0值，否则无法正确产生RTC中断和标志位 |
|---|---|

**RTC预分频装载寄存器低位(RTC_PRLL)**

偏移地址：0x0C

只写

复位值：0x8000

| 15 | 14 | 13 | 12 | 11 | 10 | 9 | 8 | 7 | 6 | 5 | 4 | 3 | 2 | 1 | 0 |
|---|---|---|---|---|---|---|---|---|---|---|---|---|---|---|---|
| PRL[15:0] | | | | | | | | | | | | | | | |
| w | w | w | w | w | w | w | w | w | w | w | w | w | w | w | w |

| 位15:0 | PRL[15:0]：RTC预分频装载值低位<br>根据以下公式，这些位用来定义计数器的时钟频率：<br>$f_{TR\_CLK}=f_{RTCCLK}/(PRL[19:0]+1)$ |
|---|---|

注：如果输入时钟频率是32.768kHz($f_{RTCCLK}$)，这个寄存器中写入7FFFh可获得周期为1s的信号

图 6-2-5　RTC 预分频装载寄存器

（4）RTC 预分频器余数寄存器（RTC_DIVH/RTC_DIVL）

该寄存器也由两个寄存器 RTC_DIVH 和 RTC_DIVL 组成，这两个寄存器的作用是获得比秒更为准确的时钟，如可以得到 0.1s，或 0.01s 等。该寄存器的值是自减的，用于保存还需要多少时钟周期获得一个秒信号。在一次秒更新后，由硬件重新装载。这两个寄存器和 RTC 预分频装载寄存器的各位是一样的，如图 6-2-6 所示。

（5）RTC 计数器寄存器（RTC_CNTH/RTC_CNTL）

该寄存器也由两个 16 位的寄存器 RTC_CNTH 和 RTC_CNTL 组成，总共 32 位，用来记录秒值（一般情况下）。这两个计数器比较简单，这里不再介绍。注意一点，在修改这个寄存器时要先进入配置模式，如图 6-2-7 所示。

**RTC预分频器余数寄存器(RTC_DIVH/RTC_DIVL)**

在TR_CLK的每个周期里，RTC预分频器中计数器的值都会被重新设置为RTC_PRL寄存器的值。用户可通过读取RTC_DIV寄存器，以获得预分频计数器的当前值，而不停止分频计数器的工作，从而获得精确的时间测量。此寄存器是只读寄存器，其值在RTC_PRL或RTC_CNT寄存器中的值发生改变后，由硬件重新装载

**RTC预分频器余数寄存器高位(RTC_DIVH)**

偏移地址：0x10

复位值：0x0000

| 15 | 14 | 13 | 12 | 11 | 10 | 9 | 8 | 7 | 6 | 5 | 4 | 3 | 2 | 1 | 0 |
|---|---|---|---|---|---|---|---|---|---|---|---|---|---|---|---|
| 保留 | | | | | | | | | | | | RTC_DIV[19:16] | | | |
| | | | | | | | | | | | | r | r | r | r |

| 位15:4 | 保留 |
|---|---|
| 位3:0 | RTC_DIV[19:16]：RTC时钟分频器余数高位(RTC clock divider high) |

**RTC预分频器余数寄存器低位(RTC_DIVL)**

偏移地址：0x14

复位值：0x8000

| 15 | 14 | 13 | 12 | 11 | 10 | 9 | 8 | 7 | 6 | 5 | 4 | 3 | 2 | 1 | 0 |
|---|---|---|---|---|---|---|---|---|---|---|---|---|---|---|---|
| RTC_DIV[15:0] | | | | | | | | | | | | | | | |
| r | r | r | r | r | r | r | r | r | r | r | r | r | r | r | r |

| 位15:0 | **RTC_DIV[15:0]**：RTC时钟分频器余数低位(RTC clock divider low) |
|---|---|

图 6-2-6　RTC 预分频器余数寄存器

**RTC计数器寄存器高位(RTC_CNTH)**

偏移地址：0x18

复位值：0x0000

| 15 | 14 | 13 | 12 | 11 | 10 | 9 | 8 | 7 | 6 | 5 | 4 | 3 | 2 | 1 | 0 |
|---|---|---|---|---|---|---|---|---|---|---|---|---|---|---|---|
| RTC_CNT[31:16] | | | | | | | | | | | | | | | |
| rw | rw | rw | rw | rw | rw | rw | rw | rw | rw | rw | rw | rw | rw | rw | rw |

| 位15:0 | **RTC_CNT[31:16]**：RTC计数器高位(RTC counter high)<br>可通过读RTC_CNTH寄存器来获得RTC计数器当前值的高位部分。要对此寄存器进行写操作前，必须先进入配置模式 |
|---|---|

**RTC计数器寄存器低位(RTC_CNTL)**

偏移地址：0x1C

复位值：0x0000

| 15 | 14 | 13 | 12 | 11 | 10 | 9 | 8 | 7 | 6 | 5 | 4 | 3 | 2 | 1 | 0 |
|---|---|---|---|---|---|---|---|---|---|---|---|---|---|---|---|
| RTC_CNT[15:0] | | | | | | | | | | | | | | | |
| rw | rw | rw | rw | rw | rw | rw | rw | rw | rw | rw | rw | rw | rw | rw | rw |

| 位15:0 | **RTC_CNT[15:0]**：RTC计数器低位<br>可通过读RTC_CNTL寄存器来获得RTC计数器当前值的低位部分。要对此寄存器进行写操作，必须先进入配置模式 |
|---|---|

图 6-2-7　RTC 计数器寄存器

（6）RTC 闹钟寄存器（RTC_ALRH/ RTC_ALRL）

该寄存器也是由两个 16 位寄存器 RTC_ALRH 和 RTC_ALRL 组成，总共也是 32 位，用来标记闹钟产生的时间（以 s 为单位），如果 RTC_CNT 的值与 RTC_ALR 的值相等，并使能了中断的话，会产生一个闹钟中断。该寄存器的修改也要进入配置模式才能进行，如图 6-2-8 所示。

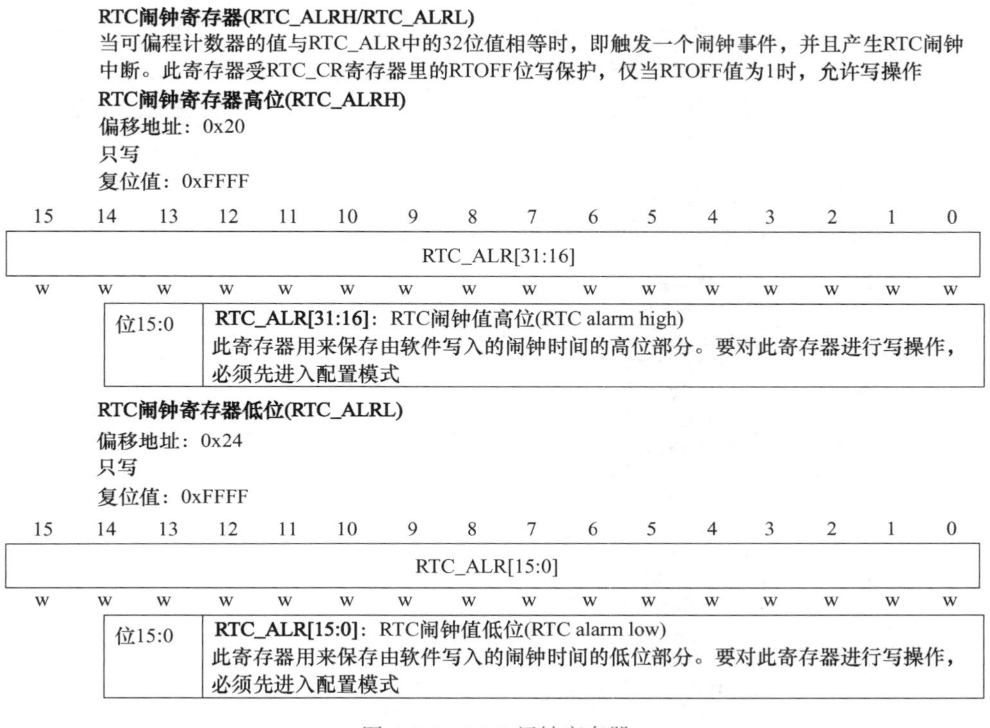

**RTC闹钟寄存器(RTC_ALRH/RTC_ALRL)**
当可偏程计数器的值与RTC_ALR中的32位值相等时，即触发一个闹钟事件，并且产生RTC闹钟中断。此寄存器受RTC_CR寄存器里的RTOFF位写保护，仅当RTOFF值为1时，允许写操作

**RTC闹钟寄存器高位(RTC_ALRH)**
偏移地址：0x20
只写
复位值：0xFFFF

| 15 | 14 | 13 | 12 | 11 | 10 | 9 | 8 | 7 | 6 | 5 | 4 | 3 | 2 | 1 | 0 |
|---|---|---|---|---|---|---|---|---|---|---|---|---|---|---|---|
| RTC_ALR[31:16] | | | | | | | | | | | | | | | |
| w | w | w | w | w | w | w | w | w | w | w | w | w | w | w | w |

| 位15:0 | **RTC_ALR[31:16]**：RTC闹钟值高位(RTC alarm high)<br>此寄存器用来保存由软件写入的闹钟时间的高位部分。要对此寄存器进行写操作，必须先进入配置模式 |
|---|---|

**RTC闹钟寄存器低位(RTC_ALRL)**
偏移地址：0x24
只写
复位值：0xFFFF

| 15 | 14 | 13 | 12 | 11 | 10 | 9 | 8 | 7 | 6 | 5 | 4 | 3 | 2 | 1 | 0 |
|---|---|---|---|---|---|---|---|---|---|---|---|---|---|---|---|
| RTC_ALR[15:0] | | | | | | | | | | | | | | | |
| w | w | w | w | w | w | w | w | w | w | w | w | w | w | w | w |

| 位15:0 | **RTC_ALR[15:0]**：RTC闹钟值低位(RTC alarm low)<br>此寄存器用来保存由软件写入的闹钟时间的低位部分。要对此寄存器进行写操作，必须先进入配置模式 |
|---|---|

图 6-2-8　RTC 闹钟寄存器

（7）STM32 的备份寄存器

备份寄存器是 42 个 16 位寄存器（大容量），可用来存储 84 个字节的用户应用程序数据。它们处在备份域里，当 VDD 电源被切断，它们仍然由 VBAT（备用电源）维持供电。即使系统在待机模式下被唤醒，或系统复位、电源复位时，它们也不会被复位。此外，BKP 控制寄存器用来管理侵入检测和 RTC 校准功能，这里不做介绍。复位后，对备份寄存器和 RTC 的访问被禁止，并且备份域被保护以防止可能存在的意外写操作。执行以下操作可以使能对备份寄存器和 RTC 的访问。

1）通过设置寄存器 RCC_APB1ENR 的 PWREN 和 BKPEN 位来打开电源和后备接口的时钟。

2）电源控制寄存器（PWR_CR）的 DBP 位使能对后备寄存器和 RTC 的访问。一般用 BKP 来存储 RTC 的校验值或记录一些重要的数据，相当于一个 EEPROM，不过这个 EEPROM 并不是真正的 EEPROM，而是需要电池来维持它的数据，备份域控制寄存器如图 6-2-9 所示。

**备份域控制寄存器(RCC_BDCR)**

偏移地址：0x20

复位值：0x0000 0000，只能由备份域复位有效复位

访问：0～3等待周期，字、半字和字节访问

当连续对该寄存器进行访问时，将插入等待状态

注意：备份域控制寄存器(RCC_BDCR)中的LSEON、LSEBYP、RTCSEL和RTCEN位处于备份域。因此，这些位在复位后处于写保护状态，只有在电源控制寄存器(PWR_CR)中的DBP位置1后才能对这些位进行改动。这些位只能由备份域复位清除。任何内部或外部复位都不会影响这些位

| 31 | 30 | 29 | 28 | 27 | 26 | 25 | 24 | 23 | 22 | 21 | 20 | 19 | 18 | 17 | 16 |
|---|---|---|---|---|---|---|---|---|---|---|---|---|---|---|---|
| 保留 | | | | | | | | | | | | | | | BDRST |
| | | | | | | | | | | | | | | | rw |

| 15 | 14 | 13 | 12 | 11 | 10 | 9 | 8 | 7 | 6 | 5 | 4 | 3 | 2 | 1 | 0 |
|---|---|---|---|---|---|---|---|---|---|---|---|---|---|---|---|
| RTC EN | 保留 | | | | | RTCSEL[1:0] | | 保留 | | | | | LSE BYP | LSE RDY | LSEON |
| rw | | | | | | rw | rw | | | | | | rw | r | rw |

| 位 | 描述 |
|---|---|
| 位31:17 | 保留，始终读为0 |
| 位16 | **BDRST**：备份域软件复位(Backup domain software reset)<br>由软件置1或清零<br>0：复位未激活<br>1：复位整个备份域 |
| 位15 | **RTCEN**：RTC时钟使能(RTC clock enable)<br>由软件置1或清零<br>0：RTC时钟关闭<br>1：RTC时钟开启 |
| 位14:10 | 保留，始终读为0 |
| 位9:8 | **RTCSEL[1:0]**：RTC时钟源选择(RTC clock source selection)<br>由软件设置来选择RTC时钟源。一旦RTC时钟源被选定，直到下次后备域被复位，它不能再被改变。可通过设置BDRST位来清除<br>00：无时钟<br>01：LSE振荡器作为RTC<br>10：LSI振荡器作为RTC<br>11：HSE振荡器在128分频后作为RTC |
| 位7:3 | 保留，始终读为0 |
| 位2 | **LSEBYP**：外部低速时钟振荡器旁路(External low-speed oscillator bypass)<br>在调试模式下由软件置1或清0来旁路LSE。只有在外部32kHz振荡器关闭时，才能写入该位<br>0：LSE时钟未被旁路<br>1：LSE时钟被旁路 |
| 位1 | **LSERDY**：外部低速LSE就绪(External low-speed oscillator ready)<br>由硬件置1或清零来指示是否外部32kHz振荡器就绪。在LSEON被清零后，该位需要6个外部低速振荡器的周期才被清零<br>0：外部32kHz振荡器未就绪<br>1：外部32kHz振荡器就绪 |
| 位0 | **LSEON**：外部低速振荡器就绪(External low-speed oscillator enable)<br>由软件置1或清零<br>0：外部32kHz振荡器关闭<br>1：外部32kHz振荡器开启 |

图 6-2-9　备份域控制寄存器

## 6.2.3　PCF8563 引脚描述

PCF8563 是低功耗的 CMOS（互补金属氧化物半导体）实时时钟日历芯片。它提供一个可编程时钟输出、一个中断输出和掉电检测器。所有的地址和数据通过 $I^2C$ 接口串行传递，最大总线速度为 400kbit/s，每次读写数据后内嵌的字地址寄存器会自动产生增量。

芯片引脚分布如图 6-2-10 所示。

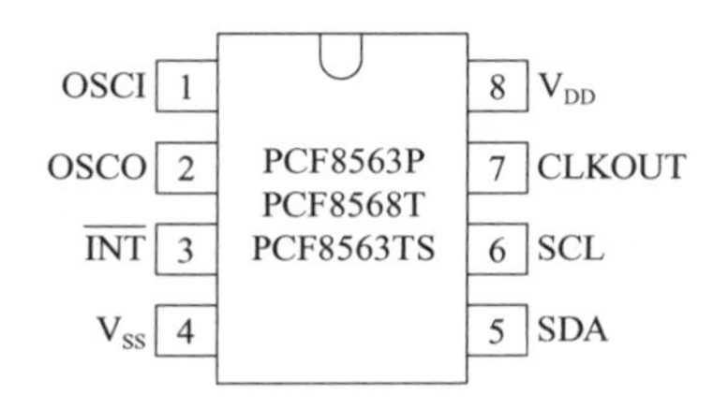


图 6-2-10　PCF8563 引脚分布

引脚描述见表 6-2-1。

表 6-2-1　PCF8563 引脚描述

| 符号 | 引脚号 | 描述 |
| --- | --- | --- |
| OSCI | 1 | 振荡器输入 |
| OSCO | 2 | 振荡器输出 |
| $\overline{\text{INT}}$ | 3 | 中断输出（开漏：低电平有效） |
| $V_{SS}$ | 4 | 地 |
| SDA | 5 | 串行数据 I/O |
| SCL | 6 | 串行时钟输入 |
| CLKOUT | 7 | 时钟输出（开漏） |
| $V_{DD}$ | 8 | 正电源 |

## 6.2.4　PCF8563 功能描述

PCF8563 有 16 个 8 位寄存器、一个可自动增量的地址递增寄存器、一个内置 32.768kHz 的片上集成电容振荡器、一个实时时钟源的分频器、一个可编程的时钟输出、一个定时器、一个报警器、一个低压检测器和一个 400kHz 的 $I^2C$ 接口。

所有 16 个寄存器被设计成可寻址的 8 位并行寄存器，但不是所有的位都有效。前两个寄存器（内存地址 00H 和 01H）用于控制寄存器和状态寄存器，内存地址 02H～08H 是时钟功能的计数器，用于秒、分、时、日、月、年计数器。内存地址 09H～0CH 分别用于报警寄存器（定义报警条件）。内存地址 0DH 控制 CLKOUT 的输出频率。内存地址 0EH 和 0FH 分别用于定时器控制寄存器和定时寄存器。

接下来详细介绍各种功能模式。

1. 报警功能模式

通过清除一个或多个报警寄存器最高有效位（位 AE 报警使能位），相应的报警条件将被激活。这种方式可以产生从每分钟至每周一次的报警。设置报警标志位 AF（控制寄存器和状态寄存器第 2 位和第 3 位）用于产生一个中断，AF 只能通过软件清零。

2. 定时器模式

8 位减数定时器（地址 0FH）由定时控制寄存器（地址 0EH）控制。定时控制寄存器可以选择定时器的时钟源频率（4096Hz、64Hz、1Hz 或 1/60Hz）和启用 / 禁用定时器。从软件加载的 8 位二进制值倒计数，在每个倒计时结束时，定时器设置定时器标志位 TF，定时器标志位 TF 只能由软件清零，TF 位可以产生一个中断。当读取定时器时，当前的倒计时数值作为返回值。

3. CLKOUT 输出

引脚 CLKOUT 输出可编程方波。由 CLKOUT 频率寄存器（地址 0DH）控制，可输出 32.768kHz（默认）、1024Hz、32Hz 和 1Hz 的方波。CLKOUT 开漏输出，如果禁用它则为高阻抗。

4. 复位

PCF8563 包含一个片内复位电路，当振荡器停止时，复位电路激活。在复位状态下，$I^2C$ 则初始化，寄存器 VL、TD1、TD0、TESTC 和 AE 被置为 1，其他寄存器和地址指针被清零。

5. 低电压检测器和时钟监视器

PCF8563 内嵌掉电检测器，当 $V_{DD}$<Vlow 时，VL 位（秒寄存器第 7 位）被置 1，用于表明可能产生不准确的时钟 / 日历信息，VL 位只能由软件清零。当 $V_{DD}$ 慢慢降低到 Vlow（如以电池供电），寄存器中的 VL 位被置 1 时，则会产生中断。

## 6.2.5　PCF8563 寄存器介绍

PCF8563 寄存器配置表见表 6-2-2，控制 / 状态寄存器见表 6-2-3，秒、分和小时寄存器配置表见表 6-2-4，日、星期寄存器配置表见表 6-2-5，星期分配表见表 6-2-6，月 / 世纪寄存器位描述表见表 6-2-7，月分配表见表 6-2-8，年寄存器位描述表见表 6-2-9。

表 6-2-2　PCF8563 寄存器配置表

| 地址 | 寄存器名称 | Bit7 | Bit6 | Bit5 | Bit4 | Bit3 | Bit2 | Bit1 | Bit0 |
|---|---|---|---|---|---|---|---|---|---|
| 00H | 控制 / 状态寄存器 1 | TEST | 0 | STOP | 0 | TESTC | 0 | 0 | 0 |
| 01H | 控制 / 状态寄存器 2 | 0 | 0 | 0 | TI/TP | AF | TF | AIE | TIE |
| 0DH | CLKOUT 频率寄存器 | FE | — | — | — | — | — | FD1 | FD0 |
| 0EH | 定时器控制寄存器 | TE | — | — | — | — | — | TD1 | TD0 |
| 0FH | 定时器倒计数数值寄存器 | | | | | | | | |
| 02H | 秒 | VL | 00 ～ 59 BCD 码格式数 | | | | | | |
| 03H | 分钟 | — | 00 ～ 59 BCD 码格式数 | | | | | | |
| 04H | 小时 | — | — | 00 ～ 23 BCD 码格式数 | | | | | |
| 05H | 日 | — | — | 01 ～ 31 BCD 码格式数 | | | | | |
| 06H | 星期 | — | — | — | — | — | 0 ～ 6 | | |
| 07H | 月 / 世纪 | C | — | — | 01 ～ 12 BCD 码格式数 | | | | |
| 08H | 年 | 00 ～ 99 BCD 码格式数 | | | | | | | |
| 09H | 分钟报警 | AE | 00 ～ 59 BCD 码格式数 | | | | | | |
| 0AH | 小时报警 | AE | — | 01 ～ 23 BCD 码格式数 | | | | | |
| 0BH | 日报警 | AE | — | 01 ～ 31 BCD 码格式数 | | | | | |
| 0CH | 星期报警 | AE | — | — | — | — | | | |

表 6-2-3　控制 / 状态寄存器

| 控制 / 状态寄存器 1（内存地址 00H） | | |
|---|---|---|
| 位 | 符号 | 描述 |
| 7 | TEST1 | TEST1=0：常规模式<br>TEST1=1：EXT_CLK 测试模式 |
| 5 | STOP | STOP=0：RTC 时钟源运行<br>STOP=1 ：所有 RTC 分频器触发器异步清零，RTC 时钟停止（CLKOUT 脚的 3.2768kHz 仍可用） |
| 3 | TESTC | TESTC=0：上电复位功能禁用（常规模式时清零）<br>TESTC=1：上电复位功能有效 |
| 0 ～ 2、4、6 | 0 | 默认值为 0 |
| 控制 / 状态寄存器 2（内存地址 01H） | | |
| 位 | 符号 | 描述 |
| 5 ～ 7 | 0 | 默认值为 0 |
| 4 | TI/TP | TI/TP=0：当 TF 有效值 INT 有效（取决于 TIE 的状态）<br>TI/TP=1：INT 脉冲有效（取决于 TIE 的状态）<br>注意：当 AF 和 AIE 有效时，则 INT 一直有效 |
| 3 | AF | 当报警发生，AF 置 1<br>当定时器倒计时结束，TF 置 1<br>如果定时器和报警器同时产生中断，通过读这些位判断是哪个中断源 |
| 2 | TF | |
| 1 | AIE | AIE=0：报警器中断无效<br>AIE=1：报警器中断有效 |
| 0 | TIE | TIE=0：定时器中断无效<br>TIE=1：定时器中断有效 |

表 6-2-4　秒、分和小时寄存器配置表

| 秒 /VL 寄存器位描述（地址 02H） | | |
|---|---|---|
| 位 | 符号 | 描述 |
| 7 | VL | VL=0：保证准确的时钟 / 日历数据<br>VL=1：不保证准确的时钟 / 日历数据 |
| 0 ～ 6 | < 秒 > | 代表 BCD 格式的当前秒数值，值为 00 ～ 59<br>例如：1011001 代表 59s |
| 分钟寄存器位描述（地址 03H） | | |
| 位 | 符号 | 描述 |
| 7 | — | 无效 |
| 0 ～ 6 | < 分 > | 代表 BCD 格式的当前分钟数值，值为 00 ～ 59 |
| 小时寄存器位描述（地址 04H） | | |
| 位 | 符号 | 描述 |
| 6、7 | — | 无效 |
| 0 ～ 5 | < 时 > | 代表 BCD 格式的当前小时数值，值为 00 ～ 23 |

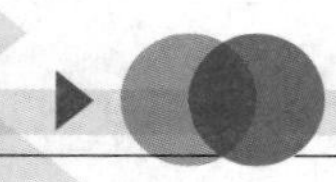


表 6-2-5　日、星期寄存器配置表

| 日寄存器位描述（地址 05H） | | |
| --- | --- | --- |
| 位 | 符号 | 描述 |
| 6、7 | — | 无效 |
| 0 ～ 5 | <日> | 代表 BCD 格式的当前日数值，值为 00 ～ 31。当年计数器的值是闰年时，PCF8563 自动给二月增加一个值，使其成为 29 天 |
| 星期寄存器位描述（地址 06H） | | |
| 位 | 符号 | 描述 |
| 3 ～ 7 | — | 无效 |
| 0 ～ 2 | <星期> | 代表当前星期数值 0 ～ 6。见星期分配表，这些位也可由用户重新分配 |

表 6-2-6　星期分配表

| 日 | Bit2 | Bit1 | Bit0 |
| --- | --- | --- | --- |
| 星期日 | 0 | 0 | 0 |
| 星期一 | 0 | 0 | 1 |
| 星期二 | 0 | 1 | 0 |
| 星期三 | 1 | 0 | 0 |
| 星期四 | 1 | 0 | 1 |
| 星期五 | 1 | 1 | 0 |
| 星期六 | 1 | 1 | 1 |

表 6-2-7　月 / 世纪寄存器（地址 07H）位描述表

| 位 | 符号 | 描述 |
| --- | --- | --- |
| 7 | C | 世纪位：C=0 指定世纪数为 20×× ，C=1 指定世纪数为 19×× ，“××”为年寄存器中的值，见年寄存器位描述表。当年寄存器中的值由 99 变为 00 时，世纪位会改变 |
| 5、6 | — | 无效 |
| 0 ～ 4 | <月> | 代表 BCD 格式的当前月份，值为 01 ～ 12，见月分配表 |

表 6-2-8　月分配表

| 月 | Bit4 | Bit3 | Bit2 | Bit1 | Bit0 |
| --- | --- | --- | --- | --- | --- |
| 一月 | 0 | 0 | 0 | 0 | 1 |

（续）

| 月 | Bit4 | Bit3 | Bit2 | Bit1 | Bit0 |
|---|---|---|---|---|---|
| 二月 | 0 | 0 | 0 | 1 | 0 |
| 三月 | 0 | 0 | 0 | 1 | 1 |
| 四月 | 0 | 0 | 1 | 0 | 0 |
| 五月 | 0 | 0 | 1 | 0 | 1 |
| 六月 | 0 | 0 | 1 | 1 | 0 |
| 七月 | 0 | 0 | 1 | 1 | 1 |
| 八月 | 0 | 1 | 0 | 0 | 0 |
| 九月 | 0 | 1 | 0 | 0 | 1 |
| 十月 | 1 | 0 | 0 | 0 | 0 |
| 十一月 | 1 | 0 | 0 | 0 | 1 |
| 十二月 | 1 | 0 | 0 | 1 | 0 |

表 6-2-9　年寄存器位描述（地址 08H）表

| 位 | 符号 | 描述 |
|---|---|---|
| 0～7 | <年> | 代表 BCD 格式的当前年数值，值为 00～99 |

## 任务工单

任务工单 18　获取时间

| 项目 6：电子时钟 | 任务 2：获取时间 |
|---|---|

**（一）练习习题**

扫描右侧的二维码，完成练习

获取时间

**（二）任务实施完成情况**

| 实施步骤 | 实施步骤具体操作 | 完成情况 |
|---|---|---|
| 步骤 1：新建 STM32CubeMX 工程，完成调试端口的配置、MCU 时钟树的配置和串口配置等，保存 STM32CubeMX 工程，生成初始 C 代码工程并使用 Keil 打开 | | |

（续）

| 项目 6：电子时钟 | | 任务 2：获取时间 |
|---|---|---|
| 实施步骤 | 实施步骤具体操作 | 完成情况 |
| 步骤 2：在工程中添加代码包，在 Keil 中完善代码，完成时间的获取和显示 | | |
| 步骤 3：编译程序，生成 HEX 文件并烧写到开发板中 | | |
| 步骤 4：搭建硬件环境，测试效果，使用串口调试助手验证结果 | | |

**（三）任务检查与评价**

| 项目名称 | 电子时钟 | | | |
|---|---|---|---|---|
| 任务名称 | 获取时间 | | | |
| 评价方式 | 可采用自评、互评和教师评价等方式 | | | |
| 说明 | 主要评价学生在项目学习过程中的操作技能、理论知识、学习态度、课堂表现和学习能力等 | | | |
| 序号 | 评价内容 | 评价标准 | 分值 | 得分 |
| 1 | 知识运用（20%） | 掌握相关理论知识，理解本任务要求，制订详细计划，计划条理清晰，逻辑正确（20 分） | 20 分 | |
| | | 理解相关理论知识，能根据本任务要求制订合理计划（15 分） | | |
| | | 了解相关理论知识，有制订计划（10 分） | | |
| | | 无制订计划（0 分） | | |
| 2 | 专业技能（40%） | 完成在 STM32CubeMX 中工程建立的所有操作步骤、基础配置，完成串口参数的配置，完成任务代码的编写与完善，将生成的 HEX 文件烧写进开发板，并通过测试（40 分） | 40 分 | |
| | | 完成代码，也烧写进开发板，但功能未完成，没有采集到时间显示（30 分） | | |
| | | 代码有语法错误，无法完成代码的烧写（20 分） | | |
| | | 不愿完成任务（0 分） | | |
| 3 | 核心素养（20%） | 具有良好的自主学习和分析解决问题的能力，整个任务过程中有指导他人（20 分） | 20 分 | |
| | | 具有较好的学习和分析解决问题的能力，任务过程中无指导他人（15 分） | | |
| | | 能够主动学习并收集信息，有请教他人进行解决问题的能力（10 分） | | |
| | | 不主动学习（0 分） | | |
| 4 | 课堂纪律（20%） | 设备无损坏，设备摆放整齐，工位区域内保持整洁，无干扰课堂秩序（20 分） | 20 分 | |
| | | 设备无损坏，无干扰课堂秩序（15 分） | | |
| | | 无干扰课堂秩序（10 分） | | |
| | | 干扰课堂秩序（0 分） | | |
| 总得分 | | | | |

（续）

| 项目 6：电子时钟 | 任务 2：获取时间 |
| --- | --- |

**（四）任务自我总结**

| 过程中遇到的问题 | 解决方式 |
| --- | --- |
| | |
| | |
| | |

## 任务小结

通过本任务的学习，能够了解 RTC 和 PCF8563 的相关知识，能够实现 STM32 单片机与 PCF8563 的通信，即时间的设置和获取，如图 6-2-11 所示。

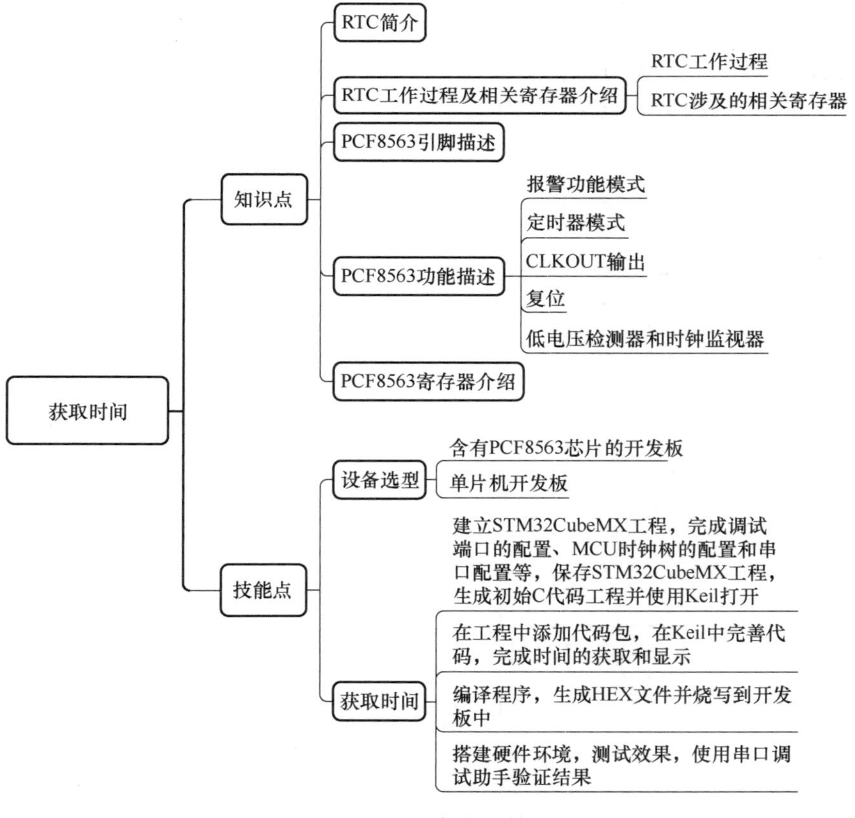


图 6-2-11　任务小结

## 任务拓展

修改 pcf8563.c 文件内的“unsigned char time_buf1[8]={20，20，07，01，00，00，

00，03}；”，改变显示的起始时间，数组内数据表示的是：2020 年 07 月 01 日 00 时 00 分 00 秒周三。

# 任务 3　实现电子时钟

## 职业能力目标

电子时钟　实现电子时钟

1）能根据相关资料，理解 $I^2C$ 通信协议。

2）能在 PCF8563_RTC 时钟基础上移植湿度、光照传感器，实现时间以及湿度、光照数据的显示。

## 任务描述与要求

**任务描述：** 某公司因为市场需要，准备研发一款多功能电子时钟。经过研究考虑，准备使用 STM32 单片机和 PCF8563 时钟芯片以及温湿度、光照传感器实现多功能需求。本项目主要分为三个任务，本任务主要移植代码实现时间以及湿度、光照数据的显示。

**任务要求：**

1）移植湿度、光照传感器代码。

2）整合湿度、光照传感器和 PCF8563 时钟程序实现多功能电子时钟。

## 设备选型

设备需求如图 6-3-1 所示。

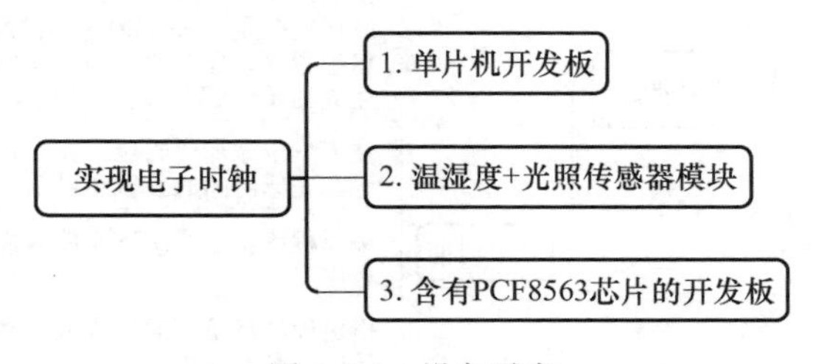


图 6-3-1　设备需求

### 1. 单片机开发板

根据项目任务分析，本书选择 STM32F1 系列开发板，读者可以根据手中现有的开发板进行合适的选型。

2. 温湿度传感器模块

根据本任务分析，需要准备一块温湿度传感器模块，延用本项目任务 1 选型的温湿度传感器模块。

3. 含有 PCF8563 芯片的开发板

根据本任务分析，需要准备一块含有 PCF8563 芯片的开发板，延用本项目任务 2 选型的开发板。

## 知识储备

### 6.3.1　多功能电子时钟介绍

电子时钟已成为人们日常生活中必不可少的物品，广泛应用于个人、家庭以及车站、码头、剧院、办公室等公共场所，给人们的生活、学习、工作和娱乐带来了极大的方便。随着技术的进步，人们已不再满足于钟表简单的报时功能，希望附加一些新的功能，如日历显示、闹钟非接触式止闹、跑表功能和重要日期倒计时显示等，而所有这些又都是以数字化的电子时钟为基础的。因此，研究实用电子时钟及其扩展应用有着非常现实的意义。

由于数字集成电路技术的发展和先进的石英技术，电子时钟具有走时准确、性能稳定和携带方便等优点，它主要用于计时、自动报时及自动控制等各个领域。本任务介绍的多功能电子时钟可以满足使用者的一些特殊要求，具有输出方式灵活、功耗低、计时准确、性能稳定和维护方便等优点。

### 6.3.2　PCF8563 芯片的串行接口

PCF8563 的串行接口为 $I^2C$。在讲解 $I^2C$ 之前，先来了解一下总线相关知识。

1. 计算机中 Bus 术语的来源

早期的 ENIAC（埃尼阿克）计算机体积庞大，连线复杂，如图 6-3-2 所示，所有数据都通过实际的电缆传输，接线非常混乱。把这些大捆杂乱的电缆线有序地布置在一个公共线排上，这些规则排列在一起的公共线束（见图 6-3-3），就是术语“总线”的早期来源，用 Bus 表示。

2. 计算机中 Bus 术语的定义

在计算机体系结构中，总线（Bus）是计算机内部组件之间或计算机之间传送信息的公共通信干线，它是由导线组成的传输路径。

总线是一种电路，它是 CPU、RAM、ROM、INPUT（输入）和 OUTPUT（输出）等设备传递信息的公用通道，充当数据在计算机内传输的“高速公路”，如图 6-3-4 所示。

按照计算机所传输的信息种类，计算机的总线可以划分为数据总线、地址总线和控制总线，分别用来传输数据信息、地址信息和控制信号。

图 6-3-2　早期的 ENIAC 计算机

图 6-3-3　有序排列的线束

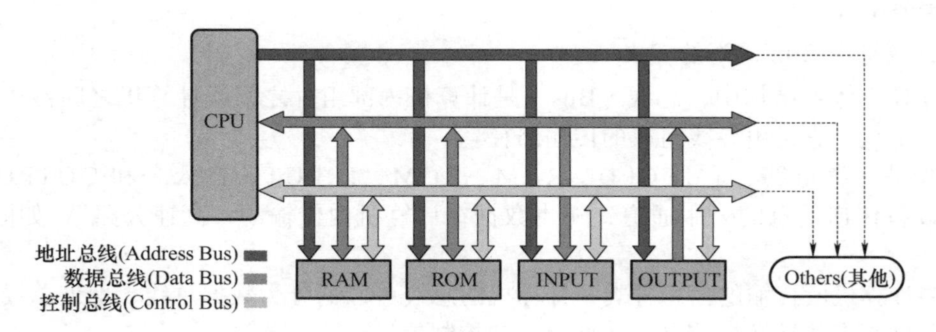


图 6-3-4　计算机中的总线

总线好比公交车，人们可以通过坐公交车到达城市的各个地方，人就如同电信号，汽车内部容纳人的座位就如同导线，只有一个座位的公交车就如同只由一根导线构成的总线，多个座位的公交车就如同多根导线构成的一组总线，人们可以分时轮流占用一个座位，但同一个时刻不能有两个及以上的人坐在同一个座位上。为方便记忆，曾经有人用八个字来刻画总线的本质：一线多连，轮流占用。

3. I²C

（1）I²C 特性

I²C 用两条线（SDA 和 SCL）在芯片和模块间传递信息。SDA 为串行数据线，SCL 为串行时钟线，两条线必须用一个上拉电阻与正电源相连，其数据只有在总线不忙时才可传送。

系统配置如图 6-3-5 所示，产生信号的设备是传送器，接收信号的设备是接收器，控制信号的设备是主设备，受控制信号的设备是从设备。

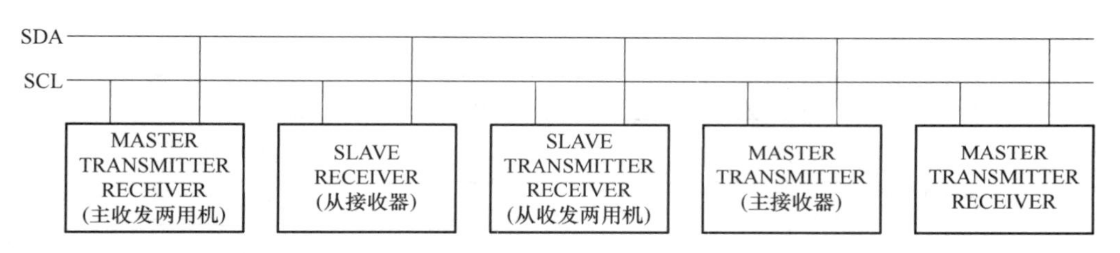


图 6-3-5　I²C 系统配置图

（2）启动（START）和停止（STOP）条件

总线不忙时，数据线和时钟线保持高电平。数据线在下降沿而时钟线为高电平时为启动条件（S），数据线在上升沿而时钟线为高电平时为停止条件（P），如图 6-3-6 所示。

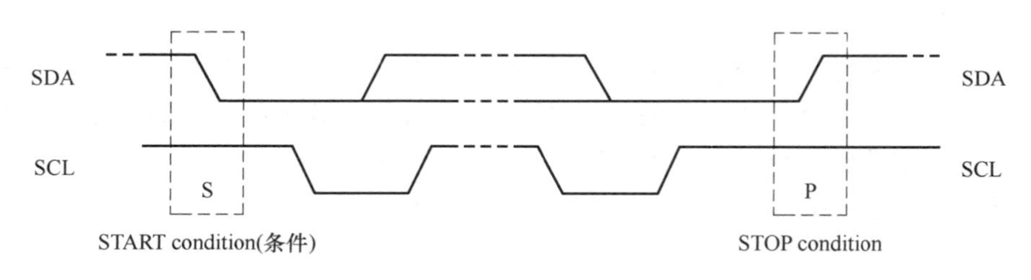


图 6-3-6　I²C 的启动（START）和停止（STOP）条件

（3）位传送

每个时钟脉冲传送一个数据位，SDA 上的数据在时钟脉冲高电平时应保持稳定，否则 SDA 上的数据将成为上面提及的控制信号，如图 6-3-7 所示。

（4）标志位

在启动条件向停止条件之间，传送器传送给接收器的数据数量没有限制。每个 8 位字节后加一个标志位，传送器产生高电平的标志位，这时主设备产生一个附加标志时钟脉冲。

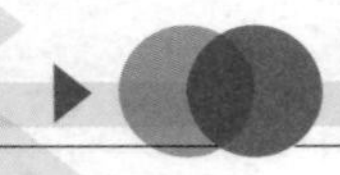

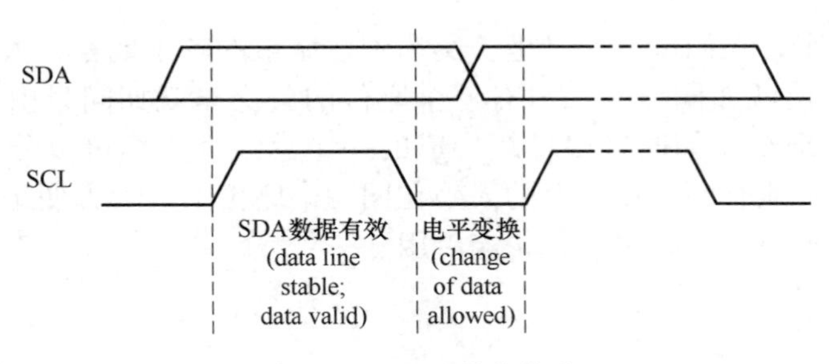


图 6-3-7　I²C 上的位传送

从接收器必须在接收到每个字节后产生一个标志位，主接收器也必须在接收从传送器传送的每个字节后产生一个标志位。在标志位时钟脉冲出现时，SDA 应保持低电平（应考虑启动和保持时间）。传送器应在从设备接收最后一个字节时变为低电平，使接收器产生标志位，这时主设备可产生停止条件，如图 6-3-8 所示。

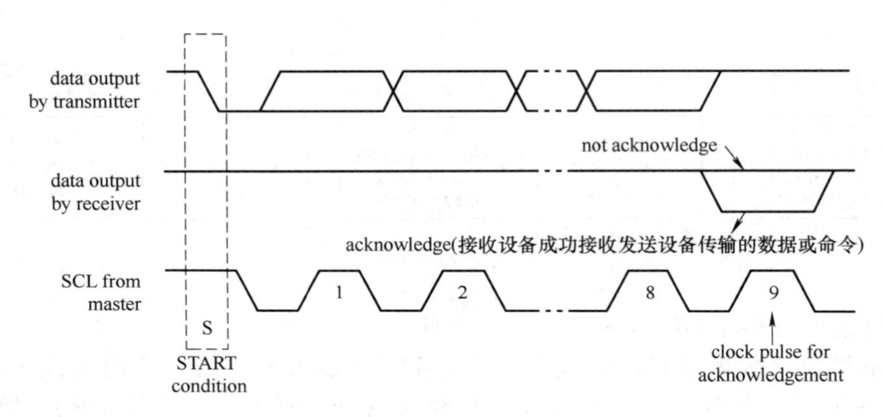


图 6-3-8　I²C 上的标志位

（5）I²C 协议

**注意**：用 I²C 传递数据前，接收的设备应先标明地址，在 I²C 启动后，这个地址与第一个传送字节一起被传送。PCF8563 可以作为一个从接收器或从传送器，这时时钟信号线 SCL 只能是输入信号线，数据信号线 SDA 是一条双向信号线。

PCF8563 从地址如图 6-3-9 所示。

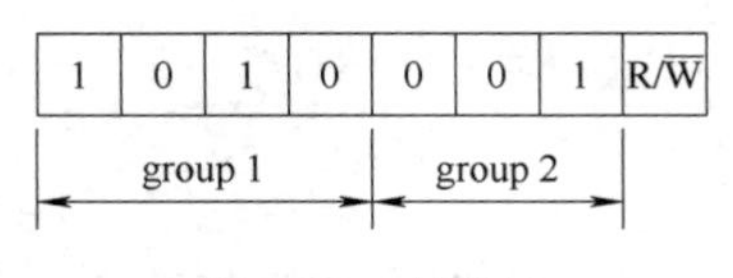


图 6-3-9　从地址

时钟 / 日历芯片读 / 写周期：三种 PCF8563 读 / 写周期中，I²C 的配置如下，图 6-3-10 为主传送器到从接收器、图 6-3-11 为设置字地址后主设备读数据、图 6-3-12 为主设备读从设备第一个字节数据后的数据，图中字地址是四个位的数，用于指出下一个访问的寄存器，字地址的高四位无用。

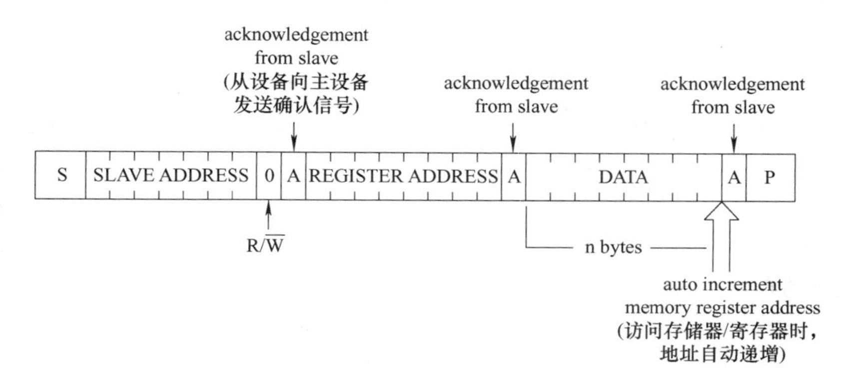


图 6-3-10 主传送器到从接收器（写模式）

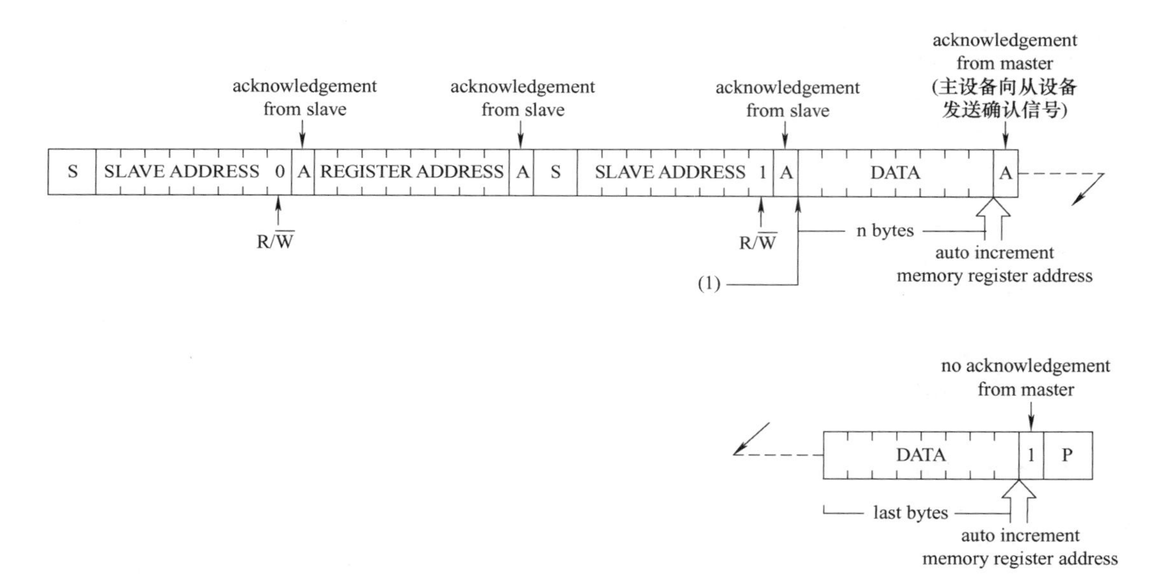


图 6-3-11 设置字地址后主设备读数据（写字地址，读数据）

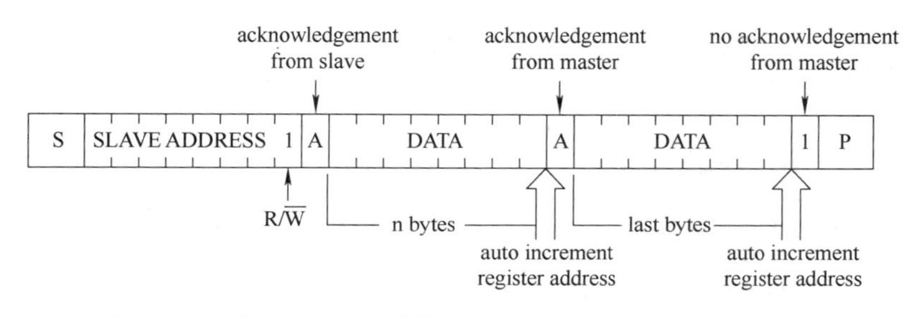


图 6-3-12 主设备读从设备第一个字节数据后的数据（读模式）

## 任务工单

任务工单 19　实现电子时钟

| 项目 6：电子时钟 | 任务 3：实现电子时钟 |
|---|---|

实现电子时钟

**（一）练习习题**

扫描右侧的二维码，完成练习

**（二）任务实施完成情况**

| 实施步骤 | 实施步骤具体操作 | 完成情况 |
|---|---|---|
| 步骤 1：新建 STM32CubeMX 工程，完成调试端口的配置、MCU 时钟树的配置，配置串口、ADC 等，保存 STM32CubeMX 工程，生成初始 C 代码工程并使用 Keil 打开 | | |
| 步骤 2：在工程中添加代码包，在 Keil 中完善代码，完成时间和湿度、光照的获取和显示 | | |
| 步骤 3：编译程序，生成 HEX 文件并烧写到开发板中 | | |
| 步骤 4：搭建硬件环境，测试效果，使用串口调试助手验证结果 | | |

**（三）任务检查与评价**

| 项目名称 | 电子时钟 | | | |
|---|---|---|---|---|
| 任务名称 | 实现电子时钟 | | | |
| 评价方式 | 可采用自评、互评和教师评价等方式 | | | |
| 说明 | 主要评价学生在项目学习过程中的操作技能、理论知识、学习态度、课堂表现和学习能力等 | | | |
| 序号 | 评价内容 | 评价标准 | 分值 | 得分 |
| 1 | 知识运用（20%） | 掌握相关理论知识，理解本任务要求，制订详细计划，计划条理清晰，逻辑正确（20 分） | 20 分 | |
| | | 理解相关理论知识，能根据本任务要求制订合理计划（15 分） | | |
| | | 了解相关理论知识，有制订计划（10 分） | | |
| | | 无制订计划（0 分） | | |

（续）

| 项目 6：电子时钟 | | | 任务 3：实现电子时钟 | |
|---|---|---|---|---|
| 序号 | 评价内容 | 评价标准 | 分值 | 得分 |
| 2 | 专业技能（40%） | 完成在 STM32CubeMX 中工程建立的所有操作步骤、基础配置，完成串口参数的配置，完成 ADC 配置，完成任务代码的编写与完善，将生成的 HEX 文件烧写进开发板，并通过测试（40 分） | 40 分 | |
| | | 完成代码，也烧写进开发板，但功能未完成，没有采集到时间、湿度和光照显示（30 分） | | |
| | | 代码有语法错误，无法完成代码的烧写（20 分） | | |
| | | 不愿完成任务（0 分） | | |
| 3 | 核心素养（20%） | 具有良好的自主学习和分析解决问题的能力，整个任务过程中有指导他人（20 分） | 20 分 | |
| | | 具有较好的学习和分析解决问题的能力，任务过程中无指导他人（15 分） | | |
| | | 能够主动学习并收集信息，有请教他人进行解决问题的能力（10 分） | | |
| | | 不主动学习（0 分） | | |
| 4 | 课堂纪律（20%） | 设备无损坏，设备摆放整齐，工位区域内保持整洁，无干扰课堂秩序（20 分） | 20 分 | |
| | | 设备无损坏，无干扰课堂秩序（15 分） | | |
| | | 无干扰课堂秩序（10 分） | | |
| | | 干扰课堂秩序（0 分） | | |
| 总得分 | | | | |

**（四）任务自我总结**

| 过程中遇到的问题 | 解决方式 |
|---|---|
| | |
| | |
| | |

## 任务小结

通过本任务的学习，能够了解 $I^2C$ 通信协议的相关知识，掌握湿度、光照代码的移植，能够添加代码实现多功能电子时钟功能，如图 6-3-13 所示。

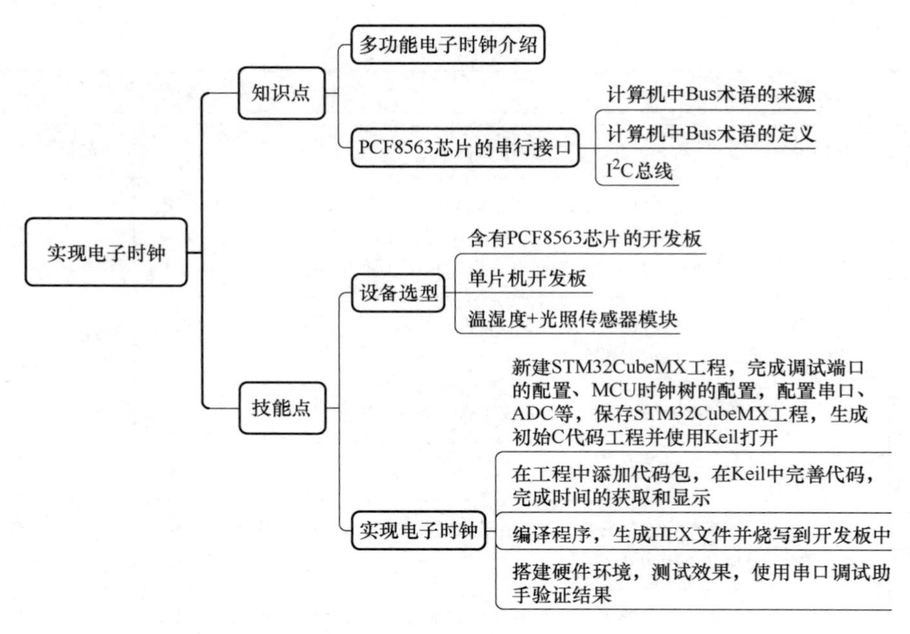


图 6-3-13　任务小结

## 任务拓展

拓展：任务中显示的是湿度信息，将温度传感器的代码移植过来，实现对于温度数据的获取和输出。

# 项目7

# 医疗系统

## 引导案例

病房呼叫系统是医院非常重要的设备，基本所有的医院都会进行安装。

一些传统的医院病房呼叫系统通过线缆进行信号的传输，需要进行大量的线缆布线、打孔、连线和调试，安装起来比较麻烦，而且还需要值班室一直有人值班，消耗了大量的人力和物力。而使用无线收发器进行数据传输，则会节省很多空间，省掉很多麻烦。医生也不用一直待在接收器旁边等待数据，可以将无线收发器随身携带，在医院的一定范围内可以随时收到报警信号，为医生省掉很多麻烦。图 7-0-1 为常见的病床呼叫器。

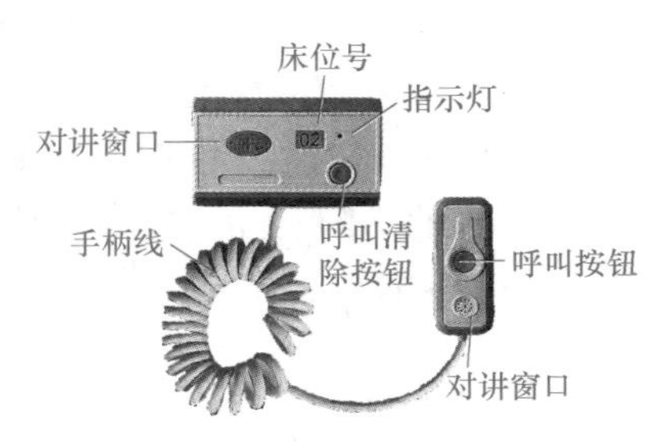


图 7-0-1 常见的病床呼叫器

# 任务 1 实现接口通信

## 职业能力目标

医疗系统 实现接口通信

1）能根据 MCU 手册查阅相关资料，利用 STM32CubeMX 软件准确对 SPI 进行配置。

2）能根据 W25Q80DV 相关知识准确添加代码，实现对串行 Flash 的读写。

## 任务描述与要求

**任务描述：**某公司准备为医院开发一套医疗无线呼叫系统，在考虑成本与实用性、安全性后，采用 STM32 系列单片机，Si4432 无线收发模块。此任务主要分为三部分，第一部分实现单片机与串行 Flash 的 SPI 通信。

**任务要求：**

1）实现 STM32 与外置设备的 SPI 通信。

2）实现对 W25Q80DV 串行 Flash 的 ID 号的读取。

## 设备选型

设备需求如图 7-1-1 所示。

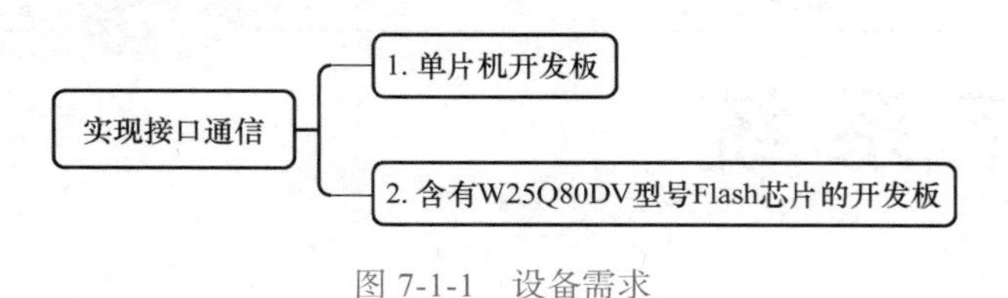


图 7-1-1 设备需求

1. 单片机开发板

根据前面对单片机开发板进行选型，读者可以自行选取合适的单片机，用来实现接口通信。这里选择 ST 公司的 STM32 系列开发板。

2. 含有 W25Q80DV 型号 Flash 芯片的开发板

本任务需要使用 Flash 芯片 W25Q80DV 实现单片机与串行 Flash 的 SPI 通信，所以需要带有这个芯片的开发板即可，如图 7-1-2 所示。

图 7-1-2 W25Q80DV 芯片

## 知识储备

### 7.1.1 SPI 协议介绍

1. SPI 简介

SPI 是 Serial Peripheral Interface 的缩写，顾名思义就是串行外部设备接口，是 Motorola（摩托罗拉）公司推出的一种同步串行接口。用于 MCU 连接外部设备的同步串行通信，主要应用于 Flash、DAC、信号处理器、控制器和 EEPROM 存储器等外部设备中，SPI 是一种高速的全双工同步通信总线。例如，SD 卡模块、RFID（射频识别）卡读取器模块和 2.4 GHz 无线发送器 / 接收器均使用 SPI 与 MCU 通信。

SPI 只需 4 条线就可以完成 MCU 与各种外围器件的全双工通信，这 4 条线分别介绍如下。

1）SCK（Serial Clock）：SCK 是串行时钟线，其作用是主机（Master）向从机（Slave）传输时钟信号，控制数据交换的时机和速率。它由通信主机产生，决定通信的速率。不同的设备支持的最高时钟频率不一样，两个设备之间通信时，通信速率受限于低速设备。

2）MOSI（Master Out Slave In）：在 SPI Master 上也被称为 Tx-channel，其作用是 SPI 主机给 SPI 从机发送数据，主机的数据从这条信号线输出，从机由这条信号线读入主机发送的数据，即这条线上数据的方向为主机到从机。

3）MISO（Master In Slave Out）：在 SPI Master 上也被称为 Rx-channel，其作用是 SPI 主机接收 SPI 从机传输过来的数据，主机从这条信号线读入数据，从机的数据由这条信号线输出到主机，即在这条线上数据的方向为从机到主机。

4）CS/SS（Chip Select/Slave Select）：从设备选择信号线，常称为片选信号线，也

称为 NSS、SS。SPI 协议中没有设备地址，它使用 CS 信号线来寻址，当主机要选择从设备时，把该从设备的 CS 信号线设置为低电平，该从设备即被选中，即片选有效，接着主机开始与被选中的从设备进行 SPI 通信。所以 SPI 通信以 CS 线置低电平为开始信号，以 CS 线被拉高作为结束信号。

SPI 规定了两个 SPI 设备之间通信必须由主设备来控制从设备。主机控制一个从机如图 7-1-3 所示，也就是说，如果 FPGA 是主机的情况下，不管是 FPGA（现场可编程门阵列，可由工程师反复编程的逻辑器件，本体是一种数字集成电路，一个可以通过编程来改变内部结构的芯片）给芯片发送数据还是从芯片中接收数据，写 Verilog（语言）逻辑时，片选信号 CS 与串行时钟信号 SCK 必须由 FPGA 来产生。同时，一个 Master 可以设置多个片选来控制多个 Slave。一个主机控制多个从机如图 7-1-4 所示。SPI 协议还规定 Slave 的 Clock 由 Master 通过 SCK 引脚提供给 Slave，Slave 本身不能产生或控制 Clock，没有 Clock 则 Slave 不能正常工作。

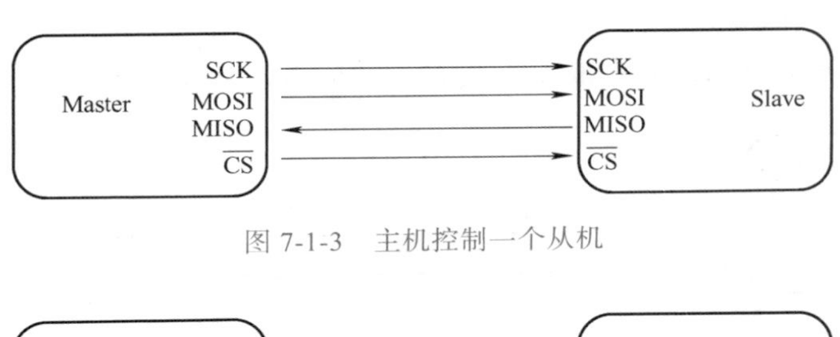


图 7-1-3　主机控制一个从机

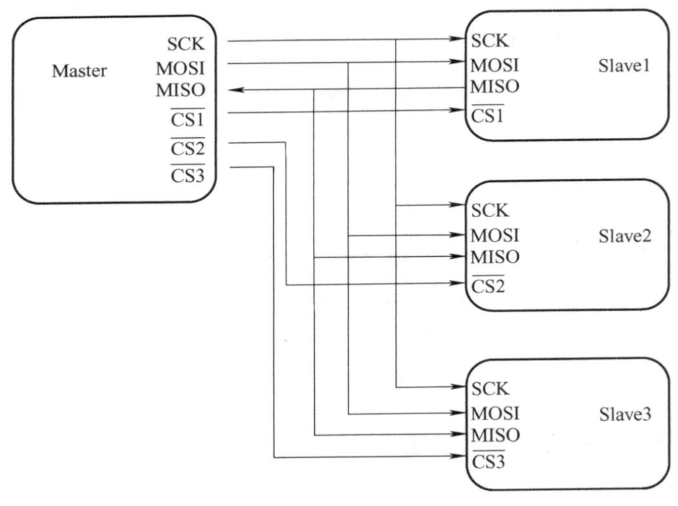


图 7-1-4　一个主机控制多个从机

当 SPI 工作时，在移位寄存器中的数据逐位从输出引脚（MOSI）输出（高位在前），同时从输入引脚（MISO）接收的数据逐位移到移位寄存器（高位在前）。发送一个字节后，从另一个外围器件接收的字节数据进入移位寄存器中。即完成一个字节数据传输的实质是两个器件寄存器内容的交换。主 SPI 的时钟信号（SCK）使传输同步。

2. 相关名词

CPOL（Clock Polarity，时钟的极性）：表示 SPI 在空闲时，时钟信号是高电平还是低电平。

CPHA（Clock Phase，时钟的相位）：表示 SPI 设备是在 SCK 引脚上的时钟信号变为上升沿时触发数据采样，还是在时钟信号变为下降沿时触发数据采样。

主－从控制方式：SPI 协议中规定 Slave 的 Clock 由 Master 通过 SCK 引脚提供给 Slave，Slave 本身不能产生或控制 Clock，没有 Clock 则 Slave 不能正常工作。因此在 SPI 通信中，任何数据交互都是由主机发起，主机通过时钟引脚 CLK 及片选信号 CS 控制相对应的从机进行通信。

3. SPI 的传输步骤

1）主机输出时钟信息如图 7-1-5 所示。

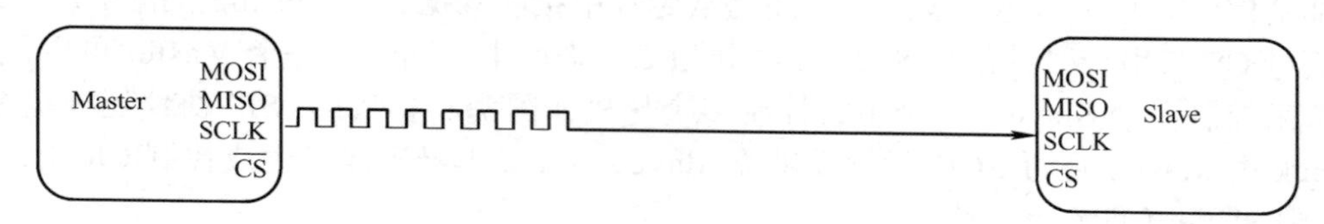


图 7-1-5　主机输出时钟信息

2）主机将 CS/SS 引脚切换到低电平状态，从而激活从机，如图 7-1-6 所示。

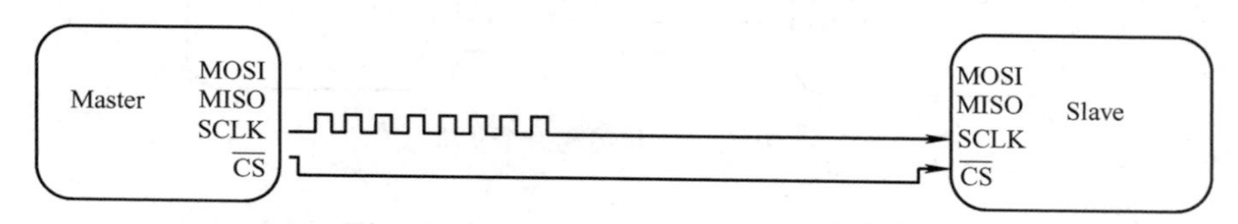


图 7-1-6　主机切换片选为低电平状态

3）主机沿 MOSI 线一次一次地向从机发送数据，从机接收并读取这些位，如图 7-1-7 所示。

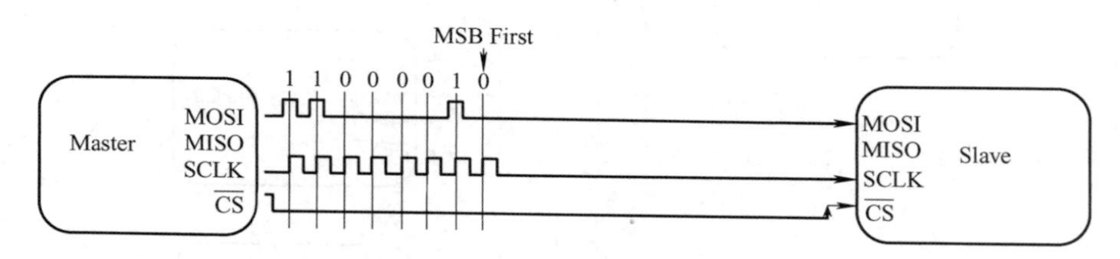


图 7-1-7　主机通过 MOSI 向从机发送数据

4）如果需要响应，从机将沿着 MISO 线一次一次地向主机返回数据，主机接收并读取这些位，如图 7-1-8 所示。

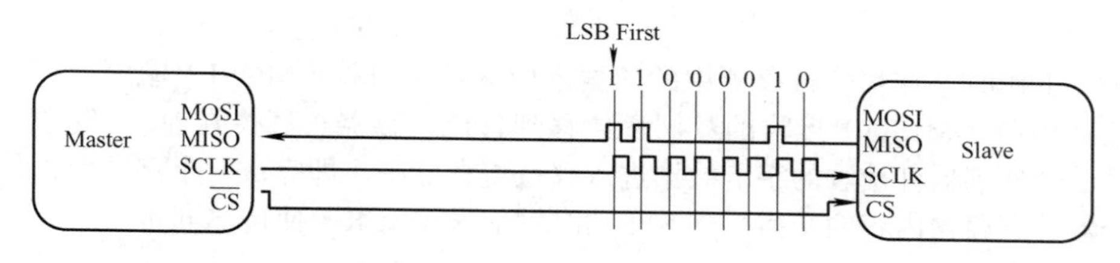


图 7-1-8　从机返回数据到主机

4. SPI 的优点

SPI 与其他通信协议相比，具有以下优点。

1）支持全双工通信，单独的 MISO 和 MOSI 线，可以同时发送和接收数据。

2）通信简单，没有复杂的从机寻址系统。

3）数据传输速率快。

5. SPI 的缺点

1）使用四根线（$I^2C$ 和 UART 使用两根）。

2）无法确认数据已成功接收。

3）没有错误检查，如 UART 中的奇偶校验位。

4）仅允许单个主机。

6. SPI 的特点

SPI 是一种四线串行通信协议，具有以下特点。

1）高速、同步、全双工、非差分和总线式。

2）主从机通信模式。

## 7.1.2 Flash 芯片 W25Q80DV 简介

1. Flash 的存储特性

1）在写入数据时必须先擦除。

2）擦除时会把数据位全重置为 1。

3）写入数据时只能把为 1 的数据改成 0。

4）擦除时必须按最小单位来擦除（一般为扇区）。

5）norflash 可以一个字节写入。

6）nandflash 必须以块或扇区为单位进行读写。

2. W25Q80DV 简介

W25Q80DV 是一种容量为 8Mbit 的串行 Flash 存储器。该存储器被组织成 4096 页，每页 256 字节，同一时间最多可以写 256 字节（一页）。

页擦除方式可以按 16 页一组（4KB Sector Erase）、128 页一组（32KB Block Erase）、256 页一组（64KB Block Erase）或者整片擦除（Chip Erase）。擦除操作只能按扇区擦除或按块擦除，W25Q80DV 分别有 256 个可擦除扇区（Sector，每个扇区 4KB）和 16 个可擦除块（Block，每个块 64KB）。实际上，4KB 的小扇区为需要存储数据和参数的应用程序提供了更大的灵活性。其主要参数以下三个。

1）Page：256 B。

2）Sector：16 Pages（4KB）。

3）Block：16 Sectors（64KB）。

W25Q80DV 支持标准的 SPI，也支持高性能的 Dual/Quad 输出，以及 Dual/Quad I/O SPI，即 Serial Clock、Chip Select、Serial Data I/O0（DI）、I/O1（DO）、I/O2（/WP）和 I/O3（/HOLD）。

W25Q80DV 支持的 SPI 时钟频率高达 104MHz，以及当使用快速读 Dual/Quad I/O 指令时，Dual I/O 模式的等效时钟频率 208MHz（104MHz × 2）和 Quad I/O 模式的 416MHz（104MHz × 4）。这样的传输速率超过标准的异步 8 位和 16 位的并行 Flash 存储器。

Hold 引脚和 Write Protect 引脚提供了更进一步的控制灵活性。

此外，W25Q80DV 设备支持 64 位唯一的 JEDEC 标准厂商和设备标识序列号。

W25Q80DV 具有以下特性：

1）W25Q80DV：8Mbit/1MB（1，048，576）。

2）每个可编程页的大小为 256 字节。

3）标准 SPI：CLK，/CS，DI，DO，/WP，/Hold。

4）Dual SPI：CLK，/CS，IO0，IO1，/WP，/Hold。

5）Quad SPI：CLK，/CS，IO0，IO1，IO2，IO3。

6）统一的 4KB 扇区（Sector），32KB 和 64KB 的块（Block）。

### 7.1.3 SPI 时序及模式分析

1. 协议通信时序详解

SPI 的通信原理很简单，它以主从方式工作，这种模式通常有一个主设备和一个或多个从设备，需要至少 4 根线，事实上 3 根也可以（单向传输时），也是所有基于 SPI 的设备共有的，它们是 MOSI（主设备输出从设备输入）、MISO（主设备输入从设备输出）、SCLK（时钟）和 CS（片选）。

需要说明的是，SPI 通信有 4 种不同的模式，不同的从设备可能在出厂时已配置为某种模式，这是不能改变的；但通信双方必须工作在同一模式下，所以可以对主设备的 SPI 模式进行配置，通过 CPOL（时钟极性）和 CPHA（时钟相位）来控制主设备的通信模式，具体如下。

模式 0：CPOL= 0，CPHA=0。SCK 串行时钟线空闲时为低电平，数据在 SCK 时钟的上升沿被采样，数据在 SCK 时钟的下降沿切换。

模式 1：CPOL= 0，CPHA=1。SCK 串行时钟线空闲时为低电平，数据在 SCK 时钟的下降沿被采样，数据在 SCK 时钟的上升沿切换。

模式 2：CPOL= 1，CPHA=0。SCK 串行时钟线空闲时为高电平，数据在 SCK 时钟的下降沿被采样，数据在 SCK 时钟的上升沿切换。

模式 3：CPOL= 1，CPHA=1。SCK 串行时钟线空闲时为高电平，数据在 SCK 时钟的上升沿被采样，数据在 SCK 时钟的下降沿切换。

SPI 四种工作模式如图 7-1-9 所示。

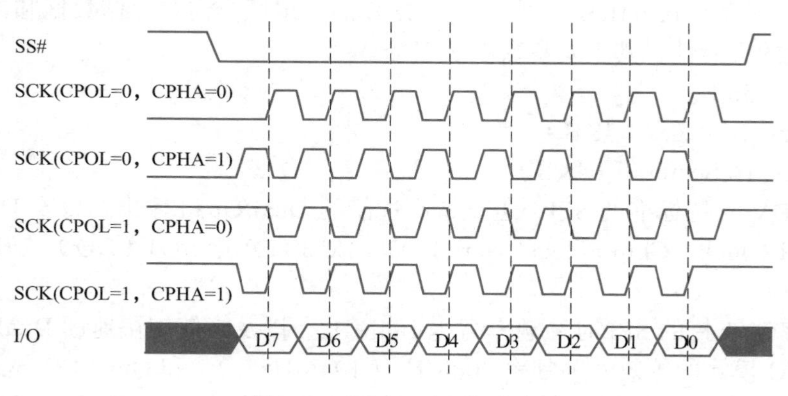


图 7-1-9　SPI 四种工作模式

时钟极性 CPOL 是用来配置 SCLK 的电平处于哪种状态时是空闲态或者有效态，时钟相位 CPHA 是用来配置数据采样是在第几个边沿：① CPOL=0，表示当 SCLK=0 时处于空闲状态，所以有效状态就是 SCLK 处于高电平时；② CPOL=1，表示当 SCLK=1 时处于空闲状态，所以有效状态就是 SCLK 处于低电平时；③ CPHA=0，表示数据采样是在第 1 个边沿，数据发送在第 2 个边沿；④ CPHA=1，表示数据采样是在第 2 个边沿，数据发送在第 1 个边沿。

主设备能够控制时钟，因为 SPI 通信并不像 UART 或者 $I^2C$ 通信那样有专门的通信周期，有专门的通信起始信号，有专门的通信结束信号；所以 SPI 协议能够通过控制时钟信号线，当没有数据交流时，时钟线要么保持高电平，要么保持低电平。

2. W25Q80DV 控制指令

W25Q80DV 的指令集包含 34 个基本指令（完全通过 SPI 控制）。指令由片选信号的下降沿开始，数据的第一个字节是指令码，DI 输入引脚在时钟上升沿时采集数据，MSB 在前。

指令长度从单个字节到多个字节变化，指令码后面可能带有 address bytes、data bytes 和 dummy bytes（不关心），在一些情况下，会组合起来。

所有的读指令能在任意时钟位之后完成，但是所有的写、编程和擦除指令必须在一个字节界限之后才能完成，否则指令将会被忽略。表 7-1-1 为 W25x Flash 存储器指令表。

表 7-1-1　W25x Flash 存储器指令表

| 指令名称 | 指令码 | 描述 |
|---|---|---|
| WriteEnable | 0x06 | 写使能 |
| WriteDisable | 0x04 | 写失能 |
| ReadStatusRegister-1 | 0x05 | 读状态寄存器 |
| WriteStatusRegister-1 | 0x01 | 写状态寄存器，后面接 1 个 Byte |
| ReadData | 0x03 | 读数据字节（低速） |
| FastRead | 0x0B | 读数据字节（高速） |
| PageProgram | 0x02 | 页编程（最多 256 个字节） |
| SectorErase（4KB） | 0x20 | 擦除 4KB 扇区 |
| BlockErase（32KB） | 0x52 | 擦除 32KB 数据块 |
| BlockErase（64KB） | 0xD8 | 擦除 64KB 数据块 |
| ChipErase | 0xC7 | 擦除整片 Flash |
| JEDECID | 0x9F | 读 JEDECID |

W25Q80DV 支持标准 SPI 指令。W25Q80DV 允许通过 SPI 兼容总线进行操作，包括四个信号：串行时钟（CLK）、片选（/CS）、串行数据输入（DI）和串行数据输出（DO）。标准 SPI 指令使用 DI 输入引脚将指令、地址和数据连续地写到设备（在 CLK 上升沿），DO 输出引脚用于从设备端读数据或状态（在 CLK 下降沿），支持 SPI 操作模式 0（0，0）和模式 3（1，1）。

3. SPI 数据控制逻辑

SPI 的 MOSI 及 MISO 都连接到数据移位寄存器上，数据移位寄存器的数据来源于接收缓冲区及发送缓冲区。

通过写 SPI 的“数据寄存器 DR”把数据填充到发送缓冲区中。通过读“数据寄存器 DR”，可以获取接收缓冲区中的内容。

其中，数据帧长度可以通过“控制寄存器 CR1”的“DFF 位”配置成 8 位及 16 位模式，配置“LSBFIRST 位”可选择 MSB 先行还是 LSB 先行。

4. STM32 的 SPI 通信过程

STM32 使用 SPI 外部设备通信时，在通信的不同阶段它会对“状态寄存器 SR”的不同数据位写入参数，因此，可以通过读取这些寄存器标志来了解通信状态。

以“主模式”为例，如图 7-1-10 所示。

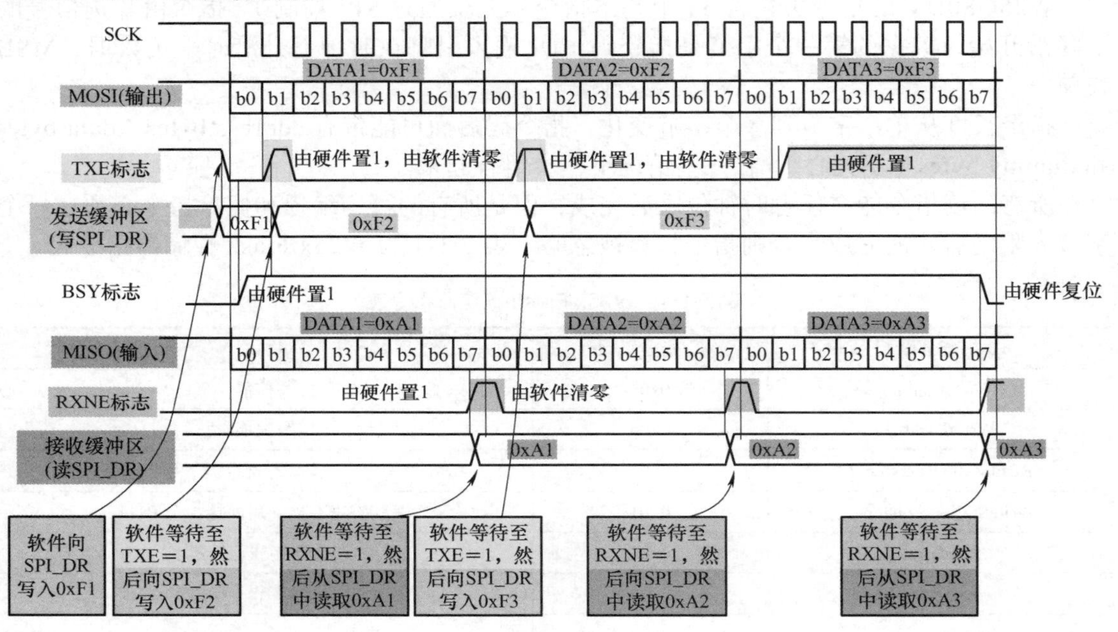


图 7-1-10　STM32 的 SPI 通信过程

1）控制 NSS 信号线，产生起始信号。

2）将要发送的数据写入“数据寄存器 DR”中，该数据会被存储到发送缓冲区。

3）通信开始，SCK 时钟开始运行。MOSI 将发送缓冲区中的数据一位一位地传输出去，MISO 则将数据一位一位存储到接收缓冲区中。

4）当发送完一帧数据时，“状态寄存器 SR”中的“TXE 标志位”会被置 1，表示传输完一帧，发送缓冲区已空；当接收完一帧数据时，“RXNE 标志位”被置 1，表示传输完一帧，接收缓冲区非空。

5）待“TXE 标志位”为 1（即发送完一帧数据）时，若还要继续发送数据，则再次往“数据寄存器 DR”写入数据即可；待“RXNE 标志位”为 1 时，通过读取“数据寄存器 DR”可以获取接收缓冲区中的内容。

6）若使能了 TXE 或 RXNE 中断，TXE 或 RXNE 置 1 时会产生 SPI 中断信号，进入同一个中断服务函数，到 SPI 中断服务程序后，可通过检查寄存器位了解为哪个事件，再分别进行处理。也可以使用 DMA 方式收发“数据寄存器 DR”中的数据。

## 7.1.4 SPI 获取 Flash 芯片 W25Q80DV 的厂商 ID 与设备 ID 操作

测试单片机与 W25Q80DV 是否正常通信，通过读取 W25Q80DV 的 ID 号来判断是否连接正常，发送 0x90，然后 dummy 代表任意的数字，W25Q×× 的工作手册中指令集表片段如图 7-1-11 所示，按这个格式发送后，它会自动返回 ID 值，时序图如图 7-1-12 所示。

| Manufacturer(厂商)/ Device(设备)ID | **90h** | dummy | dummy | 00h | MF0～MF7 | ID0～ID7 |
|---|---|---|---|---|---|---|

图 7-1-11　W25Q×× 的工作手册中指令集表片段

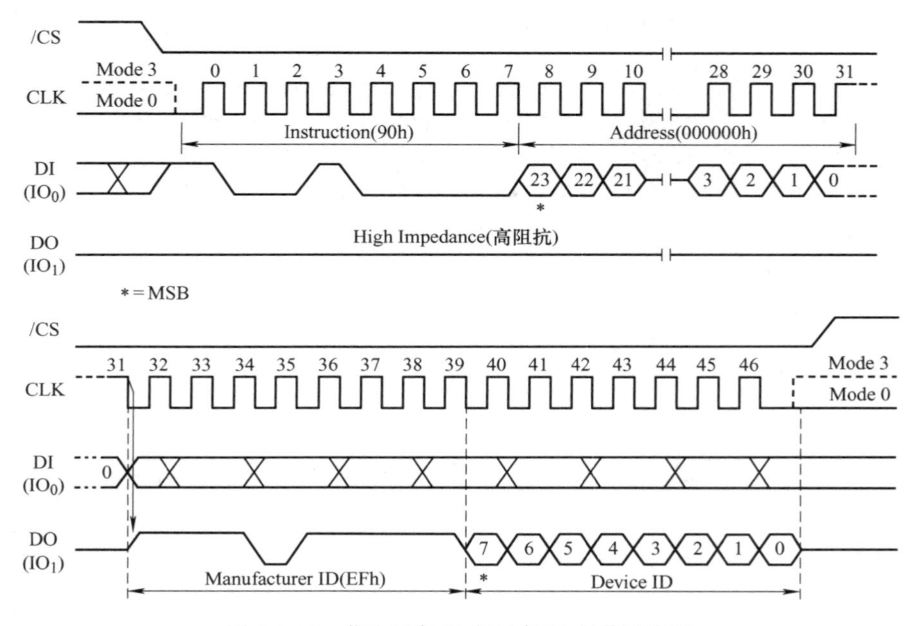


图 7-1-12　获取厂商 ID 与设备 ID 操作时序图

具体代码如下：

```
1.  uint16_t SPI_Flash_ReadID(void)
2.  {
3.      uint16_t Temp = 0;
4.      SPI_FLASH_CS_0;
5.      SPI1_ReadWriteByte(0x90); // 发送读取 ID 命令 (SPI1_ReadWriteByte 函数为
                                  //SPI1 的读写函数，其作用是往 SPI1 发送缓冲区写
                                  // 入数据的同时可以读取 SPI1 接收缓冲区中的数据)
6.      SPI1_ReadWriteByte(0x00); // dummy 任意数据
7.      SPI1_ReadWriteByte(0x00);
8.      SPI1_ReadWriteByte(0x00);
9.      Temp|=SPI1_ReadWriteByte(0xFF)<<8;    // 芯片 ID 为 16 位，所以要读 2 次
10.     Temp|=SPI1_ReadWriteByte(0xFF);
11.     SPI_FLASH_CS_1;
```

```
12.     return Temp;
13.  }
```

1）CS 拉低表示开始进行数据传输。

2）第一个字节发送指令 0x90，代表开始读取 ID。

3）第二个字节、第三个字节为 dummy（任意值）、第四个字节为 0x00。

4）第五、第六个字节随便发两个字节数据，分别返回制造商 ID 和设备 ID 在一起的 ID。

5）CS 拉高表示结束。

分别获取 W25Q80DV 的厂商 ID 和设备 ID 存放在 8 位数组 ID 中。

代码如下：

```
1.  void W25Qx_Read_ID(uint8_t *ID)
2.  {
3.      uint8_t cmd[4] = {0x90,0x00,0x00,0x00};
4.      SPI_FLASH_CS_0;       /* Send the read ID command */
5.      HAL_SPI_Transmit(&hspi2,cmd,4,100);/* Reception of the data */
6.      HAL_SPI_Receive(&hspi2,ID,2,100);
7.      SPI_FLASH_CS_1;
8.  }
```

## 任务工单

任务工单 20　实现接口通信

| 项目 7：医疗系统 | 任务 1：实现接口通信 |
|---|---|

**（一）练习习题**

扫描右侧的二维码，完成练习

实现接口通信

**（二）任务实施完成情况**

| 实施步骤 | 实施步骤具体操作 | 完成情况 |
|---|---|---|
| 步骤 1：建立 STM32CubeMX 工程，进行相关基础配置 | | |
| 步骤 2：在 STM32CubeMX 工程中，配置好 SPI1 及相关输出引脚，保存并生成 Keil 代码 | | |
| 步骤 3：在 Keil μVision 中完善代码，实现 SPI 通信与存储 | | |
| 步骤 4：编译程序，生成 HEX 文件 | | |
| 步骤 5：烧写程序到开发板 | | |
| 步骤 6：搭建硬件，并测试效果 | | |

（续）

| 项目 7：医疗系统 | 任务 1：实现接口通信 |
|---|---|

（三）任务检查与评价

| 项目名称 | 医疗系统 |
|---|---|
| 任务名称 | 实现接口通信 |
| 评价方式 | 可采用自评、互评和教师评价等方式 |
| 说明 | 主要评价学生在项目学习过程中的操作技能、理论知识、学习态度、课堂表现和学习能力等 |

| 序号 | 评价内容 | 评价标准 | 分值 | 得分 |
|---|---|---|---|---|
| 1 | 知识运用（20%） | 掌握相关理论知识，理解本任务要求，制订详细计划，计划条理清晰，逻辑正确（20 分） | 20 分 | |
| | | 理解相关理论知识，能根据本任务要求制订合理计划（15 分） | | |
| | | 了解相关理论知识，有制订计划（10 分） | | |
| | | 无制订计划（0 分） | | |
| 2 | 专业技能（40%） | 完成在 STM32CubeMX 中工程建立的所有操作步骤，完成任务代码的编写与完善，将生成的 HEX 文件烧写进开发板，并通过测试（40 分） | 40 分 | |
| | | 完成代码，也烧写进开发板，但功能未完成，SPI 无法通信（30 分） | | |
| | | 代码有语法错误，无法完成代码的烧写（20 分） | | |
| | | 不愿完成任务（0 分） | | |
| 3 | 核心素养（20%） | 具有良好的自主学习和分析解决问题的能力，整个任务过程中有指导他人（20 分） | 20 分 | |
| | | 具有较好的学习和分析解决问题的能力，任务过程中无指导他人（15 分） | | |
| | | 能够主动学习并收集信息，有请教他人进行解决问题的能力（10 分） | | |
| | | 不主动学习（0 分） | | |
| 4 | 课堂纪律（20%） | 设备无损坏，设备摆放整齐，工位区域内保持整洁，无干扰课堂秩序（20 分） | 20 分 | |
| | | 设备无损坏，无干扰课堂秩序（15 分） | | |
| | | 无干扰课堂秩序（10 分） | | |
| | | 干扰课堂秩序（0 分） | | |
| 总得分 | | | | |

（续）

| 项目 7：医疗系统 | 任务 1：实现接口通信 |
|---|---|
| **（四）任务自我总结** | |
| 过程中遇到的问题 | 解决方式 |
| | |
| | |
| | |

## 任务小结

通过本任务的学习，了解 SPI 通信协议和串行 Flash 的相关知识，掌握通过 STM32CubeMX 对 SPI 进行配置，并能够通过 SPI 获取串行 Flash 的 ID 号，要明白 SPI 的 CLK 由主机产生，所以与 Flash 通信，SPI 的 CLK 由 STM32 产生；SPI 总是以 CS 拉低为开始通信，拉高为结束通信；SPI 时钟 CLK 的产生是在 CS 拉低的同时，SPI 必须是在发送数据的状态下，CLK 才会持续产生，不然是不会产生 CLK 的；与 Flash 通信 SPI 配置的是全双工模式，所以，数据在发送的同时会接收数据。也就是说，发送和接收是在同时进行的。任务小结如图 7-1-13 所示。

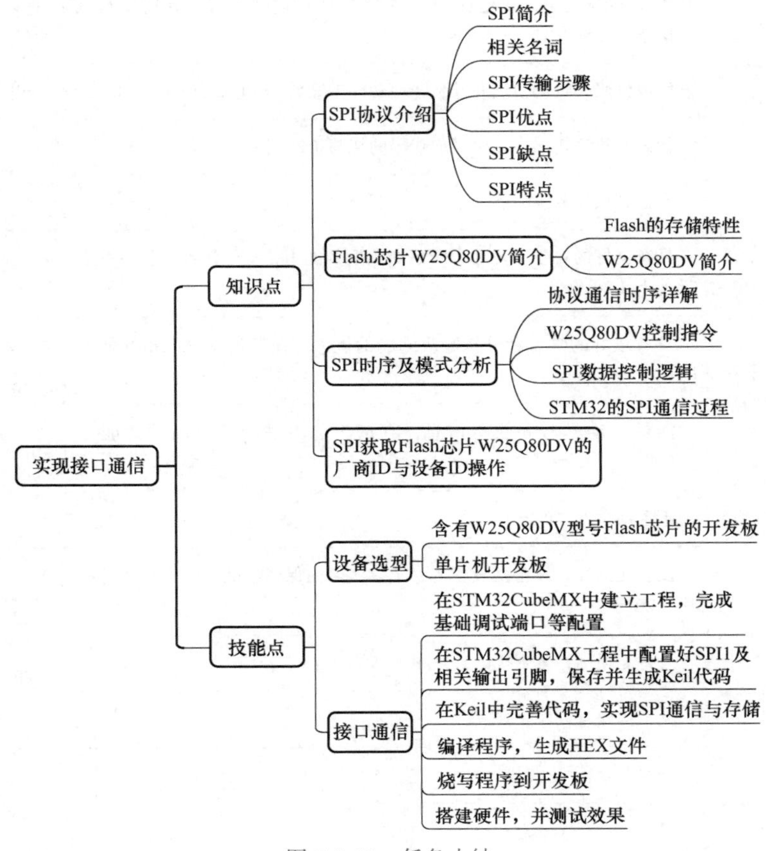


图 7-1-13　任务小结

## 任务拓展

拓展：通过本任务了解 SPI 通信协议及 W25Q80DV 的相关知识，自主学习，通过 SPI 实现向串行 Flash 芯片 W25Q25DV 写入数据并将数据读取出来。

# 任务 2 实现无线通信

## 职业能力目标

1）能根据任务要求快速查阅硬件连接资料，准确搭建设备环境。

2）能根据功能需求正确添加代码，实现两个无线设备之间的信息收发。

医疗系统 实现无线通信

## 任务描述与要求

**任务描述：**某公司准备为医院开发一套医疗无线呼叫系统，在考虑成本与实用性、安全性后，采用 STM32 系列单片机，Si4432 无线收发模块。此任务主要分为三部分，第二部分实现两个 Si4432 无线收发器自动通信。

**任务要求：**

1）对 Si4432 无线收发模块进行初始化配置。

2）实现 Si4432 的接收和发送功能。

3）实现两个 Si4432 之间的通信。

## 设备选型

设备需求如图 7-2-1 所示。

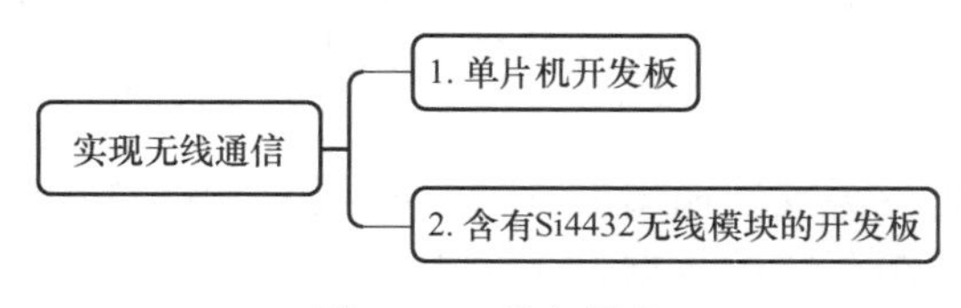

图 7-2-1 设备需求

### 1. 单片机开发板

根据前面对单片机开发板进行选型，读者可以自行选取合适的单片机用来实现无线通信。这里选择 ST 公司的 STM32F1 系列开发板。

### 2. 含有 Si4432 无线模块的开发板

本任务需要使用 Si4432 无线模块与单片机之间进行无线收发操作，如图 7-2-2 所示。

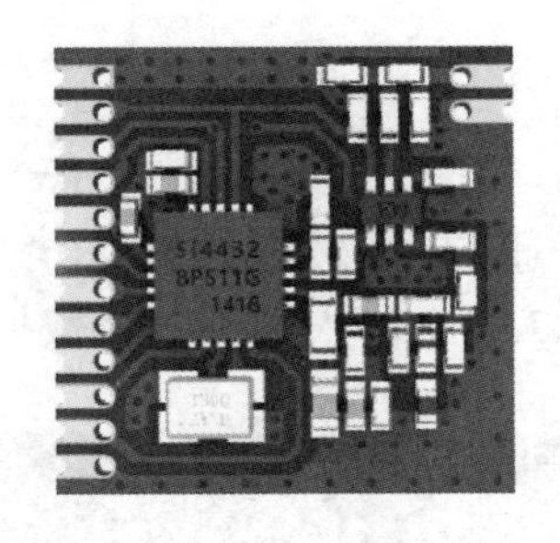

图 7-2-2 Si4432 无线模块

## 知识储备

### 7.2.1 无线通信频段介绍

根据无线通信的频段，平常用的无线模块主要有 315MHz、433MHz 和 2.4GHz。接下来详细介绍一下这三种模块。

1. 315MHz 无线模块

315MHz 无线模块广泛运用在车辆监控、遥控、遥测、小型无线网络、无线抄表、门禁系统、安全防火系统、无线遥控系统、生物信号采集、水文气象监控、机器人控制和数字图像传输等领域中。

市场上最常用的 315MHz 发射芯片 XC4388 包括一个功率放大器、单稳态电路和一个由内部电压控制的振荡器和循环过滤的锁相环。单稳态电路用来控制锁相环和功率放大器，使其在操作时可以快速启动。XC4388 具备自动待机功能，待机电流小于 1μA；所需外部器件很少，频率范围为 250～450MHz。

在 315MHz 频段做普通的遥控器比较多，如超外差模块。

2. 433MHz 无线模块

433MHz 无线收发模块采用高频射频技术，所以又称为 RF433 射频小模块。它由全数字技术生产的单 IC（集成电路）射频前端和 ATMEL（爱特梅尔）公司的 AVR 单片机组成，可实现高速数据信号传输的微型收发器，实现对无线传输数据的打包、检错和纠错处理。部件均采用工业级标准，工作稳定可靠，体积小，安装方便，广泛用于安全报警、无线自动抄表、家庭和工业自动化、远端遥控、无线数传（数据传输）等领域。

它的主要用途如下。

数据采集功能：采集各类仪器输出的脉冲、模拟或 RS-232/RS-485 串口信号。

储存功能：本机循环储存监控数据，不掉电。

通信功能：采用 433MHz 免费频段对外通信，无须授权。

报警功能：监测到的数据越多，报警信息就越多。

外部供电功能：可对外提供直流电源，供仪表 / 变送器使用。

Remote Management（远程管理）功能：支持远程参数设置，程序升级。

433Hz 无线模块功耗低，功能强大，被广泛应用于机器人控制、智能家居和无线抄表等领域，产品是工业级设计，适用于室外恶劣环境。当模块在使用中发现距离不够时，经常建议选用符合的天线来达到增加通信距离的目的。

常用的433MHz频段模块有NRF905、CC1101和Si4432。

3. 2.4GHz无线模块

2.4GHz无线技术是一种短距离无线传输技术，供开源使用。2.4GHz所指的是一个工作频段，2.4GHz ISM [Industry（工业）、Science（科学）、Medicine（医疗）] 是全世界公开通用使用的无线频段，2.4GHz无线模块（2.4GHz RF Transceiver/Receiver Module）工作在全球免申请ISM频道2400～2483MHz范围内，实现开机自动扫频功能，常见的2.4GHz无线模块有以下几种。

（1）nRF24L01

nRF24L01无线模块是Nordic公司的升级产品，具有130μs的快速切换和唤醒时间，将nRF2401的1Mbit/s的速率提升至2Mbit/s，使得高质量的VoIP（IP电话）成为可能；nRF24L01在低功耗方面尤为出色，特别适合采用纽扣电池供电的2.4GHz应用，整个解决方案包括链路层和MultiCeiver功能（MultiCeiver是接收模式下的一个功能，包含了一组共六个并行的数据通道，每个通道都拥有独一无二的地址），提供了比nRF2401A更多的功能和更低的电源消耗，与目前的蓝牙技术相比，在提供更高速率的同时，只需更小的功耗。

（2）CC2500

CC2500无线模块是美国TI的产品，与nRF2401相比，具有OOK/ASK/2-FSK/MSK等多种调制方式，在不同的环境中可以根据需要采取相应的工作方式，提高了工作效率；CC2500的输出功率比nRF2401高，最高可达1dBm；支持每个数据包连接质量指示；具有单独的64字节RX和TX数据FIFO（先进先出），能依次发送或者接收更大的数据包；在芯片中集成了各种纠错评估指示电路，属于一种比较严谨的数传模块。对于一般应用，500kbit/s的速率已足够。

（3）SX1280

Semtech公司的SX1280射频芯片包含多样的物理层及多种调制方式，如LORA、FLRC和GFSK。特殊的调制和处理方式使得LORA和FLRC调制的传输距离大大增加，它是一款高性能物联网无线收发器，传输距离远、穿透性强，适用于无人机、飞控等应用。

（4）CC2530

CC2530是工作于2.4GHz全球通用频段的低功耗模块，采用SOC芯片，射频符合2.4GHz IEEE 802.15.4标准，可应用于ZigBee和RF4CE标准协议，接收性能优越，接收灵敏度高达-97dBm，可编程输出功率最大为4.5dBm，支持数字RSSI/LQI（信号强度指示/链路质量指示）值读取。传输速率：250kbit/s。调制模式：O-QPSK。

（5）ESP8266

ESP8266是集成乐鑫ESP8266EX SOC芯片的Wi-Fi无线模块，拥有极佳的功耗性能、射频性能、稳定性、通用性和可靠性，适用于各种应用和不同功耗需求。ESP8266EX拥有完整的且自成体系的Wi-Fi网络功能，既能够独立应用，也可以作为从机搭载于其他主机MCU运行。当ESP8266EX独立应用时，能够直接从外接Flash中启动。内置的高速缓冲存储器有利于提高系统性能，并且优化存储系统。

2.4GHz模块其实远不止这几款，但是大多在工作方式、传输速率和网络构成上都大同小异，掌握一种自己熟悉的2.4GHz模块也许会在很多开发应用上开辟一种新的思路。

2.4GHz 无线模块的作用如下。

作用一：用于组建星形拓扑结构的无线通信网络，并且必须是多点的星形拓扑结构，某些特殊场所需要无线通信，一方面，这种发射和接收模块的价格低廉，构成星形拓扑结构的费用相对较低；另一方面，这种发射和接收模块可采用模块化设计，体积小、使用方便、易于集成。对于通信速率要求较高、距离较近的无线网络来说，这种发射和接收模块十分实用。

作用二：用于无线多通道（并行）控制。如复杂的遥控机器人等，某些场所需要多通道（并行）控制。一种方法是用接收模块直接和解码器相连，然后再和继电器等电子元器件相连，驱动后续的被控对象；另一种方法是用接收模块和单片机相连，经过数据的处理后，再用单片机连接继电器等电子元器件，驱动后续的被控对象，通常一对发射和接收模块最多可以实现六路并行的无线控制，假如要求的通道数大于六路，可以采用多对发射和接收模块同时工作来满足实际需要。

作用三：用于通用串口（RS-232 无线数据传输）。通常有很多控制仪器和设备采用串口，而与这些设备通信必须满足串口要求，某些特殊场所、工业控制现场必须使用无线传输方式时，可以很自然地选择本文所提到的发射和接收模块，但是必须说明的是，要采用此种通信方式，必须先在发射端和接收端分别编制相应的软件实现文件格式的转换，才能达到无线通信的目的，假如通信系统是全双工，则可以采用两对发射和接收模块同时工作来实现。

三个主要无线通信模块的对比见表 7-2-1。

表 7-2-1　315MHz、433MHz 和 2.4GHz 无线模块对比

| 射频 | 315MHz | 433MHz | 2.4GHz |
|---|---|---|---|
| 频段 | 315MHz | 433MHz | 2400MHz |
| 传输速率 | — | 慢，受带宽和调制方式的限制 | 快，具有频带宽和调制方式灵活的优势 |
| 绕射能力 | 强 | 比较强，可以用在相对复杂的环境 | 较弱，常用于路由器方式 |
| 通信距离 | — | 同等参数下，点间距通信距离更远 | 同等参数下，点间距通信距离较近 |
| 穿透能力 | 弱 | 穿透能力较弱，信号的反射比较严重 | 穿透能力比较强 |
| 组网难度 | — | 比较难，目前没有开放的、成熟的方案 | 容易，已有现成的协议和案例 |
| 灵敏度 | — | 比较高，接收机带宽窄、噪声小 | 相对较低，接收机带宽宽、噪声大 |
| 应用场景 | — | 数据传输量较小的应用场所：门禁、遥控、智能家居和机器人等 | 距离近，数据传输量大：路由器、键盘、鼠标和遥控器等 |

注：315MHz 同 433MHz 只是相对绕射能力更强、穿透能力更弱

2.4GHz 无线通信频率高、波长短、传输速率高、绕射能力差、通信距离短。不加功率放大时，通信距离也就是 100m 以内。433MHz 无线通信频率低、波长较长、传输速率

低、绕射能力强、通信距离远，价格和 2.4GHz 模块相当，但是通信距离一般在几百米甚至更远，加上功率放大可达一两千米。做简单的无线呼叫系统，通信数据量不大，但是想让距离远一点，所以选择 433MHz 模块，具体型号是 Si4432。

## 7.2.2 Si4432 无线模块

### 1. Si4432 无线模块简介

Si4432 无线模块是采用 Silicon Laboratories（芯科）公司 Si4432 芯片制作的无线模块，可工作在 315/433/868/915 MHz 四个频段；内部集成分集式天线、功率放大器、唤醒定时器、数字调制解调器、64 字节的发送和接收数据 FIFO，以及可配置的 GPIO 等。其发射功率大，接收灵敏度高，可以传输上千米的距离，具有很高的性价比。

Si4432 的接收灵敏度达到 –121dBm，可提供极佳的链路质量，在扩大传输范围的同时将功耗降至最低；最小滤波带宽达 8kHz，具有极佳的频道选择性；在 240～960MHz 频段内，不加功率放大器时的输出功率就可达 +20dBm，设计良好时收发距离可达 2km。Si4432 可适用于无线数据通信、无线遥控系统、小型无线网络、小型无线数据终端、无线抄表、门禁系统、无线遥感监测、水文气象监控、机器人控制和有线 RS–485/RS–232 数据通信等诸多领域。

Si4432 内部逻辑图如图 7-2-3 所示，Si4432 还有一些内置的功能，如天线的分集算法、唤醒定时器、低电压监测、温度传感器、常用的 A/D 转换、TX/RX 先进先出缓冲寄存器（FIFOs）、上电复位（POR）和通用 I/O 口（GPIOs）。芯片内集成了高性能的 ADC，用于接收路径和数字调制解调器中的解调、滤波和数据包处理。由于其在数字领域的优势，非常适合用于各种多样化的应用。

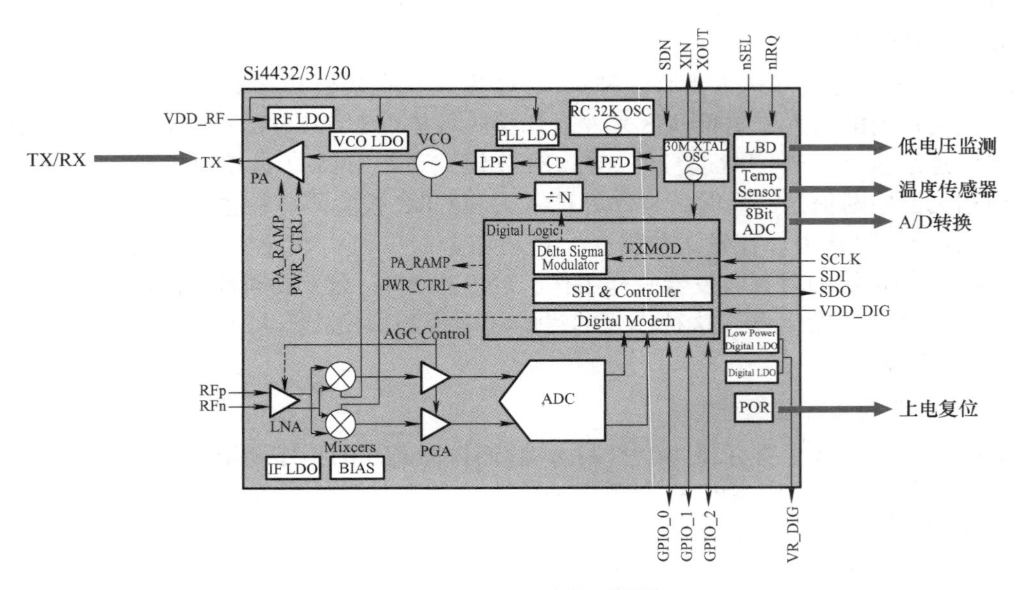


图 7-2-3　Si4432 内部逻辑图

Si4432 外围电路有一个 MCU、一个晶体和一些被动元件，芯片引脚如图 7-2-4 所示。芯片集成了电压调节器，工作电压为 1.8～3.6V，只有四针 SPI 线与 MCU 连接。三个配置通用 I/O，可用于调整需要的系统。

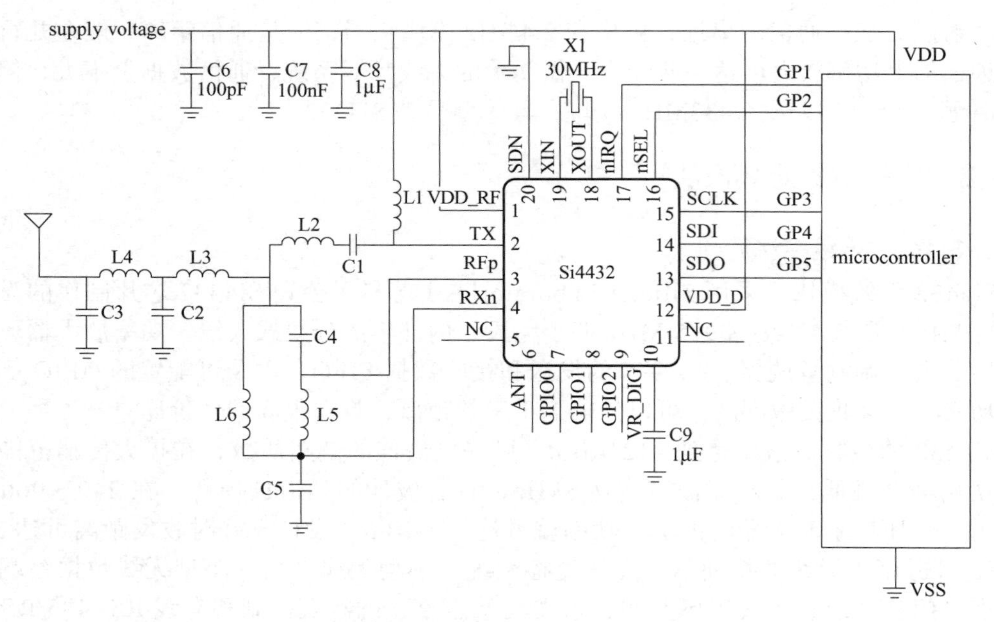


图 7-2-4　Si4432 芯片引脚

2. 工作模式介绍

Si4432 主要由关闭模式、挂机模式、发射模式和接收模式组成。关闭状态下可以降低功耗，各模式切换必须先进入挂起状态再切换。其中的挂机模式给 SPI 寄存器地址 07h 赋予不同的值，又分为五种不同的子模式：待机模式、睡眠模式、传感器模式、预备模式和调谐模式。上电复位后，或者芯片由掉电状态退出后将默认进入预备模式。

3. 数据传输方式

Si4432 数据传输方式主要有三种：FIFO 模式、直接模式和 PN9 模式。在 FIFO 模式下，使用片内的先入先出堆栈区来发送和接收数据。对 FIFO 的操作是通过 SPI 对 07h 寄存器的连续读或者连续写进行的。在 FIFO 模式下，Si4432 自动退出发送或者接收状态，当相关的中断信号产生时，自动处理字头和 CRC 校验码。在接收数据时，自动把字头和 CRC 校验码移去。在发送数据时，自动加上字头和 CRC 校验码。在直接收发模式下，Si4432 如传统的射频收发器一样工作。PN9 模式时，Tx 数据是内部产生，使用伪随机（PN9 序列）位发生器。这种模式的目的是用作测试模式不断观察调制频谱，而不必负载 / 提供数据。

4. Si4432 的寄存器操作

Si4432 共有 128 个寄存器（0～127），它们控制芯片的工作和记录芯片的状态。可通过 SPI 对它们进行访问。SPI 的 it 顺序是可配置的，其默认配置（MSB 在前）与 MCU 的顺序相同。命令格式为 2 字节结构：读 / 写标志（1 bit，0 读，1 写），寄存器地址（7 bit）+ 待写数据（对于读操作，该值也必须有，只是可为任意值）。每次可以读写 1/ 多（burst）个字节，它们是由时钟信号决定的，在读写一个字节后，如果时钟继续有效，那么，地址将会自动加 1，接下来的操作将是对下一个寄存器的读写。通过芯科公司提供的 WDS（Wireless Development Suite，无线开发套件）可访问这些寄存器并可生成相应的初始化代码。只能在空闲状态下对寄存器进行初始化，否则，可能会出现意外的结果。为了提高传输信号的质量，增大发射距离，保证数据的可靠传输，系统使能数据白化、曼彻斯特（Manchester）编码、CRC校验和采用GFSK调制。

5. 状态机

在完成不同的功能时，芯片所处的状态是不同的。这些状态在满足一定的条件时可实现相互转移。状态机如图7-2-5所示。关闭（SHUTDOWN）和空闲（IDLE）状态称为低功耗状态，而IDLE又可细分为5个不同的子状态，它们在低功耗下完成各种与无线数据收发无关的操作。发送（Tx）和接收（Rx）状态称为激活状态，它们完成无线数据的收发。除了关闭状态外（只能通过MCU的I/O脚来设置），其余状态都可以通过SPI进行设置和读取。可通过寄存器07h实现状态的切换，这种切换表现在两个方面：①当设置其中的某一位时，状态立即发生切换；②在完成收发任务后，决定返回到IDLE状态的哪一个子状态（在本系统中为休眠状态，即设置enwt=1）。可通过02h寄存器获取当前的状态。芯片的常态为IDLE，为了保证不漏收数据，可利用唤醒定时器来定时唤醒芯片进入工作状态（此时要设置08h寄存器中的enldm位为1，并设置定时常数寄存器14h和19h中的值），在确认没有数据/收完数据后再返回到原来的IDLE子状态。

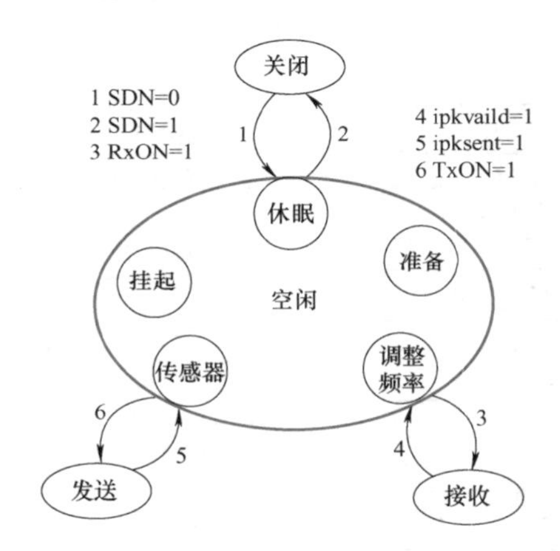


图7-2-5　Si4432状态机（状态转移图）

## 7.2.3　无线收发系统结构分析

系统拓扑图如图7-2-6所示。系统主要由STM32F1系列单片机（MCU）和无线射频收发芯片Si4432组成，这也是一种比较常用的无线收发解决方案。无线收发模块由RF无线射频芯片和一个单极433MHz天线组成，两部分通过SPI互联通信。

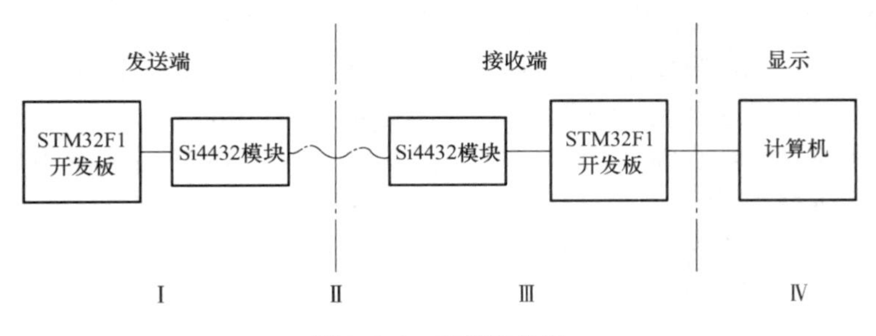


图7-2-6　系统拓扑图

发送端和接收端主要在433MHz频段进行通信，这个频段传输距离比较远，可以绕开一定的障碍物，比较适合一些距离较远、数据传输量小的项目，如医院的无线呼叫系统。

1）图7-2-6中Ⅰ～Ⅲ是本任务的重点，需要涉及开发相关代码。

2）图7-2-6中Ⅳ主要是数据串口实现，读者基本都会用。

## 7.2.4　SPI控制Si4432收发逻辑分析

无线发送程序流程如图7-2-7所示。完成STM32F1串口发送、SPI和Si4432的初始化后，配置寄存器写入相应的初始化RF控制字。接下来，通过配置Si4432的寄存器3eh来设置包的长度，通过SPI连续写寄存器7fh，往TX FIFO里写入需要发送的数据。然后打开“发送完中断允许标志”将其他中断都禁止。当有数据包发送完时，引脚IRQ会被拉低以产生一个低电平从而通知STM32数据包已发送完毕。完成中断使能后，使能发送功能，数据开始发送。等待IRQ引脚因中断产生而使电平拉低，当IRQ引脚变为低电平时，读取中断状态并拉高IRQ，否则继续等待。一次数据发送完成后，进入下一次数据循环发送状态。

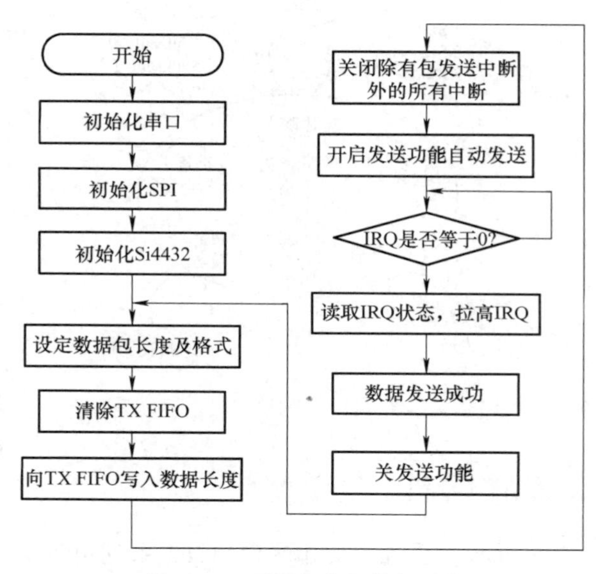


图7-2-7　无线发送程序流程图

无线接收程序流程如图7-2-8所示。程序完成STM32F1串口接收、SPI和Si4432的初始化后，配置寄存器写入相应的初始化RF控制字。通过访问寄存器7fh从RX FIFO中读取接收到的数据。相应的控制字设置好之后，若引脚IRQ变成低电平，则表示Si4432准备好接收数据。完成这些初始化配置后，通过寄存器4bh读取包长度信息。然后打开有效包中断和同步字检测中断，将其他中断都禁止，引脚IRQ用来检测是否有有效包被检测到，若引脚IRQ变为低电平，则表示有有效的数据包被检测到。最后，使能接收功能，数据开始接收。等待IRQ引脚因中断产生而使电平拉低，读取中断标志位复位IRQ引脚，使IRQ恢复初始的高电平状态以准备下一次中断触发的检测，通过SP读取RX FIFO中的数据，串口显示接收到的数据，之后进入下一次数据接收状态。

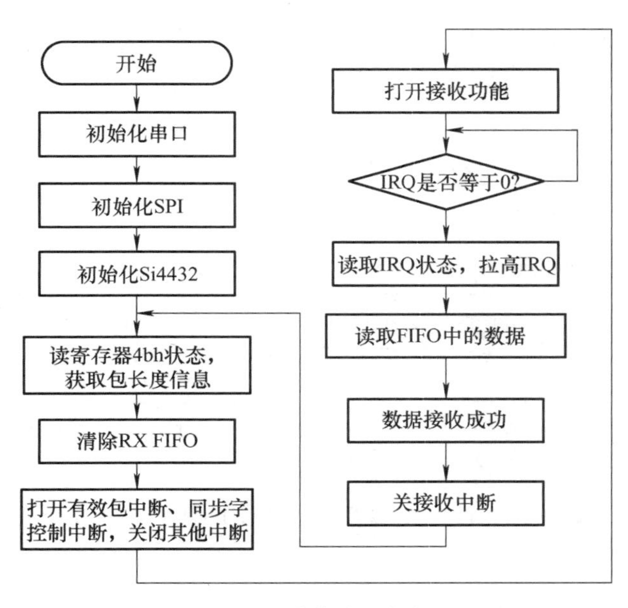


图 7-2-8　无线接收程序流程图

## 任务工单

任务工单 21　实现无线通信

| 项目 7：医疗系统 | 任务 2：实现无线通信 |
| --- | --- |

**（一）练习习题**

扫描右侧的二维码，完成练习

实现无线通信

**（二）任务实施完成情况**

| 实施步骤 | 实施步骤具体操作 | 完成情况 |
| --- | --- | --- |
| 步骤 1：建立 STM32CubeMX 工程，进行相关基础配置 | | |
| 步骤 2：在 STM32CubeMX 工程中配置好 USART1、SPI2 及相关输出引脚，保存并生成 Keil 代码 | | |
| 步骤 3：在 Keil µVision 中完善代码，实现无线通信相关操作 | | |
| 步骤 4：编译程序，生成 HEX 文件 | | |
| 步骤 5：烧写程序到开发板 | | |
| 步骤 6：搭建硬件，并测试效果 | | |

（续）

| 项目 7：医疗系统 | 任务 2：实现无线通信 |
|---|---|

（三）任务检查与评价

| 项目名称 | 医疗系统 | | | |
|---|---|---|---|---|
| 任务名称 | 实现无线通信 | | | |
| 评价方式 | 可采用自评、互评和教师评价等方式 | | | |
| 说明 | 主要评价学生在项目学习过程中的操作技能、理论知识、学习态度、课堂表现和学习能力等 | | | |

| 序号 | 评价内容 | 评价标准 | 分值 | 得分 |
|---|---|---|---|---|
| 1 | 知识运用（20%） | 掌握相关理论知识，理解本任务要求，制订详细计划，计划条理清晰，逻辑正确（20 分） | 20 分 | |
| | | 理解相关理论知识，能根据本任务要求制订合理计划（15 分） | | |
| | | 了解相关理论知识，有制订计划（10 分） | | |
| | | 无制订计划（0 分） | | |
| 2 | 专业技能（40%） | 完成在 STM32CubeMX 中工程建立的所有操作步骤，完成任务代码的编写与完善，将生成的 HEX 文件烧写进开发板，并通过测试（40 分） | 40 分 | |
| | | 完成代码，也烧写进开发板，但功能未完成，无线通信无法实现（30 分） | | |
| | | 代码有语法错误，无法完成代码的烧写（20 分） | | |
| | | 不愿完成任务（0 分） | | |
| 3 | 核心素养（20%） | 具有良好的自主学习和分析解决问题的能力，整个任务过程中有指导他人（20 分） | 20 分 | |
| | | 具有较好的学习和分析解决问题的能力，任务过程中无指导他人（15 分） | | |
| | | 能够主动学习并收集信息，有请教他人进行解决问题的能力（10 分） | | |
| | | 不主动学习（0 分） | | |
| 4 | 课堂纪律（20%） | 设备无损坏，设备摆放整齐，工位区域内保持整洁，无干扰课堂秩序（20 分） | 20 分 | |
| | | 设备无损坏，无干扰课堂秩序（15 分） | | |
| | | 无干扰课堂秩序（10 分） | | |
| | | 干扰课堂秩序（0 分） | | |
| 总得分 | | | | |

（续）

| 项目 7：医疗系统 | 任务 2：实现无线通信 |
|---|---|
| （四）任务自我总结 | |
| 过程中遇到的问题 | 解决方式 |
| | |
| | |
| | |

## 任务小结

通过本任务的学习，理解 Si4432 无线收发模块的相关知识以及通信流程，能够实现 Si4432 无线模块的初始化配置，能够实现无线收发模块之间的通信，如图 7-2-9 所示。

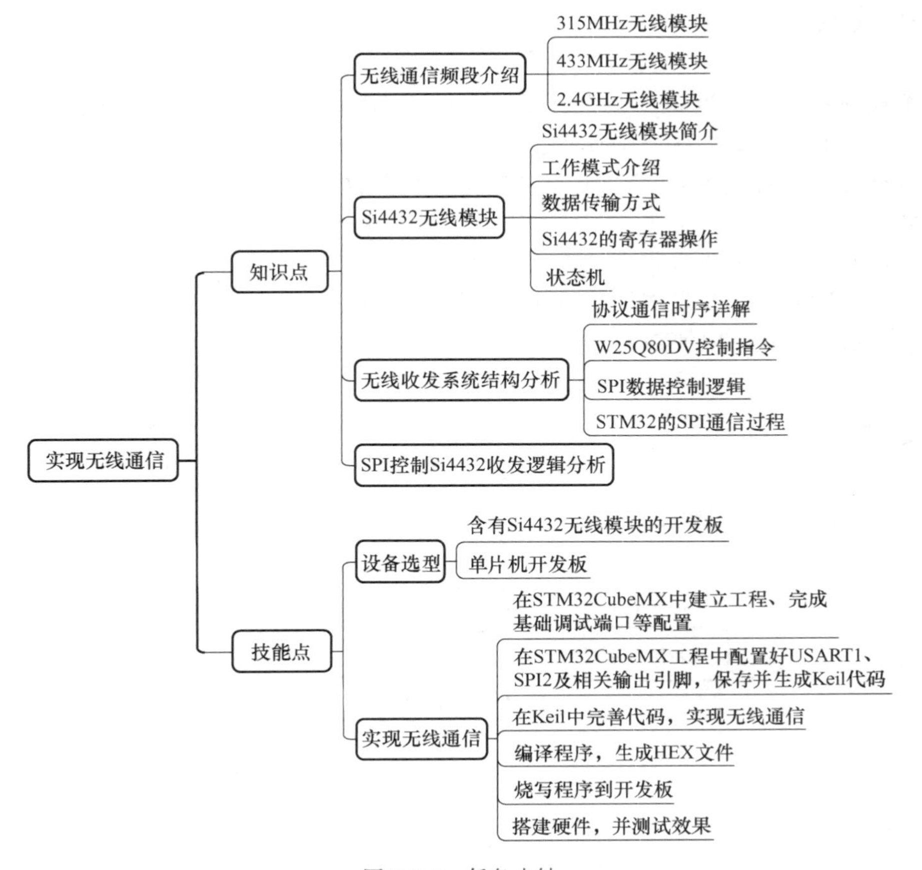


图 7-2-9　任务小结

## 任务拓展

拓展：修改 si4432.c 文件里的“char SI4432_TxBUFF[32]="myisdata"; ”将发送的数据进行修改，发送端和接收端通过串口显示的数据变成修改的数据。

# 任务 3　实现医疗系统

## 职业能力目标

医疗系统　实现医疗系统

1）能根据任务要求快速查阅硬件连接资料，准确搭建设备环境。

2）能根据功能需求正确添加代码，实现通过按键控制 Si4432 发送端进行数据的发送。

3）要养成良好、严谨的学习习惯与做事态度，以助于解决实际中的难题。

## 任务描述与要求

**任务描述：**某公司准备为医院开发一套医疗无线呼叫系统，在考虑成本与实用性、安全性后，采用 STM32 系列单片机，Si4432 无线收发模块。此任务主要分为三部分，第三部分通过按键控制 Si4432 发送端进行数据的发送。

**任务要求：**

1）实现 Si4432 无线接收端的自动接收。

2）实现 Si4432 无线发送端的按键控制数据发送。

3）实现发送端与接收端的通信。

## 设备选型

设备需求如图 7-3-1 所示。

图 7-3-1　设备需求

### 1. 单片机开发板

根据前面对单片机开发板进行选型，读者可以自行选取合适的单片机用来实现医疗系统。这里选择ST公司的STM32F1系列开发板。

2. 含有Si4432无线模块的开发板

本任务还是需要使用Si4432无线模块与单片机之间进行无线收发操作。

## 知识储备

### 7.3.1 Si4432在生活中的应用

Si4432在生活中的应用有很多，这里主要介绍智能门禁和智能抄表。

1. 智能门禁

目前的智能门禁系统大多数是基于有线通信的方式来实现的。众所周知，有线通信具有安全、稳定性好和易于实现等优点；但有线通信具有初装费用高、施工时间长、无法移动、变更余地小、维护费用高、覆盖面积小和扩展困难等缺点。随着通信技术的发展，无线通信网络进入了一个新的天地，功能强、容易安装、组网灵活、即插即用的网络连接和可移动性强等优点，使得无线网络更加适用于不受限制的应用。因此，无线射频门禁系统不但能提高安全性和可靠性，而且相对传统的契合性机械装置，无线射频门禁系统磨损消耗少，使用时间长，能有效减少门禁设备的更换。

无线门禁系统硬件主要包括主控设备、电控锁、电源、语音压缩/控制平台、无线传输平台和其他周边设备几个部分，系统整体架构如图7-3-2所示。

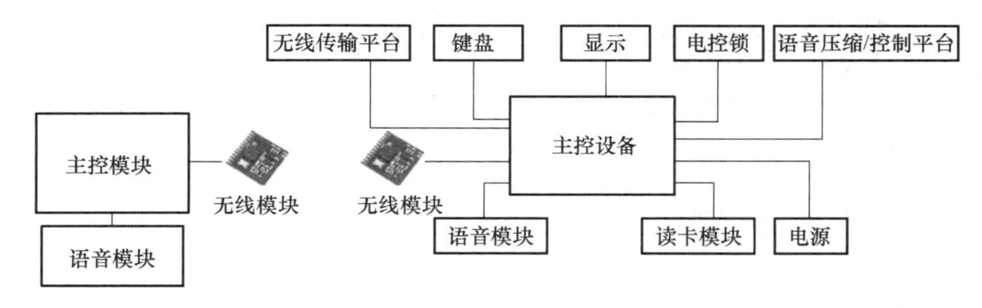


图7-3-2 无线门禁系统

当被授权用户刷卡开门时，读卡器通过发射天线发送一定频率的射频信号，当射频卡进入发射天线工作区域时产生感应电流，射频卡获得能量被激活，射频卡将自身编码等信息通过卡内置发送天线发送出去，系统接收天线接收到从射频卡发送来的调制信号，经天线调节器传送到读卡器，读卡器对接收的信号进行解调和解码，然后送到主控设备进行相关处理；主控系统根据逻辑运算判断该卡的合法性，针对不同的设定做出相应的处理和控制，发出指令信号控制执行机构动作，若被授权用户忘记带卡，还可以通过系统的外接键盘输入密码来开门。

对于被授权用户，能够通过刷卡或者输入密码打开门禁，非授权用户能够通过无线语音系统向住户发出进入请求，在经过允许后可以进入楼内，当系统遭到非法入侵时，能够主动向保安中心紧急报警。

该系统具有以下几个优点。

1）安全性，该系统能够阻止一切非授权对象的主动进入，保障财产生命安全。

2）可靠性，该系统能够稳定地工作，能较好地抵抗外界干扰，保证动作的准确性。

3）实时性，该系统能够实时响应用户对象。

4）灵活性，该系统能够比较容易地扩展，方便添加新用户。

5）保密性，该系统具有较强的防破译能力，强力保护用户密码。

2. 智能抄表

源于20世纪90年代的无线抄表工作组，对户表数据的自动化抄送具有非常重大的意义。传统的手工抄表费时、费力，准确性和及时性得不到可靠的保障，这导致了相关营销和企业管理类软件不能获得足够详细和准确的原始数据。无线抄表系统可以摆脱人工抄表的烦琐，利用数据通信协议传输数据。为了灵活配置不同的控制平台，一般无线抄表设备可分成两部分设计，一部分是无线收发模块（Si4432），另一部分是控制模块（单片机开发板）。

Si4432可以实现满足无线抄表要求的仪表或读表器等设备，并对产品的可靠性、抗干扰和低功耗等方面进行了考虑，在开发板和相关文档资源及多种辅助设计工具的支持下，可快速开发出符合要求的无线抄表设备。

一般的无线抄表系统主要包括两大类设备，一类是仪表（如水表、气表和电表等），另一类是其他设备（如读表器或集中器等）。

仪表（气表、水表等）通常不能直接连接到主供电系统，一般采用电池供电，因此它们获得的能量是有限的。为了尽量降低功耗，大多数时间仪表处于休眠模式，仅在很短的时隙中醒来发送数据；而读表器也从来不主动发送数据给处于休眠状态的仪表。双向通信是可行的，一般仪表在发送时隙完成后，进入接收时隙，这时读表器可以传送信息给仪表。更换仪表的成本相当高，因此为仪表供电的电池一般需要提供几年的能量，不同的国家可能有不同的要求。无线抄表的寻址模式来源于有线抄表，仅仪表设备有地址，并且收发数据采用相同的地址。

## 7.3.2　无线收发系统结构分析

系统拓扑图如图7-2-6所示。

发送端和接收端使用Si4432模块进行数据传输，单片机和Si4432之间主要是通过SPI进行数据通信，而按键可以控制发送端进行特定数据的发送，图7-3-3就是发送端及接收端与Si4432模块的连接图。

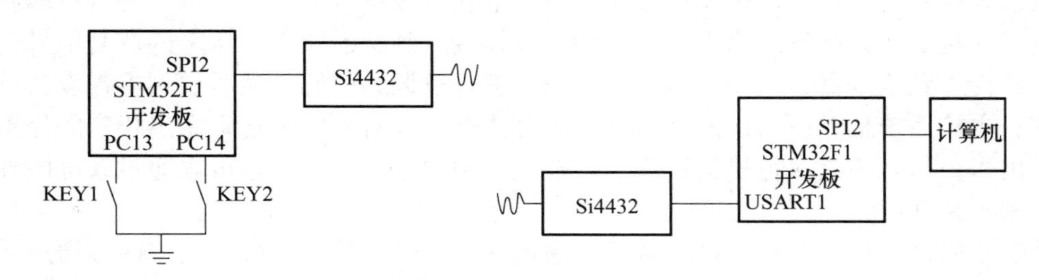


图7-3-3　发送端及接收端与Si4432模块的连接图

1）STM32F1开发板芯片与Si4432模组通信使用SPI2通信口。

2）KEY1 按键用于发送指令 1。
3）KEY2 按键用于发送指令 2。
4）计算机用于接收端的数据显示。

### 7.3.3 按键控制 Si4432 收发逻辑分析

按键发送端流程如图 7-3-4 所示。完成 STM32F1 串口发送、SPI 和 Si4432 的初始化后，根据按键的不同，配置寄存器写入相应的初始化 RF 控制字也不同。接下来通过配置 Si4432 的寄存器 3eh 来设置包的长度，通过 SPI 连续写寄存器 7fh，往 TX FIFO 里写入需要发送的数据。然后打开“发送完中断允许标志”将其他中断都禁止。当有数据包发送完时，引脚 IRQ 会被拉低以产生一个低电平，从而通知 STM32 数据包已发送完毕。完成中断使能后，使能发送功能，数据开始发送。等待 IRQ 引脚因中断产生而使电平拉低，当 IRQ 引脚变为低电平时，读取中断状态并拉高 IRQ，否则继续等待。一次数据发送完成后，进入下一次数据循环发送状态。

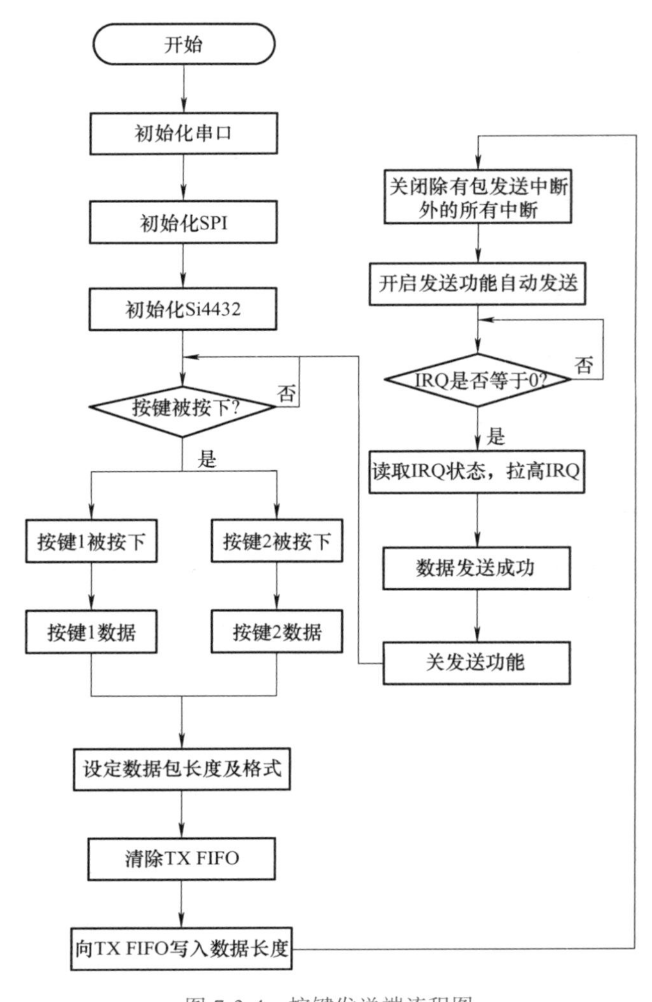

图 7-3-4 按键发送端流程图

无线接收程序流程同本项目任务 2，如图 7-2-8 所示。

# 任务工单

任务工单 22　实现医疗系统

| 项目 7：医疗系统 | 任务 3：实现医疗系统 |
|---|---|

**（一）练习习题**

扫描右侧的二维码，完成练习

实现医疗系统

**（二）任务实施完成情况**

| 实施步骤 | 实施步骤具体操作 | 完成情况 |
|---|---|---|
| 步骤 1：建立 STM32CubeMX 工程，进行相关基础配置 | | |
| 步骤 2：在 STM32CubeMX 工程中配置好串口、SPI2 及按键相关引脚设置，保存并生成 Keil 代码 | | |
| 步骤 3：在 Keil μVision 中完善代码，实现按键控制，进行无线通信相关操作 | | |
| 步骤 4：编译程序，生成 HEX 文件 | | |
| 步骤 5：烧写程序到开发板 | | |
| 步骤 6：搭建硬件，并测试效果 | | |

**（三）任务检查与评价**

| 项目名称 | 医疗系统 | | | |
|---|---|---|---|---|
| 任务名称 | 实现医疗系统 | | | |
| 评价方式 | 可采用自评、互评和教师评价等方式 | | | |
| 说明 | 主要评价学生在项目学习过程中的操作技能、理论知识、学习态度、课堂表现和学习能力等 | | | |
| 序号 | 评价内容 | 评价标准 | 分值 | 得分 |
| 1 | 知识运用（20%） | 掌握相关理论知识，理解本任务要求，制订详细计划，计划条理清晰，逻辑正确（20 分） | 20 分 | |
| | | 理解相关理论知识，能根据本任务要求制订合理计划（15 分） | | |
| | | 了解相关理论知识，有制订计划（10 分） | | |
| | | 无制订计划（0 分） | | |

（续）

| 项目7：医疗系统 | | | 任务3：实现医疗系统 | |
|---|---|---|---|---|
| 序号 | 评价内容 | 评价标准 | 分值 | 得分 |
| 2 | 专业技能（40%） | 完成在STM32CubeMX中工程建立的所有操作步骤，完成任务代码的编写与完善，将生成的HEX文件烧写进开发板，并通过测试（40分） | 40分 | |
| | | 完成代码，也烧写进开发板，但功能未完成，按键无法响应进行通信操作（30分） | | |
| | | 代码有语法错误，无法完成代码的烧写（20分） | | |
| | | 不愿完成任务（0分） | | |
| 3 | 核心素养（20%） | 具有良好的自主学习和分析解决问题的能力，整个任务过程中有指导他人（20分） | 20分 | |
| | | 具有较好的学习和分析解决问题的能力，任务过程中无指导他人（15分） | | |
| | | 能够主动学习并收集信息，有请教他人进行解决问题的能力（10分） | | |
| | | 不主动学习（0分） | | |
| 4 | 课堂纪律（20%） | 设备无损坏，设备摆放整齐，工位区域内保持整洁，无干扰课堂秩序（20分） | 20分 | |
| | | 设备无损坏，无干扰课堂秩序（15分） | | |
| | | 无干扰课堂秩序（10分） | | |
| | | 干扰课堂秩序（0分） | | |
| 总得分 | | | | |

**（四）任务自我总结**

| 过程中遇到的问题 | 解决方式 |
|---|---|
| | |
| | |
| | |

## 任务小结

通过本任务的学习，理解一些生活中常见无线收发模块的应用，了解医疗无线呼叫系统的逻辑，能够移植和添加代码，实现按键控制数据发送的功能，如图 7-3-5 所示。

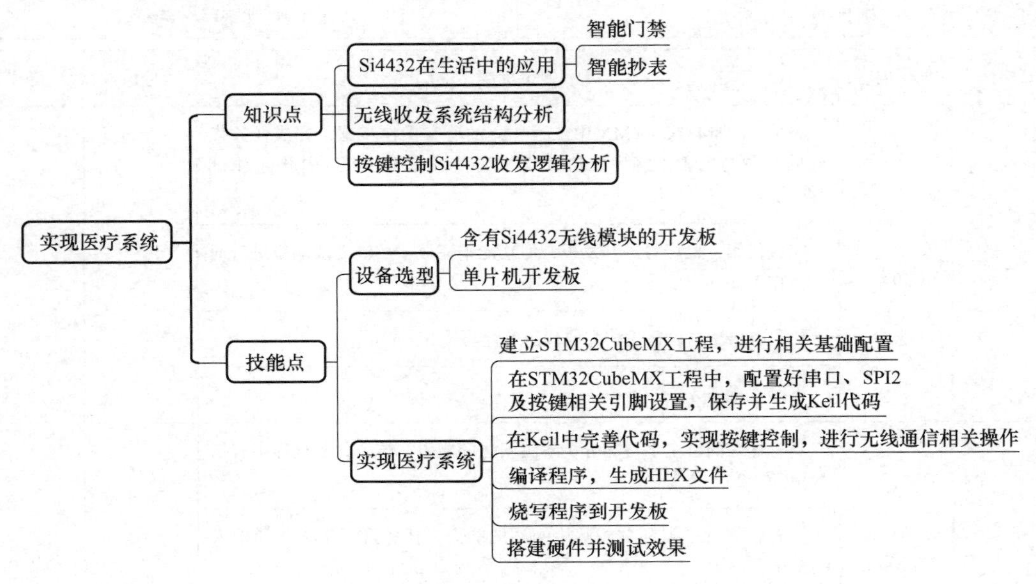


图 7-3-5　任务小结

## 任务拓展

拓展：修改 si4432.c 文件里的“char SI4432_TxBUFF[32]="myisdata"；”，将数据进行修改，接收端对收到的数据进行判断，进而控制 LED 灯闪烁提醒。

# 项目8

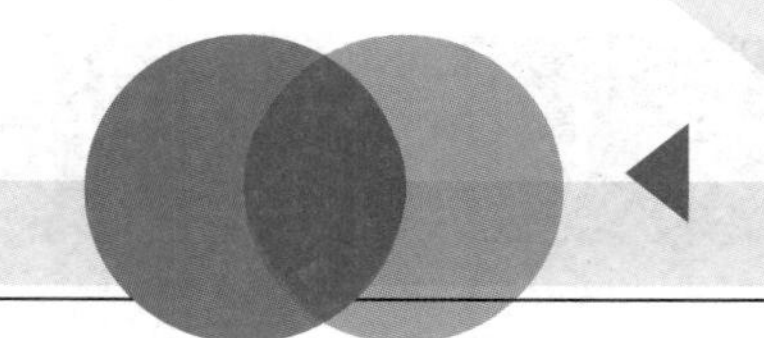

# 防盗系统

## 引导案例

随着社会的发展、技术的进步，人们的生活水平也有了很大的提升。各种智能家居设备在人们的生活中得到普及，人们也越来越注重家庭的安全。

虽然一些智能家居设备已应用于人们的生活中，但是有些传统的住宅防盗系统仍会出现报警延时或者是误报漏报的情况。如今，一些新兴的智能家居防盗系统大大减少了延时漏报的情况。当这种防盗系统检测到有人进入监控区域内时，会通过手机进行提醒，通过手机可以查看报警区域的状况，或通过摄像头进行查看。这样，用户就可以及时获取家庭的安全状况，确保了家庭住宅的安全。图 8-0-1 为常见的智能安防报警系统。

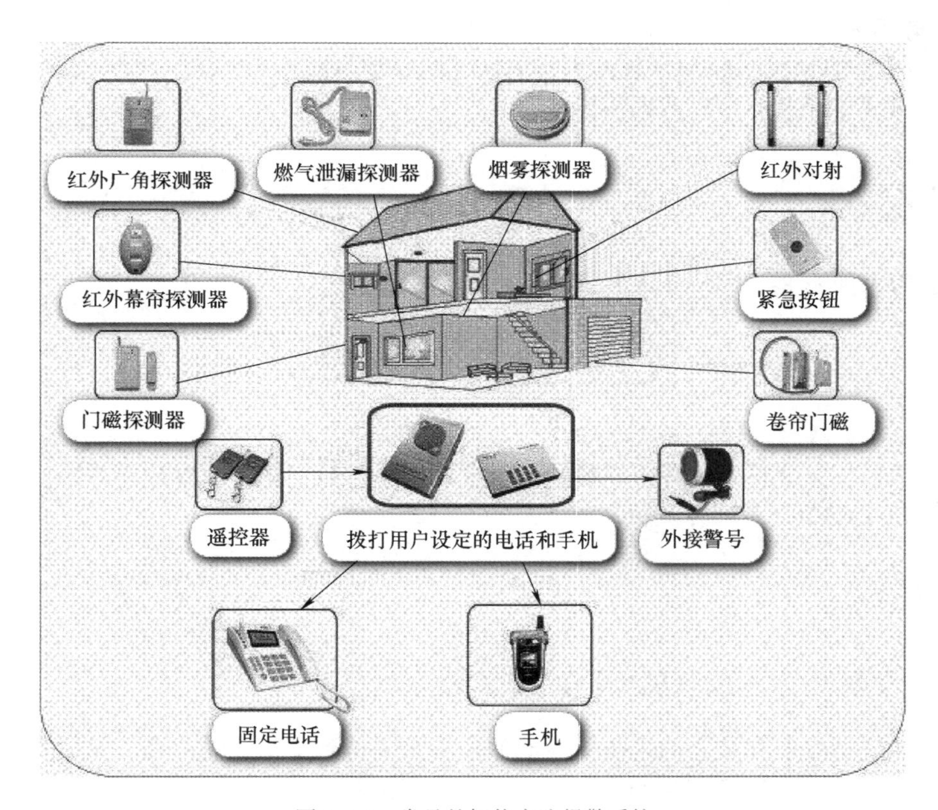


图 8-0-1　常见的智能安防报警系统

# 任务 1　配置操作系统

## 职业能力目标

防盗系统　配置操作系统

1）能根据 RTOS 相关手册利用 STM32CubeMX 准确配置 STM32 的操作系统。

2）能够在配置的 RTOS 的基础上配置串口，进行数据显示。

3）通过本任务学习能够提高知识创造的效率。

## 任务描述与要求

**任务描述：**某公司为了市场需要准备研发一款智能防盗系统。经过讨论成本与需求，决定使用 STM32 系列单片机，为了进行多种传感器数据获取的实时性与准确性，准备使用 RTOS。本项目是一个综合性的项目，主要分成三个部分，任务 1 主要是配置 RTOS 实现简单的串口任务。

**任务要求：**

1）通过 STM32CubeMX 软件进行 RTOS 的安装与配置。

2）实现单任务的串口数据输出。

## 设备选型

设备需求如图 8-1-1 所示。

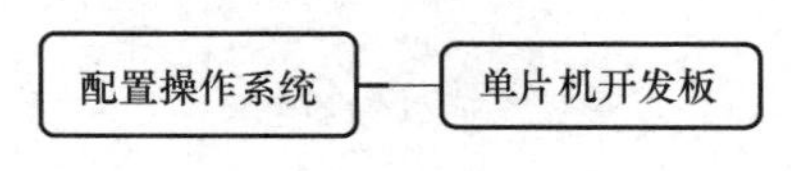


图 8-1-1　设备需求

根据项目任务分析，读者可以自行选取合适的单片机，用来配置操作系统。这里选择 ST 公司的 STM32F1 系列开发板。

## 知识储备

### 8.1.1　了解生活中的智能安防防盗系统

随着经济的发展和社会的进步，人们的生活水平得到了很大的提高，家居安全已受到越来越多的关注。要做好家居安全防范，家庭智能报警系统十分必要。

智能安防报警系统同家庭的各种传感器、功能键、探测器及执行器共同构成家庭的安防体系，是家庭安防体系的“大脑”。报警系统包括防火、防盗、煤气泄漏报警及紧急求助等功能，采用先进智能型控制网络技术，由微机管理控制，实现对匪情、盗窃、火灾、煤气和紧急求助等意外事件的自动报警。

智能安防技术的主要内涵是其相关内容和服务的信息化、图像的传输和存储、数据的存储和处理等。一个完整的智能安防系统主要包括门禁、报警和监控三大部分。智能安防解决方案如图 8-1-2 所示。

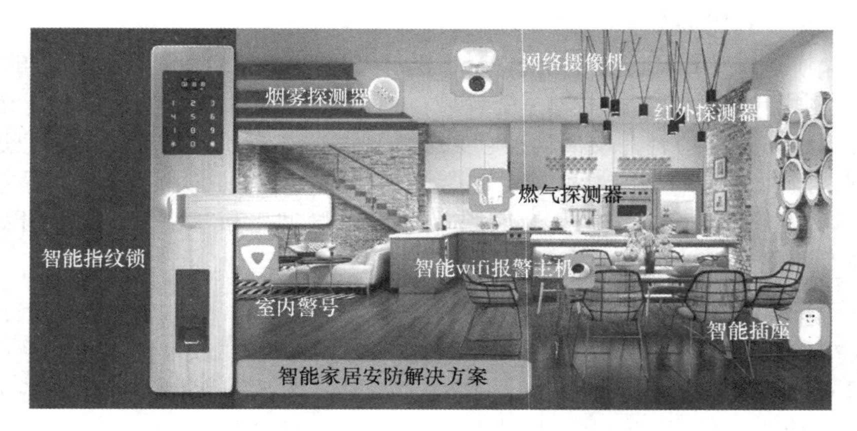


图 8-1-2　智能安防解决方案

从产品的角度讲，智能安防应具备防盗报警系统、视频监控报警系统、出入口控制报警系统、保安人员巡更报警系统、GPS（全球定位系统）车辆报警管理系统和 110 报警联网传输系统等，智能安防包含的部分内容如图 8-1-3 所示。

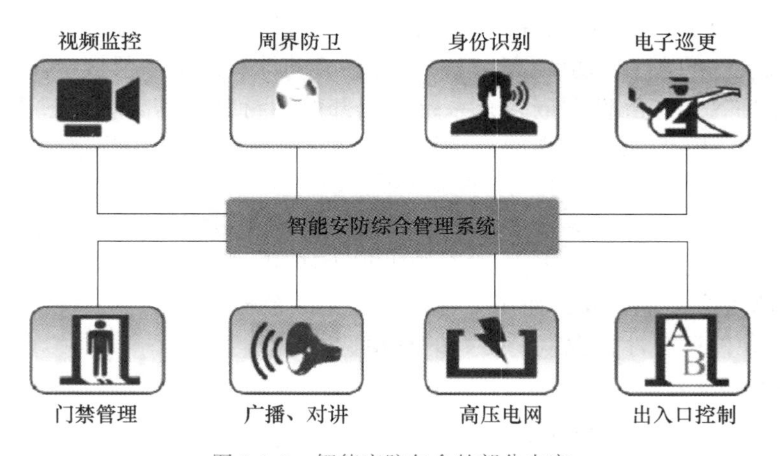


图 8-1-3　智能安防包含的部分内容

这些子系统可以是单独设置、独立运行，也可以由中央控制室集中进行监控，还可以与其他综合系统进行集成和集中监控。

防盗报警系统分为周界防卫、建筑物区域内防卫、单位企业空旷区域内防卫和单位企业内实物设备器材防卫等。系统的前端设备为各种类别的报警传感器或探测器；系统的终端是显示 / 控制 / 通信设备，它可采用独立的报警控制器，也可采用报警中心控制台控制。无论采用什么方式控制，均须对设防区域的非法入侵进行实时、可靠和正确无误的复核和报警。漏报警是绝对不允许发生的，误报警应该降低到可以接受的限度。考虑到值勤人员容易受到作案者的武力威胁与抢劫，系统应设置紧急报警按钮，并留有与110报警中心联网的接口。

### 8.1.2　嵌入式操作系统介绍

1. 嵌入式操作系统简介

嵌入式操作系统（Embedded Operating System，EOS）是一种用途广泛的系统软件，过去它主要应用于工业控制和国防系统领域。EOS负责嵌入系统的全部软、硬件资源的分配、调度工作，控制协调并发活动；它必须体现其所在系统的特征，能够通过装卸某些模块来达到系统所要求的功能。目前，已推出一些应用比较成功的EOS产品系列。随着Internet技术的发展、信息家电的普及应用及EOS的微型化和专业化，EOS开始从单一的弱功能向高专业化的强功能方向发展。

2. 嵌入式操作系统的特点

嵌入式操作系统在系统实时高效性、硬件的相关依赖性、软件固态化以及应用的专用性等方面具有较为突出的特点。EOS是相对于一般操作系统而言的，除具备了一般操作系统最基本的功能（如任务调度、同步机制、中断处理和文件功能等）外，还具有以下特点。

1）可装卸性。开放性、可伸缩性的体系结构。

2）强实时性。EOS实时性一般较强，可用于各种设备控制当中。

3）统一的接口。提供各种设备驱动接口。

4）操作方便、简单，提供友好的图形用户界面（GUI）、图形界面，追求易学易用。

5）提供强大的网络功能，支持TCP/IP及其他协议，提供TCP/UDP/IP/PPP（点到点协议），支持及统一的MAC访问层接口，为各种移动计算设备预留接口。

6）强稳定性，弱交互性。嵌入式系统一旦开始运行就不需要用户过多干预，这就需要负责系统管理的EOS具有较强的稳定性。嵌入式操作系统的用户接口一般不提供操作命令，它通过系统调用命令向用户程序提供服务。

7）固化代码。在嵌入式系统中，嵌入式操作系统和应用软件被固化在嵌入式系统计算机的ROM中。辅助存储器在嵌入式系统中很少使用，因此，嵌入式操作系统的文件管理功能应该能够很容易地拆卸，而用于各种内存文件系统。

8）更好的硬件适应性，也就是良好的移植性。

3. 嵌入式操作系统分类

在嵌入式操作系统的实时性上，可分为实时嵌入式操作系统（Real-Time Embedded Operating System，RTOS）和非实时嵌入式操作系统两类。

1）实时嵌入式操作系统：RTOS支持实时系统工作，首要任务是调度一切可利用资源，以满足对外部事件响应的实时时限，其次提高系统的使用效率。RTOS主要用在控制、通信等领域。大多数商业嵌入式操作系统都是RTOS。与通用操作系统相比，RTOS在功能上具有很多特性。RTOS和通用操作系统之间的功能也有很多相似之处，如它们都支持多任务，支持软件和硬件的资源管理以及都为应用提供基本的操作系统服务。

RTOS 特有的不同于通用操作系统的功能主要有：满足嵌入式应用的高可靠性，满足应用需要的上、下裁减能力，减少内存需求，运行的可预测性，提供实时调度策略，系统的规模紧凑，支持从 ROM 或 RAM 上引导和运行，对不同的硬件平台具有更好的可移植性。

2）非实时嵌入式操作系统：这类操作系统不特别关注单个任务响应时限，其平均性能、系统效率和资源利用率较高，适合于实时性要求不严的消费类电子产品，如个人数字助理、机顶盒等。

### 8.1.3 STM32 常见的几种操作系统

对于 STM32 单片机，常用到的是下面几种嵌入式操作系统：μC/OS-Ⅱ、eCos、FreeRTOS 和 RT-thread。

1. μC/OS-Ⅱ

μC/OS-Ⅱ是在 μC/OS 的基础上发展起来的，是用 C 语言编写的一个结构小巧、抢占式的多任务实时内核。μC/OS-Ⅱ能管理 64 个任务，并提供任务调度与管理、内存管理、任务间同步与通信、时间管理和中断服务等功能，具有执行效率高、占用空间小、实时性能优良和扩展性强等特点。

对于实时性的满足上，由于 μC/OS-Ⅱ的内核是针对实时系统的要求设计实现的，所以只支持基于固定优先级抢占式调度；调度方法简单，可以满足较高的实时性要求。

μC/OS-Ⅱ中断处理比较简单。一个中断向量上只能挂一个中断服务子程序 ISR，而且用户代码必须都在 ISR（中断服务程序）中完成。ISR 需要做的事情越多，中断延时也就越长，内核所能支持的最大嵌套深度为 255。

μC/OS-Ⅱ是一个结构简单、功能完备和实时性很强的嵌入式操作系统内核，针对没有 MMU（存储管理部件）功能的 CPU，它是非常合适的。它需要很少的内核代码空间和数据存储空间，拥有良好的实时性、良好的可扩展性能，并且是开源的，相关资料和实例易于查询，所以很适合向 STM32F103 这款 CPU 上移植。

2. eCos

eCos，即嵌入式可配置操作系统。它是一个源代码开放的可配置、可移植和面向深度嵌入式应用的实时操作系统，最大特点是配置灵活，采用模块化设计，核心部分由许多小的组件构成，包括内核、C 语言库和底层运行包等。每个组件可提供大量的配置选项（实时内核也可作为可选配置），使用 eCos 提供的配置工具可以很方便地配置，并通过不同的配置使得 eCos 能够满足不同的嵌入式应用要求。

eCos 的可配置性非常强大，用户可以自己加入所需的文件系统。eCos 同样支持当前流行的大部分嵌入式 CPU，eCos 可以在 16 位、32 位和 64 位等不同体系结构之间移植。eCos 由于本身内核就很小，经过裁减后的代码最小可以为 10KB，所需的最小数据 RAM 空间为 10KB。

在系统移植方面，eCos 的可移植性很好，要比 μC/OS-Ⅱ和 μClinux 容易。

eCos 的最大特点是配置灵活，并且支持无 MMU 的 CPU 移植，开源且具有很好的移植性，也比较适于移植到 STM32 平台的 CPU 上。但 eCOS 的应用还不是太广泛，还没有像 μC/OS-Ⅱ那样普遍，并且资料也没有 μC/OS-Ⅱ多。eCos 适用于一些商业级或工业级对成本敏感的嵌入式系统，如消费电子领域中的一些应用。

3. FreeRTOS

由于 RTOS 需占用一定的系统资源（尤其是 RAM 资源），只有 μC/OS-Ⅱ、embOS、salvo 和 FreeRTOS 等少数实时操作系统能在小 RAM 单片机上运行。相对于 μC/OS-Ⅱ、embOS 等商业操作系统，FreeRTOS 是完全免费的操作系统，具有源码公开、可移植、可裁减和调度策略灵活的特点，可以方便地移植到各种单片机上运行，其最新版本为 11 版。

作为一个轻量级的操作系统，FreeRTOS 提供的功能包括任务管理、时间管理、信号量、消息队列、内存管理和记录功能等，可基本满足较小系统的需要。

FreeRTOS 内核支持优先级调度算法，每个任务可根据重要程度的不同被赋予一定的优先级，CPU 总是让处于就绪态的、优先级最高的任务先运行。

FreeRTOS 内核同时支持轮换调度算法，系统允许不同的任务使用相同的优先级，在没有更高优先级任务就绪的情况下，同一优先级的任务共享 CPU 的使用时间。

相对于常见的 μC/OS-Ⅱ操作系统，FreeRTOS 既有优点也存在不足。其不足之处一方面体现在系统的服务功能上，如 FreeRTOS 只提供了消息队列和信号量的实现，无法以后进先出的顺序向消息队列发送消息。

另一方面，FreeRTOS 只是一个操作系统内核，需外扩第三方的 GUI、TCP/IP 栈和 FS（文件系统）等才能实现一个较复杂的系统，不像 μC/OS-Ⅱ可以和 μC/GUI、μC/FS、μC/TCP-IP 等无缝结合。

4. RT-thread

RT-thread 是一款主要由中国开源社区主导开发的开源实时操作系统（许可证为 GPLv2）。实时线程操作系统不仅仅是一个单一的实时操作系统内核，也是一个完整的应用系统，包含了实时、嵌入式系统相关的各个组件：TCP/IP 栈、文件系统、libc 接口和 GUI 等。

### 8.1.4　FreeRTOS 任务

在使用 RTOS 时，一个实时应用可看作一个独立的任务，每个任务都有自己的运行环境，CPU 在任一时间点只能运行一个任务，具体运行哪一个任务将由任务调度器决定。因此，任务调度器将会不断开启和关闭任务，任务无须了解 RTOS 调度器的行为，RTOS 调度器的功能是确保一个任务在开始执行时与上一次退出时的运行环境相同（寄存器值、堆栈内容等），这就是上下文切换。学过 Linux 的读者就会很清楚地知道每一个进程都拥有自己的堆栈，RTOS 也是一样，每一个任务都拥有自己独立的堆栈。当任务发生切换时，任务调度器就会将其上下文环境保存在堆栈中，等到该任务拿到 CPU 的使用权时再从其堆栈中取出所保存的上下文环境，继续运行该任务。

RTOS 的任务特性：①任务简单；②没有使用限制，任务可以运行无数次；③支持抢占和优先级，抢占式多任务系统如图 8-1-4 所示；④每个任务都拥有独立的堆栈，导致 RAM 必须较大。

FreeRTOS 是一个抢占式的实时多任务系统。高优先级任务可以打断低优先级任务的运行而取得 CPU 的使用权，这样就保证了那些紧急任务的运行。高优先级的任务执行完以后重新把 CPU 的使用权归还给低优先级的任务，就是抢占式多任务系统的基本原理。

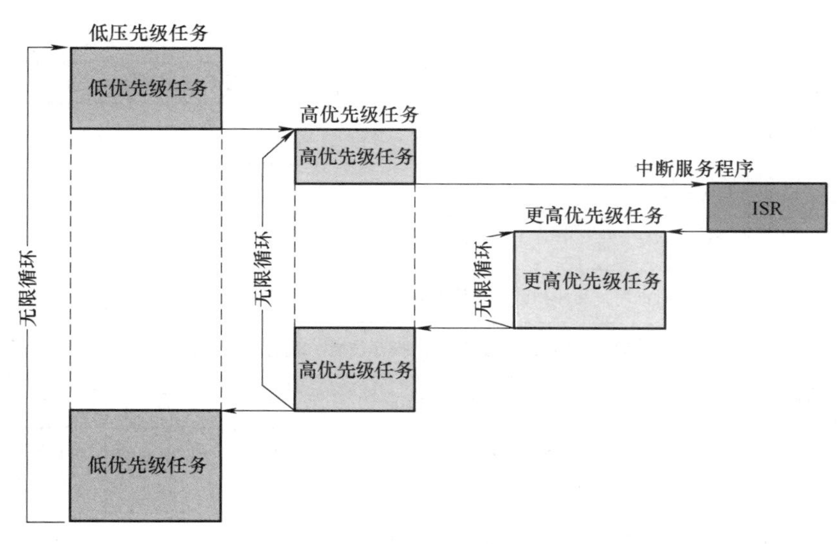


图 8-1-4　抢占式多任务系统

## 任务工单

任务工单 23　配置操作系统

| 项目 8：防盗系统 | 任务 1：配置操作系统 |
|---|---|

配置操作系统

**（一）练习习题**

扫描右侧的二维码，完成练习

**（二）任务实施完成情况**

| 实施步骤 | 实施步骤具体操作 | 完成情况 |
|---|---|---|
| 步骤 1：建立 STM32CubeMX 工程，进行相关基础配置 | | |
| 步骤 2：在 STM32CubeMX 工程中配置 TIM1、USART1，选择 Middleware 中的“FREERTOS”，单击“Tasks and Queues”，进入 Task 设置，将任务名设置为 UsartTask1，进入函数（Entry Function）设置为“SmartUsartTask1”，保存并生成 Keil 代码 | | |
| 步骤 3：在 Keil μVision 中完善代码，完成配置 RTOS，实现简单的串口任务，进行数据显示 | | |
| 步骤 4：编译程序，生成 HEX 文件 | | |
| 步骤 5：烧写程序到开发板 | | |
| 步骤 6：搭建硬件并测试效果 | | |

（续）

| 项目 8：防盗系统 | 任务 1：配置操作系统 |
|---|---|

（三）任务检查与评价

| 项目名称 | 防盗系统 |
|---|---|
| 任务名称 | 配置操作系统 |
| 评价方式 | 可采用自评、互评和教师评价等方式 |
| 说明 | 主要评价学生在项目学习过程中的操作技能、理论知识、学习态度、课堂表现和学习能力等 |

| 序号 | 评价内容 | 评价标准 | 分值 | 得分 |
|---|---|---|---|---|
| 1 | 知识运用（20%） | 掌握相关理论知识，理解本任务要求，制订详细计划，计划条理清晰，逻辑正确（20 分） | 20 分 | |
| | | 理解相关理论知识，能根据本任务要求制订合理计划（15 分） | | |
| | | 了解相关理论知识，有制订计划（10 分） | | |
| | | 无制订计划（0 分） | | |
| 2 | 专业技能（40%） | 完成在 STM32CubeMX 中工程建立的所有操作步骤，完成任务代码的编写与完善，将生成的 HEX 文件烧写进开发板，并通过测试（40 分） | 40 分 | |
| | | 完成代码，也烧写进开发板，但 RTOS 没有配置成功，串口无数据显示（30 分） | | |
| | | 代码有语法错误，无法完成代码的烧写（20 分） | | |
| | | 不愿完成任务（0 分） | | |
| 3 | 核心素养（20%） | 具有良好的自主学习和分析解决问题的能力，整个任务过程中有指导他人（20 分） | 20 分 | |
| | | 具有较好的学习和分析解决问题的能力，任务过程中无指导他人（15 分） | | |
| | | 能够主动学习并收集信息，有请教他人进行解决问题的能力（10 分） | | |
| | | 不主动学习（0 分） | | |
| 4 | 课堂纪律（20%） | 设备无损坏，设备摆放整齐，工位区域内保持整洁，无干扰课堂秩序（20 分） | 20 分 | |
| | | 设备无损坏，无干扰课堂秩序（15 分） | | |
| | | 无干扰课堂秩序（10 分） | | |
| | | 干扰课堂秩序（0 分） | | |
| 总得分 | | | | |

（续）

| 项目 8：防盗系统 | 任务 1：配置操作系统 |
| --- | --- |

**（四）任务自我总结**

| 过程中遇到的问题 | 解决方式 |
| --- | --- |
| | |
| | |
| | |

## 任务小结

通过本任务的学习，了解常见的智能安防系统和常见嵌入式操作系统，能够进行 RTOS 的配置以及在 RTOS 上进行串口输出，如图 8-1-5 所示。

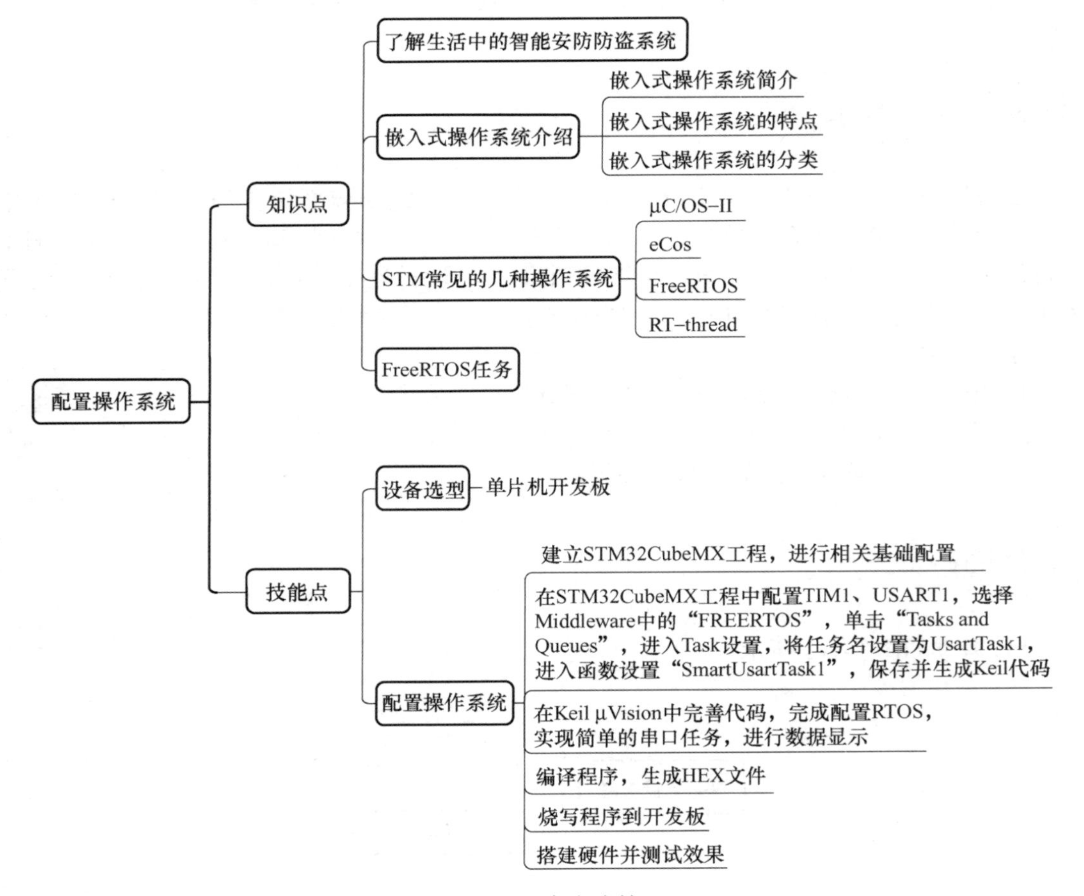


图 8-1-5　任务小结

## 任务拓展

拓展：在现有的任务基础上添加一路全新的功能，具体要求：

1）不能影响已有的代码功能。

2）配置 GPIO 实现每输出 1 条数据时，LED 灯闪烁 1 次。

# 任务 2　实现入侵检测

## 职业能力目标

防盗系统　实现入侵检测

1）能根据 RTOS 相关手册，利用 STM32CubeMX 准确配置 STM32 的操作系统。

2）能够根据压电传感器的知识进行引脚的配置。

3）能够利用本项目任务 1 的知识正确编写代码，实现压电报警的显示。

## 任务描述与要求

**任务描述**：某公司为了市场需要准备研发一款智能防盗系统。经过讨论成本与需求，决定使用 STM32 系列单片机，为了进行多种传感器数据获取的实时性与准确性，准备使用 RTOS。本项目是一个综合性的项目，主要分成三个部分，任务 2 主要是在任务 1 的基础上配置引脚获取压电传感器的状态，并进行显示。

**任务要求**：

1）能够通过 FreeRTOS 进行压电传感器的数据采集。

2）利用 STM32CubeMX 进行 USART 和引脚配置。

3）编程实现通过串口输出显示警报数据。

## 设备选型

设备需求如图 8-2-1 所示。

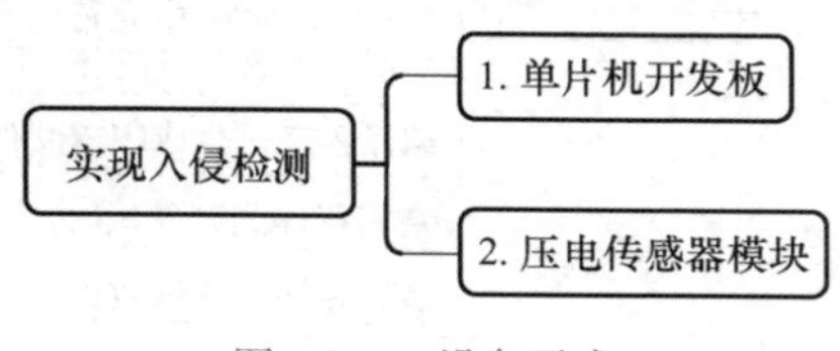


图 8-2-1　设备需求

1. 单片机开发板

根据项目任务分析，读者可以自行选取合适的单片机，用来配置操作系统。这里选择ST公司的STM32F1系列开发板。

2. 压电传感器模块

本任务是模拟实现入侵检测功能，所以要用到压电传感器。在众多压电传感器中，压电薄膜很薄、质轻、非常柔软，可以无源工作，因此可以广泛应用于医用传感器，尤其适用于需要探测细微信号的场合。显然，该材料的特点在供电受限的情况下尤为突出（在某些结构中，甚至还可以产生少量的能量）。而且压电薄膜极其耐用，可以经受数百万次的弯曲和振动。故本任务选取压电薄膜传感器，如图8-2-2所示。

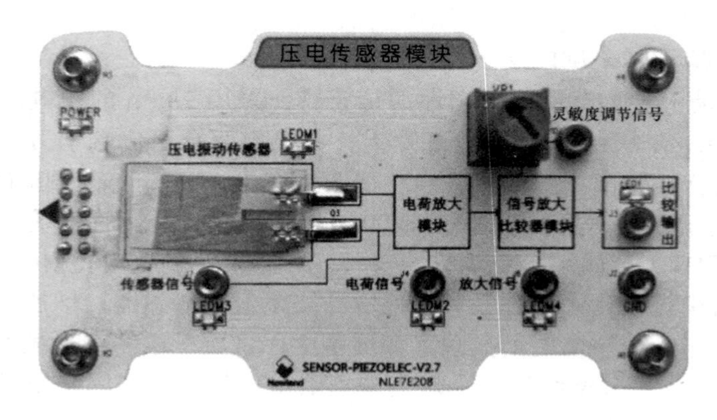


图8-2-2　压电传感器模块

## 知识储备

### 8.2.1　智能安防报警系统的组成

一套完善的智能家居安防报警系统可确保每一个用户的生命财产安全。智能家居报警系统由家庭报警主机和各种前端探测器组成。前端探测器可分为门磁、窗磁、煤气探测器、烟感探测器、红外探头和紧急按钮等。

1）门磁感应器：主要安装在门及门框上，当有盗贼非法闯入时，家庭主机报警，管理主机会显示报警地点和性质。

2）红外感应器：主要安装在窗户和阳台附近，红外探测非法闯入者。另外，较新的窗台布防采用“幕帘式红外探头”，通过隐蔽的一层电子束来保护窗户和阳台。

3）玻璃破碎探测器：安装在面对玻璃位置，通过检测玻璃破碎的高频声而报警。

4）吸顶式热感探测器：安装在客厅，通过检测人体温度来报警。

5）煤气泄漏探测器：安装在厨房或洗浴间，当煤气泄漏到一定浓度时报警。

6）烟感探测器：一般安装在客厅或卧室，检测家居环境烟气浓度到一定程度时报警。

7）紧急求助按钮：一般装设在较隐蔽的地方，家中发生紧急情况（如打劫、突发疾病）时直接向保安中心求助。

8）手机接收警情信息后，登录远程视频查看实时现场，也可通过计算机远程登录监控中心查看监控记录。

### 8.2.2　压电传感器的详细介绍

压电传感器是将被测量变化转换成材料受机械力产生静电电荷或电压变化的传感器，是一种典型的、有源的、双向机电能量转换型传感器或自发电型传感器。压电元件是机电转换元件，它可以测量最终转换为力的非电物理量，例如，力、压力、加速度等。

压电传感器刚度大、固有频率高，一般都在几十千赫兹以上，配有适当的电荷放大器，能在0～10kHz的范围内工作，尤其适用于测量迅速变化的参数；测量范围涵盖上百吨力，分辨率可达几克力。近年来，压电测试技术发展迅速，特别是电子技术的迅速发展，压电传感器的应用越来越广泛。

LDT0-028K是一款具有良好柔韧性的传感器，采用28μm的压电薄膜，其上丝印银浆电极，薄膜被层压在0.125mm聚酯基片上，电极由两个压接端子引出。当压电薄膜在垂直方向受到外力作用偏离中轴线时，会在薄膜上产生很高的应变，因而会有很高的电压输出。当直接作用于产品使其变形时，LDT0就可以作为一个柔性开关，所产生的输出足以直接触发MOSFET（金属－氧化物－半导体场效应晶体管）和CMOS电路；如果元件由引出端支撑并自由振动，该元件就像加速度计或是振动传感器。增加质量块或是改变元件的自由长度都会影响传感器的谐振频率和灵敏度，将质量块偏离轴线就可以得到多轴响应。LDT0-028K采用悬臂梁结构，一端由端子引出信号，一端固定质量块，是一款能在低频下产生高灵敏振动的振动传感器。

### 8.2.3　压电传感器的工作原理

1. 压电效应

某些晶体（如石英）在一定方向的外力作用下，不仅几何尺寸会发生变化，而且晶体内部也会发生极化现象，晶体表面上会有电荷出现，形成电场。当外力去除后，表面恢复到不带电状态，这种现象称为压电效应。压电方程式：

$$Q=dF$$

式中，$F$为作用的外力；$Q$为产生的表面电荷；$d$为压电系数，是描述压电效应的物理量。

具有压电效应的电介质物质称为压电材料。在自然界中，大多数晶体都具有压电效应。

压电效应是可逆的，若将压电材料置于电场中，其几何尺寸也会发生变化。这种由于外电场作用导致压电材料产生机械形变的现象称为逆压电效应或电致伸缩效应。

由于在压电材料表面产生的电荷只有在无泄漏的情况下才能保存，因此压电传感器不能用于静态测量。压电材料在交变力作用下，电荷可以不断补充，以供给测量回路一定的电流，所以可适用于动态测量。

压电元件具有自发电和可逆两种重要性能，因此，压电式传感器是一种典型的“双向”传感器。它的主要缺点是无静态输出，阻抗高，需要低电容、低噪声的电缆。

2. 等效处理

当压电传感器的压电元件受力时，在电极表面就会出现电荷，且两个电极表面聚集的电荷量相等，极性相反，因此，可以把压电式传感器看作是一个电荷源（静电荷发生器），而压电元件是绝缘体，在这一过程中，它又可以看成是一个电容器。

## 8.2.4 智能防盗系统结构分析

图 8-2-3 所示为常见的智能防盗报警系统结构图，通过单片机将采集到的数据进行处理，当使用有线方式时，单片机就相当于图中的报警主机，单片机对采集到的红外探测器和压电传感器等传感器数据进行处理，然后通过串口将采集到的转换数据显示出来。当使用无线模式时，无线模块将获取的传感器数据进行处理，然后传送给报警主机，报警主机再将收到的数据进行处理。

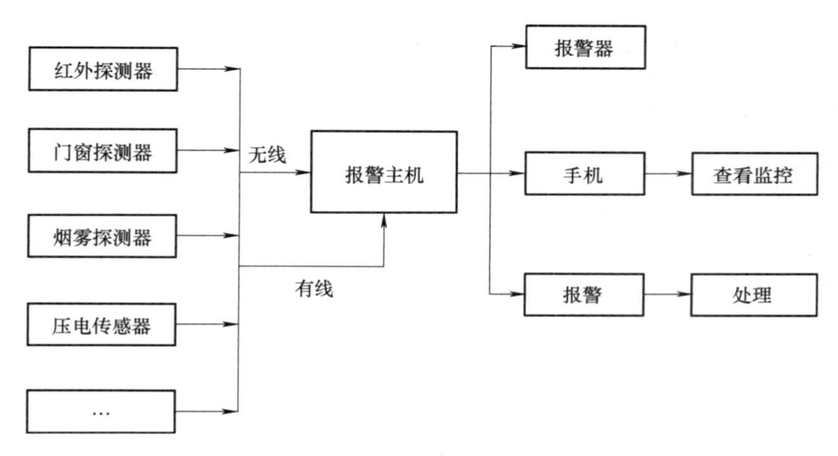


图 8-2-3　智能防盗报警系统结构图

本任务主要用到的是有线传输，根据之前的内容，将压电传感器数据传送给单片机开发板，单片机开发板将采集到的电压信号进行处理，通过串口显示。

压电传感器输出的是模拟量信号，所以可以通过单片机开发板的 A/D 引脚进行电压信号的转换，然后通过 USART1 串口将数据通过计算机进行显示，硬件连接设计如图 8-2-4 所示。

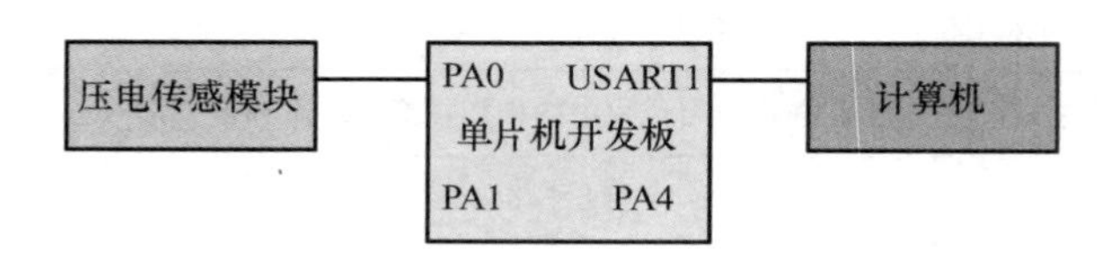


图 8-2-4　硬件连接设计

1）单片机开发板与计算机间通信使用 USART1 通信口。

2）压电传感模块与单片机开发板之间通过 PA0 获取电平信号。

3）单片机开发板将采集的电平信号转换为报警信号显示。

## 任务工单

任务工单 24　实现入侵检测

| 项目 8：防盗系统 | 任务 2：实现入侵检测 |
| --- | --- |

**（一）练习习题**

扫描右侧的二维码，完成练习

**（二）任务实施完成情况**

| 实施步骤 | 实施步骤具体操作 | 完成情况 |
| --- | --- | --- |
| 步骤 1：建立 STM32CubeMX 工程，进行相关基础配置 | | |
| 步骤 2：在 STM32CubeMX 工程中配置 TIM1、USART1，选择 Middleware 中的“FREERTOS”，选择 MODE→Interface，选择 CMSIS_V1，完成单片机与压电模块的引脚配置，保存并生成 Keil 代码 | | |
| 步骤 3：在 Keil μVision 中完善代码，完成配置 RTOS 实现简单的串口任务，进行数据显示 | | |
| 步骤 4：编译程序，生成 HEX 文件 | | |
| 步骤 5：烧写程序到开发板 | | |
| 步骤 6：搭建硬件，并通过手按压压电薄膜传感器使数值发变化，测试效果 | | |

**（三）任务检查与评价**

| 项目名称 | 防盗系统 | | | |
| --- | --- | --- | --- | --- |
| 任务名称 | 实现入侵检测 | | | |
| 评价方式 | 可采用自评、互评和教师评价等方式 | | | |
| 说明 | 主要评价学生在项目学习过程中的操作技能、理论知识、学习态度、课堂表现和学习能力等 | | | |
| 序号 | 评价内容 | 评价标准 | 分值 | 得分 |
| 1 | 知识运用（20%） | 掌握相关理论知识，理解本任务要求，制订详细计划，计划条理清晰，逻辑正确（20 分） | 20 分 | |
| | | 理解相关理论知识，能根据本任务要求制订合理计划（15 分） | | |
| | | 了解相关理论知识，有制订计划（10 分） | | |
| | | 无制订计划（0 分） | | |

（续）

| 项目 8：防盗系统 | | | 任务 2：实现入侵检测 | |
|---|---|---|---|---|
| 序号 | 评价内容 | 评价标准 | 分值 | 得分 |
| 2 | 专业技能（40%） | 完成在 STM32CubeMX 中工程建立的所有操作步骤，完成任务代码的编写与完善，将生成的 HEX 文件烧写进开发板，并通过测试（40 分） | 40 分 | |
| | | 完成代码，也烧写进开发板，定时器、串口、RTOS 等没有设置成功，效果无法呈现（30 分） | | |
| | | 代码有语法错误，无法完成代码的烧写（20 分） | | |
| | | 不愿完成任务（0 分） | | |
| 3 | 核心素养（20%） | 具有良好的自主学习和分析解决问题的能力，整个任务过程中有指导他人（20 分） | 20 分 | |
| | | 具有较好的学习和分析解决问题的能力，任务过程中无指导他人（15 分） | | |
| | | 能够主动学习并收集信息，有请教他人进行解决问题的能力（10 分） | | |
| | | 不主动学习（0 分） | | |
| 4 | 课堂纪律（20%） | 设备无损坏，设备摆放整齐，工位区域内保持整洁，无干扰课堂秩序（20 分） | 20 分 | |
| | | 设备无损坏，无干扰课堂秩序（15 分） | | |
| | | 无干扰课堂秩序（10 分） | | |
| | | 干扰课堂秩序（0 分） | | |
| 总得分 | | | | |

**（四）任务自我总结**

| 过程中遇到的问题 | 解决方式 |
|---|---|
| | |
| | |
| | |

## 任务小结

通过本任务的学习，能够了解智能安防报警系统的组成和结构，了解压电传感器及其工作原理，能够进行 RTOS 和压电传感器的配置，通过代码实现压电传感器的报警显示，如图 8-2-5 所示。

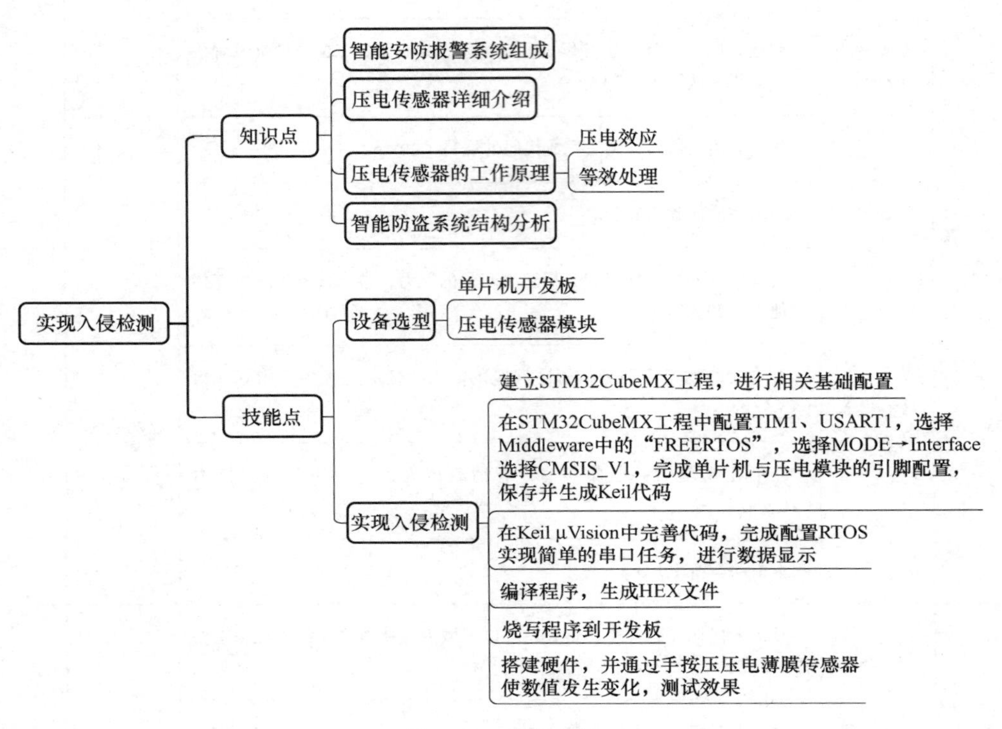


图 8-2-5　任务小结

## 任务拓展

拓展：在原有代码基础上添加蜂鸣器代码，判断压电传感器的输入电平信号，当有人进入时，压电传感器报警，蜂鸣器能够发出警报。

# 任务 3　实现防盗系统

## 职业能力目标

防盗系统　实现防盗系统

1）能根据 RTOS 相关手册，利用 STM32CubeMX 准确配置 STM32 的操作系统。

2）能够在配置的 RTOS 系统的基础上配置串口，显示数据。

3）能够在之前代码基础上进行修改，实现压电传感器与红外传感器报警信号的显示。

## 任务描述与要求

**任务描述：**某公司为了市场需要准备研发一款智能防盗系统。经过讨论成本与需求，决定使用 STM32 系列单片机，为了进行多种传感器数据获取的实时性与准确性，准备使用 RTOS。本项目是一个综合性的项目，主要分成三个部分，任务 3 主要是采用多任务的方式获取压电传感器和红外传感器的状态，并进行显示。

**任务要求：**

1）利用 STM32CubeMX 软件进行 RTOS 的安装与配置。

2）RTOS 多任务的配置。

3）在之前代码基础上进行整合，实现压电和红外传感器状态的获取。

4）实现各传感器报警显示。

## 设备选型

设备需求如图 8-3-1 所示。

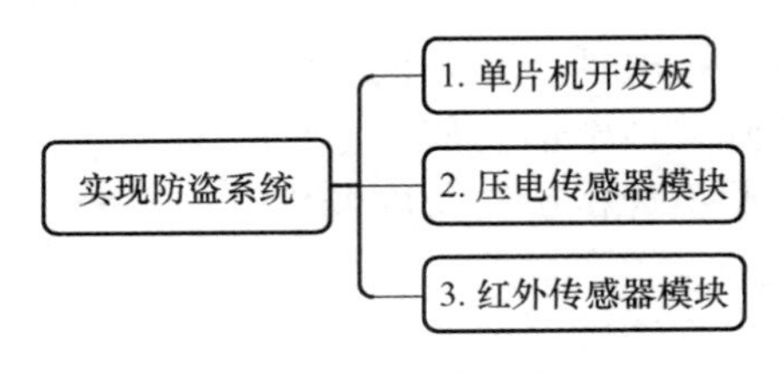


图 8-3-1　设备需求

### 1. 单片机开发板

根据项目任务分析，读者可以自行选取合适的单片机，用来配置操作系统。这里选择 ST 公司的 STM32F1 系列开发板。

### 2. 压电传感器模块

本任务采用多任务的方式获取压电传感器的状态，所以还是需要压电传感器模块，选取本项目任务 2 中选型的传感器，也可以根据手中的设备情况选择适合的压电传感器模块。

### 3. 红外传感器模块

本任务要获取红外传感器的状态，所以需要增加红外传感器模块，选择如图 8-3-2 所示的红外传感器模块，也可以根据手中的设备情况选择适合的红外传感器模块。

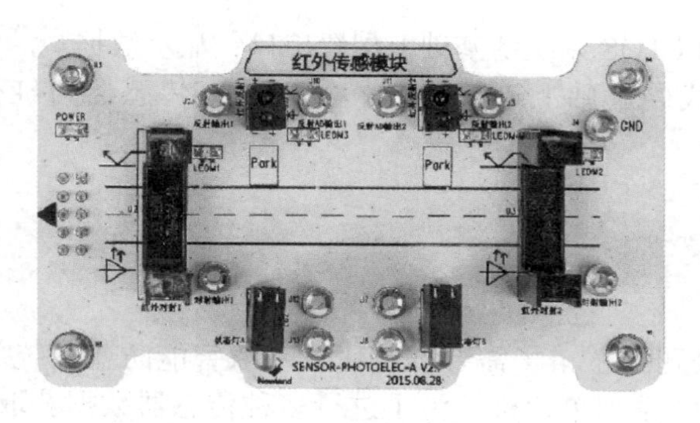


图 8-3-2　红外传感器模块

## 知识储备

### 8.3.1　了解智能防盗系统的功能

手机视频监控报警系统是安防进入民用化领域的一套智能系统，一些系统集成了手机监控与手机防盗报警两大系统，当有非法人员闯入禁区防区时，系统主机会第一时间给指定用户拨打电话及发送短信或 Email（电子邮件）。用户收到电话、短信后可以第一时间用手机或者计算机查看监控区域的画面，消除了传统监控系统“马后炮”及传统报警系统误报出警的顾虑。该系统集成了无线门磁、无线烟感等无线报警配件信息，有效提高了监控系统民用化的特性。异地可通过互联网使用手机或计算机观看及操作家中所有监控画面。系统自带无线报警模块，可匹配无线门磁、探头和烟感器等无线报警触发设备，当有人闯入监控防区，系统会自动打电话，发短信、邮件给指定的 4 位手机用户，同时本地会产生声光警笛。远程用户收到警情电话、信息后可以通过互联网使用手机或计算机查看监控画面情况，并通过手机控制摄像机旋转角度及焦距、报警系统布防撤防，同时启动手机录像功能并处理警情。

综上所述，智能安防报警系统以系统的可靠性为基础，并结合防盗报警、火灾报警和煤气泄漏报警等系统，家庭中所有的安全探测装置都连接到家庭智能终端，并联网到保安中心。外出时，只须按下手中的遥控器，报警系统就会自动进入防盗状态。期间如有人企图打开门窗，就会触发门磁感应器；这时，报警系统主机会发出警报声，同时通过电话线将警情报告给数个指定电话，可以对家里情况及时进行异地监听，迅速采取应对措施，让闯入者得到相应的制裁，保障财产和生命安全。

假如电线短路发生火灾，当烟火刚起时，烟雾探测器就会探测到，同时发出警报声提醒室内人员，并自动通过电话对外报警，以便得到迅速及时的处理，免遭更大损失。如果煤气发生泄漏，煤气探测器马上发出警报声，并自动起动排风扇，避免室内人员发生不测，同时通过电话线将警情自动报告给指定电话。若家中不幸遇到抢劫，或者家人突发急病无法拨打电话，只须按下手中的遥控器或隐蔽求救器，即可在几秒内对外报警求救，从而获得快速救援。

### 8.3.2　多任务前后台系统

前后台系统的实时性较大（尤其是调度任务较多），每个任务都轮流执行，没有轮到该任务运行时，不管该任务多么紧急，都只能等待，各任务拥有一样的优先级。但是该类系统简单，所消耗的资源较少。

多任务系统可以将一个大问题分成很多个具有共性的小问题，逐一将这些小问题解决，进而使大问题将得到全面的解决，可将每一个小问题都视为一个任务。这些小任务是并发处理的，由于它们的执行时间很短，所能感觉到的是所有的任务都是同时执行的。那么，多任务运行的问题就来了，即任务执行的先后顺序，什么任务该执行，什么任务不该执行。该模块的功能将由任务调度器来完成，具体如何实现，各类系统是有很大差别的，通常来说，可分为抢占式（UCos、FreeRTOS）和非抢占式（Linux）。FreeRTOS是一个支持抢占式的实时操作系统，在本项目任务1中已有讲述。

## 8.3.3 FreeRTOS任务状态

FreeRTOS中的任务状态有运行态、就绪态、阻塞态和挂起态，但一个任务只能处于这几种状态中的一个，任务之间的转换如图8-3-3所示。

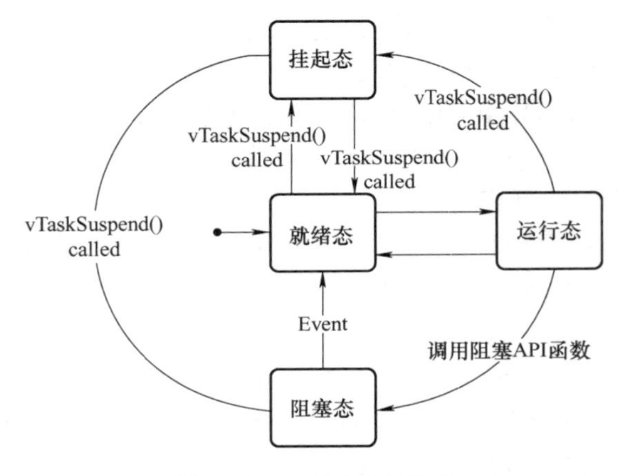


图8-3-3　任务之间的转换

### 1. 运行态

当一个任务正在运行时（这一时刻该任务的代码在CPU中执行），那么该任务就处于运行态。如果所使用的是单核CPU，那么不管任何时刻，只有一个任务处于运行态，这就证明了CPU在某一时刻只能被一个任务拿到使用权。

举一个日常生活中的例子，一个人正在使用计算机处理工作就是一个正在进行的状态。

### 2. 就绪态

就绪态是指那些已经准备好了的任务，可以随时拿到CPU的使用权，进而进入运行态，但是此时此刻该状态的任务还没有执行，主要是因为当前有一个同优先级或者更高优先级的任务正在执行。

举个生活中的例子，甲的程序已经准备好，随时可以运行，但是乙让甲先候着，暂时还没有轮到甲的程序运行。

### 3. 阻塞态

如果一个任务当前正在等待某一外部事件的发生（如任务正在等待队列、信号量和事件组等），就会进入阻塞态。任务进入阻塞态有一定的时间限制，当超时等待时，该任务将退出阻塞态，进入就绪态，等待拿到 CPU 的使用权，进入运行态。

举一个日常生活中的例子，甲在计算机前跟乙沟通工作，如果乙一直没回复，那么甲的工作就被卡住，即处于阻塞状态（Blocked）。重点在于：甲在等待。

4. 挂起态

任务进入挂起的状态和阻塞态一样，将不会被任务调度器所调用，但是处于挂起态的任务没有超时的问题。在 FreeRTOS 中，任务进入和退出挂起态只能通过调用 VTaskSuspend() 和 xTaskReume() 实现。

举一个日常生活的例子，甲正在计算机前跟乙沟通工作，甲可以暂停："我暂停一会儿。"乙说："你暂停一下。"

5. 任务优先级

FreeRTOS 中每一个任务都可以分配从 0～（configMAX_PRIORITIES-1）的优先级，configMAX_PRIORITIES 在文件 FreeRTOSConfig.h 中有定义。如果所使用的硬件平台支持类似计算前导零这样的指令（可以通过该指令选择下一个要运行的任务，Cortex-M 处理器是支持该指令的），并且宏 configUSE_PORT_OPTIMISED_TASK_SELECTION 也设置为 1，那么宏 configMAX_PRIORITIES 不能超过 32，也就是优先级不能超过 32 级。其他情况下，宏 configMAX_PRIORITIES 可以为任意值，但是考虑到 RAM 的消耗，宏 configMAX_PRIORITIES 最好设置为一个满足应用的最小值。

优先级的数字越低，表示任务的优先级越低，0 的任务优先级最低，configMAX_PRIORITIES-1 的优先级最高。空闲任务的优先级最低，为 0。

6. 任务控制块

FreeRTOS 的每一个任务都有一些属性需要存储，所有的信息将存储在一个结构体中，该结构体叫作任务控制块（Task Control Block，TCB）：TCB_t，在使用 xTaskCreate() 创建任务时，将会自动给每一个任务分配一个任务控制块，此结构体在文件 task.c 中有定义，Task 各个参数含义如图 8-3-4 所示。

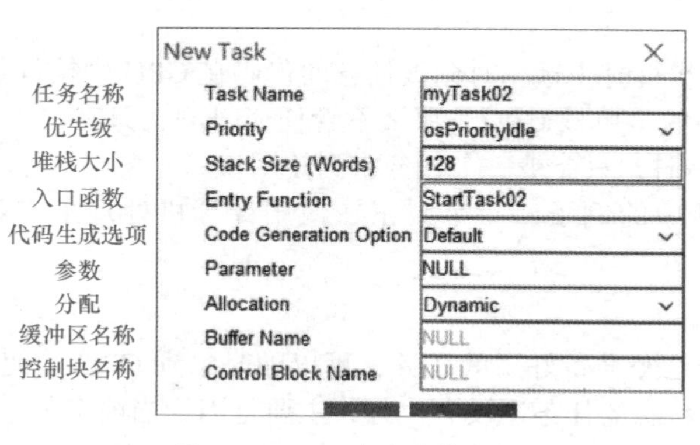


图 8-3-4　Task 各个参数含义

## 8.3.4　智能防盗系统结构分析

压电传感器和红外传感器输出的都是模拟量信号，所以可通过单片机开发模块的 A/D 引脚进行电压信号的转换，然后经由 USART1 串口将数据通过计算机进行显示，硬件连接设计如图 8-3-5 所示。

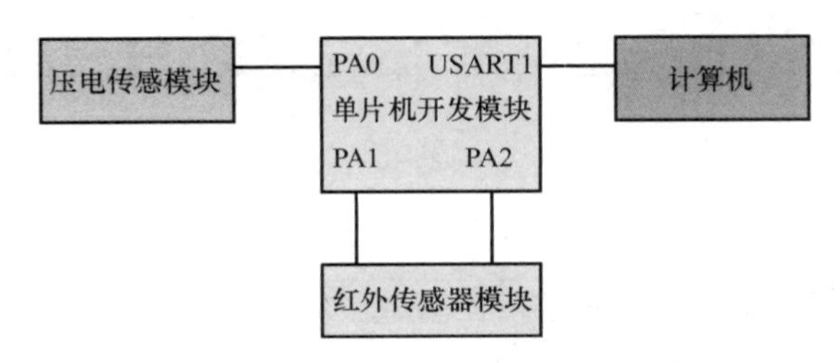


图 8-3-5 硬件连接设计

1）单片机开发模块与计算机间通信使用 USART1 通信接口。
2）压电传感器模块与单片机开发模块之间通过 PA0 获取电平信号。
3）红外传感器模块与单片机开发模块之间通过 PA1 和 PA2 获取电平信号。
4）单片机开发模块将采集到的电平信号转换为报警信号显示。

## 任务工单

任务工单 25 实现防盗系统

| 项目 8：防盗系统 | 任务 3：实现防盗系统 |
|---|---|

**（一）练习习题**

扫描右侧的二维码，完成练习

实现防盗系统

**（二）任务实施完成情况**

| 实施步骤 | 实施步骤具体操作 | 完成情况 |
|---|---|---|
| 步骤 1：建立 STM32CubeMX 工程，进行相关基础配置 | | |
| 步骤 2：在本项目任务 2 的基础上选择“Middleware”中的 RTOS，选择 Configuration 中的“Task and Queues”，选择“Tasks”中的“defaultTask”，双击将 Task Name 改为“Task01”，将 Entry Function 改为“StartTask01”，然后单击“Add”添加新任务 Task02、Task03，保存并生成 Keil 代码 | | |
| 步骤 3：在 Keil μVision 中完善代码，完成编写压电预警报和红外对射警报程序 | | |
| 步骤 4：编译程序，生成 HEX 文件 | | |
| 步骤 5：烧写程序到开发板 | | |
| 步骤 6：搭建硬件，当把手放在对射传感器之间时，会显示“红外警报对射警报”，把手放在反射传感器上时，会显示“红外反射警报”，当把手放在压电传感器上时，会显示“压电警报”，测试效果 | | |

（续）

| 项目 8：防盗系统 | 任务 3：实现防盗系统 |
|---|---|

（三）任务检查与评价

| 项目名称 | 防盗系统 | | | |
|---|---|---|---|---|
| 任务名称 | 实现防盗系统 | | | |
| 评价方式 | 可采用自评、互评和教师评价等方式 | | | |
| 说明 | 主要评价学生在项目学习过程中的操作技能、理论知识、学习态度、课堂表现和学习能力等 | | | |
| 序号 | 评价内容 | 评价标准 | 分值 | 得分 |
| 1 | 知识运用（20%） | 掌握相关理论知识，理解本任务要求，制订详细计划，计划条理清晰，逻辑正确（20 分） | 20 分 | |
| | | 理解相关理论知识，能根据本任务要求制订合理计划（15 分） | | |
| | | 了解相关理论知识，有制订计划（10 分） | | |
| | | 无制订计划（0 分） | | |
| 2 | 专业技能（40%） | 完成在 STM32CubeMX 中工程建立的所有操作步骤，完成任务代码的编写与完善，将生成的 HEX 文件烧写进开发板，并通过测试（40 分） | 40 分 | |
| | | 完成代码，也烧写进开发板，红外对射、反射和压电效果无法呈现（30 分） | | |
| | | 代码有语法错误，无法完成代码的烧写（20 分） | | |
| | | 不愿完成任务（0 分） | | |
| 3 | 核心素养（20%） | 具有良好的自主学习和分析解决问题的能力，整个任务过程中有指导他人（20 分） | 20 分 | |
| | | 具有较好的学习和分析解决问题的能力，任务过程中无指导他人（15 分） | | |
| | | 能够主动学习并收集信息，有请教他人进行解决问题的能力（10 分） | | |
| | | 不主动学习（0 分） | | |
| 4 | 课堂纪律（20%） | 设备无损坏，设备摆放整齐，工位区域内保持整洁，无干扰课堂秩序（20 分） | 20 分 | |
| | | 设备无损坏，无干扰课堂秩序（15 分） | | |
| | | 无干扰课堂秩序（10 分） | | |
| | | 干扰课堂秩序（0 分） | | |
| 总得分 | | | | |

（四）任务自我总结

| 过程中遇到的问题 | 解决方式 |
|---|---|
| | |
| | |
| | |

## 任务小结

通过本任务的学习，了解安防报警系统的功能，明白 FreeRTOS 的多任务原理及任务状态，能够进行 RTOS 多任务的配置，能够在多任务模式下获取传感器的状态并进行报警显示，如图 8-3-6 所示。

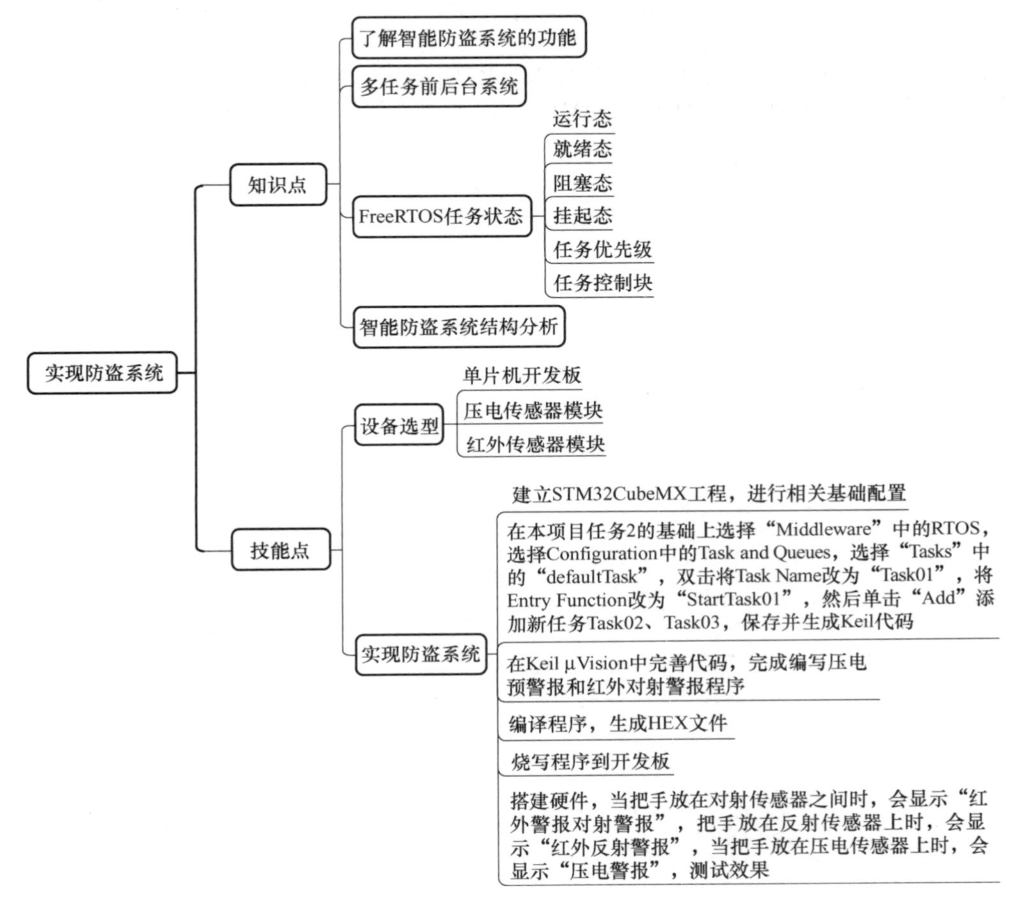


图 8-3-6　任务小结

## 任务拓展

拓展：尝试在原有代码的基础上再添加一个任务，添加一个位移传感器，实现位移传感器的信号报警，通过串口显示。

# 参考文献

[1] 顾振飞，张文静，张正球．物联网嵌入式技术 [M]. 北京：机械工业出版社，2021.
[2] 刘黎明，王建波，赵纲领．嵌入式系统基础与实践：基于 ARM Cortex–M3 内核的 STM32 微控制器 [M]. 北京：电子工业出版社，2020.
[3] 廖建尚，郑建红，杜恒．基于 STM32 嵌入式接口与传感器应用开发 [M]. 北京：电子工业出版社，2018.
[4] 高显生．STM32F0 实战：基于 HAL 库开发 [M]. 北京：机械工业出版社，2019.
[5] 董磊，赵志刚．STM32F1 开发标准教程 [M]. 北京：电子工业出版社，2020.